张海永　章伟德　　编著
飞思科技产品研发中心　监制

精通

ASP+XML+CSS

网络开发混合编程

电子工业出版社
Publishing House of Electronics Industry
北京·BEIJING

内容简介

本书介绍当前网络开发的主流平台与技术之一的 ASP+CSS+XML 的知识与应用，全书各知识点均配以实例，按照基础技术、实战实例和综合实例的顺序，循序渐进、由浅入深地进行讲解。本书详细介绍：ASP 的基础知识，IIS 服务器的搭建配置，ASP 常用对象的操作；XML 在 ASP 中经常使用到的 DOM 模型，在 ASP 中如何使用 DOM 对 XML 进行操作，处理 XML 的 SAX 技术；CSS 作为当前的数据表现和样式……实战实例包括滚动公告栏、计数器、购物车、文件上传、留言板及公交信息管理等，主要从实战出发详细介绍各个实例实现的技术细节。综合实例包括聊天系统、通信录、报表等，结合作者多年实际 Web 开发项目的技术积累，完整地介绍 ASP＋XML＋CSS 技术的应用精华。

书中实例源文件请到 http://www.fecit.com.cn 的"下载专区"下载。

本书适用于对使用 ASP 进行 Web 开发感兴趣的初中级读者。

图书在版编目（CIP）数据

精通 ASP+XML+CSS 网络开发混合编程 / 张海永，章伟德编著．—北京：电子工业出版社，2006.9

（网站开发专家）

ISBN 7-121-02770-4

Ⅰ．精…　Ⅱ.①张…　②章…　Ⅲ.①主页制作－程序设计　②可扩充语言，XML－程序设计

Ⅳ.TP393.092②TP312

中国版本图书馆 CIP 数据核字（2006）第 064038 号

责任编辑：孙伟娟

印　　刷：北京天宇星印刷厂

装　　订：北京牛山世兴印刷厂

出版发行：电子工业出版社

　　　　　北京海淀区万寿路 173 信箱　邮编：100036

经　　销：各地新华书店

开　　本：850×1168　1/16　印张：26.5　字数：720.8 千字

印　　次：2006 年 9 月第 1 次印刷

印　　数：6 000 册　　定价：43.00 元

前　言

时代不断前进，而
技术之树常青。

——本书献给所有热爱 Web 开发的读者

Web 2.0 潮流下的技术困惑

现在，如果你不知道"Web 2.0"，不知道 Blog，不知道 RSS，就会遭到无数的白眼。因为这些词汇太火爆了，火爆得让普通的网民茫然，也让无数的开发者茫然。

这两年，在 IT 领域诞生了数不胜数的技术，商业的、开源的，每一次都给我们带来了新的冲击和新的诱惑。从 2005 年年底、2006 年年初引发的 Web 2.0 的潮流更是猛烈，Java 和.NET 阵营趁势推出了众多产品和概念，让 Web 2.0 的浪潮一浪高过一浪。

现在的开发者真是累啊！既要掌握很多的技术，又要"与时俱进"。要想立足，要想有所发展，就要做到"人无我有，人有我精"。这个现象在 Web 开发领域更是突显，今天是 ASP，明天必须掌握 JSP，后天又要开始.NET 的学习了。

彷徨之下，看来我们必须要深思一下技术的发展和应用的本质了。

Web 开发者的必备法宝

现在我们来画一画 Web 开发的"技术与应用拓扑"：

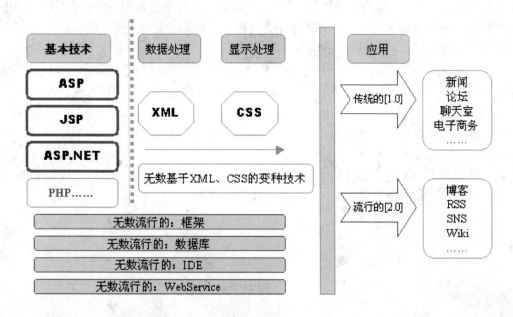

软件工程师可以根据需要进行组合！

不需要恐惧，我们先来看看作为一个网络软件工程师需要必备的法宝是什么，或者说你必须掌握什么技术体系才能够搭建自己的黄金开发平台。

随着网络应用的发展，系统越来越复杂，越来越庞大，而现在 Web 开发应用，不仅吸收了 C/S 应用的丰富特点，而且对现在的系统开发提出了更高的要求。

不要被概念炒作的迷雾所蒙蔽，不论 Web 2.0 这些最热的应用如何实现，其实仍然也是由最基本的技术进行重新组合后所开发出的新的应用，现在流行的 AJAX（Asynchronous JavaScript and XML，异步的 JavaScript 和 XML）技术也是如此，在这个应用的背后不论发生多少变化，基础的技术将是永恒的支持者。

所以，对于广大的开发人员来说，真正掌握这些知识并且利用它们才是最重要的。不论这些东西有多红火，最基本的应用和中心还是要围绕着 XML 来进行，它最美丽的外表是用 CSS 来化妆的，它对后台数据的操作还需要 ASP、JSP、ASP.NET、PHP 等。

所以，就技术而言，左边显示的这个体系才是网络软件工程师的必备法宝，缺一不可。

关于本书

目前，真正介绍面向全能型开发技术架构的图书似乎不多，基于此，我们组织了 Web 开发第一线的资深程序员和项目经理编写了本书。书中实例从实战出发，结合实际工作中的经验，介绍如何利用 ASP 高效率地从 XML 文档中提取、过滤和合并数据，并在应用程序中显示它们。

不论你在学习何种应用程序的开发，如果你从事 Web 开发，你就不会跳过 XML 和 CSS 这个应用组合的门槛儿。本书面向当前网络开发的主流平架构 ASP＋XML＋CSS，从应用领域、学习目的出发讲解网络常用的实例，并详细介绍各个实例技术细节，本书以循序渐进、由浅入深的讲解方式，由各具特色的不同深度的实例表达每一个关键的技术要点。本书全部实例均源自作者多年实际 Web 开发的项目积累。

本书在简单而全面地介绍完基础知识后，重点针对实际工作中的典型应用，介绍了 ASP＋XML＋CSS 这些技术在网页数据绑定、滚动公告栏、计数器、购物车、文件上传、留言板及公交信息管理等方面的应用方法和技巧。在本书后面部分给出了聊天系统、通信录、报表三个综合实例，结合这几个实例，综合运用 ASP＋XML＋CSS 这些技术的方法和技巧，开发出有用而高效的 Web 应用程序。

如果读者有一定的基础，可以直接跳过本书前面的基础知识部分，直接进行实例部分的学习，把各个实例系统全部搭建起来，当然，你也可以从头开始学习，辛勤耕耘，直到最后再看战果。

本书由飞思科技产品研发中心策划并组织编写，由张海永、章伟德编著，全书由邓健统稿。真心地希望此书能够给广大读者以帮助。

由于我们的水平有限，再加上时间仓促，尽管我们做了严格的审核和测试，书中还是难免会有一些错误，敬请广大读者不吝赐教和指正，我们谨在此表示感谢。

飞思科技产品研发中心

e 联系方式

咨询电话：（010）68134545　　88254160

电子邮件：support@fecit.com.cn

服务网址：http://www.fecit.com.cn　　http://www.fecit.net

通用网址：计算机图书、飞思、飞思教育、飞思科技、FECIT

目　录

V

第 1 章　ASP 编程基础

ASP 编程非常简单，既可以采用 VBScript 作为脚本语言，又可以把 VBScript 看做 VB 的子集。VB 拥有全球数量最多的使用者。ASP 功能强大而且非常容易上手，还可以采用 JavaScript 作为脚本语言。JavaScript 是 Microsoft 公司对 ECMA 262 语言规范（ECMAScript 编辑器 3）的一种实现。除了少数例外（为了保持向后兼容），JavaScript 完全实现了 ECMA 标准，所以采用 JavaScript 可以很好地和浏览器兼容。2001 年，微软在 ASP 的三个版本之后推出了全新的 ASP.NET。我们在这里介绍的主要是 ASP 3.0，虽然 ASP.NET 和 ASP 3.0 差别比较大，但是只要读者掌握了 ASP 3.0 的内容，过渡到 ASP.NET 将会是一件很容易的事情。

通过本章学习，你将能够：

➢ 了解什么是 ASP。
➢ 了解如何编写 ASP 程序。
➢ 了解一些 ASP 的对象和组件。

1.1　ASP 基本原理

ASP（Active Server Pages）是一种功能强大而且易于学习的服务器端的脚本编程环境。通过这种环境，用户可以创建和运行动态的 Web 应用程序，如使用 HTML 表单收集和处理信息。由于所有的程序都在服务器端执行，这样就大大减轻了客户端浏览器的负担，提高了交互的速度。利用 ASP 不仅能够生成动态、交互、高性能的 Web 程序，还可以进行复杂的数据库操作。同时 ASP 本身包含了 VBScript 引擎，使得脚本可以直接嵌入 HTML 中，还可以通过 ActiveX 空间实现更为强大的功能。

1.1.1　ASP 发展历史

随着 Web 业务处理越来越多，对于开发者而言，HTML 及 HTTP 的局限性日益明显。虽然 HTML 及 HTTP 推动了整个互联网的发展，但是却无法满足一些特殊的需要和快速发展的需求。因此，针对不同用户建立不同页面的服务器技术，包括 CGI、ISAPI、IDC、ASP 等，就应运而生了。

一种简单的交互类型是对用户在 HTML 表单中输入的一些数据进行处理。这基本包括用户资料的输入，以及用户查询信息等。这些数据都必须提交给服务器，然后由服务器来处理。还有一种情况就是可能需要使用数据库。当然，这种情况在目前来说是普遍存在的，使用单纯的 HTML 无法实现这一功能。所以，在服务器端开发的用于连接 HTML 和其他应用程序（比如查询数据库）的通用网关接口程序 CGI（Common Gateway Interface），逐渐被得到推广。几乎所有 Web 服务器都支持 CGI，大部分 CGI 程序都是用 Perl 语言或者 C 语言编写的。但是这种方法需要开发人员具备深厚的编程知识，并且还要被编译代码所限制。除此之外，CGI 程序的一个更大缺点就是对于每一个客户的请求都要产生一个进程来处理，这对于访问量大的服务器而言开销会很大。ISAPI（Internet Server Application Program Interface，Internet 服务应用程序接口）就可以很好地弥补 CGI 的缺点，但是 ISAPI 仍然需要使用 C 语言这样复杂的语言来编写。IDC 可以通过 ODBC 很容易地建立与数据库的连接，而不用创建 CGI 或者 ISAPI 程序。

1996 年微软诞生了 ASP 1.0, 它的诞生给 Web 开发带来了新的方向。ASP 结合了 CGI、ISAPI 及 IDC 的所有优点，可以建立强大的应用程序，而且实现的效率相对很高；也可以很方便地建立与数据库的连接，实现数据库访问；开发者还可以使用自己开发的自定义控件来扩展 ASP 的功能。

到了 1998 年，微软发布 ASP 2.0。它是 Windows NT4 Option Pace 的一部分，作为 IIS 4.0 的外接式附件。与 ASP 1.0 比较，它的功能就在于它的外部组件是可以初始化的，这样在 ASP 程序内的所有组件都有了独立的内存空间。

微软在 2000 年发布了 Windows 2000 操作系统。这个操作系统自带的 IIS 5.0 所附带的 ASP 3.0 也开始流行。相对于 ASP 2.0 而言，ASP 3.0 使用了 COM+，所以效率更高，运行更稳定。

2001 年出现了 ASP.NET，但是它并不是 ASP 3.0 的补充版本，而是从根本上改变了一些结构。我们现在学习的是 ASP 3.0，通过对 ASP 3.0 的学习，用户可以快速转向 ASP.NET。

1.1.2　ASP 是如何工作的

当客户端的浏览器访问某一网站时，浏览器先发送一个 HTTP 请求（如在浏览器中输入网址），网站服务器收到该请求后，会发回一个 HTTP 响应，并且开始向浏览器传送所请求的内容，这时客户端的浏览器就能够看见相应网页。

如果客户端发送的是一个对 ASP 文件的访问请求，网站的服务器会把所请求的 ASP 文件发送到一个叫 Asp.dll 的特定文件中。ASP 文件将会从头至尾被执行并根据命令要求生成相应的静态 HTML 文件，然后再发送到客户端的浏览器上并显示出来。

对于服务器来说，ASP 和 HTML 有着本质的区别，HTML 是不经任何处理就传送回浏览器的，而 ASP 文件的每一条命令都先被执行然后生成 HTML 文件，因此 ASP 允许生成动态内容。由于 ASP 文件是在服务器端执行的，所以不同的浏览器都可以访问它，而与浏览器无关。

1.1.3　ASP 能够做什么

在利用 Active Server Pages 进行网站的编写工作时，几乎没有什么限制，只要网站存在并能够正常运行就行。以下是简单的应用示例。

➢　ASP 通过 ADO 非常方便地实现了对网络数据库的操作。
➢　可以在网页中添加滚动显示或弹出式的广告栏。
➢　根据不同的访问要求，显示不同的访问内容。
➢　在你的主页中添加计数器、修改鼠标指针等，以创建个性化主页。
➢　根据不同的浏览器类型，显示不同的内容。
➢　显示访问者的操作系统类型、IP 地址、访问时间等。
➢　跟踪用户在网站上的活动信息并将信息保存到相应的文件中。

1.1.4　ASP 运行环境

我们在前面已经简单介绍了 ASP 的功能和特点，并且指出 ASP 是一个在服务器端执行的脚本文件，与浏览器无关。那么服务器端需要怎样的环境才能执行 ASP 呢？现在操作系统以 Windows 2000 Server 居多，还有 Windows 98、Windows NT Server、Windows XP、Windows 2003 Server。此外还需要相应的服务器软件，即信息服务器 IIS（Internet Information Server）或个人 Web 服务器 PWS（Personal Web Server），建议采用 Windows 2000/2003 Server 操作系统中的 IIS（Internet Information Server），不推荐用 Windows 98 + PWS（Personal Web Server）。

IIS 提供了安装 Internet/Intranet 的站点内容发布，以及 Web、FTP 和万维网服务等网络服务器功能。在 IIS 提供的服务器端脚本运行环境中，程序开发设计人员可以建立和运行动态的、交互的、高效的 Web 应用程序。Microsoft Personal Web Server 是一种桌面 Web 服务器，支持运行和开发 ASP 应用程序，它提供了一个个人 Web 发布服务器，可用于建立企业 Intranet 上的 Web 站点，也可以用于 Web 站点使用前的开发和测试。用户可以卅发自己用的 ASP 应用程序，或在一个运行 Windows 2000 Server 的计算机上展开应用程序。要想使开发环境功能更强大，建议使用 Windows 2000 Server 和 IIS。

1.2　Web 服务器概述

每当提到 Web 服务器的时候，很多人都认为这是一台物理上的计算机。但是实际上，Web 服务器只是一种软件，它安装在操作系统之上，可以管理各种 Web 文件，并为提出 HTTP 请求的浏览器提供 HTTP 响应。一般而言，Web 服务器和浏览器处于互连的不同计算机上，但是，它们也可以并存在同一机器上，主要是为了方便我们学习和制作。

Web 服务器有很多产品，比如微软的 IIS（Internet Information Server），IBM 的 WebSphere，BEA 的 WebLogic，比较常见的 Web 服务器有 Apache 和 IIS。这里给大家介绍 IIS 的搭建方法。

1. 安装 IIS

在 Windows 2000/XP 的安装盘中已有 IIS 5.0，但是在安装 Windows 2000/XP 时，默认为不安装，这就需要另行设置，操作如下。

（1）在 Windows 2000/XP 下，打开控制面板。

（2）选择"添加/删除程序"选项。

（3）单击"添加/删除 Windows 组件"项。

（4）在"Windows 组件向导"中选中"Internet 信息服务（IIS）"项，完成该程序的安装。

2. 配置 IIS

关于 IIS 的使用有很多内容，我们现在只介绍与开发 Web 站点密切相关的 WWW 服务的属性设置。

1）Web 站点设置

在 Windows 2000/XP 中，选择"控制面板"→"管理工具"→"Internet 信息服务"项，将出现 Internet 信息服务管理控制台窗口。在左边的窗口内展开 Internet 信息服务目录，用鼠标右键单击"默认 Web 站点"（以 Windows 2000 Server 为例），然后再单击"属性"，将出现"默认网站属性"设置窗口，这样就可以在该窗口中进行网站服务的属性设置了。

下面我们以"默认 Web 站点"为例进行介绍。非默认网站的设置与此类似，不同的就是网站的名字。在 IIS 中，可以为不同的站点设置不同的属性内容。WWW 服务的属性设置通常有 7 个选项卡，下面我们逐一介绍。

（1）"Web 站点"选项卡。在"默认 Web 站点 属性"对话框内，单击"Web 站点"选项卡，如图 1-1 所示。该选项卡用于设置 Web 站点的基本属性，如站点标识、连接、日志记录等。

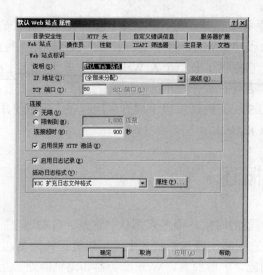

图 1-1　"Web 站点"选项卡

在该选项卡中，"说明"后面的文本框用于指定站点的名称。"IP 地址"文本框用于列出分配给该站点的 IP 地址，单击该文本框右侧的"高级"按钮可进行设置。"TCP 端口"用于指定 WWW 服务的运行端口，默认值为 80。"SSL 端口"用于指定加密套接协议层 SSL 使用的传输端口。

"连接"用于指定用户的连接时限。如果用户在规定时间内没有进行新的页面请求，服务器将终止该用户的连接。时间设置得过长会浪费服务器的资源，影响站点的性能；时间过短造成用户使用时会被服务器断开连接，影响用户浏览。

选择"启用日志记录"选项卡后，系统会启动日志文件来记录用户的活动情况。日志文件的格式可以通过下拉列表进行选择，单击"属性"按钮后，可以在出现的对话框中指定日志文件目录和设置新日志文件的周期。

（2）"ISAPI 筛选器"选项卡。在"默认网站属性"对话框内，单击"ISAPI 筛选器"选项卡，如图 1-2 所示。

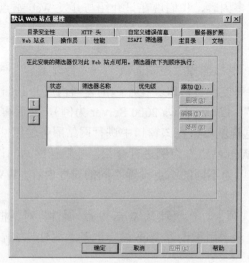

图 1-2　"ISAPI 筛选器"选项卡

在该选项卡中列出了每个 ISAPI 筛选器的状态（加载、卸载或禁止）、筛选器的名称和优先级。在该选项卡中列出的筛选器仅用于该站点，ISAPI 筛选器用于运行远程应用程序。

（3）"主目录"选项卡。在"默认 Web 站点 属性"对话框内，单击"主目录"选项卡，如图 1-3 所示。该选项卡用于设置网站主目录的位置、执行权限等。

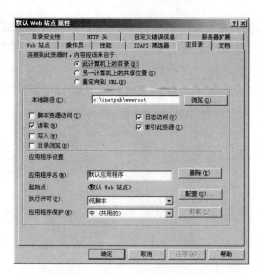

图 1-3 "主目录"选项卡

主目录的位置可以是计算机上的目录、另一台计算机上的共享位置和重定向到的 URL。主目录位置不同，其有关的属性设置也不同。下面我们以主目录是本地计算机目录为例介绍一下有关的属性设置。

在本地路径中，可以设置相关的路径和设置网络用户的读写、访问权限。"应用程序设置"用于设置应用程序的名字、起始点和执行权限。"起始点"用于指定该应用程序的起始点，应用程序起始点目录下的所有子目录及文件都将参与该应用程序，直到另一个应用程序的起点。

当主目录是局域网上另一台计算机上的共享目录时，系统会要求输入 Windows 的用户名和密码。建议使用默认的匿名用户账户，以控制网络客户对局域网的访问权限。

当主目录被重定位到另一个 URL 时，在"重定向到"文本框中键入该 URL，当浏览器请求访问该 Web 站点时，就会被定向到该文本框指定的 URL 上。

（4）"文档"选项卡。在"默认 Web 站点 属性"对话框内，单击"文档"选项卡，如图 1-4 所示。

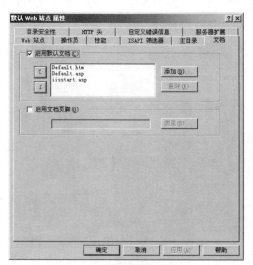

图 1-4 "文档"选项卡

选中"启用默认文档"复选框，表示启用默认文档。当服务器收到没有指定文件名的页面请求时，将按次序搜寻默认文档，然后将第一个找到的默认文档传送到客户端浏览器。

选中"启用文档页脚"复选框可以为这个站点的所有网页添加脚注。脚注可以是文件、图像或其他。只要在文本框中键入脚注的文件名，该文件就会作为脚注添加到所有的网页中去。

（5）"目录安全性"选项卡。在"默认 Web 站点 属性"对话框内，单击"目录安全性"选项卡，如图 1-5 所示。该选项卡用于指定哪个 Windows 账户有规定匿名登录用户的权限、非匿名用户的身份验证方式及规定来自哪些 IP 地址（域名）的管理员有权控制对服务器的访问。

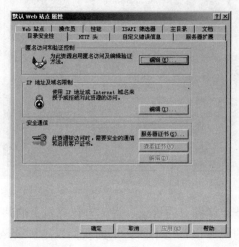

图 1-5   "目录安全性"选项卡

"匿名访问和验证控制"用于指定 Windows 账户有规定匿名登录用户的权限及指定非匿名用户的身份验证方式，可以单击"编辑"按钮进行设置。

"IP 地址和域名限制"用于指定哪些 IP 地址（域名）的用户或组有权访问该服务器，可以单击"编辑"按钮进行设置。

在"安全通信"选项组中可以使用 SSL 的用户端认证方式来验证用户的身份。当采用这种方式时，用户不需要输入密码就可凭客户端证书登录，但是在使用这种身份验证方式之前必须先安装服务器证书。

（6）"HTTP 头"选项卡。在"默认网站属性"对话框内，单击"HTTP 头"选项卡，如图 1-6 所示。该选项卡用于设置该网络站点的内容保留期限、自定义 HTTP 头、内容分级和 MIME 映射。

图 1-6   "HTTP 头"选项卡

选中"启用内容失效"复选框可以指定 Web 站点内容的保留期限。当用户请求显示该站点时，浏览器会自动比较当前日期和截止日期，以决定是显示高速缓存中的页面还是向服务器请求一个新的页面。内容保留期限可以设置成立即过期、在此时刻以后过期和在此时刻过期。

"自定义 HTTP 头"用于从服务器中发送自定义的 HTTP 头到客户端浏览器。

"内容分级"根据 RSAC 的 Internet 内容等级标准,按照裸露、暴力、色情和粗话的程度来确定网站的内容等级,然后在 HTTP 头标题中插入描述内容等级的标签,让用户了解该站点的内容属于哪　等级。

"MIME 映射"用于设置服务器返回给客户端浏览器的文件类型。

(7)"自定义错误信息"选项卡。在"默认 Web 站点 属性"对话框内,单击"自定义错误信息"选项卡,如图 1-7 所示。该选项卡用于定义在发生 HTTP 错误时返回客户端浏览器的信息。

图 1-7　"自定义错误信息"选项卡

2)虚拟目录设置

当一个 Web 站点配置好后,就可以进行虚拟目录的设置了。我们既可以在默认的站点中建立新的虚拟目录,也可以在新建的站点中进行。下面,我们以默认网站为例,建立一个"ASP 基础"虚拟目录。我们在"C:\Inetpub\wwwroot"目录下新建一个名为"ASP 基础"的文件夹。设置虚拟目录的步骤具体如下。

(1)在 Windows 2000/XP 中,选择"控制面板"→"管理工具"→"Internet 信息服务"项,将出现 Internet 信息服务管理控制台窗口。

(2)在左边的窗口内展开 Internet 信息服务目录,用鼠标右键单击"默认网站",选择"新建"命令,再选择"虚拟目录"命令,这时会出现一个"虚拟目录创建向导"对话框,如图 1-8 所示。在其中填入访问虚拟目录的别名,这里我们填写"aspxmlcss"。

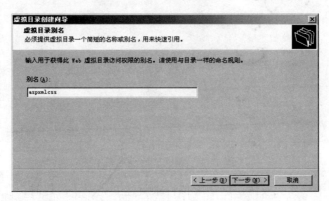

图 1-8　虚拟目录设置图 1

（3）单击"下一步"按钮，显示如图 1-9 所示的对话框界面，在其中单击"浏览"按钮，然后在弹出的"浏览文件夹"对话框中选择含有发布内容的目录的实际路径，在这里我们选择"C:\Inetpub\wwwroot\asp 混合编程"，单击"确定"按钮后向导对话框显示如图 1-10 所示。

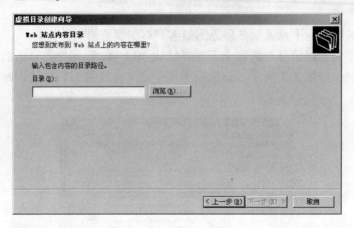

图 1-9　虚拟目录设置图 2

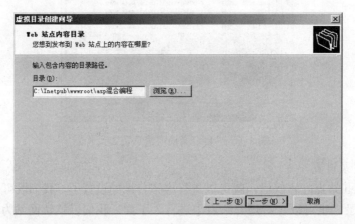

图 1-10　虚拟目录设置图 3

（4）单击"下一步"按钮，显示如图 1-11 所示的对话框界面，我们可以看到对话框内有 5 个复选项，默认选中前两项。

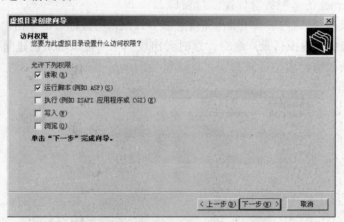

图 1-11　虚拟目录设置图 4

（5）单击"下一步"按钮，这个虚拟目录就建立完毕了。这时，在控制台窗口左边的窗格内会出现我们刚刚建立的"aspxmlcss"虚拟目录，如图 1-12 所示。

图 1-12　虚拟目录设置图 5

（6）在图 1-12 所示中，用鼠标右键单击"aspxmlcss"，在弹出的快捷菜单中选择"属性"选项，弹出如图 1-13 所示的对话框，在这里我们可以设置刚刚建立的虚拟目录的属性。与默认站点的属性设置类似，这里不再赘述。

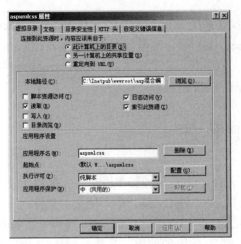

图 1-13　虚拟目录设置图 6

3．测试 IIS

我们已经安装和配置好了 ASP 的运行环境，现在可以简单地建立一个 ASP 程序来验证你的 ASP 环境配置是否正确。

建立 ASP 文件，只需要利用一种普通的文本编辑工具（如记事本、EmEditor 等）就可以了。当然也可以利用可视化编辑器（如 Frontpage、Dreamweaver 或 Visual InterDev 等），现在可以利用 Windows 自带的记事本（Notepad）。然后输入下面这个程序，最后将该文件保存到"C:\Inetpub\wwwroot\ ASP 基础"文件夹下（文件名 1.1.asp）。

```
1:    <html>
2:    <head><title>ASP 实例—— HELLOWORLD</title></head>
3:    <body>
4:    <% response.write("Hello world!!!") %>
5:    </body>
6:    </html>
```

将该文件存成 asp 后缀，这里我们假设保存为 ch01-1.asp，注意请不要存成 txt 后缀的文件。现在，我们打开浏览器并在地址栏中输入文件的地址，调用该文件。在地址栏中输入"http://localhost/ASP 基础/ch01-1.asp"后，如果一切正常，正确的字符将被显示，如图 1-14 所示。

图 1-14　测试 ASP 运行环境

4．我的环境

"工欲善其事，必先利其器"，在开始写程序之前，介绍一下笔者编辑调试的计算机环境（笔者所用的是笔记本电脑）。

首先介绍硬件环境，CPU Intel Pentium-M 1.6G，硬盘 60GB HDD，内存 512MB DDR2 显示屏宽屏 TFT 15.4（奢侈吧？）。

接下来是软件环境，操作系统 Windows XP Professional Service Pack 2，Web 服务器 Microsoft Internet Information Services (IIS) 5.1，浏览器当然是 Internet Explorer 6 Service Pack 2。

笔者的 Web 服务器上的虚拟目录为"C:\Inetpub\wwwroot\asp 混合编程"，别名是"aspxmlcss"。现在开始 ASP 路上的 XML+CSS 的征程。

1.3　开始编写 ASP 程序

Active Server Pages（ASP）不是一种脚本语言，它提供了使得嵌在 HTML 网页中的脚本程序能够运行的环境。它同 HTML 文件一样，是一种文本文件，只是它的扩展名为.asp。使用 ASP 编写程序实际上就是用 Scripts（VBScript、JScript）等脚本，按照 ASP 的语法来编写程序。下面我们将结合 Scripts 在 ASP 文件中的使用，具体介绍 ASP 程序的编写。

○1.3.1　使用逃逸标记<%和%>

最简单方便的方法是利用逃逸标记<%和%>。在这个符号之间的内容都将被认为是一段 Scripts 脚本，当被用户访问时，在服务器端执行并把结果显示在客户端的浏览器上。同时 ASP 默认使用 VBScript 脚本，也就是说，用户在使用<%和%>标记时，可以不用做任何说明，直接使用在 ASP 文件中。

下面举一个例子来简单说明一下<%和%>标记的用法。

```
1:    <html>
2:    <head><title>逃逸标记实例</title></head>
3:    <body>
4:    <% for I=0 to 5 %>
5:    <%= "Hello world!!!" %><br>
6:    <% next %>
7:    </body>
```

```
8:    </html>
```

第 1 行~第 3 行属于 HTML 标记，其中第 2 行用于定义页面标题部分。

第 4 行~第 6 行是在 HTML 中使用 "<%" 和 "%>" 包含了一段脚本语言，使用 for…next 循环语句。

第 5 行使用<%="输出字符串"%>语句进行输出。

以上代码在服务器端执行后用浏览器显示的结果如图 1-15 所示。

图 1-15　逃逸标记实例显示结果

这里我们主要介绍的是逃逸标记的用法，具体的 VBScript 语法，将在下一节中介绍。

1.3.2　使用<script>标记

包含在 HTML 中的<script>标记，也可以用来编写嵌入 HTML 网页中的脚本。<script>标记有两个属性，即 Language 和 Runat。Language 属性用来指定 Scripts 脚本的语言（VBScript、JScript 语言）。Runat 属性则指定该脚本是在服务器（Server）端还是在客户端（Client）实现。下面举例说明<script>标记的用法。

```
1:    <html>
2:    <head><title>Script 标记实例</title></head>
3:    <body>
4:    <script language= "VBScript" runat= "server" >
5:    document.write("Hello world!!!")
6:    </script>
7:    </body>
8:    </html>
```

这段 ASP 代码执行后在浏览器显示的结果如图 1-16 所示。

图 1-16　<script>标记实例显示结果

这段代码同样实现了在浏览器上显示 "Hello world!!!"。"language= "VBScript""表示我们选择了 VBScript 语言，"runat= "server""说明该脚本是在服务器端执行，执行结构被传送到客户端的浏览器上并显示出来。

1.3.3 添加注释

程序注释是书写规范程序时很重要的一个内容。注释在编译代码时会被忽略，不会影响程序的执行和结果。注释可以方便程序代码的阅读和维护（修改）。所以适度的注释是不可缺少的。

ASP 提供了三种注释方式。

➢ 单引号：在单引号之后的一行文字都被视为注释。

➢ rem 关键词：在 REM 后面的文字，被视为注释。

➢ <!--和-->：用于注释代码。

关于注释的具体用法，将在以后的程序代码中说明，这里不再赘述。

1.3.4 编程语言的选择

由于 ASP 只是一个脚本程序设计环境，要在这个环境中进行程序设计，必须选择一种脚本语言。就编程语言（Visual Basic、C++及 Java 等）而言，它们提供对计算机资源的低级访问，可用来创建复杂的大型程序。而脚本语言则用来创建功能有限的脚本程序，以便在 Web 服务器或者浏览器上执行 Web 站点功能。与其他较复杂的编程语言不同，脚本语言是解释型的，指令语句由中间程序执行。解释过程虽然降低了脚本程序的执行效率，但是脚本程序语言简单易学。目前比较流行的脚本语言有两种，即 VBScript 和 JavaScript，当然，还有诸如 Perl 及 Python 等。ASP 本身支持这两种脚本语言，也就是说在同一个页面可以同时出现两种脚本语言。这是因为 ASP 的服务器上提供了这两种脚本引擎，如果想要使得 ASP 使用 Perl，那么必须在服务器上安装这种脚本的引擎。

以 VBScript 和 JavaScript 来说，VBScript 是由微软开发的，而 JavaScript 是由 Netscape 公司开发的。IIS 同时支持这两种脚本：但对于客户端浏览器而言，因为 VBScript 是由微软开发的，所以只有 IE 浏览器支持这种脚本，而所有浏览器都支持 JavaScript。因此我们在选择脚本语言的时候，如果用于服务器端则选择 VBScript，如果用于客户端则选择 JavaScript。

1.3.5 小实例——自我介绍

其学习目的：简单了解一下页面提交和 ASP 执行过程。共有两个页面，一个是提交页面，另一个是显示页面。

首先介绍提交页面。其内容有姓名、年龄、性别、城市 4 项，如图 1-17 所示。

图 1-17　自我介绍实例提交页面

下面是它的代码（1.3.5.asp）。

```
 1:  <html>
 2:  <head>
 3:  <title>自我介绍</title>
 4:  <meta http-equiv="Content-Type" content="text/html; charset=gb2312">
 5:  </head>
 6:  <body bgcolor="#FFFFFF" text="#000000">
 7:  <form name="form1" method="post" action="reg.asp">
 8:  <center><B>自我介绍</B></center>
 9:  <br>
10:   姓名：
11:  <input type="text" name="name">
12:  <br>
13:  年龄：
14:  <input type="text" name="age">
15:  <br>
16:  性别：男
17:  <input type="radio" name="sex" value="男">
18:  女
19:  <input type="radio" name="sex" value="女">
20:    <br>
21:  城市：
22:  <select name="city">
23:   <option value="北京" selected>北京</option>
24:  <option value="上海">上海</option>
25:  <option value="天津">天津</option>
26:  <option value="重庆">重庆</option>
27:  <option value="邯郸">邯郸</option>
28:   </select>
29:   <br>
30:  <input type="submit" name="Submit" value="提交">
31:   <input type="reset" name="Submit2" value="重置">
32:  </form>
33:  </body>
34:  </html>
```

接着介绍显示页面。以上代码的第 7 行（<form name="form1" method="post" action="reg.asp">）中，"reg.asp"就是显示页面的文件名称。在提交页面录入数据后，如图 1-18 所示，单击"提交"按钮，将出现如图 1-19 所示的显示页面。

图 1-18　录入数据　　　　　　　图 1-19　自我介绍实例显示页面

下面是它的代码（reg.asp）。

```
1:    <%
2:    name=request.form("name")
3:    age=request.form("age")
4:    sex=request.form("sex")
5:    city=request.form("city")
6:    response.write "你的姓名: "&name&"<br>"
7:    response.write "你的年龄: "&age&"<br>"
8:    response.write "你的性别: "&sex&"<br>"
9:    response.write "你来自: "&city&"<br>"
10:   %>
```

很容易吧，没有想象中的那么复杂。具体各对象是如何工作的，来看下面 1.4 节的内容。

1.4　ASP 的常用对象

这一节我们介绍 ASP 常用的内建对象。这些对象无须创建就可直接使用对象的方法和属性，可以说是 ASP 的核心，掌握它们的用法对于学习 ASP 组件很有帮助。使用这些对象可以省去程序员很多麻烦，提高程序编写的效率。

ASP 常用对象有：

➢ Response 对象，用于发送信息给客户端浏览器。

➢ Request 对象，获得客户端信息。

➢ Application 对象，设置访问 Web 应用的所有用户的属性和信息。

➢ Server 对象，提供访问服务器的属性和方法。

➢ Session 对象，为访问 Web 的单独用户设置属性和信息。

○1.4.1　Response 对象

可以使用 Response 对象控制发送给用户的信息，包括直接发送信息给浏览器、重定向浏览器到另一个 URL 或设置 Cookie 的值。

1．向浏览器输出信息

Response 对象的 Write 方法的主要功能是向浏览器输出指定内容。Response.Write 是从服务器端向客户端浏览器输出。

```
1:        <% Response.Write "Hello world!!!" %>
```

上面程序显示的结果如图 1-20 所示。

图 1-20　Response.Write 语句实例显示结果

<% Response.Write "Hello world!!!" %>这条语句还可以简化写为<%= "Hello world!!!" %>，它们的功能是相同的，即 Response.Write 与<%= %>相同。

2. 网页转向

Response 对象的 Redirect 方法用于设置重定向 URL，也就是程序自动跳转到 URL 指定的网页。同时需要注意的是，在 Response.Redirect 语句之前绝对不能再有其他语句向浏览器输出信息，否则浏览器会出错。

```
1:      <% Response. Redirect "ch01-8.asp" %>
```

上面的程序会跳转到 ch01-8.asp 页面，即 Response.Write 的例子，显示的结果相同。

3. 停止向浏览器输出信息

Response 对象的 End 方法用于停止向浏览器输出信息。

```
1:      <%
2:      Dim I,Sum
3:      Sum=0
4:      For I=0 to 100
5:        Sum=Sum + I
6:        Response.Write Sum & "<br>"
7:       IF I=5 then Response.End
8:      Next
9:      %>
```

以上程序的输出结果如图 1-21 所示。

图 1-21　Response.End 语句实例显示结果

如果没有 Response.End 语句，程序会向浏览器输出每一次相加的结果，直到 5050。加上了 Response.End 语句，循环 5 次后程序就停止向浏览器输出。

4. 小实例——输出信息

学习目的：灵活应用输出信息。

运行显示结果如图 1-22 所示。

图 1-22　输出信息实例显示结果

在过程外部，不必使用 Response.Write 将内容送回用户。不在脚本定界符内部的内容被直接发送给浏览器，浏览器将其格式化并显示。代码如下（1.4.2.asp）：

```
1: <%
2: If FirstTime = True Then
3:   Response.Write "<H3 ALIGN=CENTER>欢迎到测试页</H3>"
4: Else
5:   Response.Write "<H3 ALIGN=CENTER>欢迎<I>回到</I>测试页</H3>"
6: End If
7: %>
```

○1.4.2 Request 对象

可以使用 Request 对象访问任何用 HTTP 请求传递的信息，包括从 HTML 表格用 POST 方法或 GET 方法传递的参数、cookie 和用户认证。Request 对象使你能够访问发送给服务器的二进制数据，如上载的文件。

1. 从浏览器获得数据

ASP 的 Request 对象从客户端获得信息，它经常与 Response 对象一起使用。Request 接收用户提交的数据信息，而 Response 则把服务器处理后的数据信息返回给客户端浏览器。当提交对应表单 Form 时，有 POST 和 GET 两种方法。

```
1:      <html>
2:      <head><title> Request 对象例子</title></head>
3:      <body>
4:      <p align= "center" >在线调查</p>
5:      <form action= "ch01-12.asp" method= "Post" >
6:        <p>姓名: <input type= "text" size= "20" name= "Name" ></p>
7:        <p>城市: <input type= "text" size= "20" name= "City" ></p>
8:        <p><input type= "submit" name= "Button1" value= "确定"></p>
9:      </form>
10:     </body>
11:     </html>
```

上面例子中的表单 Form 中有一句：action= "ch01-12.asp"，它的意思是当用户提交表单的时候，数据由 ch01-12.asp 这个文件来处理。

```
1:      <html>
2:      <head><title> Request 对象例子</title></head>
3:      <body>
4:      <p align= "center">在线调查结果</p>
5:      欢迎来自<% =request("City")%>城市的<% =request("Name") %>。
6:      </body>
7:      </html>
```

浏览器显示的结果如图 1-23 和图 1-24 所示。

图 1-23　用户输入显示

图 1-24　表单 Form 提交后的显示结果

2．利用 QueryString 集合获得数据

当表单 Form 以 GET 方法提交的时候，就要用 Request. QueryString 来接受数据信息。在 ch01-11.asp 中把 method= "Post"改成 method= "Get"。同时将 ch01-12.asp 做如下修改即可。

```
1:    <html>
2:    <head><title> Request 对象例子</title></head>
3:    <body>
4:    <p align= "center">在线调查结果</p>
5:     欢迎来自<% =request. QueryString ("City")%>城市的<% =request.
             QueryString ("Name") %>
6:    </body>
7:    </html>
```

利用 QueryString 方法还可以读取超级链接后面的参数（ch01-13.asp）。

```
1:    <html>
2:    <head><title> QueryString 方法例子</title></head>
3:    <body>
4:    <p align= "center">在线游戏</p>
5:    <p><a href= " 1-5-6.asp?name=象棋&Class=初级" >初级象棋</a></p>
6:    <p><a href= " 1-5-6.asp?name=象棋&Class=中级" >中级象棋</a></p>
7:    </body>
8:    </html>
```

ch01-14.asp：

```
1:    <%
2:    Response.Write "开始"&Request.QueryString("Class")&Request .Query-
             String("name")&"游戏"
3:    %>
4:    <html>
5:    <head><title>读取 QueryString 集合例子</title></head>
6:    <body>
7:    </body>
8:    </html>
```

程序运行结果如图 1-25 和图 1-26 所示。

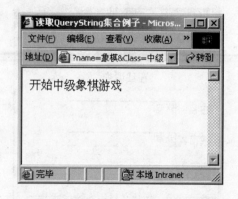

图 1-25　QueryString 方法例子显示结果　　　图 1-26　读取 QueryString 集合例子显示结果

3．小实例——得到食物（food）

学习目的：灵活运用 Request.QueryString。

QueryString 集合有一个可选参数，可用来访问显示在请求正文中的多个值中的一个。也可以使用 Count 属性计算一个特殊类型的值的出现次数。

在 URL 中输入 "1.4.4.asp?food=apples&food=olives&food=bread"，获得下面的结果，如图 1-27 所示。

图 1-27　得到食物（food）实例显示结果

代码如下（1.4.4.asp）：

```
1:  <% Total = Request.QueryString("food").Count %>
2:  <% For i = 1 to Total %>
3:  <% = Request.QueryString("food")(i)  %> <br>
4:  <% Next %>
```

○1.4.3　Application 对象

可以使用 Application 对象使给定应用程序的所有用户共享信息。需要的时候可以创建 Application 对象的变量。变量被创建后，在整个程序运行期间有效，并且能够访问，因而常常用来统计访问人数、创建聊天室等。

1．Application 对象特性

一个 Application 对象就是在硬盘上的一组主页或 ASP 文件，当 ASP 加入了 Application 对象，它就拥有了作为单独主页无法拥有的属性。数据信息可以在 Application 内部共享，能够覆盖多个用户。一个 Application 对象的例子可以被整个 Application 共享。单独的 Application 可以运行在自己独立的内存中，不影响其他人的应用。

你可以针对不同的任务创建个别的 Application，也可以创建一个 Application 适用于全部的公用用户。

2．Application 对象自定义属性和使用

Application 对象自定义属性的方法为：

Application（"属性名"）

```
1:      <html>
2:      <head><title> Application 对象</title></head>
3:      <body>
4:      <% Application("Getting")= "Hello World!" %>
5:      <% =Application("Getting")%>
6:      </body>
7:      </html>
```

以上程序定义了一个名为 Getting 的 Application 对象。程序执行完后，在浏览器上显示的结果如图 1-26 所示，同时该对象被保存在服务器上，直到服务器关闭或这个 Application 对象被卸载。在该对象被卸载前，只要执行<% =Application("Getting")%>，就会得到如图 1-28 所示的结果。

图 1-28　Application 对象例子显示结果

3．小实例——小小计数器

学习目的：接触文件读写和应用技巧。

图 1-29　输出信息实例显示结果

代码如下（1.4.6.asp）：

```
<%
'文件aconter.txt 是用来存储数字的文本文件，初始内容一般是0
CountFile=Server.MapPath("counter.txt")
Set FileObject=Server.CreateObject("Scripting.FileSystemObject")
Set Out=FileObject.OpenTextFile(CountFile,1,FALSE,FALSE)
```

```
counter=Out.ReadLine'读取计数器文件中的值
Out.Close'关闭文件
Set FileObject=Server.CreateObject("Scripting.FileSystemObject")
SetOut=FileObject.CreateTextFile("C:\Inetpub\wwwroot\counter.txt",TRUE,FALSE)
Application.lock'方法Application.lock禁止别的用户更改计数器的值
counter= counter + 1'计数器的值增加1
Out.WriteLine(counter)
Out.Close'把新的计数器值写入文件
Application.unlock'使用方法Application.unlock后，允许别的用户更改计数器的值
Response.Write("你是第")
Response.Write("<font color=red>")
Response.Write(counter)'把计数器的值传送到浏览器，以红（red）色显示给用户
Response.Write("</font>")
Response.Write("位访问者")
'关闭文件
%>
```

○1.4.4　Server 对象

Server 对象提供对服务器上的方法和属性进行的访问。最常用的方法是创建 ActiveX 组件的实例（Server.CreateObject）。其他方法用于将 URL 或 HTML 编码成字符串，将虚拟路径映射到物理路径，以及设置脚本的超时期限。

1.　向浏览器输出 HTML 代码

HTML 标记作为系统标记，是不会在浏览器上显示出来的，如果要在浏览器上显示，就需要用到 Server 对象的 HTMLEncode 方法。它会对特殊字符"< 和 >"进行编码，当浏览器接收到这种编码的时候，就对它们进行解码并输出。

```
1:      <html>
2:      <head><title> Server 对象HTMLEncode 方法</title></head>
3:      <body>
4:      <%
5:      Response.Write Server. HTMLEncode("<B>Hello World!!!</B>")
6:      %>
7:      </body>
8:      </html>
```

程序的显示结果如图 1-30 所示。

图 1-30　Server 对象 HTMLEncode 方法例子显示结果

2．获得文件路径

Server 的 MapPath 方法将指定的绝对路径或虚拟路径映射到服务器相应的实际目录上。

```
1:    <html>
2:    <head><title> Server 对象 MapPath 方法</title></head>
3:    <body>
4:    <p>Server.MapPath("/")<% = Server.MapPath("/") %></p>
5:    <p>Server.MapPath("/ch01-16.asp")<%
         = Server.MapPath("/ch01-16.asp") %></p>
6:    </body>
7:    </html>
```

程序的显示结果如图 1-31 所示。

图 1-31　Server 对象 MapPath 方法例子显示结果

注意：

Server 的 MapPath 方法并不检查转换的目录是否存在或正确与否。

3．小实例——连接数据库

学习目的：接触数据库连接方法。

图 1-32　输出信息实例显示结果

代码如下（1.4.8.asp）：

```
1:  <%
2:    Set cn = Server.CreateObject("ADODB.Connection")
3:    Response.Write("创建成功！")
4:  %>
```

1.4.5 Session 对象

1. Session 对象特性

可以使用 Session 对象存储特定的用户会话所需的信息。当用户在应用程序的页之间跳转时，存储在 Session 对象中的变量不会被清除；而用户在应用程序中访问页时，这些变量始终存在。也可以使用 Session 方法显式地结束一个会话和设置空闲会话的超时期限。不同的用户之间，不能共享 Session。Session 对象经常用于用户的身份认证、存储用户信息等。

```
1:    <html>
2:    <head><title> Session 对象 SessionID 方法</title></head>
3:    <body>
4:    您本次登录网站的ID是: <% =Session.SessionID%>
5:    </body>
6:    </html>
```

当用户登录网页时，系统会自动分配给用户一个 ID，并且这个 ID 不会重复，可以用来识别不同的用户。程序的显示结果如图 1-33 所示。

图 1-33　Session 对象 SessionID 方法例子显示结果

2. 利用 Session 的自定义属性保存信息

同 Application 对象一样，也可以创建 Session 对象的变量。变量被创建后，该属性值在 Session 有效期内存在，当用户退出时，信息才被删除。

同时，Session 对象中有事件（Event），一共有两种事件，即 Session_OnStart 和 Session_OnEnd。前者当一个 Session 开始时被触发执行，后者在 Session 结束时被触发执行。

3. 小实例——显示 Session

学习目的：获得 Session 内容。

程序的显示结果如图 1-34 所示。

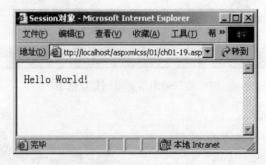

图 1-34　显示 Session 例子显示结果

代码如下（ch01-19.asp）：

```
1:      <html>
2:      <head><title> Session 对象</title></head>
3:      <body>
4:      <% Session ("Getting")= "Hello World!" %>
5:      <% = Session ("Getting")%>
6:      </body>
7:      </html>
```

1.5   小结

本章介绍了当前最流行的服务器端编程语言 ASP 的基本概念和常用对象，特别是这些对象关系复杂，为了方便大家理解，下面通过绘制图形来描述关系，如图 1-35 所示。

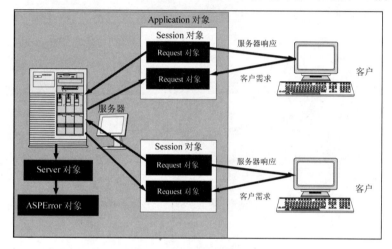

图 1-35   ASP 对象关系图示

如果你是位 HTML 编写人员，你将发现 ASP 脚本提供了创建交互页的简便方法。如果你想从 HTML 表格中收集数据，或使 HTML 文件个性化，或根据浏览器的不同使用不同的特性，你会发现 ASP 提供了一个出色的解决方案。以前，要想从 HTML 表格中收集数据，就不得不学习一门编程语言来创建一个 CGI 应用程序。现在，你只要将一些简单的指令嵌入到你的 HTML 文件中，就可以从表格中收集数据并进行分析，而不必再学习完整的编程语言或者单独编译程序来创建交互页。

随着不断掌握并使用 ASP 和脚本语言的技巧，你可以创建更复杂的脚本。对于 ASP，你可以便捷地使用 ActiveX 组件来执行复杂的任务，比如连接数据库以存储和检索信息。

第 2 章 XML 编程基础

XML（Extensible Markup Language，扩展标记语言）作为一种专门在 Internet 上传递信息的语言，被广泛认为是继 Java 之后在 Internet 上最激动人心的新技术。

XML 是由 W3C（World Wide Web Consortium，互联网联盟）定义的一种标记语言。我们知道 HTML（Hypertext Markup Language，超文本标记语言）获得了巨大的成功，但是随着 Internet 及其应用的迅速发展，HTML 的局限性就逐渐体现出来。为了解决这些问题，W3C 在 1998 年 1 月 10 日正式公布了 XML 1.0 标准。XML 极大地强化了保存数据和处理数据的能力，而不像 HTML 只是单纯地显示数据。同时，XML 具有灵活的语法和扩展性，使得 XML 能够适应不同行业的不同需求。

通过本章学习，你将能够：

➢ 了解 XML 概念。
➢ 了解如何编写 XML 文件。
➢ 了解如何检验 XML 文件
➢ 了解 DOM 技术

2.1 XML 基本概念

在本章里你将学到什么是 XML，XML 和 HTML 有什么不同。你将学习如何在你的应用软件中使用 XML。下面就开始学习 XML 吧。

2.1.1 什么是 XML

在 Internet 迅速发展和广泛普及的今天，HTML 已是人们耳熟能详的字眼。XML 和 HTML 可以算是一对孪生兄弟，它们都是由 SGML（Standard Generalized Markup Language，标准通用标记语言）发展而来的。

在介绍 XML 之前我们首先介绍"标记"这个概念。标记可以理解为用于向文档内容添加的任何一组代码或者标签，比如我们在看书的时候用彩色笔画出一些重点，那些彩色就是一种标记；而标记语言就是使用文字串或者标记来界定和描述这些数据的语言。XML 和 HTML 都属于标记语言。

实际上，早在没有 Web 概念的时候，SGML 就已经存在。20 世纪 60 年代末期，IBM 的工作人员 Ed Mosher、Ray Lorie 和 Charles F. Goldfarb 为了解决文档在不同操作系统之间的通用问题，提出了一种新的文档格式编排系统——GML（Gen Markup Language，通用标记语言）。GML 是一种自参考语言，它可以用于标记任何数据集合的结构，同时它也是一种元语言（meta-language），也就是能够描述其他语言及其语法和词汇表的语言。到了 1974 年，Goldfarb 提出了在 GML 中实现语法合法性分析器的概念，也就是在处理一个文档之前，首先读取该文档的文档类型定义（Document Type Definition，DTD）。DTD 中定义了标记的含义，然后由此检查标记使用的正确性，而不必直接去处理庞大的文档。GML 最初的目的是满足在不同操作系统上传递文档的 3 个要求：

> ➤ 文件处理程序支持同一个公共文档格式。
> ➤ 这个公共文档格式在特定的领域是专用的。
> ➤ 文档格式必须遵守一些特殊规则。

经过近 9 年的时间，GML 发展成了 SGML。1986 年国际标准化组织 ISO 批准采用 SGML 作为一种国际性的数据存储和交换的标准。因为 SGML 从 GML 发展而来，所以 SGML 的语法是可以扩展的。SGML 十分庞大，既不容易学，也不容易使用，在计算机上实现也十分困难。由于这些因素，1989 年，一位英国的研究人员 Tim Berners-Lee 在位于瑞士的日内瓦欧洲核子物理研究中心发现处理该研究中心大量研究资料时，资料之间的不可移植和不兼容是一件非常麻烦的事情。于是，他构想了这样一种架构：在其中存取数据都采用一种统一的简单方式进行，传递信息的双方不考虑使用什么终端和程序，包含任何地点的任何计算机可以使用一个简单的和常用的程序存取数据。他还萌发了超级链接的概念，结合已有的 SGML，提出了 HTML（Hypertext Markup Language，超文本标记语言）。于是 HTML 作为一个描述 Web 信息这种广泛使用的文档类型的SGML 程序诞生了。虽然 HTML 只是 SGML 中很小的一部分标记，而且 HTML 规定的标记是固定的，尽管在过去几个版本里每年都会增加一些标记，但是不可能增加太多的标记，这样 HTML 就可以说是不可以扩展的，它不需要包含 DTD。HTML 因为其标记的固定性，导致非常易学易用，在计算机上开发 HTML 的浏览器也很容易，也正是由于 HTML 的这种简单易用性，才使得 Web 技术走向全世界，成就了今天的 WWW。

HTML 是建立 Web 网页的标记语言，和 SGML 一样，也是通用的标记语言，而且非常通俗易懂易学，一个初学者通过一些简单的例子在短时间内就可以学会 HTML，而且制作 HTML 代码的工具很容易找到。不仅如此，浏览器厂商都在他们的产品中内建了 HTML 解释器，从而能够正确按照 HTML 的标准来显示数据。下面就是一个最简单的 HTML 例子（02-01.htm）。

```
1:   <HTML>
2:   <head>
3:   <title>产品介绍</title>
4:   </head>
5:   <body>
6:   <h2>最新产品</h2>
7:   <p>
8:   <table border="1" width="200">
9:       <tr><th>产品</th><th>价格(元)</th></tr>
10:      <tr><td>帽子</td><td>34</td></tr>
11:      <tr><td>包</td><td>54</td></tr>
12:  </table>
13:  </p>
14:  </body>
15:  </HTML>
```

我们可以发现这个 HTML 文件非常简单，仅仅包括了一些最常用的 HTML 标记，而这些标记在识别和理解上都非常容易。比如，每一个标记都包含在左尖括号 "<" 和右尖括号 ">" 中；大部分标记都是成对出现，也有非成对的标记，比如
；标记还可以嵌套，比如<head></head>和<body></body>就嵌套在<html>和</html>之间；标记可以带有一些属性，比如上面代码第 8 行的<table></table>标记的属性 border，属性放在开始标记内，对属性进行赋值使用 "="，并且属性值要使用引号引起来如 "1"，属性之间至少空一个空格等。

作为使用者，我们没有必要去记住所有的 HTML 标记和它们的属性，我们只需要熟悉这些标记的使用方法，了解它们的特定用途就可以了。因为现在有很多 "所见即所得" 的 HTML 制作软件，比如微软的 Frontpage。但是，HTML 无法执行某种程度的功能：如定位排列、统一网站样式等一些网页制作者需要的功能。为了解决这种 HTML 样式限制的问题，又出现了 CSS（Cascading Style Sheets，层叠样式表），使得 HTML 的样式设定得到扩充，我们将在第 3 章介绍 CSS，本例中没有使用到 CSS。

上面的代码在浏览器中的显示结果如图 2-1 所示。

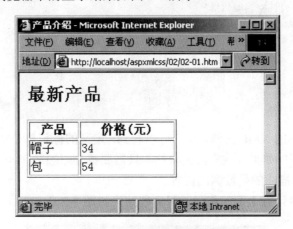

图 2-1　一个标准的 HTML 文件

虽然 HTML 能够很好地在浏览器上显示数据，但是它完全不适合需要处理数据的情况，它只是在浏览器里按照指定的样式显示数据而已。

搜索引擎采用一种机器人程序去不同的网页搜索数据，如百度的 baiduspider。比如说，现在需要这种机器人程序去不同的网站页面搜索不同的产品的最新报价，好让我们做个比较，而不必需要我们自己一个网站一个网站地去浏览。那么出现的问题是：机器人程序如何在大量的数据里判断哪些是最新的产品和最新的价格？网站 A 可能采用了<td>和</td>来显示价格，网站 B 可能采用了<OL>或者<UL>来显示价格，网站 C 可能又是其他的显示方法。要机器人程序将我们所需要的数据提取出来就很麻烦，如果这个机器人程序不够聪明，那么根本就无法工作，若这些网页只是纯粹给我们浏览的话，基本上没有什么问题。但是，在这样一个信息爆炸的时代，我们不能去浏览所有的信息然后寻找自己所需要的数据，所以我们基本上依靠机器人程序来帮助。如果采用 HTML 标记来标注信息，对机器人程序而言就不够理想，工作起来缺乏效率。

HTML 的主要功能在于在网页上安排显示数据，但是无法处理数据，除了几个用来表示内容的标签，比如<address>、<strike>、<big>等之外，其他的基本上都是用来进行网页布局的。为了解决上面所提到的问题，最好能在网页中对于价格给出<价格>和</价格>这样的标记。可是我们又不能把这样的标记加入到 HTML 标记中去，各行各业的用户都将自己的标记加入 HTML 中去，本来 HTML 就已经足够庞大了，再加入这些行业标记就会更加麻烦。实际上，对于显示的产品信息，在现在的大部分网站上基本都是存储在关系型数据库中的表里面，有自己的结构，但是一旦通过某种服务器端程序让这些数据在 Web 页面上显示的时候就被放到<td></td>或者<ul><li>等标记中去。其实，这样就取消了原来数据的架构。虽然 HTML 极力推动了 WWW 的发展，但是越来越多的应用导致 HTML 的缺陷越来越明显，但这并不是说 HTML 一无是处。

XML 就是为了解决 HTML 的不足而出现的。XML 也是一个精简的 SGML，它将 SGML 的丰富功能与 HTML 的易用性结合到 Web 应用中。XML 和 HTML 最明显的区别之一就是 XML 可以自己定义标签。定义的标签可以按照各行各业的意思充分表达内容的意思，比如我们定义<价格>、<产品名称>等这样的表达意思的标记。在 XML 中，我们注重的是数据内容，而不是数据的显示，XML 显示可以通过 CSS 等来实现。下面我们来看第一个 XML 文件。

以下是最新产品的 XML 文件（02-02.xml）。

```
1:    <?xml version="1.0" encoding="gb2312" ?>
2:    <最新产品>
3:    <产品>
4:        <名称>帽子</名称>
5:        <价格>34</价格>
6:    </产品>
7:    <产品>
8:        <名称>包</名称>
9:        <价格>54</价格>
10:   </产品>
11:   </最新产品>
```

上面是一个简单的 XML 文件，我们可以看到，定义的标记都是能够将数据内容表达出来的标记。这样机器人程序如果寻找产品的价格，只需要找到<价格>和</价格>标记之间的数据就可以了。所以说 XML 描述的是数据的内容。

我们在浏览器中运行上面的代码，得到的结果如图 2-2 所示。

图 2-2　第一个 XML 文件

微软早在 IE 4.0 的时候就开始支持 XML。很显然，单纯的 XML 文档并没有什么实际意义。用浏览器打开 XML 文件，由于标记都是用户自己定义的，浏览器并不能识别，所以要在浏览器上显示 XML 文件，就需要使用格式化技术，这也说明 XML 文件的数据和显示是分离的。一般格式化技术包括 XSL 和 CSS 两种方式。

以下是一个简单个人简历的 XML 文件（02-03.xml）。

```
1:    <?xml version="1.0" encoding="gb2312" ?>
2:    <resume>
3:        <name>张三</name>
4:        <sex>男</sex>
5:        <birthday>1979.5</birthday>
6:        <adderss>北京 西城区 鼓楼大街</adderss>
7:        <skill>J2EE、数据库</skill>
8:    </resume>
```

我们使用 CSS 在浏览器中浏览这份 XML 文档的方法如下。

（1）在 XML 文档的第 1 行代码之后加入下面的代码：

```
<?xml-stylesheet type="text/css" href="02-03.css" ?>
```

（2）在该 XML 文档所在的目录下建立 02-03.css 文件，并且定义如下：

```
1:    resume{ display: block;}
2:    name{ display: block; font-size:140%;font-weight:bold}
3:    sex{ display:block; text-indent:2em}
4:    birthday{ display:block; text-indent:2em}
5:    adderss{display:block;text-indent:2em}
6:    skill{ display:block; text-indent:2em}
```

然后用浏览器打开 XML 文档，其显示效果如图 2-3 所示。

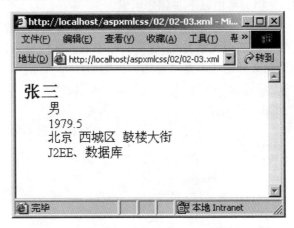

图 2-3　使用 CSS 在浏览器中显示 XML 文档

在使用 CSS 格式化之后，XML 文档的显示方式明显改变了。但是，单纯现实 XML 文档并没有什么实际意义。由于 XML 本身是用来表示数据的，所以如果要在实际应用中使用 XML，必须通过编程来操纵 XML 数据，比如说可以通过脚本程序来操纵 XML。

虽然 XML 有效克服了 HTML 的一些缺陷，但是 XML 是不能够取代 HTML 的。HTML 仍然是用来在浏览器上显示数据的主要语言，两者之间并没有任何替代的关系。作为 SGML 的一个子集，XML 继承了 SGML 的一系列特点，用户可以自己定义合适的标记以适应行业的需要。XML 文件以有效率的结构和卷标来存储其包含的信息，提供一种理想状态的网络信息交流的方式；而 HTML 只是一种固定的 Web 网页的标记语言，其使用平面结构，用已经定义好的标记格式化来显示数据，这些格式会被浏览器识别。想比之下，SGML 的规则太过复杂，制约了它有效地在 Web 上的发展，而 XML 正是基于"易于实现的 SGML"而设计出来的。我们可以通过图 2-4 来理解 SGML 与 XML 和 HTML 之间的关系。

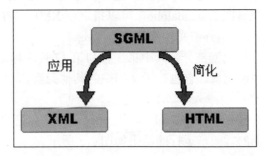

图 2-4　3 种标记语言之间的关系

2.1.2　XML 的结构和语法

XML 文档的作用在于组织和处理数据，所以编写 XML 就必须要遵守 XML 文档的规定，否则 XML 处理器就无法工作。而且，XML 对于这些结构和规定有严格的要求，不像 HTML 那样允许有少量错误。

1．XML 文档结构

每一个 XML 文档都有两种类型的结构，包括逻辑结构和物理结构。逻辑结构描述的是稳定的框架部分，而物理结构描述的是文档里存放的数据部分。在设计一个 XML 文档结构的时候，实际上是在创建它的逻辑结构，当向文档里填写数据的时候才给出物理结构。物理结构是可以变化的，而逻辑结构一旦确定将不可以改变。我们主要讨论逻辑结构。

一个标准的 XML 文档通常由以下 3 部分组成。

➢ 序言部分（可选的，推荐的），它包含 XML 声明及文档类型定义。

➢ 文档元素部分（也叫根元素），它包含文档中的其他所有标记和字符数据。

➢ 注释和其他非元素标记（不是推荐的，也叫后序），它们基本位于文档元素结束之后。

```
1:    <?xml version="1.0" encoding="gb2312" ?>
2:    <!--这上面的属于序言部分-->
3:    <通信录>
4:        <联系人 类型="同学">
5:            <姓名>
6:                <姓>张</姓>
7:                <名>三</名>
8:            </姓名>
9:            <性别>男</性别>
10:            <电话>010-00000000</电话>
11:            <住址>
12:                <城市>北京</城市>
13:                <街道>西城区鼓楼大街</街道>
14:                <邮编>100009</邮编>
15:            </住址>
16:        </联系人>
17:    </通信录>
18:    <!--这是后序部分-->
```

我们来分析一下这段简单的 XML 代码。

第 1 行~第 2 行属于序言部分。第 1 行是文档声明部分，声明当前文档是 XML 文档，它包含几个属性：version 指定使用的 XML 版本，目前该值必须是"1.0"；encoding 是该文档所使用的字符集，默认值是"UTF-8"，本例中使用的是"gb2312"，这是简体中文字符集的代码，这样才能显示中文；还有一个属性是 standalone，可以指定该 XML 文件是否需要调用外部文件，默认值为"no"，如果不需要调用外部文件就赋值为"yes"。

第 3 行~第 17 行是文档元素部分。其中第 3 行和第 17 行的标记叫做根元素，一个 XML 文档中必须包含一个惟一的根元素，它包含了文档中的其他元素。

第 18 行是后序部分。

在第 2 行和第 18 行使用了"<!--"和"-->"标记，这是标记的注释。

使用浏览器打开上面的代码，运行的结果如图 2-5 所示。

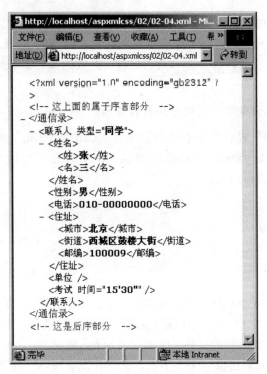

图 2-5　标准 XML 文档在浏览器中的显示结果

在图 2-5 所示中我们注意到，在每个定义了的子元素的父元素名称前面都有一个红色的减号"-"，用鼠标单击这个减号，可以看到这个元素的子元素都收缩到父元素中去了，同时，该父元素前面的减号也相应地变成了加号"+"。重新单击这个加号，子元素又会展开，如图 2-6 所示。

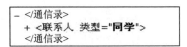

图 2-6　父元素将子元素收缩起来

2．XML 标记语法

XML 也是一种标记语言。一个 XML 元素由开始标记、结束标记及标记之间的数据构成，如：

```
<性别>男</性别>
```

这样看来 XML 元素的结构与 HTML 非常相似，都是由左尖括号"<"和右尖括号">"将标记界定起来。但是 XML 标记对于大小写是敏感的，比如<Name>和<name>就是两个不同的标记，而 HTML 标记是不区分大小写的。

在上一节我们知道，XML 文档默认的编码是 UTF-8（UTF 代表 Unicode Transformation Format，即 Unicode 转换格式；8 代表用 8 位来编码）。因为 XML 要在全球使用，过去的 ASCII 码字符集没有办法满足需求，比如说中文，使用 7 位的 ASCII 码就无法处理，所以需要两个字节来处理，这样就又增加了处理上的时间，所以在 XML 中采用 Unicode 编码。Unicode 编码支持世界上所有语言的编码和转换，它为每一个字符提供了一个惟一的号码，从而减少过去由于各种不兼容及过去的不同标准所导致的麻烦。Unicode 对每一个字符使用一个 16 位代码，这样就可以得到 65 535（$2^{16}=65\ 535$）个字符，完全满足英国、中国、日本等多个国家的常用文字。目前 Unicode 有 3 种表现形式：UTF-8、UTF-16 和 UTF-32。如果主要处理 ASCII 数据，就没有必要使用 16 位来编码，这时候 UTF-8 就非常有用。通过访问 Unicode 联盟的站点

http://www.unicode.org 可以得到更多的 Unicode 知识。

在 XML 中的标记一般都被命名成有意义的标记。所有的 XML 标记的命名都必须以字母、下画线或者冒号开头，后面再加上有效命名字符。有效的命名字符除了前面的几个还包括数字、连字符及句点。

注意：冒号只在作为命名空间的分隔符时使用。

在命名方面还有一个限制就是不能由字符串"XML"、"xml"或者任何以此顺序排列的这 3 个字符的各种组合（比如"xmL"、"xML"）开头，W3C 保留了对这 3 个字符开头的命名使用权。

下面给出一些合法的命名：

```
movie
Movie
china_beijing
person:name
身高
```

注意前面两个命名并不相同，因为 XML 对大小写是敏感的。第 3 个例子说明可以使用下画线连接两个字符。第 4 个例子用于建议使用名称空间的分隔符，名称空间是为了区别不同开发者使用相同的元素来代表不同的实体，比如对于 name 来说，可以是书名，也可以是人名，XML 名称空间为 XML 文档元素提供一个上下文，允许开发者按照一定的语义来处理元素。

下面给出一些非法的命名：

```
5name
-age
xml_name
```

这几个都是不合法的 XML 命名。

3．XML 文档语法

了解了命名规则之后，我们来看看一个有着良好结构的 XML 文档应该遵循哪些规则。

（1）XML 文档必须以 XML 声明开始。

声明一般是 XML 文档的第一句，它的作用是告诉浏览器或者其他处理程序，当前文档是 XML 文档。下面给出一个 XML 声明。

```
<?xml version="1.0" encoding="gb2312" standalone="yes"?>
```

一个 XML 声明是包括在"<?"和"?>"标记内的，这对标记代表这是一个处理指令，它告诉分析器注意这个标记：它将说明某些重要的、分析器必须执行的指令或者信息。注意："<?xml"字符串的前面可以出现空行或者空格，但是"<?xml"中，绝对不允许出现空格或者其他符号，也就是说"<? xml"这样的写法是错误的。而一个声明一般而言包括以下 3 个元素。

➢ 必需的 XML 版本信息，通过属性 version 指定，其值目前仍然为"1.0"。

➢ 可选的编码声明，通过属性 encoding 指定，比如可以设定为"gb2312"。

➢ 可选的独立声明，通过属性 standalone 指定，它指出文档是否可实现自我验证，还是需要有外部的 DTD 或 Schema。当属性值为"true"时（默认值），所有的实体声明都包含在 XML 声明中；当属性值为"false"时，需要外部的 DTD 或 Schema。

注意：XML 声明必须位于文档最开始的位置。

（2）用于标识文本的元素必须有开始标记和结束标记。

在 XML 文档中严格要求用于标识文本的标记必须是成对出现，否则就无法显示文档内容，同时还会在浏览器里给出错误报告。

图 2-7 所示为删除 02-04.xml 中第 8 行的 "</姓名>" 标记后浏览器的显示结果。

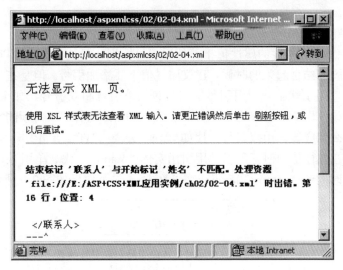

图 2-7　缺少相应结束标记的 XML 文档显示结果

（3）空元素也必须有开始标记和结束标记，但是可以采用简单写法。

在 HTML 中有很多标记是单独出现的，比如 <IMG>、
、<HR>、<area> 等标记，它们并不需要结束标记就可以在浏览器里显示。但是在 XML 中必须严格要求有结束标记，即使是空元素（就是没有文本数据的元素），如果没有结束标记也会出现和图 2-7 相似的错误。比如在 02-04.xml 中给联系人增加一个 "<单位>" 标记，而又没有单位可以填入，此时必须写成 "<单位></单位>"。为了方便输入，一般可以写成 "<单位/>"。增加一个 "<头像>" 标记，可以写成 "<头像 地址="zhangsan.gif"/>"。

（4）文档中必须而且只能有一个惟一的根元素。

一个 XML 文档中必须有且只能有一个惟一的根元素，比如在 02-04.xml 文档中的 "<通信录>"，根元素包含了文档中的其他所有元素。图 2-8 显示了没有根元素的错误。

图 2-8　没有根元素的 XML 文档显示结果

（5）标记可以嵌套，但是绝对不允许交叉。

在 HTML 中，标记是可以嵌套的，比如 "<B><I>文字</I></B>"，但是如果你不小心写成

"<B><I>文字</B></I>"这种交叉形式，浏览器照样能够正确显示。但是在 XML 中，则绝对不允许出现这种交叉形式的标记，如果交叉使用，就会让浏览器的 XML 解析器找不到相互匹配的开始和结束标记。

（6）属性值必须加引号。

虽然在 HTML 中对属性的属性值推荐使用引号标识，但是不写也可以使用，而且当 HTML 和其他的服务器脚本结合起来的时候，建议属性值不要添加引号。但是在 XML 中，不管属性值是否为空，只要使用了就必须使用引号。引号包括单引号和双引号，如果属性值本身包括了双引号，那么就应该使用单引号，比如<新闻 分类='"娱乐"新闻'></新闻>；如果属性值本身包括了单引号，那么就应该使用双引号，比如<新闻 分类="IT's 新闻"></新闻>；而当单引号和双引号同时出现在属性值中时，可以使用引用实体"'"代表单引号，"&aquot;"代表双引号，比如<考试 时间="15'30""></考试>。显示效果如图 2-9 所示。

```
<单位 />
<考试 时间="15'30"" />
```

图 2-9　空元素及属性值同时出现单引号和双引号的显示效果

（7）字符<和&只能用于开始标记和引用实体。

标记语言中规定使用左尖括号 "<" 作为标记的开始，使用右尖括号 ">" 作为标记的结束。而实体的引用使用 "&" 开始，使用 ";" 结束。

（8）在文档中可以使用的引用实体只有 5 个："&"、"<"、">"、"'"和"""。

在 HTML 中可以引用很多实体，但是在 XML 文档中预定义的实体只有 5 个，如表 2-1 所示。

表 2-1　XML 预定义的引用实体

实体	说明	符号
&amp;	&符号双	&
&lt;	左尖括号	<
&gt;	右尖括号	>
&apos;	单引号	'
&quot;	引号	"

除了使用预定义的引用实体之外，还可以使用 DTD 文档中的特殊符号。

注意：所有的引用实体都以 "&" 开始，以 ";" 结束。

（9）关于 CDATA 部分

有时候，我们需要编写一个文档来介绍标记的使用方法，这个文档就会包括 "&"、"<"、">"、""""、""'" 等这些符号，那么使用 XML 预定义的引用实体虽然可以解决这个问题，但是，一般只是在元素内容很少的时候才这么使用，当文档中的元素内容出现大量特殊字符的时候，再使用引用字符就不合适了。比如说我们有这样一段字符串要求显示：

➢ <body>是网页正文开始的标记，成对出现。

➢ <p>是段落的标记，可以成对出现，也可以单独出现。

➢
是回车换行的标记，单独出现。

➢ &表示的是&。

在这个时候，在 HTML 中的解决方法是将这些代码放在<xmp>和</xmp>之间，而在 XML 中的解决方法是将包含特殊字符的文字放在 CDATA 部分中。CDATA 是一种用来包含文本的方法，其对象是那些内容里包含了会被认为是标记的文本。CDATA 部分是由字符串"<![CDATA["和"]]>"

来界定的，在这两个符号之间的任何内容都会被解释并作为字符数据传递到该应用程序。

CDATA 部分可以包含字符的任意组合，当然 "]]>" 除外，因为它用来确定 CDATA 的结束部分。另外 CDATA 部分不允许嵌套。

以下代码包含了大量标记数据的显示方法（02-05.xml）。

```
1:    <?xml version="1.0" encoding="gb2312"?>
2:    <!--在 XML 文档中处理 HTML 标记的作用-->
3:    <chapter01>
4:        <title>基础介绍</title>
5:        <content>内容有:
6:        <![CDATA[
7:    <body>是网页正文开始的标记，成对出现。
8:    <p>是段落的标记，可以成对出现，也可以单独出现。
9:    <br>是回车换行的标记，单独出现。
10:   &amp;表示的是&。
11:   ]]>
12:       </content>
13:   </chapter01>
```

在上面的代码中，第 6 行~第 11 行是 CDATD 部分，其中包含了要显示的带有一部分标记的文本。如果没有 CDATA 部分，那么这个例子就会认为第 7 行的<body>是一个标记，而不是<content>和</content>标记字符数据的一部分了。

上面代码在浏览器中运行的结果如图 2-10 所示。

图 2-10　CDATA 部分显示效果

注意：CDATA 必须大写；CDATA 不允许嵌套。

4．格式良好的有效文档

首先我们来看正规的 XML 文档，一份正规的 XML 文档应该符合一定的规则，让 XML 解析程序能够正确处理。从语法角度来看，这就是格式良好的（Well-Formed）。XML 是非常灵活的，我们可以创建我们想要的任何标记，但是必须符合前面介绍的几条规则。一个 XML 文档首

先应当是"格式良好的",该规定的正式定义位于:

```
http://www.w3.org/TR/REC-xml
```

格式良好的 XML 特性包括:

➤ 起始标签和结束标签应当匹配。

➤ 大小写应一致:XML 对字母的大小写是敏感的。

➤ 元素应当正确嵌套。

➤ 属性必须包括在引号中。

➤ 元素中的属性是不允许重复的。

如果从文档语法角度来考虑,符合规则要求的 XML 文档就是格式良好的 XML 文档,但在实际应用中,并不能保证这份 XML 文档是有效的(Validated)。所以,在 XML 中使用 DTD 及 Schema 来实现这个要求。换句话就是说,XML 文档的"有效性"是指一个 XML 文档应当遵守 DTD 文件或是 Schema 的规定。有效性的检查对于 XML 文档来说虽然不是必须的,但在实际应用中,数据有效性通常和文档语法格式良好同等重要。

注意:"有效的" XML 文档肯定是"格式良好的",反过来却不一定。

关于 DTD 的详细介绍你可以在 2.2 节看到详细介绍,现在只要了解它们的一些重要概念就行了。DTD 是标记声明的集合,或者说是制定特定类型的文档中哪些元素有效、它们将如何彼此嵌套及它们拥有哪些属性的规则。

以下是一个有效的 XML 文档(02-06.xml)。

```
1:    <?xml version="1.0" encoding="gb2312"?>
2:    <!DOCTYPE root[
3:    <!ELEMENT root (新闻*)>
4:    <!ELEMENT 新闻 (标题,内容)>
5:    <!ELEMENT 标题 (#PCDATA)>
6:    <!ELEMENT 内容 (#PCDATA)>
7:    ]>
8:    <root>
9:        <新闻>
10:            <标题>新闻标题1</标题>
11:            <内容>这是新闻内容1。</内容>
12:        </新闻>
13:   </root>
```

对于以上代码,简单做一下解释。

第 2 行~第 7 行属于文档的 DTD 定义。

在第 2 行定义的"root"是文档的根元素。

在第 3 行定义了根元素"root"的一个子元素"新闻"。"新闻"元素在定义时使用了"*"符号,表示在"root"元素之中可以嵌套多个"新闻"标记。

第 4 行定义了"新闻"元素的两个子元素"标题"和"内容"。

第 5 行和第 6 行分别定义了标记"标题"和"内容",所包含的内容是"#PCDATA",也就是元数据(被标识的字符文本内容)。用"#PCDATA"声明的元素不能再拥有自己的子元素。

上面的代码在浏览器中运行后,使用微软提供的有效性检查工具检查,结果如图 2-11 所示。

图 2-11　使用微软提供的有效性检查工具检查结果

　　我们现在仅仅在"新闻"元素中增加了一个标记"发布日期"，然后仍然在浏览器中运行后使用微软提供的有效性检查工具检查，结果如图 2-12 所示。

图 2-12　增加了标记后使用有效性检查工具检查结果

　　通过图 2-12 我们可以看到，XML 文档只要格式良好就可以显示，但是使用有效性检查工具就可以很明显发现这份文档不是有效性的文档。

　　虽然 W3C 推荐使用 DTD 对文档进行有效性验证，而且使用 DTD 也体现了 XML 与 SGML 的渊源，但是 DTD 本身并不是 XML，它只为 XML 文档体提供了很少的数据类型，并且不支持名称空间机制，也不具备扩展性。所以以 Microsoft 公司为主提出的 XML Schema 作为 W3C 取代 DTD 的新的机制，Schema 具有完全符合 XML 的语法、丰富的数据类型、良好的可扩展性，以及易被 DOM 等 XML 解析器处理等优点，微软早在 IE 5.0 就已经支持 XML Schema。

5．小实例——我的歌曲库

学习目的：XML 文件结构和应用技巧。

一个歌曲库要有多首歌曲，各首歌曲有歌曲名称、演唱者、人气、次序等项目，可以移动浏览各首歌曲，有"下一首"和"上一首"两个方向循环移动歌曲库中的歌曲，显示界面如图 2-13 所示。

图 2-13　我的歌曲库实例显示结果

代码如下（2.1.2.5.html）：

```
1:    <html>
2:    <head>
3:    <title>我的歌曲库</title>
4:    <script language="vbscript">
5:    <!--判断当前的指标位置，若是最后一条则移到第一条数据，否则向下移动一条-->
6:    sub button1_onclick()
7:    if dataisland.recordset.absoluteposition=dataisland.recordset.record-
         count then
8:    dataisland.recordset.movefirst()
9:    else
10:   dataisland.recordset.movenext()
11:   end if
12:   end sub
13:   <!--判断当前的指标位置，若是第一条则移到最后一条数据，否则向前移动一条-->
14:   sub button2_onclick()
15:   if dataisland.recordset.absoluteposition=1 then
16:   dataisland.recordset.movelast()
17:   else
18:   dataisland.recordset.moveprevious()
19:   end if
20:   end sub
21:   </script>
22:   </head>
23:   <body>
24:   <TABLE align="center" width="500" height="160" cellspacing="0"
         cellpadding= "0" background="bg.gif">
25:   <TR>
26:       <TD align="center" height="40" bgcolor="#000080"><font color=
             "#FFFFFF"> <B>我的歌曲库</B></font></TD>
27:   </TR>
28:   <TR>
29:       <TD align="center"><div>
```

```
30:     <B>歌曲名称: </B><span datasrc="#dataisland" datafld="musicname">
        </span><br>
31:     <B>演唱者: </B><span datasrc="#dataisland" datafld="producer">
        </span><br>
32:     <B>人气: </B><span datasrc="#dataisland" datafld="grade"></span><br>
33:     <B>次序: </B><span datasrc="#dataisland" datafld="link"></span><br>
34:     </div></TD>
35:     </TR>
36:     <TR>
37:         <TD align="center"><input type="button" name="button1" value="下
                一首"> <input type="button" name="button2" value="上一首"></TD>
38:     </TR>
39:     </TABLE>
40:
41:     <!-- XML 数据内容 -->
42:     <xml id="dataisland">
43:     <mymusic>
44:         <item>
45:             <musicname>夜曲</musicname>
46:             <producer>周杰伦</producer>
47:             <grade>234</grade>
48:             <link>第一</link>
49:         </item>
50:         <item>
51:             <musicname>不想长大</musicname>
52:             <producer>S.H.E</producer>
53:             <grade>765</grade>
54:             <link>第二</link>
55:         </item>
56:         <item>
57:             <musicname>美丽的神话</musicname>
58:             <producer>孙楠/韩红</producer>
59:             <grade>23</grade>
60:             <link>第三</link>
61:         </item>
62:     </mymusic>
63:     </xml>
64:     </body>
65:     </html>
```

○2.1.3　XML 的应用

XML 技术是如此激动人心，那么它到底能用来做什么呢？下面列举一些 XML 通用元素集。

➤ 用于存储矢量图形的 VML。

➤ 用于交换工作描述和摘要的 HRMML。

➤ 用于格式化 Web 上的数学公式和科学内容的 MathML。

➤ 用于描述分子结构的 CML。

➤ 用于编码显示 DNA、RNA 和蛋白质分子序列信息的 BSML。

➤ 用于交换天文数据的 AML。

➤ 用于编写活页乐谱的 MusicML。

➤ 描述多媒体演示的 SMIL 和 HTML+TIME。

同时，又由于 XML 具有良好的结构特点和信息组织形式，在信息处理方法它的用途也非常广泛。

➤ 当做数据库使用：XML 拥有与专用数据库类似的存储体系。但是很明显无法使用 XML 代替数据库。

➤ 结构化的文档系统：可以使用 XML 标记小说、剧本之类的文档结构。

➤ 金融交换信息。

➤ 通过 E-mail 发送电子贺卡。

➤ 交换新闻和使用开发的 Web 标准的信息。

2.1.4 XML 应用工具

因为 XML 文件本身也是一个文本文件，所以我们可以使用微软自带的"记事本"来创建或者编辑 XML 文档。但是"记事本"本身的编辑功能非常有限，所以我们通常借助于一些其他的文本编辑器，比如 EditPlus、EmEditor 等，它们能提供简单的语法着色功能；而有些编辑器却十分复杂，支持 XML 相关的各种特性。下面给出一些常用编辑器。

➤ Altova XML Spy：这是一个真正完整的 XML 开发环境。

➤ Microsoft XML Notepad：微软提供的一个简单的文本编辑器。

➤ Homesite：Allaire 公司的产品。

➤ Xmetal 1：最全面的编辑器。

➤ EditPlus

➤ EmEditor

➤ XMLwriter

2.2 文档类型定义 DTD

文档类型定义（DTD）描述特定类型的 XML 文档的结构和内容。本节主要从文档类型定义、检验 DTD 文档、元素、实体、外部实体、名称空间、属性等 7 个方面进行介绍。首先，介绍文档类型定义。

2.2.1 文档类型定义

一个 XML 文档允许用户创建自己的基于信息描述、体现数据之间逻辑关系的自定义标记，确保稳定，具有较强的易读性、清晰的语义和方便的检索型性。所以，一个完全意义上的 XML 文档不仅应该是"格式良好的"，还应该是使用了一些自定义标记的"有效性"XML 文档，也就是说，它必须遵循 DTD 中已经声明的规定。相应地，一个 DTD 为 XML 文档定义了一套基本规则，这些规则就构筑了 XML 文档的基本结构。

DTD 实际上定义了 XML 文件中的元素、元素的属性、元素的排列方式/顺序、元素能够包含的内容等，都必须符合 DTD 中的规定。但是，XML 中的标记是根据用户自己的特定环境而创建的，所以，想要编写一个完整性高、适应性广的 DTD 是基本做不到的。各行各业可以建立自己的 DTD，比如建筑系统，这样任何以 XML 为基础文件系统的建筑单位，就可以很方便地读取这些文件上的信息。在一个 DTD 声明中包括了文档中使用的所有元素、元素属性、实体及它们之间的关系。下面我们首先来看一下上一节中 02-06.xml 的 DTD 部分。

```
1:    <!DOCTYPE root[
2:    <!ELEMENT root (新闻*)>
3:    <!ELEMENT 新闻 (标题,内容)>
4:    <!ELEMENT 标题 (#PCDATA)>
5:    <!ELEMENT 内容 (#PCDATA)>
6:    ]>
```

在这部分中,使用 DOCTYPE 定义了 XML 文档中的根元素"root";使用 ELEMENT 给"root"又定义了一个子元素"新闻","新闻"在根元素中可以出现也可以不出现,因为在"新闻"后面使用了"*"号;新闻又有自己的两个子元素"标题"和"内容",这两个子元素在"新闻"中只能出现一次,而且出现的数据只能是"#PCDATA","#PCDATA"代表 Parsed Character Data (已分析的字符数据)。声明 DTD 的语法如下:

➢　<!DOCTYPE 文档根元素[

➢　……文档类型定义……

➢　]>

注意:文档类型声明和文档类型定义是不同的。前者位于 XML 声明和文档元素之间,其包括了文档类型定义;后者是位于 "[" 和 "]" 之间的部分。

对于 DTD 的语法我们需要注意以下几点。

➢　在"<!"和"DOCTYPE"之间不允许出现空格。作为 XML 的解析器会把"<!DOCTYPE"作为文档类型定义声明的开始部分,其后跟着的就是 XML 文档的根元素。在"<!"和"ELEMENT"之间也不允许出现空格。

➢　"DOCTYPE"、"ELEMENT"及"PCDATA"必须大写。

➢　文档类型定义可以写在一行上。

为了实现文档类型定义,XML 总共提供了 4 种标记声明来定义 XML 文档中允许出现的内容。表 2-2 显示了这些声明的关键字和含义。

表 2-2　DTD 关键字定义

关 键 字	含　　义
ELEMENT	声明 XML 元素
ATTLIST	声明元素的属性
ENTITY	声明实体
NOTATION	声明没有解析的二进制内容,以及处理这些内容的外部程序

关于这些关键字的用法,我们将在后面介绍。

通过 02-06.xml 我们可以看到 DTD 声明可以包含在使用它的 XML 文档中,当然也可以以独立的 DTD 文件保存。如果作为独立的 DTD 文件,那么就可以被不同的 XML 文档或应用程序引用,从而为不同的应用定义一个共同的数据组织标准。

下面给出一个定义外部 DTD 的例子(02-07.xml)。

```
1:    <?xml version="1.0" encoding="gb2312" standalone="no"?>
2:    <!DOCTYPE root SYSTEM "02-07.dtd">
3:    <root>
4:        <新闻>
5:            <标题>新闻标题1</标题>
6:            <内容>这是新闻内容1。</内容>
```

```
7:          </新闻>
8:     </root>
```

对于以上代码，有以下几点说明：

第 1 行 XML 声明的 standalone 属性被设定为"no"，因为这个 XML 文档的检验不是由自身来执行的，而是要通过外部文件。实际上，也可以不设置这个属性。

第 2 行是引用外部的 DTD。仍然使用"<!DOCTYPE"，在其后空一格跟着的是这个 XML 文档的根元素，然后是关键字"SYSTEM"，指定外部 DTD 是"02-07.dtd"。

当 XML 文档需要验证的时候，XML 处理器就会在和 02-07.xml 同一个目录下寻找"02-07.dtd"文件。

以下是一个简单的被引用的 DTD 外部文件（02-07.dtd）。

```
1:    <?xml encoding="gb2312"?>
2:    <!ELEMENT root (新闻*)>
3:    <!ELEMENT 新闻 (标题,内容)>
4:    <!ELEMENT 标题 (#PCDATA)>
5:    <!ELEMENT 内容 (#PCDATA)>
```

第 1 行指定这个文件的编码是"gb2312"，否则不能识别中文。

第 2 行~第 5 行只是保留了原来内部 DTD 文档中的"<!DOCTYPE>"元素"["和"]"之间的部分。

○2.2.2　检验 DTD 文档

有效性检验就是根据 DTD 声明中定义的条件来检验文档中的标记的使用是否有效。当然，并不能要求所有的 XML 文档都必须有效，也不是所有的 XML 解析器都会检验 XML 文档的有效性，但是，使用 DTD 可以为 XML 文档的编辑带来很多好处。

作为浏览器来说，比如 IE 等都不会对 XML 文档的合法性进行检验，如果需要，可以从 Internet 上找到很多可以进行有效性检验的分析程序，比如 IBM 的 AlphaWorks XML for Java 等；还有些 XML 编辑器本身就支持有效性检查，比如 XML Spy 等。但是我们现在使用 IE 6.0 来作为 XML 文档的解释器，那么最方便的检验就是在 IE 浏览器里做检验。微软为我们提供了插件，让我们很方便地就能将 IE 浏览器提升为 XML 检验器。可以从微软官方网站下载 iexmltls.exe 这个程序，它的功能就是使 IE 浏览器对 XML 进行有效性检查，同时还可以查看 XSLT 的输出。下载 iexmltls.exe 的页面如图 2-14 所示。

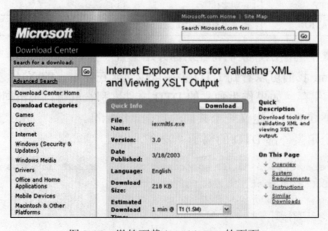

图 2-14　微软下载 iexmltls.exe 的页面

　　下载后双击运行 iexmltls.exe 会在 C 盘下得到一个 IEXMLTLS 目录，打开这个目录，会发现有一个 msxmlval.inf 文件，用鼠标右键单击这个文件，然后在弹出的快捷菜单里选择"安装"命令，如图 2-15 所示。

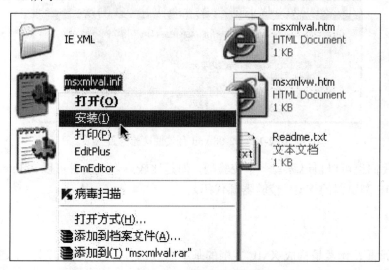

图 2-15　安装 IE 检验器

　　安装成功后启动 IE 浏览器，在页面空白的地方单击鼠标右键，在弹出的快捷菜单上会发现多了一个"Validate XML"选项，这个选项就是用来检验 XML 有效性的，如图 2-16 所示。

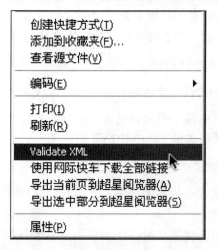

图 2-16　在浏览器页面空白处单击鼠标右键后的快捷菜单

　　下面是一个格式良好的，但不是有效性的 XML 文档（02-08.xml）。

```
1:    <?xml version="1.0" encoding="gb2312"?>
2:    <!DOCTYPE 新闻系统[
3:    <!ELEMENT 新闻系统 (新闻*)>
4:    <!ELEMENT 新闻 (#PCDATA)>
5:    ]>
6:    <新闻系统>
7:        <分类/>
8:        <新闻>有效性检验</新闻>
9:    </新闻系统>
```

　　很显然，在第 7 行出现了一个空元素"分类"，但是在第 3 行定义"新闻系统"的时候并没有声明"分类"。虽然这个空元素不起任何作用，而且符合格式良好的规则，但是它不是一个有效性的 XML 文档。通过校验器校验的结果如图 2-17 所示。

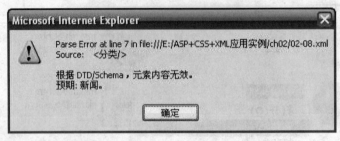

图 2-17 02-08.xml 有效性检验报告

当然，我们也可以自己编写一个校验器，但是比较麻烦，读者可以在 Internet 上搜索到使用脚本编写的 IE 浏览器的 XML 校验器源代码。

2.2.3 元素

什么是元素？元素是构成 XML 文档的基本组成部分，它包含了实际的文档数据信息，并指出了这些数据信息的逻辑结构。下面就是一个元素。

```
<标题 副标题= "副标题 1">新闻标题 1</标题>
```

元素包含开始标记和结束标记，也许还会有属性及属性值，在开始标记和结束标记之间是数据。XML 文档必须有且仅有一个根元素（也叫文档元素），所有其他元素都嵌套在其中。如果让一个 XML 文档是有效的，那么在使用一个元素之前必须先声明它。元素声明的格式如下：

```
<!ELEMENT 元素名 元素内容声明>
```

注意："<!"和"ELEMENT"中间不能有空格；元素名和元素内容声明之间必须有空格。

在元素声明中，用元素内容声明来定义该元素具体包含的内容。内容类型一般有以下 4 种。

（1）EMPTY 内容：使用关键字"EMPTY"声明的元素为空元素，也就是不包含任何内容。

```
<!ELEMENT 元素名 EMPTY>
```

定义一个空元素能够包含有内容的属性，比如 HTML 里的<IMG>；或者在文件里提供特定功能，比如 HTML 里的
。

（2）ANY 内容：使用关键字"ANY"声明可以包含任何元素。

```
<!ELEMENT 元素名 ANY>
```

一般而言，当我们不知道创建的元素到底该包含什么内容的时候就可以把这个元素声明为"ANY"内容类型。

（3）子元素内容：声明的元素可以包含子元素，但却不能直接包含字符数据。比如：

```
<!ELEMENT 新闻 (标题,内容)>
```

（4）混合内容：被定义为混合内容类型的元素可以只包含字符数据，也可以同时包含字符数据和子元素。比如：

```
<!ELEMENT 元素名(#PCDATA)>
<!ELEMENT 元素名(#PCDATA|子元素)>
```

#PCDATA 在前面已经介绍过，被声明的元素只能包含一些字符数据，而不允许包含其他的

内容。

　　对于多个子元素的符号，我们用表 2-3 来表示。

表 2-3　不同符号的含义

符　号	含　义
+	至少出现一次
*	可以出现零次或者多次
?	最多出现一次（零次或这一次）
a,b	b 要跟随在 a 后面
a|b	a 或者 b
(a,b)	将 a,b 合并为一个单位

　　使用选择项可以用来指定几个元素中的某一个。

　　下面代码使用选择项来确定使用"文本内容"还是"图片内容"（02-09.xml）。

```
 1:    <?xml version="1.0" encoding="gb2312"?>
 2:    <!DOCTYPE 新闻系统[
 3:    <!ELEMENT 新闻系统(新闻*)>
 4:    <!ELEMENT 新闻(标题,(文本内容|图片内容),发布日期*)>
 5:    <!ELEMENT 标题(#PCDATA)>
 6:    <!ELEMENT 文本内容(#PCDATA)>
 7:    <!ELEMENT 图片内容(#PCDATA)>
 8:    <!ELEMENT 发布日期(#PCDATA)>
 9:    ]>
10:    <新闻系统>
11:        <新闻>
12:            <标题>标题1</标题>
13:            <文本内容>文本内容1</文本内容>
14:        </新闻>
15:        <新闻>
16:            <标题>标题2</标题>
17:            <图片内容>图片内容2</图片内容>
18:            <发布日期>2005-8-25</发布日期>
19:        </新闻>
20:    </新闻系统>
```

　　对于以上代码，我们可以看到在第 4 行声明"新闻"的时候使用了"文本内容|图片内容"，这表明在一个"新闻"里可以是"文本内容"，也可以是"图片内容"。所以，代码在浏览器里运行后检验表明这是一个有效的 XML 文档。

2.2.4　实体

　　XML 提供了声明内容块的方法，你可以根据需要多次引用这些内容块，它不仅能够节省空间，而且能够减少文档创作者的代码输入量。为了在 DTD 中声明实体，需要定义实体的名称及它引用的内容。当你需要使用它时，采用特殊的语法通过名称进行引用，这种特殊的语法能够说明你所提供的名称是实体引用。文档内容中使用的实体称为通用实体（general entity）。我们可以根据是否解析实体的内容将定义进一步细化。解析实体（parsed entity）是 XML 内容。实体的值称为置换文本。相反，未解析实体（unparsed entity）可以是非文本内容。即使它是文本，也并不一定要求是 XML。这就是"未解析"一词的来历。如果你知道用于替换的内容不是 XML，或者甚至不是文本，那么解析器就没有必要对它进行处理。另一方面，解析实体是要粘贴到文档内容中的 XML，因此，解析器就必须将它传递到文档中。

实体可以以多种不同的方式出现，下面用以下 3 种方式分类说明。

➢ 通用实体和参数实体。通用实体用于 XML 文档中，在文档中通过引用来生成文字数据和二进制数据；而参数实体只能用于 DTD 中。

➢ 内部实体和外部实体。内部实体顾名思义就是完全引用它的文档内定义；外部实体的内容都来自于外部文档。

➢ 解析实体和未解析实体。解析实体的内容是规范的 XML 文本；未解析的实体的内容为二进制数据，它不应该被 XML 处理器解析。

这些实体可以组合成 8 种实体，比如：通用内部解析实体。但是 XML 标准只为我们提供了 5 种形态的实体，它们分别是：通用内部解析实体、通用外部解析实体、通用外部未解析实体、参数内部解析实体及参数外部解析实体。下面我们来具体了解一下。

1. 通用内部解析实体

通用内部实体可以看做是一段文本的缩写符号，也是实体中最简单的一种，但是却是用最多的一种实体，因为可以用来完成很多文字引用工作。当某一段文本需要频繁重复地出现在文档的元素中时，就可以考虑使用通用实体来代替它，以节约文字的录入时间。除此之外就是可以快速修改在文档中出现很多的相同的元素内容。

通用内部解析实体在 DTD 中的定义格式如下：

```
<!ENTITY 实体名称 "被替代的文本内容">
```

在定义和使用实体的时候，有一些必须要遵守的规则。

➢ "<!ENTITY" 是实体声明开始的标志，"ENTITY" 不能小写，也不能有空格。

➢ 实体名称由字母、数字和下画线组成，但必须以字母或下画线开始；虽然可以使用冒号 ":"，但是冒号被保留在 XML 名称空间中。

➢ 实体名称对大小写是敏感的，所以，一个名为 Title 的实体与名为 title 的实体是不同的。

➢ 被替代的文本内容必须用引号引起来。在被替代的文本内容中不能包含 "&"、"%" 字符。

➢ 实体在引用时以 "&" 开头，以 ";" 结束，中间是实体名称。

下面为通用内部解析实体的定义和使用（02-10.xml）。

```
1:    <?xml version="1.0" encoding="gb2312"?>
2:    <!DOCTYPE 新闻系统[
3:    <!ELEMENT 新闻系统 (新闻*)>
4:    <!ELEMENT 新闻 (标题,内容,单位)>
5:    <!ELEMENT 标题 (#PCDATA)>
6:    <!ELEMENT 内容 (#PCDATA)>
7:    <!ELEMENT 单位 (#PCDATA)>
8:    <!ENTITY 新闻单位 "北京午报集团">
9:    ]>
10:   <新闻系统>
11:        <新闻>
12:            <标题>标题1</标题>
13:            <内容>内容1</内容>
14:            <单位>&新闻单位;</单位>
15:        </新闻>
```

```
16:          <新闻>
17:            <标题>标题 2</标题>
18:            <内容>内容 2</内容>
19:            <单位>&新闻单位;</单位>
20:          </新闻>
21:   </新闻系统>
```

对于以上代码，在第 8 行定义了一个实体名为"新闻单位"，其内容为"北京午报集团"；在第 14 行和第 19 行分别引用了这个实体。

以上代码在浏览器中的显示结果如图 2-18 所示。

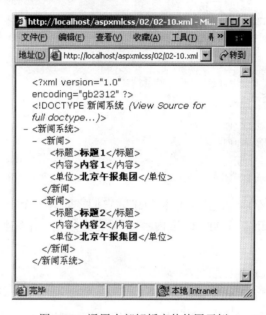

图 2-18　通用内部解析实体使用示例

在浏览器中，我们看到解析器已经将实体替换成了实体内容。

实际上，我们已经在前面介绍过预定义实体的概念，读者可以参考表 2-1。预定义实体就是 XML 已经预先定义好的实体，不再需要用户定义。

另外还需要注意的是，实体允许嵌套，比如：

```
<!ENTITY 男 "先生">
<!ENTITY 姓名 "张三&男;" >
```

但是，实体不允许循环调用，比如下面就是一个错误的例子。

```
<!ENTITY 男 "&姓名;先生">
<!ENTITY 姓名 "张三&男;" >
```

当 XML 解析器遇到这样的定义时，就会进入死循环。所以一定要防止发生这种循环调用的事件。当然，我们也不可以使用实体来代替作为 DTD 声明的一部分。如下所示：

```
<!ENTITY DX "<!ENTITY">
&DX; 姓名 "张三" >
```

2. 参数内部解析实体

我们在 DTD 中使用通用实体只能插入文本，而不能将其与它的声明本身一起使用，那么这个时候就需要使用参数实体解决问题。参数实体可以用于嵌入 DTD 文档的一部分，其定义格式如下：

```
<!ENTITY % 参数实体名称 "被替代的内容">
```

可以看到参数实体是以"%"开始的，并且和"参数实体名称"之间有个空格。在引用参数实体的时候以"%"开头，以";"结束，中间是参数实体名称，而不像通用实体以"&"开头。

下面是一个参数内部实体的例子（02-11.xml）。

```
1:   <?xml version="1.0" encoding="gb2312"?>
2:   <!DOCTYPE 新闻系统[
3:   <!ELEMENT 新闻系统(新闻*)>
4:   <!ENTITY%def"<!ELEMENT 新闻 (标题,内容)>">
5:   %def;
6:   <!ELEMENT 标题 (#PCDATA)>
7:   <!ELEMENT 内容 (#PCDATA)>
8:   ]>
9:
10:  <新闻系统>
11:  <新闻>
12:  <标题>标题1</标题>
13:  <内容>内容1</内容>
14:  </新闻>
15:  </新闻系统>
```

第4行用"%"定义了一个参数实体"def"，它们之间有一个空格；实体内容是一个元素"新闻"的声明"<!ELEMENT 新闻 (标题,内容)>"，它必须是一个完整的声明语句。下面这种引用就是错误的：

```
<!ENTITY % def "(标题,内容)">
<!ELEMENT 新闻 %def;>
```

也就是说参数内部实体在使用的时候不能用在标记声明中，只能用于替代整个元素的声明语句。

第5行用"%def;"来引用刚才定义的参数实体。因为不是通用实体所以使用"%"开头，仍然采用";"结尾，引用的时候"%"后面是不能有空格的。

引用参数实体必须在 DTD 声明中。

定义参数内部实体时，参数实体可以包含元素声明、属性声明、处理指令或者批注等内容，但是元素的声明又不允许重复声明，比如在上面的例子中定义的"def"，只能引用一次，所以参数内部实体的使用没有任何意义。

2.2.5 外部实体

外部实体提供了将外部数据文件插入到 XML 文档当中的功能。外部实体适合用在当有多个 DTD 需要使用相同实体时，将其存储在包含实体声明的独立文件中，从而节省创建新的 DTD 所需要的时间。定义外部实体的格式如下：

```
<!ENTITY 实体名称 SYSTEM "外部文件地址">
```

注意："SYSTEM"要大些；"外部文件地址"可以是本地地址或者 URL。

以下是使用外部实体来直接引用外部文档的例子（02-12.xml）。

```
1:   <?xml version="1.0" encoding="gb2312"?>
2:   <!DOCTYPE 新闻系统[
3:   <!ELEMENT 新闻系统 (新闻*)>
```

```
4:    <!ELEMENT 新闻 (标题,内容)>
5:    <!ELEMENT 标题 (#PCDATA)>
6:    <!ELEMENT 内容 (#PCDATA)>
7:    <!ENTITY content SYSTEM "02-12.dat">
8:    ]>
9:    <新闻系统>
10:        <新闻>
11:            <标题>标题1</标题>
12:            <内容>&content;</内容>
13:        </新闻>
14:    </新闻系统>
```

在第 7 行，我们定义了一个外部通用实体"content"，它的内容被指定为"02-12.dat"文档中的内容，注意，被指定的文档也必须符合 XML 结构。而在第 12 行使用"&content;"引用实体"content"。下面是"02-12.dat"的源文件。

以下是被指定的外部文件的例子（02-12.dat）。

```
1:    <?xml encoding="gb2312"?>
2:    <!--使用外部实体来直接引用外部文档。-->
3:    新闻内容1。
```

注意：第 2 行是注释行。

在浏览器中运行 02-12.xml 的结果如图 2-19 所示。

图 2-19　使用外部通用实体引用内容

一般而言，可以将一些在 XML 文档中公用的部分保存在外部文件中，这样就可以方便地对多个页面进行同时更新。那么，这个时候的外部文件就可以是一个结构完整的 XML 文件。比如下面这个例子。

下面的代码能够使用外部实体引用结构完整的 XML 文档（02-13.xml）。

```
1:    <?xml version="1.0" encoding="gb2312"?>
2:    <!DOCTYPE 新闻系统[
3:    <!ENTITY content SYSTEM "02-131.xml">
4:    <!ELEMENT 新闻系统 (新闻*)>
5:    <!ELEMENT 新闻 (标题,内容,作者,单位)>
6:    <!ELEMENT 标题 (#PCDATA)>
7:    <!ELEMENT 内容 (#PCDATA)>
```

```
8:      ]>
9:      <新闻系统>
10:         <新闻>
11:             <标题>标题</标题>
12:             <内容>新闻内容</内容>
13:             &content;
14:         </新闻>
15:      </新闻系统>
```

以上代码在第 3 行定义了外部实体 "content" 引用 "02-131.xml" 文档，实际上，这个文档的扩展名不一定非要是.xml，也可以像上一个例子一样改成.dat，重要的是文档的格式和编码。在第 13 行调用了实体 "content"。在浏览器中运行的结果如图 2-20 所示。

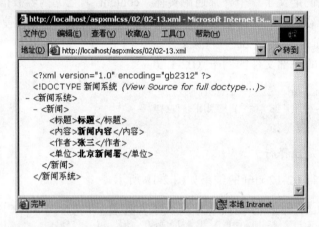

图 2-20   使用外部实体引用结构完整的 XML 文档

通过图 2-20 我们可以看到 "content" 所引用的内容部分。下面来看一下这个文档的源代码。以下为被引用的公用数据文档（02-131.xml）。

```
1:      <?xml version="1.0" encoding="gb2312"?>
2:      <作者>张三</作者>
3:      <单位>北京新闻署</单位>
```

可以看到，当需要更改作者和单位信息时，只需要改动 02-131.xml 文件的内容就可以了，而不需要在很多新闻中一个个地去修改。

我们在上一节介绍了没有意义的参数内部实体，那么参数外部实体的意义就大不相同了，在使用参数外部实体时可以将很多个小的 DTD 合并成一个大的 DTD 文件。将一个大型的 DTD 不同部分分解成多个小的 DTD 文件，这样就便于维护和更新了。比如，我们有一个电子商务网站，在 XML 文档中就可以将不同商品的 DTD 放在不同的文件中，这样就可以通过定义参数外部实体来引用它们。下面看一个简单的例子。

```
1:      <?xml version="1.0" encoding="gb2312"?>
2:      <!DOCTYPE 商店[
3:      <!ELEMENT 商店 (书籍,电影)>
4:      <!ENTITY % bookDef SYSTEM "book.dtd">
5:      <!ENTITY % movieDef SYSTEM "movie.dtd">
6:      %bookDef;
7:      %movieDef;
8:      ]>
9:      <商店>
```

```
10:          <书籍>
11:             ......
12:          </书籍>
13:          <电影>
14:             ......
15:          </电影>
16:  </商店>
```

对于以上代码稍作说明，具体例子读者可以自己设计。

第 4 行~第 5 行定义了两个参数外部实体"bookDef"和"movieDef"，分别引用了"book.dtd"和"movie.dtd"文件。

第 6 行~第 7 行是在 DTD 声明中调用刚才定义的两个参数实体。

在"book.dtd"中声明关于"书籍"的 DTD；在"movie.dtd"中声明关于"电影"的 DTD，然后统一被上面这个 XML 文档所调用。

在上面的一些例子中，我们定义的实体都是能够被 XML 解析器解析的。除此之外，还有这种未解析实体。未解析实体只能作为外部实体调用，比如，word 文档、JPEG 图片、MP3 音乐文件等。XML 解析器不可能将 JPEG 图片内容显示在文档中，但是解析器能够做到的就是告诉应用程序文档中引用的未解析实体的文件类型，然后就由应用程序自己去处理。通用外部未解析实体的声明格式如下：

```
<!ENTITY 未解析实体名称  SYSTEM  "要定义的数据地址"  NDATA  标号名>
```

下面我们来看一个例子，使用通用外部未解析实体定义一张 JPEG 图片（02-15.xml）。

```
1:   <?xml version="1.0" encoding="gb2312"?>
2:   <!DOCTYPE 新闻系统[
3:   <!ELEMENT 新闻系统 (新闻*)>
4:   <!ELEMENT 新闻 (标题,内容,图片)>
5:   <!ELEMENT 标题 (#PCDATA)>
6:   <!ELEMENT 内容 (#PCDATA)>
7:   <!ELEMENT 图片 EMPTY>
8:   <!ATTLIST 图片 地址 ENTITY #REQUIRED>
9:   <!NOTATION JPEG SYSTEM "C:\Program Files\ACDSee\ACDSee.exe">
10:  <!ENTITY picture01 SYSTEM "pic.jpg" NDATA JPEG>
11:  ]>
12:  <新闻系统>
13:       <新闻>
14:            <标题>标题</标题>
15:            <内容>新闻内容</内容>
16:            <图片 地址="picture01"/>
17:       </新闻>
18:  </新闻系统>
```

在第 9 行，使用了"NOTATION"来定义"JPEG"这个标号。我们在前面稍微提到一点，大家可以参看表 2-2 DTD 关键字定义中的"NOTATION"。它是借着提供该格式描述的位置、可以处理这种格式数据的应用程序位置，或者简单的格式描述等方式来提供数据格式的。标号的定义格式如下：

```
<!NOTATION 标记名 SYSTEM "标记描述内容">
```

在这个格式中"标记描述内容"非常重要，它可以是以下内容：

➢ 可以处理或者显示的数据格式应用程序的地址，比如第 9 行。
➢ 描述格式的网络地址，比如：

```
<!NOTATION testFormat SYSTEM "http://www.testweb.com/testFormat.htm" >
```

➢ 格式的简单描述，比如：

```
<!NOTATION JPEG SYSTEM " Joint Photograph Coding Experts Group" >
```

在第 7 行，使用关键字"EMPTY"定义"图片"元素不包含任何元素内容。

在第 8 行，使用 DTD 的关键字"ATTLIST"定义"图片"元素有一个属性"地址"，使用"ENTITY"定义这个属性的属性值为在 DTD 中声明的实体，使用"#REQUIRED"表明这个属性值必须要给出，否则这个文档就不是有效性的。

在第 10 行，使用"ENTITY"定义"picture01"这个未解析实体。

在第 16 行，在"图片"的"地址"属性值中可以直接调用。

上面代码在浏览器中的运行结果如图 2-21 所示。

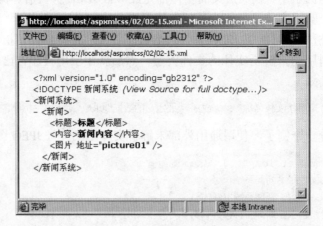

图 2-21　通用外部未解析实体的应用

总之，XML 处理器只会处理 XML 数据，对于其他一切非 XML 数据都会由外部处理程序处理。

○2.2.6　名称空间

名称空间是一种将程序库名称封装起来的方法，通过这种方法，可以避免和应用程序发生命名冲突。我们在整合多个 DTD 的时候，难免会遇到不同的文档使用相同的词汇，这时就会引起混乱。下面用一个例子来说明。

比如我们有一个通信录的 XML 文件（02-16.xml）。

```
1:    <?xml version="1.0" encoding="gb2312"?>
2:    <联系人列表>
3:        <联系人>
4:            <姓名>张三</姓名>
5:            <EMAIL>zhangs@sina.com</EMAIL>
6:            <电话>8888888888</电话>
7:        </联系人>
8:    </联系人列表>
```

假设随着年龄的增长，我们的通信录想要在"联系人"中增加一个"配偶"元素，而"配偶"元素同时又包括"姓名"和"电话"，这样我们的联系人资料就变成下面这样。

以下代码增加了"配偶"元素（02-17.xml）。

```
1:    <?xml version="1.0" encoding="gb2312"?>
2:    <联系人列表>
3:        <联系人>
4:            <姓名>张三</姓名>
5:            <EMAIL>zhangs@sina.com</EMAIL>
6:            <电话>8888888888</电话>
7:            <配偶>
8:                    <姓名>Lisa</姓名>
9:                    <电话>999999999</电话>
10:            </配偶>
11:        </联系人>
12:   </联系人列表>
```

在这个例子中，"联系人"中有"姓名"和"电话"元素，而"配偶"中也有"姓名"和"电话"元素。可是此"姓名"非彼"姓名"，此"电话"也非彼"电话"。尤其是"电话"元素，它们在语法语义上都是完全不同的。对于 XML 文件的编写者和读者来说，凭借上下文的提示，可以轻松识别它们的区别；但计算机可没有人那么聪明，面对两个"姓名"元素，它不知道哪个是"联系人"的"姓名"，哪个又是"配偶"的"姓名"。在这种情况下，我们称两个不同的元素在名称上发生了冲突。当然，也可以将它们的名称分别改为"联系人姓名"、"联系人电话"及"配偶姓名"、"配偶电话"。有时候，这是可以的，但是如果联系人的 DTD 是一个外部文件，而配偶的 DTD 又是另外一个文件，而且很多时候也许这些 DTD 是由不同的人设计的，那么修改起来就比较麻烦。

这个时候，NameSpace（名称空间）就发挥作用了，我们可以将两对"姓名"和"电话"封装在不同的名称空间中，这样 XML 处理器就能够正确识别出它们了，相同的名称也不会有任何问题了。要定义一个名称空间，只需要为这个空间指定一个特定的前缀（prefix）即可，其声明格式如下：

```
xmlns:prefix = "name"
```

前缀的命名规则符合 XML 命名规则：以字母开始，后面跟数字、字母及标点符号（冒号除外）。名称空间是属性值，它必须是一个惟一的 URI（Uniform Resource Identifier，统一资源标识符），由于一般的 URI 中的域名都是独一无二的，所以在 XML 文档中名称空间就不会发生混乱了。
以下代码使用名称空间解决重名问题（02-18.xml）。

```
1:    <?xml version="1.0" encoding="gb2312"?>
2:    <联系人:联系人列表 xmlns:联系人="http://www.test1.com/test1" xmlns:配偶=
      "http://www.test2.com/test2">
3:        <联系人:联系人>
4:            <联系人:姓名>张三</联系人:姓名>
5:            <联系人:EMAIL>zhangs@sina.com</联系人:EMAIL>
6:            <联系人:电话>8888888888</联系人:电话>
7:            <联系人:配偶>
8:                <配偶:姓名>Lisa</配偶:姓名>
9:                <配偶:电话>999999999</配偶:电话>
10:            </联系人:配偶>
11:        </联系人:联系人>
12:   </联系人:联系人列表>
```

对于以上代码通过在第 2 行使用 xmlns 指定了两个前缀"联系人"和"配偶",又为它们分别指定了两个 URI。注意,这里的 URI 没有什么实际意义,只是为了区别名称,所以不一定非要使用有效的 URI。在定义了名称空间之后,就可以解决前面所提到的问题了。但是我们会发现程序代码不够整洁,XML 在这里又提供了一个解决方法,那就是使用默认的名称空间,所有没有加上前缀的元素和属性名,都会被当做是默认名称空间下的。对于默认名称空间的声明,不需要加上冒号和前缀。比如修改后的 02-18.xml。

```
1:    <?xml version="1.0" encoding="gb2312"?>
2:    <联系人列表 xmlns ="http://www.test1.com/test1" xmlns:配偶=
      "http://www.test2.com/test2">
3:    <联系人>
4:    <姓名>张三</:姓名>
5:          <EMAIL>zhangs@sina.com</EMAIL>
6:          <电话>8888888888</电话>
7:          <配偶>
8:             <配偶:姓名>Lisa</配偶:姓名>
9:             <配偶:电话>999999999</配偶:电话>
10:         </配偶>
11:       </联系人>
12:   </联系人列表>
```

修改之后的代码简单很多。另外,默认名称空间也不是指定定义一次,我们可以根据需要在程序中的不同地方定义不同的默认名称空间。

2.2.7 属性

在 HTML 中,很多标记都有属性,比如<BODY>的"bgcolor"属性可以用来控制页面的背景颜色。属性是在开始标记和空标记中定义的,用来添加附加信息。在 DTD 中声明属性的格式如下:

<!ATTLIST 元素名称 属性名称 属性值类型 属性默认的值>

在以上格式中,"ATTLIST"必须大写。如果文档中使用了如下元素:
<新闻 分类= "社会新闻">

    ......

</新闻>
那么在 DTD 中可以这样来声明:

<!ATTLIST 新闻 分类 CDATA #REQUIRED>

其中"CDATA"为属性值类型;"#REQUIRED"是属性默认值,表示在文档中必须要指定这个属性的值。另外,对于大部分属性声明来说,在文档中对其出现的顺序并无严格要求,可以放在与其相连的元素声明之前或者之后。

在 XML 中允许使用 10 种属性值类型,如表 2-4 所示。

表 2-4　属性值类型

类　　型	说　　明
CDATA	不包含标记的文字数据,使用最多的属性值
ID	惟一的,不能被文档中其他任何 ID 类型属性值相同
IDREF	文档中元素的 ID 类型属性的值
IDREFS	由空格分开的若干个 ID

（续表）

类 型	说 明
ENTITY	实体
ENTITIES	多个实体，使用空格分隔
NMTOKEN	XML 名称
NMTOKENS	多个 XML 名称，使用空格分隔
NOTATION	已经定义的标号值
枚举类型	没有关键字，使用竖线分隔多个可能的属性值

很多时候，一个元素往往不止一个属性，比如 HTML 中的<BODY>具有 BGCOLOR、BACKGROUND、TEXT、BGPROPERTIES 等属性。当需要为一个元素定义多个属性时，比如一个 XML 文档中有一个"图像"元素：

    <图像　地址= "testpic.gif" 宽度= "400" 高度= "300"　替换= "一张测试图片。"/>

这个时候虽然可以一个一个地在 DTD 中声明，但是比较方便的是如下定义的方式：

```
<!ELEMENT 图像 EMPTY>
<!ATTLIST 图像 地址 CDATA #REQUIRED
            宽度 CDATA #REQUIRED
            高度 CDATA #REQUIRED
            替换 CDATA #IMPLIED >
```

下面我们来看一下属性的默认值类型。在 DTD 中声明元素的属性时，虽然可以直接指定属性的属性值，比如：

```
<!--DTD 中声明属性-->
<!ATTLIST 顾客 余额 CDATA "0">
<!--XML 文档中使用-->
<顾客 余额= "580">张三</顾客>
```

但是更多属性在声明的时候不能指定一个合适的属性值，这时候，XML 允许使用代表属性的默认值的关键字来代替声明时的默认值，如表 2-5 所示。

表 2-5　属性的默认值类型

类 型	说 明
默认值	使用默认的值，如上面例子中，如果不指定"580"，则余额值为"0"
#FIXED	固定值，不能改变
#IMPLIED	可以出现也可以不出现
#REQUIED	必须出现

另外还有两个特殊的 XML 预定义属性，分别是：xml:space 和 xml:lang。第一个属性描述 XML 如何对待元素中的空格，它只有两个值："defaultt"和"preserve"；第二个属性描述书写元素内容使用的语言，比如：

```
<LANGUAGE xml:lang= "ch">这是中文。</LANGUAGE>
```

2.3　DOM 技术

DOM 技术主要利用 DOM 分析器通过对 XML 文档的分析，把整个 XML 文档以一棵 DOM 树的形式存放在内存中，应用程序可以随时对 DOM 树中的任何一个部分进行访问与操作，也就是说，通过 DOM 树，应用程序可以对 XML 文档进行随机访问。这种访问方式给应用程序的开发带来了很大的灵活性，它可以任意地控制整个 XML 文档中的内容。然而，由于 DOM 分析器把整个 XML 文档转换成 DOM 树放在了内存中，因此，当 XML 文档比较大或者文档结构比较复杂时，对内存的需求就比较高。而且，对于结构复杂的树的遍历也是一项比较耗时的操作。所以，DOM 分析器对机器性能的要求比较高，实现效率不十分理想。不过，由于 DOM 分析器的树结构的思想与 XML 文档的结构相吻合，而且，通过 DOM 树机制很容实现随机访问。因此 DOM 分析器也有较为广泛的使用价值。下面就从 XML 接口开始介绍。

2.3.1 关于 XML 接口

到目前为止，我们都是在孤立地讲 XML，讨论与 XML 相关的语法。但实际上，同 HTML 一样，XML 有时是动态生成的，需要我们编写一段代码一个脚本，作为一个外部程序间接地去创建、访问和操作一个 XML 文件。还有些时候，我们所开发的应用程序需要能够读懂别人写的 XML 文件，从中提取我们所需要的信息。在以上这些情况下，我们都需要一个 XML 接口，通过这个接口将我们的应用程序与 XML 文档结合在一起。下面简单介绍由 W3C 和 XML_DEV 邮件列表成员分别提出的两个标准应用程序接口：DOM 和 SAX。

我们知道，数据库有标准的 ODBC/JDBC 这样的接口规范。在它的帮助下，我们在编写数据库应用程序的时候只要针对于接口即可，可以不管后台的数据库系统究竟是 Oracle 还是 SyBase，是 DB2 还是 SQL Server，这给应用程序的开发带来了很大的便利。同样的道理，在我们做 XML 的应用开发时，一个统一的 XML 数据接口也是必需的。

W3C 意识到了上述问题的存在，于是制定了一套书写 XML 分析器的标准接口规范——DOM（Document Object Model，文档对象模型）。除此之外，XML_DEV 邮件列表中的成员根据应用的需求也自发地定义了一套对 XML 文档进行操作的接口规范——SAX（Simple API for XML，XML 的简单 API）。这两种接口规范各有侧重，互有长短，应用都比较广泛。

下面，我们给出 DOM 和 SAX 在应用程序开发过程中所处地位的示意图，如图 2-21 所示。从图中可以看出，应用程序不是直接对 XML 文档进行操作的，而是首先由 XML 分析器对 XML 文档进行分析，然后，应用程序通过 XML 分析器所提供的 DOM 接口或 SAX 接口对分析结果进行操作，从而间接地实现了对 XML 文档的访问。

图 2-22 两种接口的地位

2.3.2 了解 DOM

DOM 的全称是 Document Object Model，即文档对象模型。在应用程序中，基于 DOM 的 XML 分析器将一个 XML 文档转换成一个对象模型的集合（通常称为 DOM 树），应用程序正是通过对这个对象模型的操作，来实现对 XML 文档数据的操作。通过 DOM 接口，应用程序可以在任何时候访问 XML 文档中的任何一部分数据，因此，这种利用 DOM 接口的机制也被称做随机访问机制。

DOM 接口提供了一种通过分层对象模型来访问 XML 文档信息的方式，这些分层对象模型依据 XML 的文档结构形成了一棵节点树。无论 XML 文档中所描述的是什么类型的信息，即便是制表数据、项目列表或一个文档，利用 DOM 所生成的模型都是节点树的形式。也就是说，DOM 强制使用树模型来访问 XML 文档中的信息。由于 XML 本质上就是一种分层结构，所以这种描述方法是相当有效的。

DOM 树所提供的随机访问方式给应用程序的开发带来了很大的灵活性，它可以随意地控制整个 XML 文档中的内容。然而，由于 DOM 分析器把整个 XML 文档转换成 DOM 树放在了内存中，因此，当文档比较大或者结构比较复杂时，对内存的需求就比较高。而且，对于结构复杂的树的遍历也是一项耗时的操作。所以，DOM 分析器对机器性能的要求比较高，实现效率不十分理想。不过，由于 DOM 分析器所采用的树结构的思想与 XML 文档的结构相吻合，同时鉴于随机访问所带来的方便，所以，DOM 分析器还是被广泛地使用。

一个 XML 分析器，在对 XML 文档进行分析之后，不管这个文档有多简单或者多复杂，其中的信息都会被转换成一棵对象节点树。在这棵节点树中，有一个根节点——Document 节点，所有其他的节点都是根节点的后代节点。节点树生成之后，就可以通过 DOM 接口访问、修改、添加、删除、创建树中的节点和内容。下面用一个标准的 XML 文档来说明这棵树。

以下是一个联系人的 XML 文档（02-19.xml）。

```
 1:   <?xml version="1.0" encoding="gb2312" ?>
 2:   <addressbook>
 3:       <person sex = "male">
 4:         <name>张三</name>
 5:         <email>zhangsan@test.com</email>
 6:       </person>
 7:       <person sex = "male">
 8:         <name>李四</name>
 9:         <email>lisi@test2.com</email>
10:       </person>
11:   </addressbook>
```

该文档如果使用 DOM 来描述，则如图 2-23 所示。

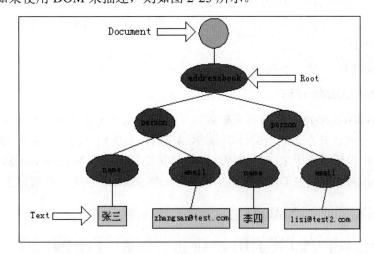

图 2-23　使用 DOM 来表示上面的 XML 文档

在这棵文档对象树中，文档中所有的内容都是用节点来表示的。一个节点又可以包含其他节点，节点本身还可能包含一些信息，例如节点的名字、节点值、节点类型等。文档中的根实际上也是一个元素，之所以要把它单独列出来，是因为在 XML 文档中，所有其他元素都是根元素的后代元素，而且根元素是惟一的，具有其他元素所不具有的某些特征。

在 DOM 接口规范中，有 4 个基本的接口：Document、Node、NodeList 及 NamedNodeMap。在这 4 个基本接口中，Document 接口是对文档进行操作的入口，它是从 Node 接口继承过来的。Node 接口是其他大多数接口的父类，像 Documet、Element、Attribute、Text、Comment 等接口都是从 Node 接口继承过来的。NodeList 接口是一个节点的集合，它包含了某个节点中的所有子节点。NamedNodeMap 接口也是一个节点的集合，通过该接口，可以建立节点名和节点之间的一一映射关系，从而可以利用节点名直接访问特定的节点。下面将对这 4 个接口分别做一些简单的介绍。

1．Document 接口

Document 接口代表了整个 XML/HTML 文档，因此，它是整棵文档树的根，提供了对文档中的数据进行访问和操作的入口。

由于元素、文本节点、注释、处理指令等都不能脱离文档的上下文关系而独立存在，所以在 Document 接口提供了创建其他节点对象的方法，通过该方法创建的节点对象都有一个 ownerDocument 属性，用来表明当前节点是由谁所创建的，以及节点同 Document 之间的联系。

2．Node 接口

Node 接口在整个 DOM 树中具有举足轻重的地位，DOM 接口中有很大一部分接口是从 Node 接口继承过来的，例如，Element、Attr、CDATASection 等接口，都是从 Node 继承过来的。在 DOM 树中，Node 接口代表了树中的一个节点。

3．NodeList 接口

NodeList 接口提供了对节点集合的抽象定义，它并不包含如何实现这个节点集的定义。NodeList 用于表示有顺序关系的一组节点，比如某个节点的子节点序列。另外，它还出现在一些方法的返回值中，例如 GetNodeByName。

在 DOM 中，NodeList 的对象是 "live" 的，换句话说，对文档的改变，会直接反映到相关的 NodeList 对象中。例如，如果通过 DOM 获得一个 NodeList 对象，该对象中包含了某个 Element 节点的所有子节点的集合，那么，当再通过 DOM 对 Element 节点进行操作（添加、删除、改动节点中的子节点）时，这些改变将会自动地反映到 NodeList 对象中，而不需要 DOM 应用程序再做其他额外的操作。

注意：NodeList 中的每个 item 都可以通过一个索引来访问，该索引值从 0 开始。

4．NamedNodeMap 接口

实现 NamedNodeMap 接口的对象中包含了可以通过名字来访问的一组节点的集合。不过注意，NamedNodeMap 并不是从 NodeList 继承过来的，它所包含的节点集中的节点是无序的。尽管这些节点也可以通过索引来进行访问，但这只是提供了枚举 NamedNodeMap 中所包含节点的一种简单方法，并不表明在 DOM 规范中为 NamedNodeMap 中的节点规定了一种排列顺序。

◯2.3.3　使用 DOM 访问 XML 文档

利用 DOM，程序开发人员可以动态地创建文档，遍历文档结构，添加、修改、删除文档内容等。下面，我们将通过微软的 XML 分析器 msxml，对 DOM 接口的这些应用做一详细的介绍。

首先，我们来讲一下所有操作的基础——创建 Document 对象。通过创建 Document 对象，应用程序或者脚本就得到了对 XML 文档进行操作的入口。下面给出两种脚本编程语言创建 Document 对象的范例。

```
JScript:
var xmlDoc = new ActiveXObject("Microsoft.XMLDOM")

VBScript:
set xmlDoc = CreateObject("Microsoft.XMLDOM")

ASP(VBScript):
Set xmlDoc = server.createObject("Microsoft.XMLDOM")
```

在 Document 对象创建之后，我们就得到了对文档进行操作的入口，那么，创建的这个文档对象是如何同实际的 XML 文档关联在一起的呢？不同的 XML 分析器所提供的加载 XML 文档的方法也不尽相同。在微软的 MSXML 中，提供了一个 load 方法来加载 XML 文档，建立 DOM 树同 XML 文档之间的关联。我们可以通过下述方式来加载文档：

```
set xmlDoc= CreateObject("microsoft.xmldom")
xmlDoc.async = False
xmlDoc.load("02-20.xml")
```

第 1 行创建了一个微软 XML 解析器的实例；第 3 行告诉解析器去装载一个叫做"02-20.xml"的 XML 文档；第 2 行设置同步装载文档，让解析器在文档没有完全加载完毕之前不要执行脚本。XML 文档被加载成功后，就在内存中形成了一棵 DOM 树。

以下是一个简单的 XML 文档（02-20.xml）。

```
1:    <?xml version="1.0" encoding="gb2312" ?>
2:    <note time="12:03:46">
3:        <to>张三</to>
4:        <from>李四</from>
5:        <heading>开会通知</heading>
6:        <body>周五下午 5 点全体会议。</body>
7:    </note>
```

对于已经加载的文档，我们要从文档中获取所需要的内容，这就要求能够通过 DOM 树来访问树中的任何一个节点，也就是对 DOM 树的遍历。下面我们通过几个实例来说明如何遍历 DOM 树中的节点。

首先，要获取 XML 文档的根元素节点，用 VBScript 语言描述这个操作如下：

```
root = myDocument.documentElement
```

实际上，此时 root 就会指向 note 节点。

在得到了文档的根元素节点之后，我们又将如何访问其他元素呢？以文档中的第 4 个 body 元素为例，对该元素节点及其内容的访问可以通过下面的方式来实现：

```
body.innerText = root.childNodes.item(3).text;
```

上述访问语句执行后，body.innerText 的值是"周五下午 5 点全体会议"，如图 2-24 所示。

在上面的代码中，root 是文档的根元素节点 note 节点，to、from、heading 和 body 都是元素类型的节点。childNodes 是 NodeList 类型的属性，item 是 NodeList 接口中 Node 类型的属性，通过 item 可以访问 NodeList 节点集合中的任意节点。childNodes()方法使用一个索引值作为参数，该参数代表节点集合中子节点的序号。子节点序号从 0 开始，所以 3 代表的就是第 4 个节点 body。

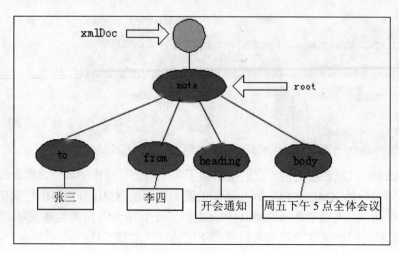

图 2-24　获取 root 的子节点的值

在 DOM 规范中，要访问元素节点的文本内容，需要先得到元素节点的 TEXT 子节点，再通过 TEXT 节点的属性获取文本内容。微软在实现 DOM 接口时对 DOM 进行了部分扩展，可以通过元素类型节点的 text 属性直接获得元素中的文本内容。具体实用说明可以参考微软 MSDN 中的帮助。下面给出完整代码。

以下代码使用 DOM 访问 XML 文档（02-20.htm）。

```
1:    <script language="javascript">
2:    function loadXML(){
3:        xmlDoc = new ActiveXObject("Microsoft.XMLDOM");
4:        xmlDoc.async=false;
5:        xmlDoc.load("02-20.xml");
6:        root = xmlDoc.documentElement;
7:        to.innerText = root.childNodes.item(0).text;
8:        from.innerText = root.childNodes.item(1).text;
9:        heading.innerText = root.childNodes.item(2).text;
10:       body.innerText = root.childNodes.item(3).text;
11:   }
12:   </script>
13:   <body onload="loadXML()">
14:   <div id="to"></div>
15:   <div id="from"></div>
16:   <div id="heading"></div>
17:   <div id="body"></div>
18:   </body>
```

以上代码采用的是客户端脚本 JavaScript 编写的使用 DOM 访问 XML 文档的方法，当然使用 VBScript 也可以。比如下面这个使用 VBScript 编写的遍历 XML 文档的例子（02-202.htm）。

```
1:    <html>
2:    <body>
3:    <script type="text/vbscript">
4:    document.write("<h2>标签</h2>")

5:    set xmlDoc=CreateObject("Microsoft.XMLDOM")
6:    xmlDoc.async="false"
7:    xmlDoc.load("02-20.xml")
```

```
 8:    for each x in xmlDoc.documentElement.childNodes
 9:        document.write("<b>" & x.nodename & ":</b> ")
10:        document.write(x.text)
11:        document.write("<br />")
12:    next
13:    </script>
14:    </body>
15:    </html>
```

　　在 02-202.htm 中我们采用在脚本中使用元素 ID 属性的方法将 XML 文档数据显示在 HTML 文档中。而在这段代码里，使用 document.write 直接将 XML 文档数据输出到 HTML 文档中。另外，在第 8 行～第 12 行使用 VBScript 的 for…next 循环将子元素全部遍历出来。在浏览器中运行的结果如图 2-25 所示。

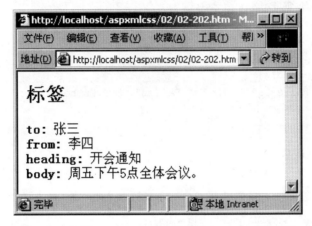

图 2-25　使用 document.write 直接输出 XML 文档数据

　　当然，使用 DOM 的功能远不止这些，我们将在后面一一介绍。

2.4　SAX 技术

　　下面首先对 SAX 接口进行介绍。

2.4.1　SAX 接口简介

　　在处理大型的 XML 文档时，在服务器端直接使用 XML DOM 的速度是比较慢的，当笔者第一次接触到 SAX 的时候，就意识到应该在服务器端将 DOM 和 SAX 结合起来以提高所编写的程序的效率。在 ASP 中就经常使用 COM 来完成这个工作。还是直接进入实际的代码部分吧（用 VB 实现）。

　　工程名：SAXTesting
　　类名：clsSAXTest
　　方法：Public Function MyXMLParser（XML 文件物理路径）as DOMDocument
　　代码：

```
 1:    Option Explicit
 2:    Public Function MyXMLParser(ByVal strXMLFilePath As Variant) As
       DOMDocument
```

```
 3:   Dim reader As New SAXXMLReader
 4:   Dim contentHandler As New ContentHandlerImpl
 5:   Dim errorHandler As New ErrorHandlerImpl
 6:
 7:   Set reader.contentHandler = contentHandler
 8:   Set reader.errorHandler = errorHandler
 9:   On Error GoTo ErrorHandle
10:   Dim XMLFile As String
11:   XMLFile = strXMLFilePath
12:   reader.parseURL (XMLFile)
13:
14:   Dim xmlDoc As MSXML2.DOMDocument
15:   Set xmlDoc = CreateObject("MSXML2.DOMDocument")
16:   xmlDoc.loadXML strXML
17:   Set MyXMLParser = xmlDoc
18:   Set xmlDoc = Nothing
19:   Exit Function
20:
21:   ErrorHandle:
22:   Err.Raise 9999, "My XML Parser", Err.Number & " : " & Err.Description
23:
24:   End Function
```

类名：modPublic
代码：

```
25:   Option Explicit
26:   Global strXML As String
```

类名：ContentHandlerImpl
代码：

```
27:   Option Explicit
28:   Implements IVBSAXContentHandler
29:   Private Sub IVBSAXContentHandler_startElement(strNamespaceURI As String,
          strLocalName As String,
30:   strQName As String, ByVal attributes As MSXML2.IVBSAXAttributes)
31:   Dim i As Integer
32:   intLocker = intLocker + 1
33:   If intLocker > 1 Then
34:   End If
35:   strXML = strXML & "<" & strLocalName
36:   For i = 0 To (attributes.length - 1)
37:   strXML = strXML & " " & attributes.getLocalName(i) & "=""" & attributes.get-
          Value(i) &
38:
39:   ……
40:   Next
41:   strXML = strXML & ">"
42:   If strLocalName = "qu" Then
43:   Err.Raise vbObjectError + 1, "ContentHandler.startElement", "Found element
          <qu>"
```

```
44:   End If
45:   End Sub
46:
47:   Private Sub IVBSAXContentHandler_endElement(strNamespaceURI As String,
        strLocalName As String,
48:   strQName As String)
49:   strXML = strXML & "</" & strLocalName & ">"
50:   End Sub
51:
52:   Private Sub IVBSAXContentHandler_characters(text As String)
53:   text = Replace(text, vbLf, vbCrLf)
54:   strXML = strXML & text
55:   End Sub
56:
57:   Private Property Set IVBSAXContentHandler_documentLocator(ByVal RHS As
        MSXML2.IVBSAXLocator)
58:   End Property
59:   Private Sub IVBSAXContentHandler_endDocument()
60:   End Sub
61:
62:   Private Sub IVBSAXContentHandler_endPrefixMapping(strPrefix As String)
63:   End Sub
64:
65:   Private Sub IVBSAXContentHandler_ignorableWhitespace(strChars As String)
66:   End Sub
67:
68:   Private Sub IVBSAXContentHandler_processingInstruction(target As String,
        data As String)
69:   strXML = strXML & "<?" & target & " " & data & ">"
70:   End Sub
71:
72:   Private Sub IVBSAXContentHandler_skippedEntity(strName As String)
73:   End Sub
74:
75:   Private Sub IVBSAXContentHandler_startDocument()
76:   End Sub
77:
78:   Private Sub IVBSAXContentHandler_startPrefixMapping(strPrefix As String,
        strURI As String)
79:   End Sub
```

类名：ErrorHandlerImpl

代码：

```
80:   Option Explicit
81:   Implements IVBSAXErrorHandler
82:
83:   Private Sub IVBSAXErrorHandler_fatalError(ByVal lctr As IVBSAXLocator,
      msg As String, ByVal
84:   errCode As Long)
85:   strXML = strXML & "*** error *** " & msg
```

```
86:  End Sub
87:
88:  Private Sub IVBSAXErrorHandler_error(ByVal lctr As IVBSAXLocator, msg
     As String, ByVal errCode As Long)
89:  End Sub
90:
91:  Private Sub IVBSAXErrorHandler_ignorableWarning(ByVal oLocator As
     MSXML2.IVBSAXLocator,
92:  strErrorMessage As String, ByVal nErrorCode As Long)
93:  End Sub
```

编译这个 DLL，完成自己的 SAX 接口。

最上方的 IVBSAXErrorHandler 用来生成一个分析器实例。XML 文档是从左侧箭头所示处读入，当分析器对文档进行分析时，就会触发在 DocumentHandler、ErrorHandler、DTDHandler 及 EntityResolver 接口中定义的回调方法。

下面对 SAX 分析器中的几个主要 API 接口进行简单的介绍。

（1）SAXParserFactory：SAXParserFactory 对象用来按照系统属性中的定义创建一个分析器的实例，接口是 Javax.xml.parser.SAXParserFactory。

（2）Parser：org.xml.sax.Parser 接口定义了类似 setDocumentHandler 的方法来创建事件处理函数。另外，该接口中还定义了 parser（URL）方法来对 XML 文档进行实际的分析工作。

（3）DocumentHandler：当分析器遇到 XML 文档中的标记时，就会激活该接口中的 startDocument、endDocument、startElement 及 endElement 等方法。另外，characters 方法和 processingInstruction 方法也是在 DocumentHandler 接口中实现的。当分析器遇到元素内部的文本内容时就会激活 characters 方法，当分析器遇到处理指令时就会激活 processingInstruction 方法。

（4）ErrorHandler：当分析器在分析过程中遇到不同的错误时，ErrorHandler 接口中的 error、fatalError 或者 warning 方法就会被激活。

（5）DTDHandler：当处理 DTD 中的定义时，就会调用该接口中的方法。

（6）EntityResolver：当分析器要识别由 URI 定义的数据时，就会调用该接口中的 resolveEntity 方法。

一个典型的 SAX 应用程序至少要提供一个 DocumentHandler 接口。一个健壮的 SAX 应用程序还应该提供 ErrorHandler 接口。

2.4.2　了解 SAX

SAX（Simple API for XML）和 DOM（Document Object Model）都是为了让程序员不用写任何解析器就可以访问他们的资料信息。通过利用 XML 1.0 格式保存信息，以及使用 SAX 或者 DOM APIs，你的程序可以使用任何解析器。这是因为使用他们所喜爱的语言开发解析器的开发者必须实现 SAX 和 DOM APIs。SAX 和 DOM APIs 在多种语言中都可以实现（ASP、Java、C++、Perl、Python……）。

所以 SAX 和 DOM 都是为了同样的目的而存在，这就是使用户可以利用任何编程语言访问存入 XML 文档中的信息（要有一个那种编程语言的解析器），尽管他们在提供给你的访问信息的方法上大不相同。

SAX 在让你访问存储在 XML 文档中的信息时，不是通过节点树，而是一系列的事件。你也许会问，这有什么益处？回答是，SAX 选择不在 XML 文档上创建 Java 对象模型（像 DOM 做的那样）。这样使得 SAX 更快，同时使下面所述成为必要。

> ➢ 创立你自己的自定义对象模型。
> ➢ 创建一个监听 SAX 事件的类，同时创建你自己的对象模型。

注意这些步骤对 DOM 而言是不必要的，因为 DOM 已经为你创建了一个对象模型（将你的信息用一棵节点树表示）。

在使用 DOM 的情况下，解析器做了绝大多数事情，读入 XML 文档，在这基础之上创建 Java 对象模型，然后给你一个对这个对象的引用（一个 Document 对象），因而你可以操作使用它。SAX 被叫做 Simple API for XML 不是没有原因的，它真的很简单。SAX 没有期待解析器去做这么多工作，所有 SAX 要求的是解析器应该读入 XML 文档，同时根据所遇到的 XML 文档的标签发出一系列事件。你要自己写一个 XML 文档处理器类（XML document handler class）来处理这些事件，这意味着使所有标签事件有意义，还有用你自己的对象模型创建对象。所以你要完成：

> ➢ 控制所有 XML 文档信息的自定义对象模型。
> ➢ 一个监听 SAX 事件（事件由 SAX 解析器在读取你的 XML 文档时产生）的文档处理器，还有解释这些事件，创建你自定义对象模型中的对象。

如果你的对象模型简单的话，那么 SAX 在运行时会非常快。在这种情况下，它会比 DOM 快，因为它忽略了为你的信息创建一个树型对象模型的过程。从另一方面来说，你必须写一个 SAX 文档处理器来解释所有的 SAX 事件（这会是一件很繁重的工作）。

什么类型的 SAX 事件被 SAX 解析器抛出了呢？这些事件实际上是非常简单的。SAX 会对每一个开始标签抛出事件，对每一个结束标签也是如此。它对#PCDATA 和 CDATA 部分同样抛出事件。你的文档处理器（对这些事件的监听器）要解释这些事件同时还要在它们的基础之上创建你自定义的对象模型。你的文档处理器必须对这些事件做出解释，同时这些事件发生的顺序是非常重要的。SAX 同时也对 processing instructions、DTDs、comments 抛出事件。但是它们在概念上是一样的，你的解析器要解释这些事件（还有这些事件的发生顺序）以及使他们有意义。

2.4.3　使用 SAX 访问 XML 文档

什么时候使用 SAX 呢？

如果在你的 XML 文档中的信息是机器易读的（和机器生成的）数据，那么 SAX 是让你可以访问这些信息的合适的 API。机器易读和生成的数据类型包含如下内容。

> ➢ 存成 XML 格式的 Java 对象属性。
> ➢ 用一些以文本为基础的查询语句（SQL，XQL，OQL）表示的查询。
> ➢ 由查询生成的结果集（这也许包含由关系型数据库表中的数据编码成的 XML）。

这么看来机器生成的数据是你一般要在 Java 中生成数据结构和类的信息。一个简单的例子是包含个人信息的地址簿。这个地址簿 XML 文件不像字处理器文档，它是一个包含已经被编码成文本的纯数据的 XML 文档。

当你的数据是这种样式时，你要创建你自己的数据结构和类（对象模型）来管理操作及持续保存这些数据。SAX 允许你快速创建一个可以生成你的对象模型实例的处理器类。一个实例是：SAX 文档处理器。它完成的工作有读入包含地址簿信息的 XML 文档，创建一个可以访问到这些信息的 AddressBook 类。SAX 指南会告诉你该怎么做到这些。这个地址簿 XML 文档包含 person 元素，person 元素中有 name 和 email 元素。AddressBook 对象模型包括下面的类。

> ➢ AddressBook 类：Person 对象的容器。
> ➢ Person 类：String 类型的 name 和 email 的容器。

这样"SAX 地址簿文档处理器"就可以把 person 元素转变成 Person 对象了，然后把它们都存入 AddressBook 对象。这个文档处理器将 name 和 email 元素转变为 String 对象。

○2.4.4 使用 SAX 读写我的歌曲库

在检测 SAX 接口程序是否正常前，要设计一个 XML 文件（命名为 test.xml），内容如下：

```
1:    <!-- xml 数据内容 -->
2:    <xml id="dataisland">
3:    <mymusic>
4:        <item>
5:            <musicname>夜曲</musicname>
6:            <producer>周杰伦</producer>
7:            <grade>234</grade>
8:            <link>第一</link>
9:        </item>
10:       <item>
11:           <musicname>不想长大</musicname>
12:           <producer>S.H.E</producer>
13:           <grade>765</grade>
14:           <link>第二</link>
15:       </item>
16:       <item>
17:           <musicname>美丽的神话</musicname>
18:           <producer>孙楠/韩红</producer>
19:           <grade>23</grade>
20:           <link>第三</link>
21:       </item>
22:   </mymusic>
23:   </xml>
```

ASP 代码如下：

```
1:    <%
2:    Set a = CreateObject("SAXTesting.clsSAXTest")
3:    Set xmlDoc = a.MyXMLParser("D:\test.xml")
4:    Response.contenttype="text/xml"
5:    response.write xmlDoc.xml
6:    set xmlDoc=nothing
7:    set a=nothing
8:    %>
```

显示界面如图 2-26 所示。

图 2-26　我的歌曲库实例显示结果

2.5 XML 和 ASP 的关系

XML 仅仅是一种数据存放格式，这种格式是一种文本（虽然 XML 规范中也提供了存放二进制数据的解决方案）。事实上有很多文本格式都可以用来存放数据，例如大家所熟悉的.ini 文件。很多朋友在初学 C 语言或者 Basic 语言的时候，有时可能需要将源数据或者最终结果存放在一个文本文件里面，存放的格式当然由编写程序的人自己定了，那么在编写这个程序的过程中，编程者就自创了一种自定义的数据格式。

XML 格式本身也是一种存放数据的格式，和你当时自己定义的这种数据文件本质上并无什么区别，但惟一的（也是最重要的）区别就是：XML 格式是被大家所公认而且广泛支持的，而你自己做的那个数据文件就只有你编写的那一两个程序支持。

2.5.1 XML 做什么

XML 仅仅用来存放数据，除此之外它什么也不做。

虽然 XML 什么也不做，但是由于它是一种统一的格式，无论在 UNIX 平台下，还是在 MACINTOSH 平台或者 Windows 平台下，都支持这种格式。

XML 不负责运行什么程序，也不负责数据的表现形式。数据的表现形式可以通过 XSL 或者 CSS 实现，运行程序自然会有 ASP、Java 之类的程序语言去做，而 XML，除了存放数据之外，别的事情一概不管。

如果说 Java 是一种跨平台的程序语言，那么 XML 就是一种跨平台的数据格式，也正是因为这个原因，它们才结合得这么紧密。几年前我们看到的 XML 应用绝大多数就是用 Java 技术实现的。但是其他很多语言（例如 ASP、C#、Perl、Python）对 XML 也支持得很好。

统一必然带来极大的好处，那就是：有许许多多技术方案支持它、扩展它，例如：DOM、XSLT、SVG、VRML、SOAP、Cocoon、XSP 等。

2.5.2 XML 和 ASP 的关系

ASP 是 XML 的用户，XML 为 ASP 及其他技术方案提供一种数据存放格式，以供包括 ASP 在内的其他的技术方案去调用。它们之间的关系就是这么简单。

2.5.3 XML 与数据库的关系

XML 可以单独作为一种小型数据库，也可以作为大中型数据库（例如 SQL Server、Oracle、MySQL、DB2）的 Cache。

当数据量很小的时候，数据库引擎读写数据的效率肯定优于通过文本文件读写数据的效率。但是我们可以设想一下，当数据库里面的数据量很大的时候，要在这样的一个数据库里面读写一条记录所需要消耗的时间，和读写一个体积不是很大的 XML 文件，前者需要消耗的服务器资源要大得多。所以，我们可以把 XML 作为一个轻量级的小型数据库，来缓存数据。

XML 不可以取代数据库，反之，数据库也不能取代 XML。

2.6 将改变我们生活的 XML 有关应用

XML 从诞生起就表现出出人意料的好的应用效果。参考多人多年的 XML 应用经验，结合自己的实践，总结如下。

1．HTML 作为一种功能性的 XML

现在把 HTML 完全作为一种表现语言，它的惟一功能就是使内容显示出来。也就是把在 HTML 中表现内容的语义这个"美餐"给完全放弃了。HTML 就是一个功能性的 XML，它的目的就是让浏览器显示。要把内容和表现分离，就是要从别的数据源中转换到 HTML。那 CSS 是不是就多余了呢？当然不会，CSS 的目的是帮助 HTML 更好地表达如何显示这个要求，也就是说 HTML+CSS 共同表达一个目的：网页的外观布局。它们的目的是一致的，而不是笔者以前想象中的由 HTML 来表达内容，CSS 来表达外观。而且 CSS 的存在，能够表达更加精确更加丰富的内容，而且比用 table 这样的表格排版更加简洁明了。具体应用会在后面的章节中详细介绍。

2．XML 作为 HTML 的源头

把 HTML 表达网页的内容这个想法放弃了之后，很自然的想法就是把 XML 作为 HTML 的数据来源，但是这并不是很常见的做法。更多的做法是，利用数据库，利用文件，然后用网络脚本进行提取，接着可能还要通过一道模板，直接产生 HTML。其中并没有 XML 的位置，那么在产生 HTML 的过程中到底需不需要 XML 呢？

现在问题已经很明白了，HTML 完全作为一种表现语言。焦点是对于 HTML 从何而来这个问题。务实的态度是尊重现有的解决方案，而且它们可以做得很好。这里只是对于 XML 能够在产生 HTML 的过程中的什么阶段进行参与工作，进行一些个人看法的探讨。

3．XML 直接产生 HTML

这个可能是很多人首先想到的办法，利用 XSLT 把 XML 转换成 HTML。而且关于这个问题，笔者将在文章最后，给一个个人的全面的想法。

利用 XML 产生 HTML，主要用在小型的纯发布的场合（比如个人主页），因为对于 XML 文件的更新和删除这些操作，并不是很完善。而且即使是使用 XML 数据库，也不能胜任大型的场合。而 XML 更多的是作为中间数据。

4．由数据库产生 XML 然后产生 HTML

这可能是一个很好的方案，只是在现在看来有一些多余。因为网络脚本从数据库中提取了内容之后，直接就产生 HTML 了，或者调用一个模板也会产生 HTML。如果其中再多一个产生 XML 的过程，还需要再编写 XSLT 来产生 HTML，让人觉得没有这个必要。

5．XML 与数据库

很自然地，就延伸出了一个讨论，就是"XML 与数据库，用哪一个？"其实这个问题之所以存在，笔者个人认为是 XML 的发展不成熟（仅代表个人观点）。XML 有其结构和功能上的优越性，但是同样带来了很大的复杂度。对 XML 进行查询，就比对结构简单的数据库查询复杂很多。同样，XML 的表现力也要强很多。

另外还与 XML 的两个用法有关，XML 一方面可以用在以数据为中心的应用上，比如网站的客户订单。这和关系型数据库的特点是一致的，每个 table 的项是固定的，数据都是类似重复的。XML 同时还能用在以文档为中心的应用上，比如你写一篇文章时，用 XML 对文章进行标记。这样使得标记出现的位置，以及上下文就变得非常重要。

所以，关于在什么场合下用 XML，在什么场合下需要 XML 这种问题，很难有明确答案。至少有一点，随着 XML 技术的完善及被越来越多的人掌握，XML 会在其适合的场合得到越来越多的应用。

6．XML 与网站

如果仅仅是泛泛而谈 XML 与数据库，那么很难定论。但是如果把讨论的范围缩小到网站，

个人觉得还是很容易得出答案的。

对于交互性的场合，比如论坛，数据经常要更新，XML 就不适合。

对于发布性的场合，比如文章系统，XML 就是一个很好的选择。

当然还要考虑查询是否方便，以及 XML 适合描述松散的信息，比如站长信息这样的数据存放到数据库中显然是太浪费了，而放到 XML 中就比较合适。所以，笔者个人认为如果是个人主页这种性质的网站，使用 XML 是非常合适的。

7. 在个人主页中使用 XML

个人主页一般都无法购买那种有网络脚本支持的服务器，更不用说数据库了，这来自于现实环境的限制。

个人主页的数据一般比较松散凌乱，而且文档比较多，比较适合用 XML 来描述，这是显示的需求。

综合上述两点，对于一般个人主页的站长来说，这样的组合方案是很不错的：用 XML 来描述网站数据，用 XSLT 来做转换；注册一个免费的留言板；注册一个免费的 BLOG。

这样你就只需要一个 HTML 空间，同时又可以实现内容与外观分离。是不是很简单又很实用？

2.7　小结

XML 自从问世以来获得了巨大的成功。XML 的出现推动了 Web 的发展，开创了 Web 的新局面。XML 应该不是什么陌生的东西了。如果你不知道，说明你可能已经很久都没有关心过网页设计或者计算机这个行业了。XML 的好处、长处，已经说了很多了，这里不再赘述。

把 XML 分为两类：作为数据或者文档的 XML，以及功能性的 XML。这个分类是笔者自己定义的，功能性的 XML 指的就是 HTML、SVG、MathML 这些。关于 HTML 也是 XML 这个观点，你应该听说过。HTML 为什么被笔者说成是功能性的 XML 呢？因为如果以浏览器为观点，它认识 HTML，能够使 HTML 标记的内容做出显示。而如果是一般的 XML，它就不认得，如果是 IE 就会调用内部的一个显示 XML 的模板把它显示出来，但是有的浏览器就不会。也就是说，一般的 XML 中的内容元素，对于浏览器来说是不知道什么意义的，而 HTML 的元素却对浏览器来说有特殊意义。同样，SVG 这些 XML 也是一样，虽然标准仍然在制定之中，浏览器对它的支持还需要一些插件。但是 SVG 的基本结构不会有什么变动了，就是通过标签的标记，通过浏览器的读取产生二维的图像。关键的地方就是，浏览器认得 SVG 中的元素，知道它的意义，并且能够做出显示。

自然，对于浏览器没有特殊意义的 XML 就是文档数据型的。对 XML 做出的以文档为中心和以数据为中心的这种分法是非常常见的。关于这个话题，将在后面继续讨论。

第 3 章　CSS 入门

CSS（Cascading Style Sheet，层叠样式表）是一种格式化网页的标准方式，是一种样式表语言，它通过设置 CSS 属性使网页元素获得各种不同的效果。CSS 最初只是为了将 HTML 文件中的内容与描述相区别而创建的，而 XML 是一种纯粹的基于内容的解析型标记语言，所以，CSS 在格式化 XML 文件方面已经被证明确实有效。因为 CSS 本身就是为非程序人员开发的，所以它非常容易学习和使用，并且还提供了一种快速、直接的方法来描述 XML 内容以进行浏览。除此之外，XSL 也能够格式化 XML 文档。

通过本章学习，您将能够：

➢ 了解 CSS 的概念。

➢ 了解如何为 XML 编写 CSS。

➢ 了解 XSL 的概念。

3.1　CSS 基本概念

CSS 是 Cascading Style Sheet 的缩写，译做"层叠样式表"，是用于增强控制网页样式并允许将样式信息与网页内容分离的一种标记性语言。下面从基本概念开始介绍。

3.1.1　什么是 CSS

CSS 技术是一种格式化网页的标准方式，它扩展了 HTML 的功能，使网页设计者能够以更有效的方式设置网页格式。实际上，早期的 SGML 系统就使用样式表将内容从描述中分离了出来，只是大家根本不知道。直到 1994 年，CSS 才第一次被公开讨论，到 1996 年的 12 月份它才被 W3C 正式推荐，此时推荐的 CSS 叫做 CSS1，一般叫做 CSS 第一级。到了 1998 年 5 月 CSS2（CSS 第二级，包含 CSS1）就已经在 W3C 达到了推荐的地位，2004 年又发展到了 CSS2.1。目前最新的版本是 CSS3，它完全包含 CSS2，但是仍然在 W3C 处于候选状态。在 CSS3 中增加了圆角表格的属性。当前大部分浏览器及其他网页制作工具都建立了对 CSS1 及 CSS2 的支持，所以我们主要讨论的是 CSS2。CSS2 基于 CSS1，包含了 CSS1 所有的功能，并且在多个方面进行了完善，使得网页对于制作者及用户都有很强的吸引力。CSS2 还支持多媒体样式表，使得我们能够根据不同的输出媒体来为文档定制不同的表现形式，比如屏幕、打印机、投影仪等。

我们知道 CSS 从一开始就不是为 XML 设计的，而是为了 HTML 在页面表达方面的缺陷而设计的，但是，XML 文档还是可以很方便地使用 CSS 样式表。CSS 为实现描述而进行的格式化 XML 文件的功能做得也很出色。作为一种描述性样式语言，CSS 定义了如字体、背景、颜色和位置等样式结构。CSS 中的一个重要思想就是你可以为给出的一类文件创建一个样式表，然后这一类文件都统一调用这个样式表。这样，这组文件的描述特征文件就从数据中分离出来了，将来在更新和维护样式文件时就会很方便。

一个 CSS 样式表包括了一些规则，这些规则应用到给定类型的元素上。样式表规则可以直接放置在一个 HTML 或者 XML 文件中，也可以被单独放置在以.css 作为扩展名的文件中。我们推荐使用后一种方式，因为这种方式可以实现描述特征与数据分离的操作。当然，我们必须在 HTML 或者 XML 中链接一个外部 CSS 文件，这样才可以使用它作为格式化文件内容的基础。

对于层叠样式表中"层叠"二字的理解为：因为样式可以被多种不同的方法指定给同一个元素，这样一个单一元素类型也许就会拥有多种样式规则，那么哪个样式规则优先并被元素应用呢？

关于更多的 CSS 的相关知识，可以参考以下网址：

http://www.w3.org/Style/CSS/

http://www.w3.org/TR/REC-CSS2/

3.1.2 CSS 基本语法格式

首先来了解一下 CSS 在 HTML 中的应用，这样有助于我们理解 CSS 在 XML 中的应用。

以下代码为在 HTML 中使用 CSS（03-01.htm）的例子。

```
1:   <html>
2:   <head>
3:   <title>CSS 在 HTML 中的应用</title>
4:   <style type="text/css">
5:   body{font-size:15pt;background:#ccc;}
6:   .text{font-size:12pt;background:white;}
7:   </style>
8:   </head>
9:   <body>
10:  正文部分的文字。
11:  <div class="text">调用 text 类的样式</div>
12:  <p style="font-size:18pt;text-align:center;">在标记符中使用样式</p>
13:  </body>
14:  <html>
```

上面代码在浏览器里运行的结果如图 3-1 所示。

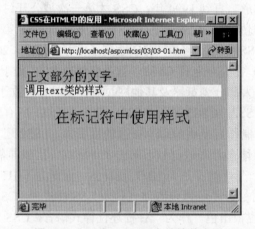

图 3-1　CSS 在 HTML 中的简单应用

第 4 行~第 7 行在<head>和</head>之间使用<style>和</style>标记定义一组 CSS 样式。

在第 5 行，定义 HTML 的标记 BODY 的一些属性，包括文字的大小"font-size"及背景颜色"background"。在 CSS 中的语法与 HTML 是不同的，比如属性值不需要引号，属性之间使用";"分隔等。

在第 6 行定义了一个 text 类，注意在 text 前面有一个点。这个类定义了文字的大小及背景颜色。

对于第 10 行的文字，因为其包括在 BODY 标记之间，所以在第 5 行定义的样式就会直接应用。这里其实是通过 CSS 重新定义 HTML 已经存在的标记的属性。

对于第 11 行，我们使用<div>的 class 属性（基本上这个属性属于大多数 HTML 标记）指定样式类为 text，那么包含在<div>和</div>之间的内容就会按照 text 类所定义的样式来显示。

在第 12 行，对于<P>标记而言，使用了 style 属性在标记符中直接嵌套样式信息，但是这种方式不推荐使用。

下面通过上例来具体了解一下 CSS 文件的结构。

```
selector {
property1:value1;
property2:value2;
……
}
```

当然，写成一行也是可以的。其中 selector 表示需要应用样式的内容，property 表示由 CSS 标准定义的样式属性，value 表示样式属性对应的值。样式属性和属性值之间采用 "：" 连接，不同属性之间使用 "；" 分隔，属性值不需要引号，这些都与 HTML 不同，如图 3-2 所示。

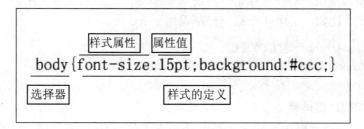

图 3-2　CSS 样式的定义格式

有关样式属性和属性值的使用会在后面的章节中介绍，下面来看一下选择器 selector 的使用方法：HTML 标记符、具有上下文关系的 HTML 标记符、自定义的类、自定义的 ID 及虚类。

1．HTML 标记符选择器

这是最常见的一种选择器，例如在 03-01.htm 中的第 5 行所定义的那种选择器。作为 HTML 标记符，其本身具有一定的默认属性，通过这种定义方式就可以改变其本身默认的样式。然而，对于需要给多个标记符应用相同的样式，就可以使用列表来合并选择器。比如我们有 4 个样式，定义如下：

```
p{ color:red; }
h1{ color:red; }
big{ color:red; }
h2{ color:red; }
```

那么，就可以使用列表，用 "，" 将不同的选择器分隔，如下所示。

```
p,h1,big,h2 { color:red ; }
```

这也可以称为组。

2．具有上下文关系的 HTML 标记符选择器

当我们只需要给位于某个标记符内嵌套的标记符设定特定的样式，而不为不在这个标记符之内的进行设定时，就可以将这个选择器指定为具有上下文关系的 HTML 标记符。比如，我们只是想让位于<P>标记符内的<FONT>标记符具有特定的样式，那么应当使用这种格式：

```
p font { color:red ;}
```

在 p 和 font 之间有一个空格。这样定义之后，只有在<P>标记符之间的<FONT>才会默认将文字显示成红色，而不在<P>标记符之间的<FONT>不具有该样式。

3．自定义的类选择器

类这个概念应用比较广泛，在 CSS 中也使用到了。比如，我们定义了一个样式，然后想让这个样式很随意地被一些标记符使用，但不是说给指定的标记符（如果给指定的标记符，就可以使用组合方法），这时候，将我们要定义的样式以类的形式定义就可以了。比如我们在 03-01.htm 中第 6 行定义的 text 类，然后在第 11 行，使用 class 属性来调用，当然，其他想需要这种样式的 HTML 标记符都可以使用 class 属性来指定。定义格式如下：

```
.classname { property1:value1;property2:value2;……}
```

定义的时候在 classname 前面要加一个 "." 来标记这是一个类。关于 classname，最好使用有具体含义的名称。例如，定义了一个类：

```
.red{ color:red; }
```

然后在想要调用该类的任意标记符内使用 class 属性，以便所有引用该类的标记符都可以采用所定义的样式。比如，下面几个标记符都调用了 red 类。

```
<P class= "red">这段文字是红色</P>
<H3 clasee= "red">这个 3 号标题是红色</H3>
<DIV class= "red">这块文字是红色</DIV>
```

4．自定义的 ID 选择器

除了使用 class 定义样式之外，在 CSS 中也允许使用 ID 来定义样式。这种方式类似于自定义类选择器，区别在于定义的时候使用 "#" 作为 ID 名称的前缀，而不是 "."。定义格式如下：

```
#Idname { property1:value1;property2:value2;……}
```

定义了 ID 样式后，在需要这种样式的标记符内使用 ID 属性进行指定。例如：

```
#red{ color:red; }
```

然后在想要调用该 ID 的任意标记符内使用 id 属性。如下所示。

```
<H3 id= "red">这个 3 号标题是红色</H3>
<DIV id= "red">这块文字是红色</DIV>
```

可以看到，这种选择器和自定义类基本上一样，但是，id 这个属性经常用在其他方面，所以，建议少用或者不用，以免造成混淆。

5．虚类选择器

在 HTML 标记符中只有超级链接<A>标记才有虚类这种概念。作为超级链接有 4 种状态，分别是未访问过的、访问过的、激活的及悬停状态。可以通过指定下面的选择器来设置超级链接样式。

> ➢ A:link——未访问过的。
> ➢ A:visited——访问过的。
> ➢ A:active——激活的，正准备访问的，很少用到。
> ➢ A:hover——当鼠标悬停在超级链接上的时候。

当然，很多时候也可以省略 "A:"。除此之外，我们还可以将虚类和类结合起来使用，比如在一个页面中有很多种超级链接，这个时候就必须要将虚类和类结合起来使用了。

3.1.3　CSS 的属性单位

通过刚才的例子我们也发现，在样式的属性值里出现了很多单位，比如在 03-01.htm 的第 5 行定义的 "font-size:15pt"，我们有必要了解这些属性值中的各种单位。在 CSS 中，属性值的各种单位与在 HTML 中有所不同。

1．长度单位

在 CSS 中，长度单位有以下几种：

- ➢　cm 表示厘米。
- ➢　em 表示当前字体中 "m" 字母的宽度。
- ➢　ex 表示当前字体中 "x" 字母的宽度。
- ➢　in 表示英寸。
- ➢　mm 表示毫米。
- ➢　pc 表示皮卡，1 皮卡=12 点。
- ➢　pt 表示点，1 点=1/72 英寸。
- ➢　px 表示像素。

2．百分比单位

很多时候，我们也会用到百分比单位，比如：font-size:200%表示字体大小为原有的标准大小的 2 倍。使用百分比的时候可以使用 "+" 号或者 "-" 号，很显然，"+" 号是可以省略的，也就是说 "+200%" 和 "200%" 是一样的。

百分比总是相对于另一个值而言的，这个值可以是长度单位也可以是其他单位。

3．颜色单位

在 HTML 中的颜色只有两种表示方式：颜色英文名和十六进制数（#FF0000）。在 CSS 中这两种方式仍然可以使用。

- ➢　颜色英文名：直接使用标准的颜色英文名，如 red。
- ➢　#RRGGBB：使用两位十六进制数来表示，如#FF0000 表示红色。
- ➢　#RGB：使用一位十六进制数来表示，实际上每一位代表两位，如#F00 就表示#FF0000，同样#0099CC 就表示#09C。
- ➢　rgb(rrr,ggg,bbb)：使用十进制数来表示，范围为 0~255，如 rgb(255,0,0)表示红色，rgb(0,255,0)表示绿色。
- ➢　rgb(rrr%,ggg%,bbb%)：使用百分比来表示，如 rgb(100%,0%,0%)表示红色，相当于 rgb(255,0,0)。

3.1.4　我的第一份 CSS 文件

对于单独的 XML 文档，在默认情况下使用浏览器打开就只会得到简单的树状显示结果。下面的 XML 文档显示了 Lene 的一首歌词的部分内容（03-02.xml）。

```
15:    <?xml version="1.0" encoding="gb2312" ?>
16:    <wordbook>
17:        <lyric>
18:            <title>Pretty young thing</title>
19:            <songster>Lene</songster>
20:            <content>i wanna bruise your lips with a tender kiss,
21:    i wanna crush your heart,
```

```
22:    i wanna be your scar.
23:    and when you're touching me,
24:    i hear a symphony,
25:    oh oh oh baby,
26:    come on now baby...</content>
27:        </lyric>
28: </wordbook>
```

以上代码在浏览器中运行的结果如图 3-3 所示。

图 3-3   没有应用样式的 XML 文件在浏览器中的显示结果

这样的显示结果对于显示数据和结构来说可能是一种不错的方法，但是对于大多数用户来说就毫无意义。这里显示的格式不过是浏览器自带的默认样式。下面通过 CSS 的样式来定义这份 XML 文档的显示样式。

使用 CSS 来格式化 XML 需要以下几个步骤。

（1）创建 XML 文档。

（2）创建格式化 XML 文档的 CSS 文件。

（3）在 XML 文档中链接 CSS 文件。

创建 XML 文档的工作已经完成，下面我们来创建 CSS 文件。在这里我们要说明一点，在前面几节的 CSS 介绍中都没有详细介绍到外部 CSS 文件。外部 CSS 文件可以通过<LINK>标记链接给一组 HTML 网页，这个外部 CSS 文件是单独的、一个以.css 作为扩展名的文本文件。虽然我们可以在 HTML 中定义 CSS，但是不推荐这么做，因为使用外部 CSS 文件能够真正达到数据和显示分离。在这里我们虽然可以在 XML 中定义 CSS，但是我们仍然推荐使用外部 CSS 文件。

以下为应用于 03-02.xml 的样式表文件（03-02.css）。

```
29:    wordbook{
30:    display:block;
31:    background-color:#ccc;
32:    }
33:    lyric{
34:    display:block;
35:    font-size:12pt;
36:    color:black;
37:    }
```

```
38:  title{
39:  display:block;
40:  background-color:#999;
41:  margin-left:30px;
42:  margin-right:30px;
43:  font-size:18pt;
44:  color:white;
45:  text-align:center;
46:  }
47:  songster{
48:  display:block;
49:  font-weight:bold;
50:  text-align:center;
51:  line-height:150%;
52:  }
53:  content{
54:  display:block;
55:  }
```

关于 CSS 中的各种样式属性我们将在后面详细介绍。在创建好样式表文件之后，剩下的步骤就是如何在 03-02.xml 中应用该样式表。为了在 XML 文件中应用外部 CSS 样式表文件，我们需要在 03-02.xml 的第 2 行插入下面的语句：

```
56:  <?xml:stylesheet type="text/css" href="03-02.css"?>
```

这条语句相当于 HTML 中的<LINK>标记。

```
57:  <LINK type="text/css" rel="stylesheet" href="03-02.css">
```

其中 "<?xml:stylesheet" 是处理指令，用于告诉 XML 解析器文档应用的 CSS 样式表，中间的 ":" 有时候也可以写成 "-"，也就是 "<?xml-stylesheet"；"type" 用于指定样式表文件的格式，因为在这里引用的是 CSS 文件，所以使用 "text/css"，而如果使用 XSL 样式表文件则必须使用 "text/xsl"；"href" 用于指定所使用的样式表文件的地址，该地址可以是相对地址也可以是绝对地址。

以下是增加应用外部样式表文件的 XML 文件（03-021.xml）。

```
58:  <?xml version="1.0" encoding="gb2312" ?>
59:  <?xml:stylesheet type="text/css" href="03-02.css"?>
60:  <wordbook>
61:  <lyric>
62:  <title>Pretty young thing</title>
63:  <songster>Lene</songster>
64:  <content>i wanna bruise your lips with a tender kiss,
65:  i wanna crush your heart,
66:  i wanna be your scar.
67:  and when you're touching me,
68:  i hear a symphony,
69:  oh oh oh baby,
70:  come on now baby...</content>
71:  </lyric>
72:  </wordbook>
```

在浏览器中运行上面代码的结果如图 3-4 所示。

图 3-4　使用 CSS 显示后的 XML 文档

从上图可以看到，几乎与在 HTML 中一样。在大多数情况下，将外部样式表文件链接到 XML 文档通常是首选方法。因为这样可以非常方便地修改和更新样式。

通过这个例子我们可以看到，实际上 CSS 是借助了矩形容器的思想，通过把 XML 文档中每个元素的数据载入相应样式属性设置的矩形容器中，实现页面中各项内容的定位与显示。只要 XML 文档通过处理指令与一个 CSS 文件联系起来之后，即使这个 CSS 文件并没有为文档中的某些元素设置样式表，这些元素中的数据仍然会按照浏览器默认的样式显示到页面。每个 CSS 元素其实就是一只盒子，也就是 CSS 建议的标准文档中所说的"盒子模型"，如图 3-5 所示。

注意：CSS 不支持中文标记。

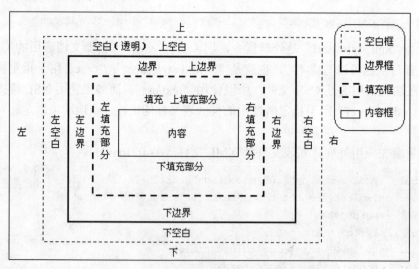

图 3-5　CSS 建议标准文档中的盒子模型

3.2　CSS 属性

从 CSS 的基本语句就可以看出，属性是 CSS 非常重要的部分。熟练掌握了 CSS 的各种属性将会使您编辑页面更加得心应手。常用的 CSS 属性包括以下类别：字体属性、文本属性、颜色和背景属性、布局属性、列表属性及鼠标属性等。

○3.2.1　字体属性

字体属性主要用于控制网页中文本的字符显示方式。比如控制文字的大小、粗细及使用的字体等。CSS 中的字体属性及说明如表 3-1 所示。

表 3-1　字体属性及说明

属　　性	说　　明	属　性　值
font-family	字体	所有可用字体，如：宋体
font-style	字形	normal、italic、oblique
font-variant	设置或检索对象中的文本是否为小型的大写字母	normal、small-caps
font-weight	是否加粗	normal、bold、bolder、lighter、100 等
font-size	大小	absolute-size、relative-size、length、百分比等

1．font-family 属性

font-family 属性用于确定要使用的字体列表。字体可以用一个指定的字体名或一个系列的字体名（中间用逗号"，"分隔），可以防止第一个选择不存在。比如：

title{font-family:幼圆, 黑体, 宋体}；

这样当浏览者系统中没有"幼圆"字体时就使用"黑体"来显示。

2．font-style 属性

font-style 属性用于指定元素显示的字形。字形属性以 3 个属性值的其中一个来定义显示的字体：normal（普通）、italic（斜体）或 oblique（倾斜）。比如：

title { font-style: oblique }；/*倾斜*/

content { font-style: normal }；

注意：/*倾斜*/是 CSS 的注释部分。

3．font-variant 属性

font-variant 属性决定了浏览器显示指定元素的字体变形。字体变形属性决定了字体的显示是 normal（普通）还是 small-caps（小型大写字母）。当文字中所有字母都是大写的时候，小型大写字母（值）会显示比小写字母稍大的大写字符。稍后版本的 CSS 将会支持附加的变形，如收缩、扩张、小型的大写字母或其他自定义的变形。

4．font-weight 属性

font-weight 属性定义了字体的粗细值，它的取值范围可以是以下值中的一个：normal、bold、bolder、lighter、100、200、300、400、500、600、700、800、900，默认值是 normal，bold 表示粗体。也可以使用数字来表示，其中 400 相当于 normal，700 相当于 bold，如果使用 bolder 或者 lighter 则表示相对于上一级元素中的字体更粗或者更细。

5．font-size 属性

font-size 属性用于控制字体的大小，它的取值可以分为 4 种类型。

➢ 绝对大小　　（xx-small、x-small、small、medium、large、x-large、xx-large）

➢ 相对大小　　（larger、smaller）

➢ 长度值

➢ 百分比

它的初始值是 medium。当使用 smaller 或者 larger 时分别表示比上一级元素中的字体小一号或大一号。

6. font 属性

使用 font 属性可以一次性设置前面介绍的几种属性。在使用 font 属性设置字体的时候，各字体属性可以省略，但是必须以下列顺序出现：font-weight font-variant font-size/line-height font-family。其中在 font-size 后面使用 "/" 可以跟上 line-height（行高）。当然不是说都必须出现，比如 title{font:bold italic 黑体}就是可以的。

以下示例我们没有使用外部 CSS 文件，而是直接把 CSS 嵌入到 XML 文档中。这种方式和在 HTML 中使用嵌入样式表一样。所以，对于那些使用过 HTML 嵌入样式表的读者来说就很熟悉。

以下显示了各种常用字体属性的用法（03-03.xml）。

```
73:    <?xml version="1.0" encoding="gb2312"?>
74:    <?xml:stylesheet type="text/css"?>
75:    <course xmlns:HTML="http://www.w3.org/tr/rechtml40">
76:    <HTML:style>
77:    course{display:block;font-size:12pt;}
78:    title{font-weight:bold;display:block;}
79:    content{display:block;}
80:    .f1{font-family:华文行楷}
81:    .f2{font-style:italic;}
82:    .f3{font-variant:small-caps;}
83:    .f4{font:italic small-caps bold 20pt}
84:    </HTML:style>
85:
86:    <title>XML 宝典</title>
87:    <content class="f1">使用 font-family 定义字体</content>
88:    <content class="f2">使用 font-style 定义字形</content>
89:    <content class="f3">使用 Font-Variant 定义字体变型</content>
90:    <content class="f4">使用 Font 定义字体</content>
91:    </course>
```

第 74 行定义了这个 XML 文档采用本身嵌入的样式表。

第 75 行实际上定义的 "HTML" 这个名称空间在浏览器中有预定义的含义，它是一个让浏览器把 HTML 名称空间的任何内容都当做 HTML，而不是 XML 来解释和显示的指令。

第 76 行~第 84 行定义了用于 XML 文档显示的样式表。其中 display 属性用于设置元素的显示方式，它有 4 个属性值：block、none、inline 和 list-item。

➢ display:block 表示将元素显示在块中，块级元素通过换行与其他元素分隔开。

➢ display:none 表示隐藏元素，使元素在页面中不可见。

➢ display:inline 以内联方式显示元素，也就是元素内容紧接在前一个元素内容后。

➢ display:list-item 以列表方式显示元素。

在 CSS2 中 display 的默认值是 inline。

第 80 行~第 83 行定义了 4 个类。然后在第 87 行~第 90 行分别使用 class 属性指定这几个类，调用的类必须使用引号。

以上代码在浏览器中运行的结果如图 3-6 所示。

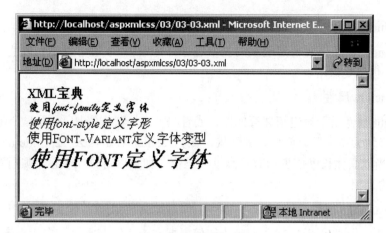

图 3-6　字体属性示例

○3.2.2　文本属性

文本属性用来控制文本的段落格式，比如设置首行缩进、行高、字母间距等。CSS 中的文本属性及说明如表 3-2 所示。

表 3-2　文本属性及说明

属　　性	说　　明	属　性　值
word-spacing	单词间距	normal、长度值
letter-spacing	字符间距	normal、长度值
text-decoration	"装饰"样式	none、underline、overline、line-through、blink
text-transform	文本转换	capitalize、uppercase、lowercase、none
text-align	水平方向上的对齐	left、right、center、justify
text-indent	首行缩进方式	长度值、百分比
line-height	行高	normal、数值、长度值、百分比
vertical-align	垂直方向上的对齐	baseline、sub、super、top、text-top、middle、bottom、text-bottom、百分比

1．letter-spacing 属性

letter-spacing 属性的值决定了字符间距。默认值是 normal，表示浏览器根据最佳状态调整字符间距；取值也可以是负值。

2．text-decoration 属性

text-decoration 属性可以对特定的文字进行修饰，默认值是 none，也就是没有任何装饰。underline 表示下画线，overline 表示上画线，line-throught 表示穿过线，类似于删除线，blink 表示闪烁效果（IE 浏览器不支持，Netscape 浏览器支持）。

3．text-transform 属性

text-transform 属性用于转换文本，默认值是 none。capitalize 表示所选元素中文本的每个单词的首字母都以大写显示，uppercase 表示所有文本都以大写显示，lowercase 表示所有文本都以小写显示。

4．text-align 属性

text-align 属性用于设定所选元素的对齐方式。left 表示左对齐，right 表示右对齐，center 表示居中对齐，justify 表示两端对齐。

5．text-indent 属性

text-indent 属性可以对特定选项的文本进行首行缩进，取值可以是长度值，也可以是百分比。默认值为 0，也就是顶格。

6．line-height 属性

line-height 属性用于设定相邻行间距，或者叫行高，默认值是 normal。当以数值表示时，行高就是当前字体大小与该数值相乘的结果，比如 content{font-size:12pt;line-height:2}表示的行高就是 24pt；当以具体长度值表示时行高就为该值；如果以百分比表示，则行高为当前字体大小与该百分比的乘积。

7．vertical-align 属性

vertical-align 属性用于控制文本应该如何根据文本基线在垂直方向上对齐的方式，默认值是 baseline，与基线对齐。sub 表示下标；super 表示上标；top 表示使元素顶部与父元素最高字符的顶部对齐；text-top 表示使元素顶部与父元素的字体高度的顶部对齐；middle 表示使元素垂直中心与父元素字体高度的一半对齐；bottom 表示使元素底部与父元素最低字符的底部对齐；text-bottom 表示使元素顶部与父元素字体高度的底部对齐。

以下显示了各种常用文本属性的用法（03-04.xml）。

```
 92: <?xml version="1.0" encoding="gb2312"?>
 93: <?xml:stylesheet type="text/css"?>
 94: <course xmlns:HTML="http://www.w3.org/tr/rechtml40">
 95: <HTML:style>
 96: course{display:block;}
 97: content{display:block;}
 98: .f1{letter-spacing:5px;}
 99: .f2{text-align:center;}
100: .f3{line-height:200%;}
101: .f4{text-decoration:underline overline;}
102: .f5{text-indent:2em;}
103: .f6{vertical-align:super;display:inline;}
104: </HTML:style>
105:
106: <content class="f1">使用 letter-spacing 定义文本</content>
107: <content class="f2">使用 text-align 定义文本</content>
108: <content class="f3">使用 line-height 定义文本行高</content>
109: <content class="f4">使用 text-decoration 定义文本装饰</content>
110: <content class="f5">使用 text-indent 定义文本首行缩进</content>
111: <content style="display:inline;">文字上标</content>
112: <content class="f6">super</content>
113: </course>
```

对于以上代码，基本上都是使用样式表中用户自定义的类来完成样式的定义的。在第 111 行我们直接使用 style 属性对 content 进行样式定义，使得这行文字内容能够和下一行在一行显示。类 f6 也设置 display 的值为 inline，就是以内联方式显示元素。而在第 101 行，使用 text-decoration 进行文字修饰的时候使用了两个值即 underline 和 overline，这两个值之间以空格分隔，当然也可以是 3 个值。

以上代码在浏览器中运行的结果如图 3-7 所示。

图 3-7　文本属性示例

○3.2.3　颜色和背景属性

在 CSS 中，颜色属性可以设置元素内文本的颜色，而各种背景颜色则可以控制元素的背景颜色及背景图案。CSS 中的颜色和背景属性及说明如表 3-3 所示。

表 3-3　颜色和背景属性及说明

属　　性	说　　明	属　性　值
color	前景色	颜色
background-color	背景色	颜色
background-image	背景图案	图片路径
background-repeat	背景图案重复方式	repeat-x、repeat-y、no-repeat
background-attachment	背景图案是否滚动	scroll、fixed
background-position	背景图案的位置	left、center、right、top、百分比

1．color 属性

color 属性用于控制元素内文本的颜色，默认值和浏览器默认值一样。

2．background-color 属性

background-color 属性用于设置元素的背景颜色，默认值是 transparent，也就是透明色。

3．background-image 属性

background-image 属性用于设置元素的背景图案，取值方式为 url（图片地址）或者 none。默认值为 none，也就是没有图案。比如 title{background-image:url（background.gif）}。

4．background-repeat 属性

background-repeat 属性用于指定背景图案重复的方式，在浏览器默认下是在 X 轴和 Y 轴方向上重复的，默认值是 repeat。repeat-x 表示在 X 轴方向上重复；repeat-y 表示在 Y 轴方向上重复；no-repeat 表示不重复，也就是背景图案只显示一个。

5．background-attachment 属性

background-attachment 属性用于控制背景图案是否会随着网页内容一起滚动。默认值为 scroll，也就是背景图案随着内容的滚动而滚动。fixed 表示背景图案是固定的，虽然内容可以滚动，但是背景图案不动。

6．background-position 属性

background-position 属性用于指定背景图案相对于关联区域左上角的位置。通常用两个值来确定。两个值之间使用空格分隔，前一个值表示的是在水平方向上的位置，后一个值表示的是在垂直方向上的位置，这两个值分别可以取 left、center、right 和 top、center、bottom，也可以使用百分比来表示，或者指定以标准单位计算的距离。比如：50%表示背景图案放在区域内的中心位置，30px 表示在水平方向上距离区域左侧 30 像素。如果只提供一个值，则这个值表示的是水平位置，垂直位置默认为 50%。

以下显示了各种常用颜色和背景属性的用法（03-05.xml）。

```
114:  <?xml version="1.0" encoding="gb2312"?>
115:  <?xml:stylesheet type="text/css"?>
116:  <course xmlns:HTML="http://www.w3.org/tr/rechtml40">
117:  <HTML:style>
118:  course{display:block;background:#999;}
119:  content{display:block;}
120:  title{font:bolder italic;
121:  font-size:20pt;
122:  text-align:center;
123:  background-image:url(back.jpg);
124:  display:block;
125:  }
126:  .f1{color:white;text-indent:2em;}
127:  </HTML:style>
128:
129:  <title>XML 宝典</title>
130:  <content class="f1">XML（Extensible Markup Language，扩展标记语言）作为
       一种专门在 Internet 上传递信息的语言，以及被广泛认为是继 Java 之后在 Internet 上
       最激动人心的新技术。</content>
131:  </course>
```

以上代码在浏览器中运行的结果如图 3-8 所示。

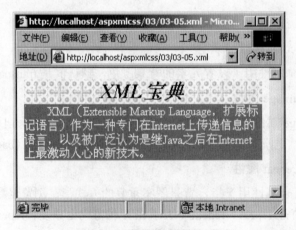

图 3-8　颜色和背景属性示例

3.2.4　布局属性

布局属性主要包括 4 类：边界属性、填充属性、边框属性及浮动属性。

1．边界属性

边界属性主要包括 margin、margin-bottom、margin-left、margin-right 及 margin-top。CSS 中的边界属性及说明如表 3-4 所示。

表 3-4　边界属性及说明

属　　性	说　　明	属　性　值
margin-top	设置上端边界	length、percentage、auto
margin-right	设置右侧边界	length、percentage、auto
margin-bottom	设置下端边界	length、percentage、auto
margin-left	设置左侧边界	length、percentage、auto

其中 margin 属性可以同时指定上、右、下、左边界的宽度，各值之间使用空格分隔。如果指定一个值，则四边都采用相同的值；如果指定了两个或者三个值，按照上、右、下、左顺序没有指定边界宽度的边采用对边的边界宽度。取值也可以使用负值。

以下显示了边界属性的用法（03-06.xml）。

```
132: <?xml version="1.0" encoding="gb2312"?>
133: <?xml:stylesheet type="text/css"?>
134: <course xmlns:HTML="http://www.w3.org/tr/rechtml40">
135: <HTML:style>
136: course{display:block;background:#999;}
137: content{display:block;}
138: title{font:bolder italic;
139: font-size:20pt;
140: text-align:center;
141: background-image:url(back.jpg);
142: display:block;
143: margin:10px 60px;
144: }
145: .f1{color:white;text-indent:2em;margin-bottom:30px}
146: </HTML:style>
147:
148: <title>XML 宝典</title>
149: <content class="f1">XML（Extensible Markup Language，扩展标记语言）作为
     一种专门在 Internet 上传递信息的语言，以及被广泛认为是继 Java 之后在 Internet 上
     最激动人心的新技术。</content>
150: </course>
```

在第 143 行给 title 定义了边界属性值"10px 60px"，表示的是上边界距离为 10px，右侧边界距离为 60px，下边界距离为 10px，左侧边界距离为 60px。在第 145 行给类 f1 增加了 margin-bottom 属性，表示的是使得调用类 f1 的内容与下边界距离为 30px。

以上代码在浏览器中运行的结果如图 3-9 所示。我们可以看到，标题距离左右两侧都是 60px，上下边界都是 10px，而文本内容的最后一行距离下边界为 30px。

图 3-9 边界属性示例

2．填充属性

填充属性主要包括 padding、padding-left、padding-right、padding-top 及 padding-bottom。CSS
中的填充属性及说明如表 3-5 所示。

表 3-5 填充属性及说明

属　　性	说　　明	属　性　值
padding-top	设置上端填充	length、percentage
padding-right	设置右侧填充	length、percentage
padding-bottom	设置下端填充	length、percentage
padding-left	设置左侧填充	length、percentage

其中 padding 属性用于同时指定上、右、下、左 4 个方向填充的宽度。各值之间使用空格分
隔。如果指定一个值，则四边都采用相同的值；如果指定了两个或者三个值，按照上、右、下、
左顺序没有指定填充宽度的边采用对边的填充宽度。

以下显示了填充属性的用法（03-07.xml）。

```
151: <?xml version="1.0" encoding="gb2312"?>
152: <?xml:stylesheet type="text/css"?>
153: <course xmlns:HTML="http://www.w3.org/tr/rechtml40">
154: <HTML:style>
155: course{display:block;background:#999;}
156: content{display:block;}
157: title{font:bolder italic;
158: font-size:20pt;
159: text-align:center;
160: background-image:url(back.jpg);
161: display:block;
162: }
163: .f1{color:white;text-indent:2em;padding:20px}
164: </HTML:style>
165:
166: <title>XML宝典</title>
167: <content class="f1">XML（Extensible Markup Language，扩展标记语言）作为
     一种专门在 Internet 上传递信息的语言，以及被广泛认为是继 Java 之后在 Internet 上
     最激动人心的新技术。</content>
168: </course>
```

第 13 行定义了类 "f1" 中的填充属性，其值为 "20px"，表示应用 f1 类的内容在 4 个方向上都采用了 20px。以上代码在浏览器中运行的结果如图 3-10 所示。

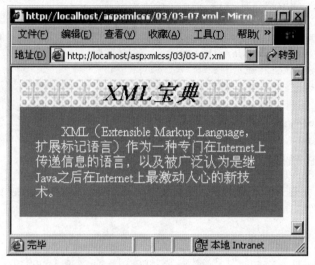

图 3-10　填充属性示例

3．边框属性

边框属性主要包括 border、border-bottom、border-bottom-color、border-bottom-style、border-bottom-width、border-color、border-left、border-left-color、border-left-style、border-left-width、border-right、border-right-color、border-right-style、border-style、border-top、border-top-color、border-top-style、border-top-width 及 border-width 等。CSS 中的边框属性及说明如表 3-6 所示。

表 3-6　边框属性及说明

属　性	说　明	属　性　值
border-top-width	设置上边框宽度	thin、medium、thick、长度值
border-right-width	设置右侧边框宽度	同上
border-bottom-width	设置下边框宽度	同上
border-left-widht	设置左侧边框宽度	同上
border-width	一次性定义边框宽度	同上
border-color	设置边框颜色	颜色值
border-style	设置边框样式	none、dotted、dashed、solid、double、groove、ridge、inset、outset
border-top	一次性定义上边框的属性	border-top-width、border-style、border-color
border-right	一次性定义右侧边框的属性	同上
border-bottom	一次性定义下边框的属性	同上
border-left	一次性定义左侧边框的属性	同上

其中 border 属性可以一次性设置 4 个方向上边框的宽度、样式和颜色。用 border 属性指定边框时，4 个边框都具有相同的设置。在设置边框样式 border-style 时，默认值为 none，也就是没有边框；dotted 表示边框由点组成；dashed 表示边框使用画线表示边框；solid 表示边框由实线组成；double 表示边框由双线组成；groove 和 ridge 表示利用元素的颜色属性值描出具有三维效果的边框；inset 和 outset 表示利用修饰元素的颜色值描出边框效果。

以下显示了边框属性的用法（03-08.xml）。

```
169: <?xml version="1.0" encoding="gb2312"?>
```

```
170: <?xml:stylesheet type="text/css"?>
171: <course xmlns:HTML="http://www.w3.org/tr/rechtml40">
172: <HTML:style>
173: course{display:block;background:#999;}
174: content{display:block;}
175: title{font:bolder italic;
176: font-size:20pt;
177: text-align:center;
178: background-image:url(back.jpg);
179: display:block;
180: border-width:thin medium thick;
181: border-style:dotted double;
182: border-color:black; }
183: .f1{color:white;text-indent:2em;border:double #ccc thick;}
184: </HTML:style>
185:
186: <title>XML 宝典</title>
187: <content class="f1">XML（Extensible Markup Language，扩展标记语言）作为
     一种专门在 Internet 上传递信息的语言，以及被广泛认为是继 Java 之后在 Internet 上
     最激动人心的新技术。</content>
188: </course>
```

第 180 行~第 14 行定义了 title 样式元素的边框样式。第 180 行给出了边框宽度，上侧、右侧、下侧、左侧分别是 thin、medium、thick、medium。第 181 行给出了边框上、下使用点线组成，左侧、右侧使用双线组成边框。第 182 行设定了边框的颜色为黑色。在第 183 行使用 border 定义了双线组成边框，#ccc 为边框颜色及宽度为 thick。

以上代码在浏览器中运行的结果如图 3-11 所示。

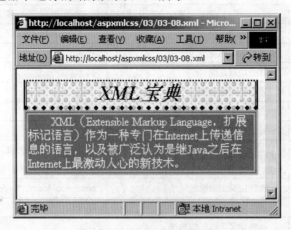

图 3-11　边框属性示例

4. 浮动属性

浮动属性主要包括 float 和 clear。CSS 中的浮动属性及说明如表 3-7 所示。

表 3-7　浮动属性及说明

属　　性	说　　明	属　性　值
float	使文字环绕在一个元素的四周	left、right、none
clear	定义某一边是否有环绕文字	left、right、none、both

其中 float 默认值为 none，表示元素不被文字环绕。

以下显示了浮动属性的用法（03-09.xml）。

```
189: <?xml version="1.0" encoding="gb2312"?>
190: <?xml:stylesheet type="text/css"?>
191: <course xmlns:HTML="http://www.w3.org/tr/rechtml40">
192: <HTML:style>
193: course{display:block;background:#999;}
194: content{display:block;}
195: title{font:bolder italic;
196: font-size:20pt;
197: text-align:center;
198: background-image:url(back.jpg);
199: display:block;
200: }
201: .f1{color:white;border:double #ccc thick;}
202: .f2{font-size:25pt;float:left;}
203: </HTML:style>
204:
205: <title>XML宝典</title>
206: <content class="f1"><f class="f2">X</f>ML（Extensible Markup Language,
      扩展标记语言）作为一种专门在Internet上传递信息的语言，以及被广泛认为是继Java
      之后在Internet上最激动人心的新技术。</content>
207: </course>
```

以上代码在浏览器中运行的结果如图 3-12 所示。

图 3-12　浮动属性示例

◯3.2.5　列表属性

列表属性用于设置网页中列表的格式，除了使用 HTML 中的 3 种符号之外，还可以使用图像作为符号。列表属性主要包括 list-style-type、list-style-image、list-style-position 及 list-style。CSS 中的列表属性及说明如表 3-8 所示。

表 3-8　列表属性及说明

属　　性	说　　明	属　性　值
list-style-type	在列表项前加项目编号	disk、circle、square、decimal、none 等
list-style-image	在列表前加图像	None、url（图像地址）

（续表）

属　　性	说　　明	属　性　值
list-style-position	决定列表项第二行的起始位置	inside、outside
list-style	一次性定义前面的列表属性	不限顺序

其中 list-style-type 属性可以用来设置项目符号和编号的样式，默认值为 disk。disk 表示实心黑点；circle 表示空心圆圈，square 表示黑方块，decimal 表示使用十进制数表示，lower-roman 表示使用小写罗马数字，upper-roman 表示使用大写罗马数字，lower-alpha 表示使用小写字母，upper-alpha 表示使用大写字母，none 表示没有标号。

list-style-position 的默认值是 outside，表示标记出现在所有列表元素的外部。inside 表示标记出现在列表元素的文本内部。

以下显示了列表属性的用法（03-10.xml）。

```
208: <?xml version="1.0" encoding="gb2312"?>
209: <?xml:stylesheet type="text/css"?>
210: <course xmlns:HTML="http://www.w3.org/tr/rechtml40">
211: <HTML:style>
212: course{display:block;background:#eee;}
213: content{display:block;}
214: title{font:bolder;display:block;}
215: .f1{list-style-image:url(dot.gif);}
216: .f2{list-style-type:decimal;}
217: </HTML:style>
218:
219: <title>网页工具</title>
220: <HTML:ul class="f1">
221: <HTML:li>Dreamweaver 8</HTML:li>
222: <HTML:li>Flash professional 8</HTML:li>
223: <HTML:li>Fireworks 8</HTML:li>
224: </HTML:ul>
225: <HTML:ul class="f2">
226: <HTML:li>Dreamweaver 8</HTML:li>
227: <HTML:li>Flash professional 8</HTML:li>
228: </HTML:ul>
229: </course>
```

第 215 行定义了列表项目符号使用 dot.gif 这张图像。第 216 行定义了列表项目符号为十进制数字。

另外，虽然 XML 文档都是用户自己定义的标记，但是 W3C 仍然允许用户在 XML 文档中使用 HTML 标记。具体的做法就是使用 XML 的名称空间，将在 XML 文档中出现的 HTML 标记放在 W3C 规定的 HTML 名称空间之中，这样浏览器就会把它们当做 HTML 标记来解释。所以，在第 210 行定义了 HTML 的名称空间，然后在第 220 行~第 228 行使用了 HTML 的无序列表标记<ul>。

以上代码在浏览器中运行的结果如图 3-13 所示。

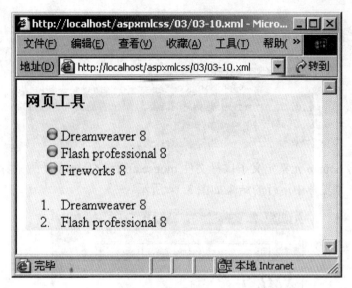

图 3-13　列表属性示例

3.2.6　鼠标属性

鼠标属性用于设置在对象上面移动的鼠标指针显示的形状，主要通过 cursor 属性来设置。CSS 中的鼠标属性值及说明如表 3-9 所示。

表 3-9　鼠标属性值及说明

属 性 值	说 明
auto	自动值，按照默认状态自行改变
crosshair	精确定位 "+" 字符号
default	默认指针，通常显示为箭头
hand	手形
move	移动的交叉箭头
*-resize	指示边缘被移动的箭头（*可以是 n、ne、nw、s、se、sw、e 和 w，分别表示北、东北、西北、南、东南、西南、东和西）
text	文本 "I" 形
wait	等待图标
help	帮助图标
url(鼠标文件地址)	使用*.ani 或者*.cur 的光标文件，IE 6.0 及以上版本支持

对于最后一种属性值 url（鼠标文件地址），IE 6.0 已经支持自定义鼠标文件的使用，鼠标文件有两种格式：*.ani 和*.cur。其中前一种格式是动画鼠标文件。

以下显示了鼠标属性的用法（03-11.xml）。

```
230: <?xml version="1.0" encoding="gb2312"?>
231: <?xml:stylesheet type="text/css"?>
232: <course xmlns:HTML="http://www.w3.org/tr/rechtml40">
233: <HTML:style>
234: course{display:block;background:#eee;cursor:url(mouse.ani);}
235: content{display:block;}
236: title{font:bolder italic;
237: font-size:20pt;
238: }
```

```
239:  .f1{text-indent:2em;}
240:  </HTML:style>
241:
242:  <title>XML 宝典</title>
243:  <content class="f1">XML（Extensible Markup Language，扩展标记语言）作
      为一种专门在 Internet 上传递信息的语言，以及被广泛认为是继 Java 之后在 Internet
      上最激动人心的新技术。</content>
244:  </course>
```

在第 5 行给 course 元素定义了鼠标文件 mouse.ani，这是一个动画鼠标文件。

以上代码在浏览器中运行的结果如图 3-14 所示。

图 3-14 鼠标属性示例

○3.2.7 小实例——自我介绍

学习目的：CSS 属性简单应用。

介绍内容当然有姓名、性别、生日、撰写书籍等 4 项，显示结果如图 3-15 所示。

图 3-15 自我介绍实例显示结果

以下为源文件（3.2.6.xml 和 3.2.6.css）。

3.2.6.xml：

```
245:  <?xml version="1.0" encoding="gb2312"?>
246:  <?xml:stylesheet type="text/css" href="3.2.6.css"?>
247:  <resume>
248:  <name>张海永</name>
249:  <sex>男</sex>
250:  <birthday>1976.10</birthday>
```

```
251:  <skill>精通 ASP+XML+CSS</skill>
252:  </resume>
```

3.2.6.css：

```
253:  resume{ display: block;}
254:  name{ display: block; font-size:120%; color:#0000FF;}
255:  sex{ display:block; text-indent:2em};
256:  birthday{ display:block; text-indent:2em;}
257:  skill{ display:block; text-indent:2em; color:#8080FF;}
```

3.3　CSS 定位和显示

前面几节里，通过在 CSS 中设置属性，我们可以准确地定义一个页面的样式，如颜色、字体、边框等。而定位和显示属性则用于控制页面中元素的位置和显示。

○3.3.1　空间定位

我们通常所说的定位就是指相对定位和绝对定位两个方面。简而言之，相对定位就是指相对于某个参照物而产生的位置定义，它允许在文档的原始位置上进行偏移；而绝对定位则允许任意定位，或者说在一定的空间范围内使用统一的单位来惟一标识位置的定位方式。空间定位属性主要包括 position、top、bottom、left、right、z-index 及 width、height 等。CSS 中的空间定位属性及说明如表 3-10 所示。

表 3-10　空间定位属性及说明

属　　性	说　　明	属　性　值
position	定义位置	absolute、relative、static
left、top	制定横向、纵向坐标位置	length、percentage、auto
width、height	制定占用空间的大小	length、percentage、auto
clip	剪切	shape、auto
overflow	内容超出时的处理方法	visible、hidden、scroll、auto
z-index	在 Z 轴上的位置	auto、整数

其中 position 的默认值为 static，表示按照网页格式规则正常定位；relative 表示某元素将定位在相对于网页上前一个元素的尾端位置；absolute 表示某元素将定位在框架或者浏览器窗口本身的左上角绝对位置。

left 和 top 属性按像素来设定元素位置往下或者往右的距离。如果使用的元素较多可能会造成元素的重叠，此时可以使用 z-index 来定位这些元素在 Z 轴上的前后位置，如果 z-index 值为 -1，则表示元素将在页面的默认文本之后，可以设置背景图案。

width 和 height 可以控制元素的空间大小，但是此时 position 必须取值为 absolute。

以下显示了空间定位属性的用法（03-12.xml）。

```
258:  <?xml version="1.0" encoding="gb2312"?>
259:  <?xml:stylesheet type="text/css"?>
260:  <course xmlns:HTML="http://www.w3.org/tr/rechtml40">
261:  <HTML:style>
262:  course{display:block;background:#eee;}
263:  content{display:block;position:absolute;top:60px;background:#eee;}
```

```
264: title{font:bolder;font-size:30pt;display:block;text-align:center}
265: .f1{text-indent:2em;}
266: .t1{color:white;position:absolute;top:20px;left:100px;z-index:3}
267: .t2{color:black;position:absolute;top:22px;left:102px;z-index:2}
268: .t3{color:gray;position:absolute;top:25px;left:105px;z-index:1}
269: </HTML:style>
270:
271: <title class="t1">XML宝典</title>
272: <title class="t2">XML宝典</title>
273: <title class="t3">XML宝典</title>
274: <content class="f1">XML（Extensible Markup Language，扩展标记语言）作为一种专门
     在Internet上传递信息的语言，以及被广泛认为是继Java之后在Internet上最激动人心的新技
     术。</content>
275: </course>
```

在第 263 行将 content 元素的空间定位定义为绝对定位，并且距离页面顶部 60px。

第 266 行~第 268 行定义了 3 个空间定位类。第 266 行定义了 t1 类，其颜色为白色，绝对定位，距离页面顶部 20px，距离页面左侧 100px，在 Z 轴上的位置大小为 3，也就是显示在最上面。第 267 行定义了 t2 类，其颜色为黑色，绝对定位，距离页面顶部 22px，距离页面左侧 102px，在 Z 轴上的位置大小为 2，也就是显示在中间。或者说 t2 类元素相对于 t1 类的元素向右移动了 2px，向下移动了 2px，再加上颜色变化，可以制作立体阴影效果。第 268 行定义了 t3 类，其颜色为灰色，绝对定位，距离页面顶部 25px，距离页面左侧 105px，在 Z 轴上的位置大小为 1，也就是显示在下面。t3 类相当于 t2 类向右移动了 3px，向下移动了 3px。

以上代码在浏览器中运行的结果如图 3-16 所示。

图 3-16　空间定位示例

○3.3.2　显示属性

在 CSS 中有两个属性——display 和 visibility，用于控制元素的显示和隐藏。

display 属性用于设置元素的显示方式，它在 CSS 中有 4 个属性值：none、block、inline 和 list-item。其中 none 用于隐藏元素，不仅看不见元素，还使元素退出当前页面布局层，也就是不占用任何空间；block 表示元素将在块中显示，使用换行和其他元素分隔；inline 表示以内联方式显示元素，也就是元素紧接在前一个元素内容之后；list-item 表示以列表方式来显示元素，这时候必须设置和 list-item 相关的几个属性：list-style-type、list-style-image 及 list-style-position，相关内容可以查看表 3-8。但是只有 IE 6.0 及以上版本的浏览器才支持 list-item 属性，其他早期

版本仍然按照 inline 来显示。

　　注意：display 属性不能被继承，也就是当父元素设置隐藏，子元素没有设置 display 属性时，子元素仍然会按照默认方式显示。

　　visibility 属性也用于控制元素的可见性，其取值包括 visible（可见）、hidden（隐藏）和 inherit（继承），默认值为 inherit。与 display 属性的不同之处在于，当元素被隐藏时，visibility 仍然保留元素原有的显示空间。

　　以下代码显示属性的用法（03-13.xml）。

```
258: <?xml version="1.0" encoding="gb2312"?>
259: <?xml:stylesheet type="text/css"?>
260: <course xmlns:HTML="http://www.w3.org/tr/rechtml40">
261: <HTML:style>
262: course{display:block;background:#eee;}
263: content{display:block;}
264: title{font:bolder;display:block;line-height:200%;}
265: content{display:list-item;
266: list-style-position:inside;
267: list-style-image:url(dot.gif);
268: border-bottom-style:dotted;
269: border-bottom-width:thin;
270: }
271: </HTML:style>
272:
273: <title>网页工具</title>
274: <content>Dreamweaver 8</content>
275: <content>Flash professional 8</content>
276: <content>Fireworks 8</content>
277: </course>
```

　　直接使用 display 的 list-item 属性值来进行显示，在浏览器中运行的结果如图 3-17 所示。

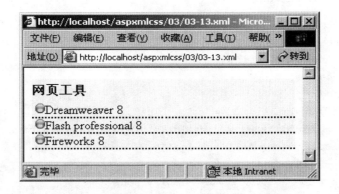

图 3-17　显示属性示例

◯3.3.3　小实例——树状目录

　　学习目的：CSS 定位和显示简单应用。

　　使用树状目录，当单击主目录时，展开子目录；当再次单击主目录时，则关闭子目录。这样显得简捷明快。用 CSS 制作这样的树状目录，方法简单，代码也比较少，所以把它写出来。显示结果如图 3-18 所示。

图 3-18　显示属性示例显示结果

当单击主目录时，展开子目录，如图 3-19 所示。

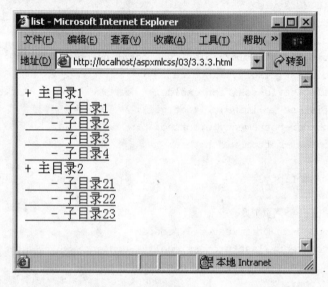

图 3-19　展开主目录显示结果

详细代码如下（3.3.3.html）：

```
296: <html>
297: <head>
298: <title>list</title>
299: </head>
300: <body>
301: <div id="main1"style="color:blue"
     onclick="document.all.child1.style.display=(document.all.child1.style.
     display=='none')?' ':'none'">
302: + 主目录1</div>
303: <div id="child1" style="display:none">
304: <a href="#">    - 子目录1</a><br>
305: <a href="#">    - 子目录2</a><br>
306: <a href="#">    - 子目录3</a><br>
307: <a href="#">    - 子目录4</a>
308: </div>
309: <div id="main2"style="color:blue"
     onclick="document.all.child2.style.display=(document.all.child2.style.
     display=='none')?'':'none'" >
```

```
310: + 主目录 2 </div>
311: <div id="child2" style="display:none">
312: <a href="#">   - 子目录 21</a> <br>
313: <a href="#">   - 子目录 22</a> <br>
314: <a href="#">   - 子目录 23</a>
315: </div>
316: </body>
317: </html>
```

3.4 CSS 过滤器

CSS 过滤器是设置或检索对象所应用的滤镜效果。要使用该属性，对象必须具有 height、width、position 三个属性中的一个。

滤镜的机制是可扩展的。可以开发和使用第三方滤镜。该属性在 MAC 平台上不可用。

3.4.1 概述

过滤器（Filter）是 CSS 最精彩的部分。它能够将特定的效果应用于文本容器、图片或者其他对象。其格式如下：

```
filter:过滤器名(参数)
```

其中 filter 是关键字。如果我们需要使用过滤器效果，那么必须先定义 filter。过滤器名是属性名，包括 alpha、blur、chroma、glow 等多种属性。CSS 中的空间定位属性及说明如表 3-11 所示。

表 3-11 各种过滤器名及说明

过 滤 器 名	说　　明
alpha	设置透明度
blur	设置模糊效果
chroma	设置指定颜色透明度
dropShadow	设置投射阴影
flipH	水平翻转
flipV	垂直翻转
glow	设置发光效果
gray	设置灰度效果
invent	设置底片效果
mask	设置蒙版效果
shadow	设置阴影效果
wave	设置波纹效果
xray	设置 X 光效果

而 Filter 表达式括号内的参数是表示各个过滤器效果的具体参数，也正是这些参数决定了过滤器的显示效果。

3.4.2 过滤器效果

1．alpha 属性

alpha 属性用来设置透明度。先来看一下它的表达式：

```
    Filter : alpha ( opacity=opcity , finishopacity=finishopacity , style=style ,
startX=startX, startY=startY, finishX=finishX, finishY=finishY)
```

opacity 表示透明度等级，可选值从 0 到 100，0 表示完全透明，100 表示完全不透明。style
参数指定了透明区域的形状特征，其中 0 表示统一形状，1 表示线形，2 表示放射状，3 表示长
方形。

finishopacity 是一个可选项，用来设置结束时的透明度，从而达到一种渐变效果，它的值也
是从 0 到 100。startx 和 starty 表示渐变透明效果的开始坐标，finishx 和 finishy 表示渐变透明效
果的结束坐标。

2．blue 属性

blur 属性用来设置模糊效果。先来看一下 blur 属性的表达式：

```
filter: blur (add=true、false, direction, strength=strength)
```

我们可以看到 blur 属性有 3 个参数：add、direction、strength。add 参数有两个参数值：true
和 false，意思是指定图片是否被改变成模糊效果。Direction 参数用来设置模糊的方向。模糊效
果是按照顺时针方向进行的。其中 0 度表示垂直向上，每 45 度一个单位，默认值是向左的 270
度。角度方向的对应关系见表 3-12 所示。

表 3-12   角度方向的对应关系

角 度	方 向
0	top（垂直向上）
45	top right（垂直向右）
90	right（向右）
135	bottom right（向下偏右）
180	bottom（垂直向下）
225	bottom left（向下偏左）
270	left（向左）
315	top left（向上偏左）

Strength 参数值只能使用整数来指定，它代表有多少像素的宽度将受到模糊影响，默认值是
5 像素。

3．chroma 属性

chroma 属性可以设置一个对象中指定的颜色为透明色。它的表达式如下：

```
filter: chroma (color=color)
```

这个属性的表达式很简单，它只有一个参数。只需要把想要指定为透明的颜色用 color 参
数设置出来就可以了。需要注意的是，chroma 属性对于图片文件不是很适合，因为很多图片是
经过了减色和压缩处理（比如 JPG、GIF 等格式），所以它们很少有固定的位置可以设置为透明。

4．dropShadow 属性

dropShadow 属性用来添加对象的阴影效果。它实现的效果看上去就像原来的对象离开页面，
然后在页面上显示出该对象的投影。它的表达式如下：

```
filter: dropShadow (Color=color, Offx=offx, Offy=offy, Positive=positive)
```

该属性一共有 4 个参数：Color 表示投射阴影的颜色；Offx 和 Offy 分别表示在 X 方向和 Y
方向阴影的偏移量。偏移量必须用整数值来设置。如果设置为正整数，则表示 X 轴的右方向和

Y 轴的向上方向。设置为负整数则相反。

Positive 参数有两个值：true 表示为任何非透明像素建立可见的投影，false 表示为透明的像素部分建立可见的投影。

5. flipH、flipV 属性

flip 是 css 滤镜的翻转属性，flipH 表示水平翻转，flipV 表示垂直翻转。它们的表达式很简单，分别是：

```
filter: flipH
filter: flipV
```

6. glow 属性

当对一个对象使用 glow 属性后，这个对象的边缘就会产生类似发光的效果。它的表达式如下：

```
filter: glow(Color=color, Strength=strength)
```

glow 属性的参数只有两个：Color 用来指定发光的颜色，Strength 用来指定发光的强度，参数值从 1 到 255。

7. gray 属性

gray 属性把一张图片变成灰度图。它的表达式很简单，如下：

```
filter: gray
```

8. invert 属性

invert 属性可以把对象的可视化属性全部翻转，包括色彩、饱和度和亮度值。 它的表达式也很简单，如下：

```
filter: invert
```

9. mask 属性

mask 属性为对象建立一个覆盖于表面的蒙版效果。它的表达式也很简单，如下：

```
filter: mask(Color=颜色)
```

只有一个 Color 参数，用来指定使用什么颜色作为蒙版。

10. shadow 属性

shadow 属性可以在指定的方向建立物体的投影。它的表达式如下：

```
filter: shadow(Color=color, Direction=direction)
```

在这里，shadow 有两个参数值：Color 参数用来指定投影的颜色，Direction 参数用来指定投影的方向。

shadow 属性可以在任意角度进行投射阴影，而前面介绍的 dropShadow 属性实际上是用偏移来定义阴影的。

11. wave 属性

wave 属性用来设置波纹效果。它的表达式如下：

```
filter: wave (Add=True、False, Freq=频率, LightStrength=增强光效,
Phase=偏移量, Strength=强度)
```

wave 属性一共有 5 个参数。Add 参数有两个参数值：True 表示使对象按照正弦波形显示；False 表示不按照正弦波形显示。Freq 参数指生成波纹的频率，也就是指定在对象上共需要产生

多少个完整的波纹。LightStrength 参数用来使生成的波纹增强光的效果，参数值可以从 0 到 100。Phase 参数用来设置正弦波开始的偏移量。这个值的通用值为 0，它的可变范围为从 0 到 100。这个值代表开始时的偏移量占波长的百分比。比如该值为 25，代表正弦波从 90 度（360×25%）的方向开始。

12. xray 属性

xray 就是 X 射线的意思。

xray 属性，顾名思义，这种属性产生的效果就是使对象看上去有一种 X 光片的感觉。它的表达式很简单，如下：

```
filter: Xray
```

注意：与其他 CSS 属性不同，过滤器属性只能应用于 HTML 控件元素上。所谓 HTML 控件元素是指它们在网页上定义了一个矩形空间，浏览器窗口可以显示这些空间。合法的 HTML 控件元素主要包括：BODY、BUTTON、DIV、IMG、INPUT、MARQUEE、SPAN、TABLE、TD、TEXTAREA、TH。

以下代码为过滤器效果用法一（03-14.htm）。

```
318: <HTML>
319: <HEAD><TITLE>过滤器效果演示</TITLE>
320: <STYLE type="text/css">
321:     td{font-size:12px}
322:     .alpha{Filter:alpha(Opacity=50,Style=1);}
323:     .chroma{Filter:chroma(color=#0F0000);}
324:     .flipH{Filter:flipH;}
325:     .flipV{Filter:flipV;}
326:     .gray{Filter:gray;}
327:     .invert{Filter:invert;}
328:     .wave{Filter:wave(freq=6,lightStrength=50,strength=2);}
329:     .xray{Filter:xray;}
330: </STYLE>
331: </HEAD>
332: <BODY>
333:    <TABLE align="center" width="400" border>
334:      <TR>
335:         <TD colspan="4" align="center">
336:         <IMG src="under.JPG"><br>原始图片</TD>
337:      </TR>
338:      <TR align="center">
339:         <TD><IMG class="alpha" src="under.JPG"><br>alpha 效果</TD>
340:         <TD><IMG class="chroma" src="under.JPG"><br>chroma 效果</TD>
341:         <TD><IMG class="flipH" src="under.JPG"><br>flipH 效果</TD>
342:         <TD><IMG class="flipV" src="under.JPG"><br>flipV 效果</TD>
343:      </TR>
344:      <TR align="center">
345:         <TD><IMG class="gray" src="under.JPG"><br>gray 效果</TD>
346:         <TD><IMG class="invert" src="under.JPG"><br>invert 效果</TD>
347:         <TD><IMG class="wave" src="under.JPG"><br>wave 效果</TD>
348:         <TD><IMG class="xray" src="under.JPG"><br>xray 效果</TD>
349:      </TR>
350:    </TABLE>
```

351: </BODY></HTML>

以上代码在浏览器中运行的结果如图 3-20 所示。注意 chroma 效果并不明显。

图 3-20　过滤器效果展示一

以下代码为过滤器效果用法二（03-15.htm）。

```
352: <HTML>
353: <HEAD><TITLE>过滤器效果</TITLE>
354: <STYLE>
355: .blur{Filter:blur(strength=4,direction=45);width=250}
356: .dropShadow{Filter:dropShadow(color=gray,offX=2,offY=2);width=250}
357: .glow{Filter:glow(color="#cccccc",strength=6);width=250}
358: .mask{Filter:mask(color="gray");width=200}
359: .shadow{Filter:shadow(color=gray,direction=135);width=200}
360: </STYLE>
361: </HEAD>
362: <BODY>
363: <p>未使用效果</p>
364: <p class="blur">使用了 blur 效果</p>
365: <p class="dropShadow">此使用了 dropShadow 效果</p>
366: <p class="glow">使用了 glow 效果</p>
367: <p class="mask">使用了 mask 效果</p>
368: <p class="shadow">使用了 shadow 效果</p>
369: </BODY>
370: </HTML>
```

以上代码在浏览器中运行的结果如图 3-21 所示。

图 3-21　过滤器效果展示二

3.4.3 小实例——美丽景色

学习目的：CSS 强大的过滤器应用。

我们给美丽的六盘水景色图片加上"美丽景色"汉字。将 CSS 设置为 leaf 类的样式，绝对定位，wave 属性，产生 3 个波纹，光强为 100，波纹从 162 度（360×45%）开始，振幅为 20；同时设置 IMG 的样式，绝对定位，wave 属性，产生 3 个波纹，光强为 100，波纹从 90 度开始，振幅为 5。显示结果如图 3-22 所示。

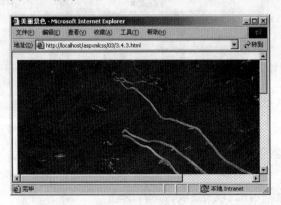

图 3-22   美丽景色实例显示结果

其代码如下（3.4.3.html）：

```
371: <html>
372: <head>
373: <title>美丽景色</title>
374: <style>
375: <!--
376: .leaf{position:absolute;top:10;width:300;Filter:wave(add=true,fre
     q=3,lightstrength=100,phase=45,strength=20);}
377: .img{position:absolute;top:110;left:40;Filter:wave(add=true,freq=
     3,lightstrength=100,phase=25,strength=5);}
378: -->
379: </style>
380: </head>
381: <body>
382: <div class="leaf">
383: <p style="font-family:lucida handwriting;font-size=42pt;font-
     weight:bold;color:rgb(189,1,64);"><BR>    美丽景色</p>
384: </div>
385: <p><img src="bg.jpg"></p>
386: </body>
387: </html>
```

3.5 XSL 初步

虽然 CSS 可以非常方便地显示 XML 文件，但是 CSS 只能处理一些简单的、顺序固定的 XML 文件，对于复杂的、高度结构化的 XML 文件，它就无能为力了。比如说标记的属性就无法使用 CSS 来显示。因为 CSS 样式表仅适用于元素内容，而不适用于属性，在使用 CSS 时，显示给用户的任何数据应当是元素内容的一部分，而不是它的属性。为了解决传统的 CSS 对复杂 XML 文件无法处理的情况，W3C 组织推出了 XSL。和 CSS 不同的是：XSL 是遵循 XML 的规范来制定的。也就是说，XSL 文件本身符合 XML 的语法规定。XSL 在排版样式的功能上要比 CSS 强大。比如：CSS 适用于那些元素顺序不变的文件，它不能改变 XML 文件中元素的顺序——元素在 XML 文件中是什么顺序排列的，那么通过 CSS 表现出来的顺序不能改变。对于那些需要经常按不同元素排序的文件，我们就要用 XSL。

3.5.1　什么是 XSL

XSL 是可扩展样式表语言（Extensible Style Language）。在定义语言组件时，W3C 工作组明确地指定 XSL 由两个主要部分组成：

➢　数据转换语言（Extensible Stylesheet Language Transformation，XSLT）

➢　数据格式化语言（XML Stylesheet Language-Formatting Objects，XSL-FO）

数据转换语言用于将一个 XML 文档转换成为另一个 XML 文档（或者其他文档）。它最可能也最明显的用途就是将一份描述语义的结构转换成显示的结构，比如说将一份 XML 文档转换成一份 HTML 文档。XSL 样式表本身也是一个结构完整的 XML 文档，当我们需要访问和使用 XML 文档中的数据时，就可以使用 XSL 的数据变换语言。

数据格式化语言用于设置 XML 文档中数据最终在浏览器中的显示格式。使用数据格式化语言，我们可定义页面布局，字体风格，颜色，图像显示和许多其他设计特性。

因为 XSL 本身就是一个 XML 文件，所以它可以控制任何标记，而控制每个标记的方法也有很多种，比如旋转的文本等。它还可以在一页上混合使用从左到右、从右到左及从上至下的书写格式。XSL 还能使得浏览器直接根据用户的不同需求改变文档的显示方法，比如数据的显示顺序改变，而不必再次和服务器进行交互通信。通过变换样式表文档，同一个 XML 文档可以显示得更大，或者经过折叠只显示最外面一层，或者变为打印格式。

想要获取更多 XSL 信息，请访问网址：http://www.w3.org/TR/xsl/。

3.5.2　XSL 与 CSS 的比较

通过前面的学习，我们了解到在 XSL 和 CSS 之间存在两点不同：

➢　CSS 可被用来样式化 HTML 文件，而 XSL 不可以。

➢　XSL 可以用来转换 XML 文件，而 CSS 不可以。

对于第一点而言基本没什么问题，因为本身 CSS 就是为 HTML 而设计的，而 XSL 是为 XML 而设计的。但是当我们考虑到大部分 XML 应用程序在某种程度上都包含了 HTML 文件时，要为给定的对象使用适当的样式表，就要考虑 CSS。

下面一点不同非常重要，因为 CSS 并不具备用于转换 XML 文件的直接方法，虽然可以使用 DOM 的脚本来转换 XML 文件，但是 DOM 本身又会带来一些问题。所以在这个时候，我们就选择 XSL。

CSS 同样可以格式化 XML 文档，那么有了 CSS 为什么还需要 XSL 呢？这是因为 CSS 虽然能够很好地控制输出的样式，比如色彩、字体、大小等，但它还是存在严重的局限性，比如：

➢　CSS 不能重新排序文档中的元素。

➢　CSS 不能判断和控制哪个元素被显示，哪个不被显示。

➢　CSS 不能统计计算元素中的数据。

换句话说，CSS 只适合用于输出比较固定的最终文档。CSS 的优点是简洁，消耗系统资源少；而 XSL 虽然功能强大，但因为要重新索引 XML 结构树，所以消耗内存比较多。因此，我们常常将它们结合起来使用，比如在服务器端用 XSL 处理文档，在客户端用 CSS 来控制显示。这样可以减少响应时间。

○3.5.3　使用 XSL 显示 XML 文件

要使用 XSL 显示 XML 文件有两个步骤：

（1）建立一个 XSL 样式表文件。

XSL 样式表文件遵循 XML 所有的规则和格式。XSL 样式表文件是以.xsl 作为文件扩展名的，但是它本质上还是一个 XML 文件。

（2）将 XSL 样式表链接到 XML 文件。

类似于在 XML/HTML 中调用外部 CSS 文件，在 XML 文件中链接外部 XSL 文件的格式如下：

```
<?xml-stylesheet type="text/xsl" href="XSL 文件地址"?>
```

其中 xml-stylesheet 也可以用 xml:stylesheet 来代替。type 的属性值为 text/xsl，在链接 CSS 文件的时候使用的是 text/css。

注意：对于 XSL 文件地址，虽然可以使用 URL 来指定，但是指定的 XSL 文件必须与当前 XML 文件在相同的域中。

下面我们来看一个使用 XSL 显示 XML 文档的例子。

1．xsl:apply-templates 元素

xsl:apply-templates 元素通常放在输出模板中，用于告诉格式化引擎处理元素的子节点。

下面是一份简单的 XML 文档（03-16.xml）。

```
388: <?xml version="1.0" encoding="gb2312" ?>
389: <?xml-stylesheet type="text/xsl" href="03-16.xsl"?>
390: <最新产品>
391: <产品>
392: <名称>帽子</名称>
393: <价格>34</价格>
394: </产品>
395: <产品>
396: <名称>包</名称>
397: <价格>54</价格>
398: </产品>
399: </最新产品>
```

其中第 389 行将 XSL 文件 03-16.xsl 链接到 XML 文件。

以上代码在浏览器中运行的结果如图 3-23 所示。

图 3-23　使用 XSL 显示 XML 文件示例

虽然图 3-23 的显示结果非常简单，但是我们可以看到已经可以使用中文标记了。下面我们来分析一下应用于 03-16.xml 文档的 XSL 文件。

下面是第一个简单的 XSL 样式表文件（03-16.xsl）。

```
400: <?xml version="1.0" encoding="gb2312"?>
401: <!--使用了 stylesheet 元素-->
402: <xsl:stylesheet version="1.0" xmlns:xsl="http://www.w3.org/TR/WD-
     xsl"xmlns="http://www.w3.org/TR/REC-html40">
403: <xsl:template match="/">
404: <html>
405: <head>
406: <title>第一个 XSL 文件</title>
407: </head>
408: <body>
409:
410: <xsl:for-each select="最新产品/产品">
411: <xsl:apply-templates /><br/>
412: </xsl:for-each>
413:
414: </body>
415: </html>
416: </xsl:template>
417:
418: <xsl:template match="名称">
419: <xsl:value-of/>
420: </xsl:template>
421:
422: <xsl:template match="价格">
423: <xsl:value-of/>
424: </xsl:template>
425:
426: </xsl:stylesheet>
```

第 402 行和第 426 行的 stylesheet 元素属于 XSL 文件的根元素，在文件中这种元素只能有一个。通常情况下，我们也将名称空间的声明放在这个元素中。

第 402 行的 xmlns:xsl="http://www.w3.org/TR/WD-xsl"这一句主要用来说明该 XSL 样式表是使用 W3C 所制定的 XSL，设定值就是 XSL 规范所在的 URL 地址。实际上，这里的"http://www.w3.org/TR/WD-xsl"就是一个名称空间。这是一个标准的名称空间，stylesheet、template、for-each 等关键字都是这个名字空间所定义的，所以这个 URL 用户不可以随意更改。或者说 IE 5.0 及更高版本浏览器的 XSL 支持只允许将 xsl 放在"http://www.w3.org/TR/WD-xsl"名称空间中。虽然 W3C 在 1999 年 11 月 16 日发布的 XSL 转换语言的标准将 xsl 放在名称空间"http://www.w3.org/1999/XSL/Transform"中。在 2001 年 10 月 15 日发布的 XSL 1.0 标准中，将 xsl 放在"http://www.w3.org/1999/XSL/Format"名称空间中，但是 IE 并不支持 W3C 推荐的名称空间。

第 402 行的 xmlns="http://www.w3.org/TR/REC-html40"指定了 XML 的名称空间，在 XSL 中，就是利用了 XML 的名称空间机制来实现 XSL 解析功能的，同时成为其他非 XSL 标记的默认名称空间。比如第 411 行的
。

在第 403 行～第 416 行定义的 template 元素是 XSL 文件最基本的元素之一。一对 template

元素构成一个模板，一个模板又对应了一组规则。模板中的规则将输入和输出联系在一起来实现数据转换。其中 match 属性的属性值为节点名称，用于指定该模板用于哪个节点。

第 403 行的模板匹配给 "/"，这表示匹配给根节点，注意根节点不是根元素。在 XSL 中使用 "/" 表示根节点，根元素只能用其名称来代表。比如 "最新产品"。模板的内容是从第 5 行～第 14 行，这是一个 HTML 文档的结构，其中的 HTML 元素标记作为模板的输出内容。

第 410 行～第 412 行是一个 for-each 循环，它的功能是对于文件中的元素进行一个反复处理循环。select 属性确定是哪个元素被选进循环重复部分。它还有一个重要参数就是 order-by，可以设置 order-by 属性带有一个 "+" 或者 "-" 的符号，这个是用来定义索引的方式是升序还是降序排列，符号后面的名字就是要索引的关键字。

第 411 行的 apply-templates 用于告诉格式化引擎处理元素的子节点。这里就是去处理 "产品" 元素的子节点。格式化引擎在处理子节点的时候，将会把节点的子节点依次与样式表中的模板进行比较。与子节点匹配的模板中的输出将会被放到 apply-templates 元素所在的位置。

当第 414 行的模板匹配输出之后，也就处理完了 "产品" 元素的子节点。接着输出第 415 行~第 416 行。

第 418 行~第 420 行是使用 template 去匹配 "产品" 的子元素 "名称"，然后，"名称" 元素内容就会按照模板定义的输出方式进行处理。

第 423 行使用 value-of 提取元素的内容。

注意：第 411 行的
虽然使用的是 HTML 的非成对标记，但是在 XML 中必须成对出现。

2．xsl:value-of 元素

除了使用 apply-templates 元素应用模板输出之外，我们还可以使用 value-of 元素来提取节点值。value-of 元素用于将子元素的内容复制到输出结果中，其 select 属性用于选择被提取值的子元素。

以下代码结合 xsl:for-each 元素来访问 XML 文件（03-161.xsl）。

```
427: <?xml version="1.0" encoding="gb2312"?>
428: <!--使用了 stylesheet 元素-->
429: <xsl:stylesheet version="1.0" xmlns:xsl="http://www.w3.org/TR/WD-
     xsl"xmlns="http://www.w3.org/TR/REC-html40">
430: <xsl:template match="/">
431: <html>
432: <head>
433: <title>第一个XSL文件</title>
434: </head>
435: <body>
436: <xsl:for-each select="最新产品/产品">
437: <xsl:value-of select="名称"/>
438: <xsl:value-of select="价格"/><br/>
439: </xsl:for-each>
440: </body>
441: </html>
442: </xsl:template>
443: </xsl:stylesheet>
```

以上 XSL 文件被 03-16.xml 调用，在浏览器中显示的结果与图 3-19 完全一样。在这个样式表文件中第 430 行的匹配根节点是不能缺少的，当然也不能使用 for-each 来代替。在第 436 行~第 439 行使用 for-each 访问所有符合条件的子元素，然后使用 value-of 结合其 select 属性将子元

素的值都提取出来并按照浏览器默认显示方式输出。

○3.5.4　小实例——2005 年工作统计

学习目的：用 XSL 显示 XML 的数据。

年终需要写工作总结，并进行工作量的统计，数据是"网络部"、"信息中心"、"科技处"等部门四季度的数据，并且数值小于或等于 60 则用蓝色表示，显示结果如图 3-24 所示。

图 3-24　工作统计显示结果

以下为实例代码（3.5.4.xml 和 3.5.4.xsl）。

3.5.4.xml：

```
444: <?xml version="1.0" encoding="gb2312"?>
445: <?xml:stylesheet type="text/xsl" href="3.5.4.xsl"?>
446: <document>
447: <report>
448: <class>网络部</class>
449: <q1>93</q1>
450: <q2>45</q2>
451: <q3>67</q3>
452: <q4>92</q4>
453: </report>
454:     <report>
455:         <class>信息中心</class>
456:         <q1>80</q1>
457:         <q2>70</q2>
458:         <q3>10</q3>
459:         <q4>94</q4>
460:     </report>
461:     <report>
462:         <class>科技处</class>
463:         <q1>90</q1>
464:         <q2>40</q2>
465:         <q3>70</q3>
466:         <q4>90</q4>
467:     </report>
468: </document>
```

3.5.4.xsl：

```
469: <?xml version="1.0" encoding="gb2312"?>
```

```
470: <xsl:stylesheet xmlns:xsl="http://www.w3.org/TR/WD-xsl">
471:    <xsl:template match="/">
472:        <HTML>
473:        <HEAD>
474:            <TITLE>2005 年工作统计</TITLE></HEAD>
475:        <BODY><xsl:apply-templates select="document"/>
476:        </BODY>
477:        </HTML>
478:    </xsl:template>
479:    <xsl:template match="document">
480:    <TABLE border="1" cellspacing="0" align="center">
481:        <caption><H3>2005 年工作统计</H3></caption>
482:        <TH bgcolor="#8080FF">部门</TH>
483:        <TH bgcolor="#8080FF">一季度</TH>
484:        <TH bgcolor="#8080FF">二季度</TH>
485:        <TH bgcolor="#8080FF">三季度</TH>
486:        <TH bgcolor="#8080FF">四季度</TH>
487:        <xsl:apply-templates select="report"/>
488:    </TABLE>
489:    </xsl:template>
490:    <xsl:template match="report">
491:    <TR>
492:        <TD><xsl:value-of select="class"/></TD>
493:        <TD><xsl:apply-templates select="q1"/></TD>
494:        <TD><xsl:apply-templates select="q2"/></TD>
495:        <TD><xsl:apply-templates select="q3"/></TD>
496:        <TD><xsl:apply-templates select="q4"/></TD>
497:    </TR>
498:    </xsl:template>
499:    <xsl:template match="q1、q2、q3、q4">
500:        <xsl:if test=".[value()$le$60]">
501:            <xsl:attributename="style">color:blue</xsl: attribute>
502:        </xsl:if>
503:        <xsl:value-of/>
504:    </xsl:template>
505: </xsl:stylesheet>
```

3.6　XML+CSS 的其他应用

　　SVG（Scalable Vector Graphics）可扩展矢量图形是 XML 和 CSS 的一个应用，是新一代图像格式的标准。它给 Web 开发人员提供了一种利用 XML 创建静态图像和动态图像的方法，是图像技术上的一次革命。利用此技术，Web 开发人员可以对页面进行更加精确的控制。SVG 的动画片技术可以实现从简单的直线运动到复杂的 3D 螺旋变形的控制。

　　SVG 有许多其他图像方法所不具有的优点，下面列举其中一些。

　　➤　和其他媒介兼容，比如无线设备等。

　　➤　可升级的服务器端解决方案。

　　➤　文件尺寸小，方便 Web 页面下载。

　　➤　无限的颜色和字体的选择。

> ➢ 图像可随意缩放。
> ➢ 可以用脚本控制与客户的交互事件。
> ➢ 方便浏览器进行高清晰的打印。
> ➢ 可使用滤镜效果。
> ➢ 基于文本的格式，可以轻松地和其他 Web 技术集成。
> ➢ 内建的国际语言支持。
> ➢ 减少维护成本。
> ➢ 轻松升级。
> ➢ 广泛的多媒体兼容性。

3.6.1　什么是 SVG

SVG 是一个标准开放的矢量图像格式。它可以使你设计的网页更加精彩，更加细致。使用简单的文本命令，SVG 甚至可以做出诸如色彩线性变化，自定义置入字体，透明，动态效果，滤镜效果等各式常见的图像效果。

SVG 将在不久的未来成为网页向量图形（vector graphic）及动画（animation）的公认标准。SVG 本身可以纯粹被视为图形及动画的格式，它也可以与 XML、JavaScript、SMIL 及 HTML 等相结合而产生丰富多样的应用。换句话说，SVG 就是用来解决网页上图形及动画呈现的新技术。W3 Consortium 最近才拟定 SVG 的建议参考标准，也就是说这项标准的制定即将完成，很快就会内建在网页浏览器及 XML 浏览器上了。

SVG 图像是基于 XML 的应用，并由 W3C 组织的 SVG 开发组负责详细的研究和开发。更多详细请参看下列站点：

http://www.w3.org/TR/SVG11/

http://www.adobe.com/svg/

3.6.2　第一个 SVG 文件

下面我们来编写第一个 SVG 文件。就像编写 XML 文档一样，我们不会过多讨论任何 SVG 的语法，而只是通过这个简单的例子让大家了解如何通过文本在浏览器上画图。

画一个圆，代码如下（03-17.svg）：

```
506: <?xml version="1.0" encoding="UTF-8"?>
507: <!DOCTYPE svg PUBLIC "-//W3C//DTD SVG 20000303 Stylable//EN"
508: "http://www.w3.org/TR/2000/03/WD-SVG-20000303/DTD/svg-20000303-
     stylable.dtd">
509:
510: <svg xml:space="preserve" width="200" height="200">
511: <text x="60" y="40" style="fill:red;font-size:25px">svg demo</text>
512: <circle style="fill:black" cx="100" cy="100" r="45"/>
513: </svg>
```

SVG 的语法本身就是一本书，下面对上面的代码做一些简单的说明。

这个文件必须以.svg 作为后缀名存储。

第 506 行是 XML 声明指定所遵循的 XML 标准及文件的编码方式。

第 507 行~第 508 行是 DOCTYPE 的声明，指定 SVG DTD 的所在位置。

第 510 行是 SVG 元素，它是 SVG 文件的根元素，所有其他的 SVG 元素都是它的子元素。其中 width 和 height 属性分别用来设定 SVG 图像的宽和高，默认单位是像素。

第 511 行的 text 标记主要用于在页面显示文字，其中 x、y 属性分别确定文字在 SVG 边界框中的绝对位置，然后通过 CSS 的样式表来显示文字。

第 512 行的 circle 是在页面画一个圆，其中 cx 和 cy 属性用来定义圆心的 x 和 y 坐标，r 属性用来定义圆的半径。用 style 属性设置的 fill:black 表示用黑色来填充这个圆。

可以直接在浏览器中打开以上 SVG 文件，但是必须安装 SVG Viewer 浏览器插件，可以去 Adobe 公司的 http://www.adobe.com/svg/viewer/install/main.html 页面下载免费插件（Adobe SVG Viewer 3.03 for Windows 98-XP，SVGView.exe，简体中文）。

笔者在安装完插件后用浏览器打开以上文件，显示结果如图 3-25 所示。

图 3-25　SVG 文件显示结果

3.7　小结

本章给大家介绍了为 HTML 进行扩展而设计的 CSS（层叠样式表）。当然，CSS 也可以控制 XML。因为 CSS 本身是为非程序员而设计的，所以学习和使用起来非常方便。但是它也存在很多不足，为了解决这些不足，W3C 组织提出了 XSL。

XSL 包括转换语言和格式化语言，在本章只给大家介绍了一点 XSL 基础知识，以及如何使用 XSL 来显示 XML 文档。

不说过去的网页缺少动感，就是在网页内容的排版布局上也有很多困难，如果不是专业人员或特别有耐心的人，就很难让网页按自己的构思和创意来显示信息。即便是掌握了 HTML 语言精髓的人也要通过多次地测试，才能驾驭好这些信息的排版，过程十分漫长和痛苦。

样式表就是在这种需求下诞生的。它首先要做的是为网页上的元素精确地定位，可以让网页设计者像导演一样，轻易地控制文字、图片等。

其次，它把网页上的内容结构和格式控制相分离。浏览者想要看的是网页上的内容结构，而为了让浏览者更好地看到这些信息，就要通过格式控制来帮忙了。以前两者在网页上的分布是交错结合的，查看修改很不方便，而现在把两者分开就会大大方便网页的设计者。内容结构和格式控制相分离，使得网页可以只由内容构成，而将所有网页的格式控制指向某个 CSS 样式表文件。

第 4 章　网页数据绑定技术和实例

数据绑定技术可以使用在 IE 4.0 及以上版本的 IE 浏览器中，网页制作者可以灵活地改变页面风格而无须担心破坏数据显示代码，因为数据和页面是分离的，相关代码也很少。当数据更新时，只需要刷新中间显示数据的部分，而页面的其他部分不变，就好像没有刷新一样，显示效果更好；因为只下载了数据部分，网页的其他部分没有重复下载，浏览速度更快。如果灵活应用，还可以实现无刷新搜索和分页等功能。

通过本章学习，你将能够：

➤ 了解什么是数据绑定。

➤ 了解当前数据绑定的方法。

4.1　数据绑定的概念

通过数据绑定，可以把一个 XML 文档链接到一个 HTML 页，然后绑定标准的 HTML 元素，例如 SPAN、TABLE，到独立的 XML 元素。HTML 元素会自动显示所绑定的 XML 元素的内容，利用数据绑定可以实现非常复杂的功能，下面就从数据绑定技术开始说明。

4.1.1　数据绑定技术

所谓数据绑定技术就是把已经打开的数据集中某个或者某些字段绑定到组件的某些属性上面的一种技术。Web 窗体数据绑定在本质上是无状态的，就像它依赖的 HTTP 协议一样。一旦服务器页完成了其处理，并生成所产生的 HTML 代码，就立即失去绑定。数据绑定根据不同组件可以分为两种，一种是简单型的数据绑定，另外一种就是复杂型的数据绑定。所谓简单型的数据绑定就是绑定后组件显示出来的字段只是单个记录，这种绑定一般使用在显示单个值的组件上。而复杂型的数据绑定就是绑定后的组件显示出来的字段是多个记录，这种绑定一般使用在显示多个值的组件上。

使用数据绑定可以充分发挥 XML 和 HTML 的特长。HTML 提供了非常丰富的格式用来向用户显示数据，而 XML 可以创建一种结构化的数据。使用数据绑定技术，可以使得我们不用编写脚本就可以直接在 HTML 中显示 XML 文档的数据。

要想使用数据绑定显示 XML 文档需要两个步骤：

（1）将 XML 文档链接到 HTML 中去。可以使用数据岛技术，也就是在 HTML 中建立对 XML 数据的链接。

（2）绑定 XML 元素到 HTML 的标记。如果一个标记被绑定，那么它就可以自动显示 XML 元素的内容。

4.1.2　XML 数据岛

数据岛是指存在于 HTML 页面中的 XML 代码。数据岛允许你在 HTML 页面中集成 XML，对 XML 编写脚本，而不需要通过脚本或<OBJECT>标签读取 XML。几乎所有能够存在于一个结构完整的 XML 文档中的内容都能存在于一个数据岛中，包括处理指示、DOCTYPE 声明和内部子集。

1. 在 HTML 中使用数据岛链接 XML

在 HTML 中，可以加入<XML>标签，从而在 HTML 嵌入 XML 格式的数据，或者引用外部的 XML 格式文件。通过设置<XML>标签的 ID 属性，可以通过脚本访问这些数据，也可以把它与<TABLE>捆绑到一起；也可以设置<XML>的 SRC 属性，导入外部的 XML 格式数据。

例如，下面是一个新闻系统的 XML 示例，我们使用两种方式来显示：

第一种方式：使用内部嵌入文档。

内部嵌入文档指的是将 XML 文档内容放在<XML>和</XML>标记符之间。

以下代码显示的是一个新闻的内部嵌入 XML 文档（04-01.htm）。

```
1:   <HTML>
2:   <head>
3:   <title>使用内部嵌入文档</title>
4:   </head>
5:   <body>
6:   <XML id="XMLData1">
7:   <?xml version="1.0" encoding="gb2312"?>
8:   <root>
9:   <新闻>
10:      <标题>新闻 1</标题>
11:      <内容>这是新闻内容 1。</内容>
12:      <发布日期>2005-7-23</发布日期>
13:   </新闻>
14:   <新闻>
15:      <标题>新闻 2</标题>
16:      <内容>这是新闻内容 2。</内容>
17:      <发布日期>2005-8-23</发布日期>
18:   </新闻>
19:   </root>
20:   </XML>
21:   </body>
22:   <HTML>
```

第 6 行~第 20 行是在 HTML 中定义了一份 XML 文档。

在第 6 行使用<XML>的 id 属性定义了这份 XML 文档的名称。

第二种方式：链接到外部 XML 文档。

链接到外部 XML 文档的格式如下：

```
<xml id="标识名" src="XMl 文档">
```

下面显示的是链接外部新闻 news.xml 文档的例子（04-02.htm）。

```
1:   <HTML>
2:   ……
3:   <XML id="XMLData" src="news.xml"> </XML>
4:   ……
5:   </HTML>
```

其中，id 属性是为用户设置的，用来标识将要被链接的 XML 文档的名称；src 属性用来指定被链接的 XML 文档的路径，可以是本地文档也可以是远程文档。

以下代码定义了一个新闻系统的结构（news.xml）。

```
1:   <?xml version="1.0" encoding="gb2312"?>
2:   <root>
```

```
3:      <新闻>
4:      <标题>新闻标题1</标题>
5:      <内容>这是新闻内容1。</内容>
6:      <发布日期>2005-7-23</发布日期>
7:      </新闻>
8:      <新闻>
9:      <标题>新闻标题2</标题>
10:     <内容>这是新闻内容2。</内容>
11:     <发布日期>2005-8-23</发布日期>
12:     </新闻>
13:     </root>
```

一般而言，使用数据岛技术大部分都使用第二种方式，因为很显然，这种方式将 XML 数据和 HTML 标记符分离了，便于数据的保护，当然，在操作 HTML 的时候也会方便很多，同时，还便于数据的维护工作。

2. 绑定 XML 元素到 HTML 标记

HTML 的标记很多，并不是任何一个 HTML 标记都可以作为绑定的对象，比较常用的一些标记只有 A、TABLE、SPAN、DIV、INPUT 等，这些标记的某些属性可以用来被绑定。比如我们用<SPAN>标记来绑定第一条新闻的标题（04-03.htm）。

```
1:      <HTML>
2:      <head>
3:      <title>数据岛技术</title>
4:      </head>
5:      <body>
6:      <XML  id="XMLData"  src="news.xml"> </XML>
7:      <h2>绑定数据</h2>
8:      <span datasrc="#xmldata" datafld="标题"></span>
9:      </body>
10:     </HTML>
```

第 6 行是链接到外部 XML 文档 news.xml，同时定义使用名称为 XMLData。

第 8 行使用了<span>和</span>标记，datasrc 属性用来指定<span>绑定的数据源，其值应该为链接外部文档时定义的 id 名称。注意，在名称前面必须加一个"#"，表明是在当前页面寻找这个绑定的 id 名称；datafld 的全称是 data field，叫做数据字段，指定为"标题"，也就是将"标题"指定为被绑定的 XML 字段。

上面的程序在浏览器中运行的结果如图 4-1 所示。

图 4-1　使用<SPAN>标记绑定第一条新闻标题

除了<span>标记可以绑定数据之外，在表 4-1 中还列出了可以绑定的 HTML 标记及这些标记的被绑定属性。

表 4-1 可以绑定的 HTML 标记及其被绑定属性

HTML 标记	被绑定属性	作　用
A	href	超级链接
APPLET	param	插入 Java 小应用程序
BUTTON	innerHTML、innerText	按钮
DIV	innerHTML、innerText	可以格式化的部分文档
FRAME	src	框架
IFRAME	src	页内框架
IMG	src	图像
INPUT TYPE=CHECKBOX	checked	复选框
INPUT TYPE=HIDDEN	value	隐藏框
INPUT TYPE=PASSWORD	value	密码框
INPUT TYPE=RADIO	checked	单选框
INPUT TYPE=TEXT	value	文本输入框
LABEL	innerHTML、innerText	标签
MARQUEE	innerHTML、innerText	跑马灯
SELECT	列表	下拉列表
SPAN	innerHTML、innerText	可以格式化的文本
TEXTAREA	value	多行文本输入框

　　被绑定的 XML 文档一般是对称的文档，所以对称的文档指的是 XML 文档具有三层结构：第一层为根元素，比如 root；第二层为子元素，比如新闻；第三层也为子元素，比如标题或者内容等。其中，作为第二层的每一个元素具有完全相同的子元素（包括子元素的数目和名称都必须完全相同）。当浏览器在处理带有数据岛的 HTML 文档时，浏览器内部 XML 处理器将读取被绑定的 XML 文档并且进行分析，此时，浏览器还会使用数据岛的 ID 名称创建一个同名的 DSO 对象（Data Source Object，数据源对象）。DSO 对象保存或缓存 XML 文档数据，并提供访问数据的方法。此时，DSO 将 XML 文档看做是一个关系型数据库文件，可以这样来理解，根元素就是数据库，第二层子元素是记录，而第三层子元素就是记录的字段。如果第三层还有自己的子元素，则被当做嵌套的记录，而不再是字段了。

○4.1.3　小实例——运行架桥术链接数据岛

　　学习目的：简单了解链接数据岛方法，了解外部 XML 文件的数据内容链接 HTML 页面，结合 HTML 表格显示 XML 文件的数据，按照 HTML 重新设计显示。图 4-2 所示是运行显示结果。

图 4-2　运行架桥术链接数据岛显示结果

下面是它的代码（4.1.3.htm）：

```
1:   <HTML>
2:   <head>
3:   <title>数据岛技术</title>
4:   </head>
5:   <body>
6:   <XML id="XMLData" src="newsdata.xml"> </XML>
7:   <TABLE align="center" width="500" height="300" cellspacing="0"cellpadding=
         "0" background="bg.gif">
8:   <TR>
9:       <TD align="center" height="40" bgcolor="#C1C1FF">运行架桥术链接数据岛
     </TD>
10:  </TR>
11:  <TR>
12:      <TD align="center" height="40"><B><span datasrc="#xmldata"
         datafld="标题"></span></B></TD>
13:  </TR>
14:  <TR>
15:      <TD align="center" height="40"><span datasrc="#xmldata" datafld="
         作者"></span></TD>
16:  </TR>
17:  <TR>
18:      <TD align="center" height="40"><I><span datasrc="#xmldata"
     datafld="发布日期"></span></I></TD>
19:  </TR>
20:  <TR>
21:      <TD height="40"><span datasrc="#xmldata" datafld="内容"></span>
         </TD>
22:  </TR>
23:  <TR>
24:      <TD align="center" height="100"> </TD>
25:  </TR>
26:  </TABLE>
27:  </body>
28:  </HTML>
```

下面是包含文件——newsdata.xml 的代码（文件名 newsdata.xml）：

```
29:  <?xml version="1.0" encoding="gb2312"?>
30:  <root>
31:  <新闻>
32:  <标题>北京今晚迎来新年第一场雪</标题>
33:  <作者>记者 XXX</作者>
34:  <发布日期>2006-1-02</发布日期>
35:  <内容>XXX 网北京 1 月 02 日讯
36:
37:       今天晚上 23 时 14 分左右，北京市区迎来今年第一场雪。</内容>
38:  </新闻>
39:  </root>
```

4.2 使用数据绑定显示 XML 文档

通过上面的例子可以看出将 XML 文档绑定到 HTML 标签的操作非常简单，但是对于不同的 XML 文档和 HTML 标签，绑定处理的方法可能会有不同程度的复杂。下面我们来分别看一下不同类型的 HTML 标签绑定 XML 文档数据的方法。

○4.2.1 使用单个标记绑定

单个标记绑定也就是说使用一个标记来显示结构简单的 XML 文档，也就是通常具有前面提到的三层结构的 XML 文档，包括根元素、第二层元素（也叫记录）及第三层记录（也叫字段）。在 HTML 标记中的 BUTTON、LABEL、SPAN、DIV 等通常用来绑定单个记录的 XML 文档。

1. 绑定单条记录的 XML 文档

单个记录的 XML 文档指的是只有一条记录，这条记录里有若干字段。

下面是只有一条记录的 XML 文档（04-04.xml），在根元素"新闻"下有 3 个子元素。

```
40:    <?xml version="1.0" encoding="gb2312"?>
41:    <新闻>
42:        <标题>新闻标题1</标题>
43:        <内容>这是新闻内容1。</内容>
44:        <发布日期>2005-7-23</发布日期>
45:    </新闻>
```

这个 XML 文档仅有一条新闻记录，我们定义了一条新闻，包括"标题"、"内容"和"发布日期" 3 个字段。

下面我们使用<SPAN>标记来绑定这个 XML 文档。

绑定单条记录 XML 文档的方法如下（04-04.htm）：

```
1:     <HTML>
2:     <head>
3:     <title>单条记录的绑定</title>
4:     </head>
5:     <body>
6:     <XML  id="xmldata"  src="04-04.xml"> </XML>
7:     <h2>被绑定的新闻记录</h2>
8:     <b>新闻标题: </b>
9:     <span datasrc="#xmldata" datafld="标题"></span><br>
10:    <b>新闻内容: </b>
11:    <span datasrc="#xmldata" datafld="内容"></span><br>
12:    <b>发布日期: </b>
13:    <span datasrc="#xmldata" datafld="发布日期"></span><br>
14:    </body>
15:    </HTML>
```

在浏览器运行的结果如图 4-3 所示。

在第 6 行中定义了绑定的 id 属性值为"xmldata"，它将被用来给绑定的标记标识链接 XML 文档的 DSO 对象；src 属性值指向被绑定的单条记录的 XML 文档。

图 4-3　绑定单条记录的 XML 文档

在第 9 行、第 11 行、第 13 行分别用<SPAN>标记来绑定 XML 元素，其中 datasrc 属性指定了绑定的 DSO 对象，使用"#"和数据岛的 id 属性值来指定被绑定的 DSO 对象；datafle 指定了被绑定的 XML 文档记录的字段。

可以看到 04-04.xml 只具备两层结构，也就是只有根元素"新闻"和它的相应的 3 个元素。下面我们将这个 XML 文档改成只有一条记录的三层结构。

04-041.xml 是一个只有一条记录的具有三层结构的 XML 文档。

```
1:    <?xml version="1.0" encoding="gb2312"?>
2:    <root>
3:    <新闻>
4:    <标题>新闻标题 1</标题>
5:    <内容>这是新闻内容 1。</内容>
6:    <发布日期>2005-7-23</发布日期>
7:    </新闻>
8:    </root>
```

可以看到，代码中多了第 2 行及第 8 行的<root>和</root>，这样，原来的两层结构就变成了三层结构，当然，此时仍然可以使用 04-04.htm 来显示 04-041.xml，需要改动的地方在 04-04.htm 的第 6 行，将数据岛的 src 属性值由"04-04.xml"改为"04-041.xml"就可以了，显示结果与图 4-3 完全相同。

注意：如果 XML 文档结构超过了三层，或者元素具有了属性，那么使用单个的 HTML 标记就不能绑定这类 XML 文档了。读者可以对 04-041.xml 文件稍做修改试一下。

2．绑定多条记录的 XML 文档

在通常情况下，我们几乎不会使用两层结构的单个记录的 XML 文档。所以，重要的是如何绑定多条记录的 XML 文件。很显然，如果我们在上面的三层结构的 XML 文档中再加入几条新闻，那么这个 XML 文档就是一个包含多条记录的文档，而此时，浏览器只能显示第一条记录。实际上是当前指针指向第一条记录，使得第一条记录成为当前记录。如果要显示其他的记录，就需要使用 DSO 对象提供的方法了。DSO 对象的 recordset 记录集（也就是说好多记录放在一起的集合）成员提供了一些浏览记录的方法，比如 moveNext 方法就用来显示下一条记录。

在表 4-2 中列出了 recordset 对象的一些方法。

表 4-2　recordset 对象的方法

方　　法	作　　用	示　　例
move(n)	移动指定数量的记录（可以是负数）	xmldata.recordset.move(5)
moveFirst()	移动到第一条记录	xmldata.recordset.moveFirst()
movePrevious()	移动到上一条记录	xmldata.recordset.movePrevious()
moveNext()	移动到下一条记录	xmldata.recordset.moveNext()
moveLast()	移动到最后一条记录	xmldata.recordset.moveLast()

在网页中调用这些方法最简单的途径就是，在普通按钮上使用 JavaScript 脚本的 onclick 事件进行调用，比如：

```
<BUTTON onclick=" xmldata.recordset.move(2)">向后移动 2 条记录</BUTTON>
```

这个语句的作用是在网页中显示一个按钮，按钮的名称为"向后移动 2 条记录"，当单击这个按钮时，执行"xmldata.recordset.move(2)"方法，作用是从当前记录向后移动 2 条记录，如果当前记录是第 1 条，那么单击该按钮之后显示的是第 3 条记录，再单击该按钮，则会显示第 5 条记录。

下面制作一个具有多条记录的新闻 XML 文档（04-05.xml），使用单个 HTML 标记绑定显示文档类型，并增加记录的浏览功能。

```
 1:    <?xml version="1.0" encoding="gb2312"?>
 2:    <root>
 3:    <新闻>
 4:    <标题>新闻标题 1</标题>
 5:    <内容>这是新闻内容 1。</内容>
 6:    <发布日期>2005-7-23</发布日期>
 7:    </新闻>8：<新闻>
 9:    <标题>新闻标题 2</标题>
10:    <内容>这是新闻内容 2。</内容>
11:    <发布日期>2005-8-23</发布日期>
12:    </新闻>
13:    <新闻>
14:    <标题>新闻标题 3</标题>
15:    <内容>这是新闻内容 3。</内容>
16:    <发布日期>2005-8-24</发布日期>
17:    </新闻>
18:    <新闻>
19:    <标题>新闻标题 4</标题>
20:    <内容>这是新闻内容 4。</内容>
21:    <发布日期>2005-8-25</发布日期>
22:    </新闻>
23:    <新闻>
24:    <标题>新闻标题 5</标题>
25:    <内容>这是新闻内容 5。</内容>
26:    <发布日期>2005-8-26</发布日期>
27:    </新闻>
28:    </root>
```

在这个文档中，总共包含了 5 条记录，也就是 5 条新闻，每条新闻包含 3 个子元素，分别是"标题"、"内容"和"发布日期"。

04-05.htm 使用单个 HTML 标记绑定 XML 数据，每次只能显示 1 条记录，但同时增加记录集对象方法调用的按钮。

```
 1:  <HTML>
 2:  <head>
 3:  <title>多个记录的绑定</title>
 4:  </head>
 5:  <body>
 6:  <XML id="xmldata" src="04-05.xml"> </XML>
 7:  <h2>被绑定的新闻记录</h2>
 8:  <b>新闻标题: </b><span datasrc="#xmldata" datafld="标题"></span><br>
 9:  <b>新闻内容: </b><span datasrc="#xmldata" datafld="内容"></span><br>
10:  <b>发布日期: </b><span datasrc="#xmldata" datafld="发布日期"></span><br>
11:  <hr>
12:  <BUTTON onclick="xmldata.recordset.moveFirst()">第一条记录</BUTTON>
13:  <BUTTON onclick="xmldata.recordset.movePrevious()">上一条记录</BUTTON>
14:  <BUTTON onclick="xmldata.recordset.moveNext()">下一条记录</BUTTON>
15:  <BUTTON onclick="xmldata.recordset.moveLast()">最后一条记录</BUTTON>
16:  </body>
17:  </HTML>
```

在第 6 行设置绑定的 XML 数据文档为 04-05.xml，并将 DSO 对象名设定为 xmldata。

第 8 行~第 10 行使用<SPAN>标记来绑定 XML 数据文档中的第三层子元素。

第 12 行~第 15 行在页面创建了 4 个按钮，每个按钮调用不同的方法，比如第 12 行调用的是"xmldata.recordset.moveFirst()"，也就是移动到第一条记录后显示；对于按钮<BUTTON>来说，onclick 指的是当单击该按钮时发生的事件，浏览器本身支持这种 JavaScript 脚本，也就是带有 JavaScript 脚本引擎。

上面代码在浏览器运行的结果如图 4-4 所示。

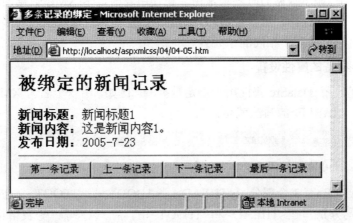

图 4-4　浏览多条绑定记录

很显然，如果当前记录是第一条记录，用户单击"上一条记录"按钮，或者当前记录是最后一条记录，用户单击"下一条记录"按钮，当这两种情况发生的时候，页面将没有数据显示。有几种方法可以解决这个问题，比如说，当用户单击"上一条记录"按钮的时候，判断一下当前记录是否是 BOF（一个记录集对象当前记录位置在第一条记录之前的标记，返回值是布尔类型），如果不是就调用 xmldata.recordset.movePrevious()，当单击该按钮时记录向上移动；如果是就调用 xmldata.recordset.moveLast()，当单击该按钮时记录移动到最后一条记录。这样就不会使得单击"上一条记录"按钮后出现没有数据显示的问题。同样的道理,对于"下一条记录"按钮,判断当前按钮是否是 EOF(一个记录集对象当前记录位置在最后一条记录之后的标记,返回值是布尔类型),如果不是就调用 xmldata.recordset.moveNext(),当单击该按钮时记录向下移动;如果是就调用 xmldata.recordset.moveFirst(),当单击该按钮时记录移动到第一条记录。修改 04-05.htm 的第 13 行及第 14 行代码,如下:

```
<BUTTON onclick="if(!(xmldata.recordset.BOF)){
                    xmldata.recordset.movePrevious();}
            else{
                    xmldata.recordset.moveLast();}">上一条记录</BUTTON>
<BUTTON onclick="if(!(xmldata.recordset.EOF)){
                    xmldata.recordset.moveNext();}
            else{
                    xmldata.recordset.moveFirst();}">下一条记录</BUTTON>
```

在<BUTTON>的 onclick 事件中我们增加了一些脚本代码,其中 xmldata.recordset.BOF 指的是数据源的第一条记录的前一条记录,xmldata.recordset.EOF 指的是数据源的最后一条记录的后一条记录。实际上,它们只是做一个判断,返回一个布尔值,并没有数据。onclick 事件调用的是一个 if 语句,如果当前记录不是 xmldata.recordset.BOF 就执行 xmldata.recordset.movePrevious(),使得记录向前移动并显示数据;否则就执行 xmldata.recordset.moveLast(),使得记录移动到最后一条记录并显示数据,这样"上一条记录"按钮总是能够显示数据,而且总是从后向前显示记录。"下一条记录"按钮的道理是一样的。

这样,使用记录集浏览的方法就可以实现使用单个 HTML 标记绑定显示包含多条记录的 XML 文档。

4.2.2 使用表格绑定

表格在 HTML 显示数据的时候最常用。在使用表格显示 XML 数据的时候,要求被显示的 XML 数据具有简单的结构,也就是前面介绍到的三层结构:根元素包含多个子元素,每个被包含的子元素又有自己的多个相同的子元素。

1. <Table>标签的属性设置

<TABLE>有一个 DataSrc 属性用于指定数据源。比如,用一个名为 XMLDS01 的 XML 数据岛作为数据源,<TABLE>的写法就是:

```
<TABLE  DataSrc="#XMLDS01">
```

注意:要在引用的数据源名称前加#号。

规范的<TABLE>有 3 个部分:<THEAD>、<TBODY>、<TFOOT>。在数据捆绑技术中,通常把表头和表尾分别写在<THEAD>和<TFOOT>中,在其中写一些表格标题之类的文字。而 <TBODY>可以对数据源提供的数据做循环显示。但是,<TD>标签不能和数据源捆绑在一起,所以需要在<TD>里加一个可捆绑的<SPAN>标签(或者 DIV 标签)作为数据的容器。

2. 使用表格绑定循环显示 XML 文档

04-06.htm 为使用表格绑定前面新闻系统的 XML 文档。

```
1:    <HTML>
2:    <head>
3:    <title>使用表格绑定显示 XML 文档</title>
```

```
 4:     </head>
 5:     <body>
 6:     <h2>使用表格绑定数据</h2>
 7:     <xml id="xmldata" src="04-05.xml"></xml>
 8:     <table datasrc="#xmldata" border="3" bordercolor="gray">
 9:     <thead>
10:     <tr>
11:         <th>新闻标题</th>
12:         <th>内容提示</th>
13:         <th>日期</th>
14:     </tr>
15:     </thead>
16:     <tbody>
17:     <tr>
18:         <td><span datafld="标题"></span></td>
19:         <td><span datafld="内容"></span></td>
20:         <td><span datafld="发布日期"></span></td>
21:     </tr>
22:     </tbody>
23:     </table>
24:     </body>
```

在第 7 行定义了数据源"xmldata",指定链接的 XML 文档为 04-05.xml。

第 8 行~第 23 行使用表格绑定显示了简单结构的 XML 文档数据。在第 8 行对于标记 <TABLE>的 datasrc 属性指定成被绑定的 XML 文档。第 9 行~第 15 行定义的是表格的表头部分 信息,<th>是单元格,只是显示方式和<td>不同,其按照表头样式来显示,居中对齐,加粗显 示。第 17 行~第 22 行定义的是表格的主体部分,使用<tbody>和</tbody>可以循环全部显示数据 源的数据。

由于表格的<td>标记不能被绑定 XML 元素,所以在第 18 行~第 20 行的<td>和</td>之间使 用了<span>标记,将<span>标记的 datafle 指向不同的第三层元素。除了使用标记<span>之外, 也可以使用<div>、<label>等标记显示文本内容。

上面代码在浏览器中运行的结果如图 4-5 所示。

图 4-5　使用表格绑定循环显示数据

3．利用 ASP 产生数据源实现绑定

上面的代码是将一个 HTML 表格与一个名为 xmldata 的数据源绑定在一起。除了可以绑定 XML 作为扩展名之外，实际上，数据岛技术中重要的是 XML 标准格式，所以 XML 数据岛引用的外部文件只要在格式上符合 XML 标准即可，扩展名不一定需要是.xml。所以，我们还可以通过 ASP 产生 XML 格式的输出，然后通过 HTML 的<XML>标签与表格捆绑在一起。

```
<XML id="XMLData"src="04-07.asp"></XML>
```

注意：XML 的标签是区分大小写的，并且所有的标签都需要关闭，输出时一定要注意匹配。

以下代码读取 news.mdb 数据库的 news 表，然后按照 XML 格式输出（04-07.asp）。

```
1:   <?xml version="1.0" encoding="gb2312"?>
2:   <%
3:   set conn=server.createobject("adodb.connection")
4:   conn.Open "driver={Microsoft Access Driver (*.mdb)};dbq=" &
     Server.MapPath("news.mdb")
5:   set rs=Conn.Execute("select * from news")
6:   %>
7:   <root>
8:   <%
9:   do while not rs.eof
10:  %>
11:  <新闻>
12:      <标题><%=rs("title")%></标题>
13:      <内容><%=rs("content")%></内容>
14:      <发布日期><%=rs("ptime")%></发布日期>
15:  </新闻>
16:  <%
17:  rs.movenext
18:  loop
19:  %>
20:  </root>
```

第 2 行～第 6 行，使用 ASP 连接到 news.mdb 数据库，并执行"select * from news" SQL 语句，将得到的记录集结果存到 rs 变量中。

第 3 行利用了 server 的 createobject 方法创建了一个连接对象 conn，第 4 行用 conn 的 open 方法并利用 access 驱动打开 news.mdb 数据库，操作数据库必须是服务器上的物理路径，所以使用 server 的 mappath 方法映射 news.mdb 的物理路径。

第 9 行~第 19 行，利用 do while…loop 循环，将数据库中所有记录都按照 XML 格式显示出来。rs.eof 是判断是否到达记录集的最后一条记录的后一个记录。

第 12 行~第 15 行使用<%=rs("数据库字段名")%>输出数据库 news 表中的各字段，并按照新闻的 XML 格式。

由于涉及到 ASP，所以这个页面必须放在 Web 服务器上测试。

以下代码将数据源连接设置为 04-07.asp，而不是以.xml 作为扩展名（04-07.htm）。

```
1:   <HTML>
2:   <head>
3:   <title>使用表格绑定显示XML文档</title>
4:   </head>
```

```
 5:    <body>
 6:    <h2>HTML 调用数据库的信息</h2>
 7:    <xml id="xmldata" src="04-07.asp"></xml>
 8:    <table datasrc="#xmldata" border="3" bordoroolor="gray">
 9:    <thead>
10:    <tr>
11:    <th>新闻标题</th>
12:    <th>内容提示</th>
13:    <th>日期</th>
14:    </tr>
15:    </thead>
16:    <tbody>
17:    <tr>
18:      <td><span datafld="标题"></span></td>
19:      <td><span datafld="内容"></span></td>
20:      <td><span datafld="发布日期"></span></td>
21:    </tr>
22:    </tbody>
23:    </table>
24:    </body>
```

对于上面的代码，与 04-06.htm 做比较可以看出只有第 7 行发生了变化。在定义数据岛链接的时候将被链接的 XML 文档换成以.asp 作为扩展名的文件。实际上，04-07.asp 在服务器上执行之后输出的文件仍然是 XML 格式，所以它的显示结果和图 4-5 是完全相同的。

注意：这个代码的运行必须放在 Web 服务器上，否则无法运行，因为浏览器不能解释执行 ASP 文件。

以上代码只要通过修改，就可以实现搜索功能，只要传递用户搜索的参数给 04-07.asp 文件，使 ASP 文件只输出搜索后的数据。

4.2.3　分页显示和实例

以上几个例子的 XML 数据内容都非常少，如果一个 XML 文档包含了很多条记录，此时，如果仍然用单条记录或者一个表格来显示就不现实。下面，给大家介绍用表格分页显示 XML 内容的方法。

HTML 的<TABLE>标记有一个 datapagesize 属性，用来指定一页可以显示多少条记录，然后使用<TABLE>标记提供的方法来浏览各个页面。表 4-3 列出了<TABLE>在分页显示上的一些方法。

表 4-3　<TABLE>标记用于分页的方法

标　记	作　用	示　例
firstPage	显示第一页内容	xmltabledata.firstPage()
lastPage	显示最后一页内容	xmltabledata.lastPage()
nextPage	显示下一页内容	xmltabledata.nextPage()
previousPage	显示前一页内容	xmltabledata.previousPage()

注意：lastPage()方法显示的是最后的几条记录。xmltabledata 是绑定了数据的表格的 ID 标记。

下面使用分页方法显示多条新闻。

04-08.xml 为一个包含 13 条记录的 XML 文档。

```
 1:    <?xml version="1.0" encoding="gb2312"?>
 2:    <root>
 3:    <新闻>
 4:         <标题>新闻标题1</标题>
 5:         <内容>这是新闻内容1。</内容>
 6:         <发布日期>2005-7-23</发布日期>
 7:    </新闻>
 8:    <新闻>
 9:         <标题>新闻标题2</标题>
10:         <内容>这是新闻内容2。</内容>
11:         <发布日期>2005-8-23</发布日期>
12:    </新闻>
13:    ……
14:    <新闻>
15:    <标题>新闻标题13</标题>
16:    <内容>这是新闻内容13。</内容>
17:    <发布日期>2005-8-26</发布日期>
18:    </新闻>
19:    </root>
```

仍然采用简单的三层结构，只是记录数量上增加了而已。我们不可能将这 13 条记录同时显示在一个表格上。

以下代码实现了分页显示，每页显示 5 条记录（04-08.htm）。

```
 1:    <HTML>
 2:    <head>
 3:    <title>使用表格分页绑定</title>
 4:    </head>
 5:    <body>
 6:    <h2>分页显示</h2>
 7:    <xml id="xmldata" src="04-08.xml"></xml>
 8:    <table datasrc="#xmldata" datapagesize="5" id="xmltabledata" border=
       "3" bordercolor="gray">
 9:    <thead>
10:    <tr>
11:        <th>新闻标题</th>
12:        <th>内容提示</th>
13:        <th>日期</th>
14:    </tr>
15:    </thead>
16:    <tbody>
17:    <tr>
18:        <td><span datafld="标题"></span></td>
19:        <td><span datafld="内容"></span></td>
20:        <td><span datafld="发布日期"></span></td>
21:    </tr>
22:    </tbody>
23:    </table>
```

```
24:    <hr>
25:    <button onclick="xmltabledata.firstPage()">第一页内容</button>
26:    <button onclick="xmltabledata.previousPage()">前一页内容</button>
27:    <button onclick="xmltabledata.nextPage()">后一页内容</button>
28:    <button onclick="xmltabledata.lastPage()">最后一页内容</button>
29:    </body>
```

第 7 行用来定义数据岛链接的 XML 文件，并指定 DSO 对象。

第 8 行使用<TABLE>指定数据源为 "xmldata"，并用 datapagesize 属性指定每页显示 5 条记录，同时使用 id 属性定义<TABLE>为 "xmltabledata"，定义 id 主要是为了下面的分页操作。

第 16 行~第 22 行使用表格循环显示 XML 文档数据内容。

第 25 行~第 28 行定义了 4 个按钮，分别实现不同的翻页功能。这 4 个按钮分别使用 onclick 调用不同的方法，从而实现不同的功能。第 28 行是最后一页，对于 13 条记录而言，每页显示 5 条记录，那么第一页显示前 5 条记录，此时，如果单击"最后一页"按钮，将显示最后 5 条记录。但是，如果当前页在第二页，单击"最后一页"按钮，那么将显示最后 3 条记录，因为只剩下 3 条记录了。

以上代码在浏览器中运行的结果如图 4-6 所示。

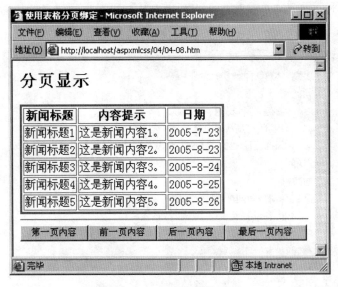

图 4-6　表格分页显示

4.2.4　嵌套表格的使用

在前面的例子中，使用的 XML 文档都是结构简单的三层结构或者更简单的两层结构的文档。这些简单的文档中根元素实际上便是记录，每条记录的字段都是字符数据。但是很多时候需要使用的 XML 文档具备多层次的嵌套结构，这样才能满足我们的工作需要。下面我们来看看如何将多层结构的 XML 文档进行绑定显示。

首先再次修改我们上面使用到的新闻 XML 文档，只要在 04-08.xml 中简单增加一些数据记录即可。下面在此基础上，将新闻进行分类，比如"社会新闻"、"体育新闻"及"IT 新闻"等。

04-09.xml 为多层次结构的文档，增加了分类标记。

```
1:    <?xml version="1.0" encoding="gb2312"?>
2:    <root>
3:    <分类>
```

```
 4:        <类别>社会新闻</类别>
 5:        <新闻>
 6:              <标题>新闻标题 1</标题>
 7:              <内容>这是新闻内容 1。</内容>
 8:              <发布日期>2005-7-23</发布日期>
 9:        </新闻>
10:        <新闻>
11:              <标题>新闻标题 2</标题>
12:              <内容>这是新闻内容 2。</内容>
13:              <发布日期>2005-8-23</发布日期>
14:        </新闻>
15:        <新闻>
16:              <标题>新闻标题 3</标题>
17:              <内容>这是新闻内容 3。</内容>
18:              <发布日期>2005-8-24</发布日期>
19:        </新闻>
20:   </分类>
```

在第 3 行和第 20 行增加了<分类>和</分类>标记。同时在第 4 行增加了<类别>和</类别>，用来标识这个分类，在"社会新闻"这个分类里总共又包括了 3 条新闻记录，每条记录都有完全相同的子元素。

```
21:   <分类>
22:        <类别>体育新闻</类别>
23:        <新闻>
24:              <标题>新闻标题 4</标题>
25:              <内容>这是新闻内容 4。</内容>
26:              <发布日期>2005-8-25</发布日期>
27:        </新闻>
28:        <新闻>
29:              <标题>新闻标题 5</标题>
30:              <内容>这是新闻内容 5。</内容>
31:              <发布日期>2005-8-26</发布日期>
32:        </新闻>
33:   </分类>
34:   <分类>
35:        <类别>IT 新闻</类别>
36:        <新闻>
37:              <标题>新闻标题 6</标题>
38:              <内容>这是新闻内容 6。</内容>
39:              <发布日期>2005-7-23</发布日期>
40:        </新闻>
41:        <新闻>
42:              <标题>新闻标题 7</标题>
43:              <内容>这是新闻内容 7。</内容>
44:              <发布日期>2005-8-23</发布日期>
45:        </新闻>
46:   </分类>
47: </root>
```

同样，我们将下面的代码也分成类别，增加了"体育新闻"，包括 2 条新闻记录，还增加了

"IT 新闻"，包括 2 条新闻记录。下面我们来看如何使用数据岛在<TABLE>中绑定这些数据。

04-09.htm 为使用嵌套表格来显示多层次结构的 XML 文档。

```
1:    <HTML>
2:    <head>
3:    <title>使用嵌套表格绑定多层次结构文档</title>
4:    </head>
5:    <body>
6:    <h2>多层次文档的绑定</h2>
7:    <xml id="xmldata" src="04-09.xml"></xml>
8:    <table datasrc="#xmldata" border="6" bordercolor="gray">
9:    <tr>
10:       <th align="left"><span datafld="类别"></span></th>
11:    </tr>
12:    <tr>
13:    <td>
14:       <table datasrc="#xmldata" datafld="新闻" border="2" bordercolor=
      "gray">
15:       <thead>
16:       <tr>
17:          <th>新闻标题</th>
18:          <th>内容提示</th>
19:          <th>日期</th>
20:       </tr>
21:       </thead>
22:       <tbody>
23:       <tr>
24:          <td><span datafld="标题"></span></td>
25:          <td><span datafld="内容"></span></td>
26:          <td><span datafld="发布日期"></span></td>
27:       </tr>
28:       </tbody>
29:       </table>
30:    </td>
31:    </tr>
32:    </table>
33:    </body>
```

这是一个两层嵌套表格，内层嵌套的表格在第 14 行~第 29 行，外层表格在第 8 行~第 32 行。

第 7 行将 04-09.xml 这个多层次结构的 XML 文档链接上，并定义了数据源。

在第 8 行将外层表格绑定上 DSO 对象"xmldata"。外层表格包含两行，第一行显示"类别"，第二行显示"新闻"。

第 9 行~第 11 行是外层表格的第一行，使用<SPAN>标记的 datafld 属性将 XML 元素"类别"绑定上。

第 12 行~第 31 行是外层表格的第二行，在这一行嵌套一个表格用来绑定"新闻"的 3 个子元素。

在第 14 行定义了一个嵌套的<TABLE>，这个嵌套的表格在使用 datasrc 属性指定被绑定的 XML 文档的同时，还使用了 datafld 属性指定表格绑定到 XML 文档的"新闻"元素，而元素"新闻"又包含 3 个子元素。

第 23 行~第 27 行在单元格内部用<SPAN>标记的 datafld 属性绑定"新闻"元素的 3 个子元素。

可以看出，DSO 对象将元素"类别"和元素"新闻"看做元素"分类"的字段，而"新闻"字段本身又是一个包含了多个字段的记录。所以，为了能够全部显示所有记录数据，就必须使用 datafld 属性指定嵌套的内部表格绑定到 XML 文档的"新闻"元素上。

以上代码在浏览器中运行的结果如图 4-7 所示。

图 4-7　使用嵌套表格显示多层次结构的 XML 文档

XML 文档的层次越多，嵌套的表格就越多，只要搞清楚数据岛绑定的顺序就可以，使得嵌套的表格和 XML 文档的层次对应起来。

4.2.5　绑定显示 XML 元素属性

在前面的所有被绑定的 XML 文档中，使用的元素都没有属性，如果元素包含属性并且带有属性值，那么 DSO 对象会将属性作为元素的一个子元素来处理。而在一般情况下，元素包含属性又有两种情况：非底层元素包含属性和底层元素包含属性。

1. 非底层元素包含属性的 XML 文档的绑定

非底层元素指的是除了嵌套在内的元素，比如元素"分类"、元素"新闻"等。

```
1:    <分类  类别="社会新闻">
2:        <新闻>
3:            <标题>新闻标题1</标题>
4:            <内容>这是新闻内容1。</内容>
```

```
 5:            <发布日期>2005-7-23</发布日期>
 6:        </新闻>
 7:        <新闻>
 8:            <标题>新闻标题 2</标题>
 9:            <内容>这是新闻内容 2。</内容>
10:            <发布日期>2005-8-23</发布日期>
11:        </新闻>
12:    </分类>
```

在上面的代码中，元素"分类"就是一个非底层元素，它包含了一个属性"类别"，属性值为"社会新闻"。DSO 在处理这类 XML 文档的时候，将"类别"属性当做元素"分类"的子元素来处理，就好像处理下面这种格式一样：

```
 1:    <分类>
 2:        <类别>社会新闻</类别>
 3:        <新闻>
 4:            <标题>新闻标题 1</标题>
 5:            <内容>这是新闻内容 1。</内容>
 6:            <发布日期>2005-7-23</发布日期>
 7:        </新闻>
 8:        <新闻>
 9:            <标题>新闻标题 2</标题>
10:            <内容>这是新闻内容 2。</内容>
11:            <发布日期>2005-8-23</发布日期>
12:        </新闻>
13:    </分类>
```

其实，这就转换成了多层次结构 XML 文档的绑定问题了。在前一节介绍过，绑定方法和前面一样，只要将 04-09.htm 的链接文件改成修改后的 XML 文档就可以得到和图 4-7 所示完全一样的效果。

2. 底层元素包含属性的 XML 文档的绑定

上面的例子比较简单，那么如果属性是在底层元素里，比如元素"标题"、元素"内容"就是底层元素，则它们包括属性的时候 DSO 也会将属性当做子元素来处理，但同时还将元素内容部分看成是名为"$text"的子元素的内容来处理。比如，我们给"标题"元素增加属性"副标题"：

```
 1:    <新闻>
 2:        <标题　副标题="副标题 1">新闻标题 1</标题>
 3:        <内容>这是新闻内容 1。</内容>
 4:        <发布日期>2005-7-23</发布日期>
 5:    </新闻>
```

按照 DSO 对象的处理方法，我们可以将如上格式理解成以下这样：

```
 1:    <新闻>
 2:        <标题>
 3:            <副标题>副标题 1</副标题>
 4:            <$text>新闻标题 1</$text>
 5:        </标题>
 6:        <内容>这是新闻内容 1。</内容>
 7:        <发布日期>2005-7-23</发布日期>
 8:    </新闻>
```

其中的<$text>和</$text>代表的是当前元素"标题"的文本内容"新闻标题 1",如果对元素"新闻"使用$text,那么就会得到"新闻"里所有元素的文本内容,包括"标题"的文本内容,"内容"的文本内容及"发布日期"的文本内容。将带有包含属性的 XML 文档理解成不包含属性的 XML 文档之后,那么按照前面所学的知识,在显示这样的文档的时候,也应该需要使用到嵌套表格。

下面我们来看如何显示一个底层元素带有属性的 XML 文档。

04-10.xml 为底层元素带有属性的 XML 文档,为标题增加了"副标题"属性。

```
 1:    <?xml version="1.0" encoding="gb2312"?>
 2:    <root>
 3:    <新闻>
 4:        <标题 副标题="副标题1">新闻标题1</标题>
 5:        <内容>这是新闻内容1。</内容>
 6:        <发布日期>2005-7-23</发布日期>
 7:    </新闻>
 8:    <新闻>
 9:        <标题 副标题="副标题2">新闻标题2</标题>
10:        <内容>这是新闻内容2。</内容>
11:        <发布日期>2005-8-23</发布日期>
12:    </新闻>
13:    </root>
```

这个新闻 XML 文档在第三层元素"标题"内增加了"副标题"属性,并给出了相应的属性值。在绑定的时候需要使用嵌套表格。

以下代码为使用嵌套表格显示 XML 元素的属性(04-10.htm)。

```
 1:    <HTML>
 2:    <head>
 3:    <title>底层元素包含属性的 XML 文档的绑定</title>
 4:    </head>
 5:    <body>
 6:    <h2>底层元素包含属性的 XML 文档</h2>
 7:    <xml id="xmldata" src="04-10.xml"></xml>
 8:    <table datasrc="#xmldata" border="2" bordercolor="gray">
 9:    <thead>
10:      <tr>
11:          <th>新闻标题</th>
12:          <th>内容提示</th>
13:          <th>日期</th>
14:      </tr>
15:    </thead>
16:    <tbody>
17:      <tr>
18:      <td>
19:        <table datasrc="#xmldata" datafld="标题">
20:        <tr>
21:        <td><span datafld="$text"></span></td>
22:        </tr>
23:        <tr>
24:          <td><i><u>
```

```
25:            <span datafld="副标题"></span></u></i></td>
26:         </tr>
27:         </table>
28:    </td>
29:    <td><span datafld="内容"></span></td>
30:         <td><span datafld="发布日期"></span></td>
31:         </tr>
32:    </tbody>
33:    </table>
```

在第 7 行定义了数据源，链接到 04-10.xml。

第 8 行~第 33 行是一个绑定了"xmldata"数据源的表格。

因为"标题"元素包含属性，如果把"标题"看成是两个子元素的父元素，那么显示它的数据就必须对它使用嵌套表格。

第 19 行~第 27 行是"标题"元素嵌套的表格，显示"$text"和"副标题"的内容。

在第 19 行使用<TABLE>的 datasrc 属性指定了数据源为"xmldata"，同时还使用 datafld 属性绑定了元素"标题"。

在第 21 行使用<SPAN>的 datafld 属性绑定了"$text"元素，将显示"标题"元素的文本内容。

在第 24 行和第 25 行使用<SPAN>的 datafld 属性绑带了"副标题"属性。

以上代码在浏览器里运行的结果如图 4-8 所示。

图 4-8　使用嵌套表格显示底层元素包含的属性

4.2.6　绑定显示带有 DTD 声明的 XML 文档

在前面的例子中所使用到的 XML 文档都是结构完整的，并且符合 XML 语法规范，没有任何差错。但是，如果遇到 XML 文档中出现错误，那么在使用数据绑定的时候，数据绑定本身并不会去检查 XML 文档的错误，这样就不会显示任何结果。我们并不能保证任何时候创建的 XML 文档的结构都是完整的，所以我们应该对使用中的 XML 文档进行检验。检验一个 XML 文档是否结构完整，可以使用 DTD 声明来判断 XML 是否合法。

绑定显示带有 DTD 声明的 XML 文档的方法和前面介绍的绑定方法一样，只是通过 DTD 声明来检验 XML 文档的合法性，以便减少错误的发生。

4.2.7 <A>标记的绑定

在 HTML 中<A>是超级链接的标记，其最重要的属性就是 href，用来指定链接的目的地址。在使用<A>来绑定 XML 文档时，XML 字段就被绑定到<A>的 href 属性上去，即被绑定的 XML 字段内容作为这个超级链接的目的地址。

04-12.xml 为 04-12.htm 带有超级链接地址的 XML 文档。

```
1:   <?xml version="1.0" encoding="gb2312"?>
2:   <address>
3:       <url01>http://www.sina.com.cn</url01>
4:       <url02>http://www.baidu.com</url02>
5:       <url03>http://www.google.com</url03>
6:       <url04>http://www.chinaren.com</url04>
7:   </address>
```

在根元素 adderss 下面包括了 4 条 URL 信息。利用<A>标记来绑定这些 XML 文档的元素，元素的文本数据就被绑定到<A>标记的 href 属性上去了。

以下代码利用 XML 文档建立超级链接（04-12.htm）。

```
1:   <HTML>
2:   <head>
3:   <title><A>的绑定</title>
4:   </head>
5:   <body>
6:   <h2>标记&lt;A&gt;的绑定属性</h2>
7:   <xml id="xmldata" src="04-12.xml"></xml>
8:   <table border="2" bordercolor="gray">
9:   <tr>
10:      <th>新浪</th>
11:      <td><a datasrc="#xmldata" datafld="url01">新浪网</a></td>
12:  </tr>
13:  <tr>
14:      <th>百度</th>
15:      <td><a datasrc="#xmldata" datafld="url02">百度-全球最大中文搜索网</a></td>
16:  </tr>
17:  </tr>
18:  <tr>
19:      <th>GOOGLE</th>
20:      <td><a datasrc="#xmldata" datafld="url02">GOOGLE-全球最大搜索网</a></td>
21:  </tr>
22:  </tr>
23:  <tr>
24:      <th>中国人</th>
25:      <td><a datasrc="#xmldata" datafld="url02">中国人社区，校友录</a></td>
26:  </tr>
27:  </table>
```

在以上代码中，第 9 行~第 12 行定义了表格的第一行，在这一行里包括两个单元格，第一个单元格是<th>，第二个单元格里使用了标记<A>的 datasrc 属性指定数据源为第 7 行定义的"xmldata"，同时使用 datafld 属性绑定 XML 文档的"url01"元素。

以上代码在浏览器中运行的结果如图 4-9 所示。

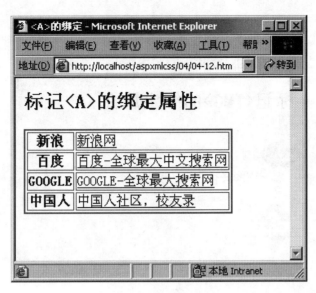

图 4-9　标记<A>的绑定

通过图 4-9 可以看到，在 04-12.htm 中并没有使用到<A>标记的 href 属性，但是在浏览器中显示时，XML 文档的字段内容被自动绑定到<A>标记的 href 属性上了，这样，就实现了超级链接。

4.2.8　<IMG>标记的绑定

对于<IMG>标记而言，其绑定 XML 文档的方法基本上和标记<A>的绑定方法一样，只是 XML 文档元素的文本内容被绑定到了<IMG>的 src 属性上。<IMG>的 src 属性用来指定图片的地址，可以使用绝对地址也可以使用相对地址。

04-13.xml 为带有图片相对地址的 XML 文档。

```
1:    <?xml version="1.0" encoding="gb2312"?>
2:    <address>
3:        <url01>images/7.GIF</url01>
4:        <url02>images/mail.gif</url02>
5:    </address>
```

绑定的方法和标记<A>的相同，只是在这里使用的标记是<IMG>。

以下代码为使用标记<IMG>绑定 XML 文档，可以获得图片的 src 属性（04-13.htm）。

```
1:    <HTML>
2:    <head>
3:    <title><IMG>的绑定</title>
4:    </head>
5:    <body>
6:    <h2>标记&lt;IMG&gt;的绑定属性</h2>
7:    <xml id="xmldata" src="04-13.xml"></xml>
8:    <img datasrc="#xmldata" datafld="url01">图片 1<p>
9:    <img datasrc="#xmldata" datafld="url02">图片 2
```

以上代码在浏览器中运行的结果如图 4-10 所示。

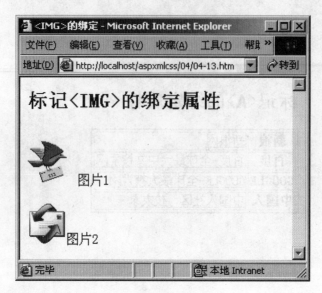

图 4-10　标记<IMG>的绑定

4.3　小结

　　本章介绍了数据绑定的基本概念，以及如何使用数据绑定显示 XML 各种文档内容的方法，这些方法在后面实例中大部分都会用到。实际上，本章内容可以看做是对第 2 章 DOM 技术的补充。数据绑定和 DOM 对象都使用到了数据源对象（DSO），它们的功能都是显示 XML 文档的内容，但是各有长处，在使用中需要具体对待。

第 5 章　滚动公告栏

滚动公告栏主要用在网页比较显眼的地方，以显示比较重要的信息，或者滚动最新消息等。一般在用比较小的空间显示比较多的内容的情况下使用滚动公告栏。新闻、企业、娱乐和体育网站经常使用滚动公告栏发布新闻或者消息。滚动公告栏相比于其他表现手法，能在更小的网页空间显示更多的内容，而且能增加网页的动态效果。

教学目标

通过本章学习，你将了解到以下知识点：

- ➢ 定义 XML 结构的基本原则。
- ➢ 文档类型定义（DTD）。
- ➢ XML 的 DOM 结构。
- ➢ 滚动公告栏的几种常见实现方式及 marquee 元素。
- ➢ 鼠标进入和移出区域事件。
- ➢ 弹出窗口。

内容提要

本章主要介绍内容如下：

- ➢ 设计思路
- ➢ 实例开发之程序文件介绍
- ➢ 实例开发之代码详解
- ➢ 运行测试

内容简介

现在宽带应用十分广泛了，笔者在网上最喜爱做的事情之一就是看电影，电影信息显示用的便是典型的滚动公告栏。首先来看电影信息显示的主界面，如图 5-1 所示。

单击影片标题就会显示电影内容介绍，如图 5-2 所示。

图 5-1　电影信息滚动公告主界面

图 5-2　电影内容介绍

5.1 设计思路：如何设计 XML 文件结构

通过介绍几种实现滚动的技术，结合分析滚动公告栏的结构，讲解设计 XML 数据格式，定义 XML 的 DTD 文件，装载 XML 文件等三方面内容。下面详细说明具体的内容。

5.1.1 几种常见实现方法

目前流行以下 3 种方法实现滚动公告栏：

➢ DHTML 方法

➢ JavaScript 方法

➢ Flash 方法

DHTML 方法一般借助 marquee 标记来实现。我们在本章将采用这种方法。JavaScript 和 Flash 方法读者可以参考其他资料学习。

下面对 marquee 标记进行介绍。

marquee 翻译成电脑用语是"跑马灯"的意思。marquee 能滚动文字、图片等内容。

marquee 的基本使用方法是：<marquee>滚动标题</marquee>。同时 marquee 含有一些属性。

➢ Direction 属性：取值可以为 left、right、up 或者 down，表示滚动方向。left 表示从左至右，right 反之；up 表示从下至上，down 反之。

➢ Behavior 属性：取值可以为 scroll、slide 或者 alternate，表示滚动方式。scroll 表示走一圈然后绕回去继续走，slide 表示走一圈就不走了，alternate 表示来回走动。

➢ Loop 属性：表示循环次数，默认情况表示无数次。

➢ Scrollamount 属性：可以取任何自然数，表示滚动速度，数字越大滚动越快。

➢ Scrolldelay 属性：可以取任何自然数，表示滚动延时，数字越大间隔的时间越长。

➢ Align 属性：取值可以为 left、bottom 或者 middle，表示对齐方式。

➢ Bgcolor 属性：表示底色。

➢ Height 属性：表示高度。

➢ width 属性：表示宽度。

5.1.2 XML 数据文件的定义

使用滚动公告栏的地方一般比较小，所以只对标题进行滚动显示。单击标题会弹出新窗口显示具体内容。标题尽量言简意赅准确表达意思。

每个滚动消息都由标题和具体内容构成。我们可以使用<title>元素表示标题，使用<content>元素表示滚动消息具体内容。滚动消息我们使用<item>元素表示，所有滚动的消息都是<items>元素的子元素。XML 内容格式大致如下（05-01.xml）：

```
1:  <?xml version="1.0" encoding="gb2312"?>
2:  <items>
3:      <item>
4:          <title></title>
5:          <content></content>
6:      </item>
7:  </items>
```

滚动消息 XML 文件的根元素是 items，表示所有消息；item 表示其中一条消息；title 是 item 的子元素，表示消息的标题；content 是 item 的子元素，表示消息的内容。

如果把 title 设计为 item 元素的属性是否可以呢？那么 XML 结构形如（05-02.xml）：

```
1:    <?xml version="1.0" encoding="gb2312"?>
2:    <items>
3:        <item title="">
4:            <content></content>
5:        </item>
6:    </items>
```

这样也是可以的。

如果元素在父元素里面最多出现一次，而且元素是简单数据类型，比如文字、数字、日期等，那么该元素就可以作为父元素的属性。元素必须出现，对应的代替方案中属性必须出现；元素可以不出现，对应的代替方案中属性也就不用出现。在这个例子中，title 元素是必须要出现的。如果 item 使用 item 作为属性而不是子元素的话，那么 item 的 title 元素必须出现，不能为空。

另外需要注意，元素内容不宜过长。

这里的例子是将 title 作为 item 的子元素来处理的。

定义 XML 文件一般应该注意以下几个方面：

- ➢ 确定根元素。
- ➢ 确定元素的出现次数。出现次数可以是不出现、出现一次、某确定次数、无数次、最多多少次、最少多少次等情况。
- ➢ 确定元素之间的层次结构及出现顺序。
- ➢ 区分元素和属性的关系。

○5.1.3　定义 DTD

以下是公告栏 DTD 文件（items.dtd）。

```
1:    <!ELEMENT items (item*)>
2:    <!ELEMENT item (title, content)>
3:    <!ELEMENT title (#PCDATA)>
4:    <!ELEMENT content (#PCDATA)>
```

<!ELEMENT items (item*) 表示 items 元素仅包含子元素 item，而且 item 元素可以多次出现。

<!ELEMENT item (title, content) 表示 item 元素包含 title 和 content 元素，而且 title 元素在 content 元素前面，两个都不重复出现。

<!ELEMENT title (#CDATA)>表示 title 元素的内容是 PCDATA。

<!ELEMENT content (#CDATA)>表示 content 元素的内容是 PCDATA。

○5.1.4　装载公告栏 XML 文件

以公告电影信息为例，以下是公告栏 XML 文件（items.xml）。

```
1:    <?xml version="1.0" encoding="gb2312"?>
2:    <!DOCTYPE items SYSTEM "items.dtd">
3:    <items>
4:        <item>
5:            <title>蝙蝠侠：开战时刻</title>
6:            <content>【导 演】克里斯托弗·诺兰
7:                【主 演】克里斯汀·贝尔，迈克尔·凯恩，廉姆·尼森，凯蒂·荷尔
            摩斯，加里·奥德曼，摩根·弗里曼</content>
```

```
 8:        </item>
 9:        <item>
10:            <title>家有仙妻</title>
11:            <content>【导 演】诺拉·埃芙恩
12:                    【主 演】妮可·基德曼    威尔·法瑞尔</content>
13:        </item>
14:        <item>
15:            <title>史密斯夫妇</title>
16:            <content>【导 演】道格·李曼
17:                    【主 演】布拉德·皮特    安吉丽娜·朱莉</content>
18:        </item>
19:        <item>
20:            <title>金龟车贺比</title>
21:            <content>【导 演】安杰拉·罗宾森
22:                    【主 演】迈克尔·基顿    林德斯·洛汉    马特·狄龙</content>
23:        </item>
24:        <item>
25:            <title>马达加斯加</title>
26:            <content>【导 演】埃里克·达奈尔    汤姆·麦克斯
27:                    【主 演】克里斯·洛克    本·史蒂勒    大卫·修蒙</content>
28:        </item>
29: </items>
```

第 1 行声明了 XML 文件和编码方式 gb2312。

第 2 行声明了引用的 DTD 文件，并且指明根元素是 items。所以这个文件必须符合 items.dtd 文档定义类型的规范，而且以 items 作为根元素。

第 3 行声明了 items 元素，items 里面包含了 5 个 item 子元素，每个 item 元素都包含 title 和 content 元素各一个。

在这个 XML 文件中，我们可以看到文档定义类型 DTD 和 XML 文件的关系，非常类似类和对象实例间的关系。

5.2 实例开发之程序文件介绍

介绍好思路和相关的基础知识，下面介绍程序文件，主要从程序文件结构、程序文件功能和程序执行的流程等方面进行讲解。

○5.2.1 文件结构

主要文件之间的关系结构如图 5-3 所示。

图 5-3 文件结构

◯5.2.2　文件功能介绍

表 5-1 列出了各文件的功能说明。

表 5-1　文件功能说明

序　号	路　径	文 件 名	功 能 说 明
1	.../	05-01.asp	电影滚动公告主程序
2	.../	05-02.asp	电影详细信息显示程序
3	.../	Items.xml	电影信息文件
4	.../	05-07.asp	XML 属性操作主程序（书籍）
5	.../	05-07.xml	书籍信息文件

◯5.2.3　执行流程

滚动公告栏实现的流程如图 5-4 所示。

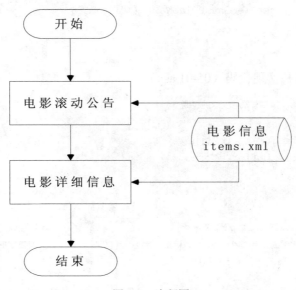

图 5-4　流程图

5.3　实例开发之代码详解

规划好程序的执行流程，下面就开始进入关键的编码实现阶段。本章处理 XML 文件是采用 DOM 实现的，这样就不得不介绍一下 DOM 的创建代码。

◯5.3.1　创建 DOM 对象

ASP 程序使用 VBScript 创建 DOM 对象有几种方式：

```
set objXML = Server.CreateObject( "MSXML.DOMDocument" )
set objXML = Server.CreateObject( "Microsoft.XMLDOM" )
set objXML = new ActiveXObject( "MSXML.DOMDocument" )
set objXML = new ActiveXObject( "Microsoft.XMLDOM" )
```

○5.3.2　装载 XML 文件

以下代码对 XML 文件进行装载。

```
1:  <%@ Language=VBScript %>
2:  <%
3:  set objXML = Server.createObject( "Microsoft.XMLDOM" )
4:  objXML.async = false
5:  objXML.load( Server.MapPath( "items.xml" )
6:  %>
```

第 1 行声明使用 VBScript 作为脚本语言。

第 3 行至第 5 行声明 DOM 对象 objXML，然后将 items.xml 文件内容装载入 objXML 对象。

在将 XML 内容装载入 objXML 对象时，可以使用 getElementsByTagName 方法来找到所有 item 节点。

```
1:  objXML. getElementsByTagName ( "items" )
```

○5.3.3　代码实现

以下为滚动公告栏实现代码（05-01.asp）。

```
1:  <%@LANGUAGE="VBSCRIPT"%
2:  <%
3:  'set buffering to true
4:  response.buffer = true
5:  %>
6:
7:  <%
8:  '创建Microsoft XMLDOM对象
9:  set objXML = Server.createObject( "Microsoft.XMLDOM" )
10: objXML.async = false
11:
12: '装载XML文件
13: objXML.load( Server.MapPath( "items.xml" ) )
14:
15: '定位到根元素items
16: set itemNodeList = objXML.getElementsByTagName("item")
17: %>
18: <html>
19: <head>
20:     <title>公告栏</title>
21: </head>
22:
23: <script language="javascript">
24: /**
25:  * 单击电影名称，显示电影导演和演员相关信息
26:  */
27: function showContent( index ) {
28:     window.showModelessDialog( "05-02.asp?index=" + index );
29: }
30: </script>
```

```
31:
32:    <body>
33:    最近上映电影信息
34:    <table width="100%" height="80">
35:        <tr>
36:            <td width=" 100%" height="77">
37:                <marquee direction="up" height="50" scrollAmount="2"
                        onmouseout="start()" onmouseover="stop()">
38:                <%
39:                '循环遍历 items 元素里面的 item 元素
40:                Response.write( "<br/>" )
41:                for i=0 to itemNodeList.length-1
42:                    set itemNode = itemNodeList(i)
43:                        Response.write( "<a href=""javascript:
                          showContent ( " & i & " )"">" )
44:                        Response.write( itemNode.childNodes( 0 ).text )
45:                        Response.write( "</a>" )
46:                        Response.write( "<br/>" )
47:                next
48:                %>
49:                </marquee>
50:            </td>
51:        </tr>
52:    </table>
53:
54:    </body>
55:    </html>
```

第 9 行在服务器端创建 XML DOM 对象,然后装载 XML 文件内容到该 DOM 对象 objXML。

查找 XML 文件中所有的 item 元素节点,返回对象是一个 List 对象。遍历该 List,将 item 元素里面的子元素 title 内容输入到 HTML 代码中,如第 39 行到第 40 行所示。

itemNodeList 的序号是从 0 开始计数的,最后序号是 itemNodeList.length −1,其中 itemNodeList.length 表示 itemNodeList 的长度。

在 itemNode.childNodes(0).text 语句中,itemNode 是 itemNodeList 中第 i 个元素;itemNode.childNodes 是一个 Collection(集合),表示 itemNode 的所有子元素;itemNode.childNodes(0) 表示 itemNode 序号为 0 的子元素,也就是 title 元素;itemNode.childNodes(0).text,表示 title 元素的中间的文字内容。

为了实现单击该元素弹出页面来显示电影导演和演员信息的功能,我们使用了 JavaScript 技术。首先把每个电影的名字写到链接对象<a>中,如第 43、45 行所示。

这表示单击该对象后将触发 JavaScript 的 showContent()方法。

在第 23 行到第 30 行,<script language="javascript">声明了以下<script></script>间的部分是脚本代码,而且是使用 JavaScript 语言编写的。

JavaScript 代码中的注释有两种方式:一种是以"/**"开头以"*/"结尾;另一种是以"//"开头。不同的地方是,前者可以跨越很多行,也就是说注释语句可以有很多行;后者只能注释一行,如果还有其他的行需要注释,就必须对它们单独注释。

function showContent(index)声明了方法 showContent,该方法接受一个参数 index。

"window.showModelessDialog("05-02.asp?index=" + index);"是一条 JavaScript 语句。

JavaScript 和 VBScript 不同的是，JavaScript 语句需要以分号";"结束。Window.showModelessDialog 表示在当前窗口（页面）打开非模式窗口（页面），括号里面的参数表示打开的链接 url 地址，地址是"05-02.asp?index=" + index，表示 05-02.asp 页面执行请求，同时传入该参数 index。参数 index 的值是 JavaScript 方法参数值 index。如果 JavaScript 参数 index 的值等于 0，那么地址就是 05-02.asp?index=0。链接 url 地址和参数之间使用"?"隔开，参数之间使用"&"隔开，比如地址"05-02.asp?username=jone&password=jone"中参数的 username 和 password 值使用"&"隔开。JavaScript 字符连接使用"+"，VBScript 字符连接使用"&"，这点大家也需要注意。

滚动公告栏界面如图 5-5 所示。

图 5-5　滚动公告栏界面

下面我们来看 05-02.asp 的代码。它显示电影导演和演员信息弹出页面。

```
1:  <%
2:  response.buffer = true%>
3:  <html>
4:  <head>
5:  <title>电影内容介绍</title>
6:  </head>
7:  <body bgcolor=beige>
8:  <%
9:  '创建 Microsoft XMLDOM 对象
10: set objXML = Server.createObject( "Microsoft.XMLDOM" )
11: objXML.async = false
12:
13: '装载 XML 文件
14: objXML.load( Server.MapPath( "items.xml" ) )
15:
16: '定位到根元素 items
17: set itemNodeList = objXML.getElementsByTagName("item")
18:
19: set index = request( "index" )
20: %>
21: <pre>
22: <%
23: set itemNode = itemNodeList( index )
```

```
24:    Response.write( itemNode.childNodes( 1 ).text )
25:    %>
26:    </pre>
27:    </body>
28:    </html>
```

第 1 行到第 17 行和 05-01.asp 差不多，不需要另行解释了。

第 19 行为获取页面参数 index 的值。

第 23 行将序号为 index 的 item 元素赋值给 itemNode。

第 24 行读取该 itemNode 的序号为 1 的子元素的文字内容，也就是 content 元素的文字内容。

单击"家有仙妻"链接文字后弹出的页面如图 5-6 所示。

图 5-6　电影内容介绍页面

5.3.4　深入介绍 DOM

前面我们已经通过一个例子介绍了 DOM，以及相关的 DOM 编程。下面我们将深入地介绍 DOM 结构，以及相应的编程方法。遍历和查找方法，以及插入、修改和删除方法将在下面一章介绍。

DOM 为我们提供了一种访问和操作 XML 文件的方法。DOM 提供了一种公用的 API，这样程序员不论使用 VB、C、Java 等哪一种编程语言都无所谓了。

1．XML 解析器

微软（Microsoft）的 XML 解析器是 IE 5.0 或者以上版本浏览器自带的，如果安装了 IE 5.0 或者以上版本，那么就有了微软 XML 解析器。

2．装载 XML 到解析器

有两种方式装载 XML，一种是使用文件，另一种是使用字符串的片断装载 XML 字符。

```
'创建Microsoft XMLDOM 对象
set objXML = Server.createObject( "Microsoft.XMLDOM" )
objXML.async = false

'装载 XML 文件
objXML.load( Server.MapPath( "items.xml" ) )
'或者装载 XML 文字内容
objXML.load( "<?xml version=….1.0….?><root>..</root>" )
```

3．parseError 解析错误信息对象

XML 解析器解析 XML 过程中可能出现的错误，比如 XML 文件格式不正确，或者 XML 文件不符合 DTD 或者 Schema 要求，又或者装载的 XML 文件不存在……

通过 parseError 解析器解析错误对象，比较常用的属性如表 5-2 所示。

表 5-2　parseError 解析器常用属性

属 性 名 称	说 明
errorCode	长整型的错误代码
reason	字符串型的错误原因
line	长整型的错误行数

下面的例子装载一个不存在的 XML 文件（05-03.asp）。

```
 1:  <%@LANGUAGE="VBSCRIPT"%>
 2:  <%
 3:  'set buffering to true
 4:  response.buffer = true
 5:  %>
 6:
 7:  <%
 8:  '创建 Microsoft XMLDOM 对象
 9:  set objXML = Server.createObject( "Microsoft.XMLDOM" )
10:  objXML.async = false
11:
12:  '装载 XML 文件
13:  objXML.load( Server.MapPath( "noexist.xml" ) )
14:  %>
15:  <html>
16:  <head>
17:  <title>了解 parseError 对象</title>
18:  </head>
19:  <body>
20:  <%
21:  Response.write( objXML.parseError.errorCode )
22:  Response.write( "<br/>" )
23:  Response.write( objXML.parseError.reason )
24:  Response.write( "<br/>" )
25:  Response.write( objXML.parseError.line )
26:  Response.write( "<br/>" )
27:  %>
28:  </body>
29:  </html>
```

其中，第 21 行至第 26 行向页面输出错误代码、错误原因及错误行数。

以上代码执行结果如图 5-7 所示。

```
-2146697210
系统错误：-2146697210。
0
```

图 5-7　错误信息提示

下面来修改一下原来的 items.xml 文件，把第二个 item 元素的关闭标记修改为 Item，然后保存到 items2.xml。

items2.xml：

```xml
 1:   <?xml version="1.0" encoding="gb2312"?>
 2:   <!DOCTYPE items SYSTEM "items.dtd">
 3:   <items>
 4:       <item>
 5:           <title>蝙蝠侠：开战时刻</title>
 6:           <content>【导 演】克里斯托弗·诺兰
 7:                 【主 演】克里斯汀·贝尔，迈克尔·凯恩，廉姆·尼森，凯蒂·荷尔
                        摩斯，加里·奥德曼，摩根·弗里曼</content>
 8:       </item>
 9:       <item>
10:           <title>家有仙妻</title>
11:           <content>【导 演】诺拉·埃芙恩
12:                 【主 演】妮可·基德曼　威尔·法瑞尔</content>
13:       </Item>
14:       <item>
15:           <title>史密斯夫妇</title>
16:           <content>【导 演】道格·李曼
17:                 【主 演】布拉德·皮特　安吉丽娜·朱莉</content>
18:       </item>
19:       <item>
20:           <title>金龟车贺比</title>
21:           <content>【导 演】安杰拉·罗宾森
22:                 【主 演】迈克尔·基顿　林德斯·洛汉　马特·狄龙</content>
23:       </item>
24:       <item>
25:           <title>马达加斯加</title>
26:           <content>【导 演】埃里克·达奈尔　汤姆·麦克斯
27:                 【主 演】克里斯·洛克　本·史蒂勒　大卫·修蒙</content>
28:       </item>
29:   </items>
```

05-04.asp：

```asp
 1:   <%@LANGUAGE="VBSCRIPT"%>
 2:   <%
 3:   'set buffering to true
 4:   response.buffer = true
 5:   %>
 6:
 7:   <%
 8:   '创建 Microsoft XMLDOM 对象
 9:   set objXML = Server.createObject( "Microsoft.XMLDOM" )
10:   objXML.async = false
11:
12:   '装载 XML 文件
13:   objXML.load( Server.MapPath( "items2.xml" ) )
14:   %>
15:   <html>
```

```
16:    <head>
17:       <title>了解 parseError 对象</title>
18:    </head>
19:    <body>
20:    <%
21:    Response.write( objXML.parseError.errorCode )
22:    Response.write( "<br/>" )
23:    Response.write( objXML.parseError.reason )
24:    Response.write( "<br/>" )
25:    Response.write( objXML.parseError.line )
26:    Response.write( "<br/>" )
27:    %>
28:    </body>
29:    </html>
```

页面执行结果如图 5-8 所示。

```
-1072896659
结束标记 'Item' 与开始标记 'item' 不匹配。
13
```

图 5-8　不匹配信息提示

4. 定位根元素

可以使用 objXML.documentElement 来定位根元素，其中 objXML 是创建的 DOM 对象。
下面是定位根元素示例的文件。

05-05.xml：

```
1:    <?xml version="1.0" encoding="gb2312"?>
2:    <root>
3:    root text
4:    </root>
```

05-05.asp：

```
1:    <%@LANGUAGE="VBSCRIPT"%>
2:    <%
3:    'set buffering to true
4:    response.buffer = true
5:    %>
6:
7:    <%
8:    '创建 Microsoft XMLDOM 对象
9:    set objXML = Server.createObject( "Microsoft.XMLDOM" )
10:   objXML.async = false
11:
12:   '装载 XML 文件
13:   objXML.load( Server.MapPath( "05-05.xml" ) )
14:   %>
15:   <html>
16:   <head>
17:      <title>定位根元素</title>
18:   </head>
```

```
19:   <body>
20:   <%
21:   Response.write( objXML.documentElement.nodeName )
22:   %>
23:   </body>
24:   </html>
```

objXML.documentElement 表示根元素，objXML.documentElement.nodeName 表示根元素的名称。

以上代码执行结果如图 5-9 所示。

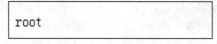

root

图 5-9　根目录元素

5．节点（Node）

上面的例子使用了 nodeName，它表示节点名称。节点类型使用 nodeType 表示，节点值使用 nodeValue 表示。

下面是示例文件。

05-06.xml：

```
1:   <?xml version="1.0" encoding="gb2312"?>
2:   <root>
3:   root text
4:       <node>node text</node>
5:       <!-- comment text -->
6:       <![CDATA[cdata text ]]>
7:   </root>
```

以上 XML 文件中的根元素包含一段文本和一个 node 子元素，以及一个注释元素和一个 CDATA 元素。

05-06.asp：

```
1:   <%@LANGUAGE="VBSCRIPT"%>
2:   <%
3:   'set buffering to true
4:   response.buffer = true
5:   %>
6:
7:   <%
8:   '创建Microsoft XMLDOM对象
9:   set objXML = Server.createObject( "Microsoft.XMLDOM" )
10:  objXML.async = false
11:
12:  '装载XML文件
13:  objXML.load( Server.MapPath( "05-06.xml" ) )
14:  %>
15:  <html>
16:  <head>
17:      <title>节点类型、节点名称和节点值</title>
18:  </head>
```

```
19:     <body>
20:     <table border="1">
21:         <tr>
22:             <td> </td>
23:             <td>节点类型</td>
24:             <td>节点名称</td>
25:             <td>节点值</td>
26:         </tr>
27:
28:         <tr>
29:             <td>objXML</td>
30:             <td><%Response.write( objXML.nodeType )%></td>
31:             <td><%Response.write( objXML.nodeName )%></td>
32:             <td><%Response.write( objXML.nodeValue )%></td>
33:         </tr>
34:
35:         <%set rootNode = objXML.documentElement%>
36:         <tr>
37:             <td>根元素</td>
38:             <td><%Response.write( rootNode.nodeType )%></td>
39:             <td><%Response.write( rootNode.nodeName )%></td>
40:             <td><%Response.write( rootNode.nodeValue )%></td>
41:         </tr>
42:
43:         <tr>
44:             <td colspan="4">子元素</td>
45:         </tr>
46:
47:     <% for each node in rootNode.childNodes %>
48:         <tr>
49:             <td> </td>
50:             <td><%Response.write( node.nodeType )%></td>
51:             <td><%Response.write( node.nodeName )%></td>
52:             <td><%Response.write( node.nodeValue )%></td>
53:         </tr>
54:     <% next %>
55:     </table>
56:     </body>
57:     </html>
```

以上代码执行结果如图 5-10 所示。

	节点类型	节点名称	节点值
objXML	9	#document	
根元素	1	root	
子元素			
	3	#text	root text
	1	node	
	8	#comment	comment text
	4	#cdata-section	cdata text

图 5-10　节点示例界面

我们来分析一下上面的结果。

整个 DOM 对象：节点名称返回#document，节点值为空（null）。

根元素：节点名称返回节点元素的名称 root，节点值为空（null）。

注意：root 节点后面的文本 root text 不是根元素的值，根元素节点值总是返回 null。

root text 是作为子元素出现的，节点名称返回#text，节点值就是文本值。

子元素：节点名称返回元素的名称 node，节点值为空。同样，节点里面的文本作为 node 的子元素出现。

注释文本：节点名称返回#comment，节点值返回注释文本内容。

CDATA 字段：节点名称返回#cdata-section，节点值返回 CDATA 文本内容。

这里我们需要注意的是，文本内容作为 DOM 对象树型结构的子节点存放，而不是该节点的节点值（nodeValue）；另外节点名称以"#"打头，相当于预定义的常量，总是返回该值。如 DOM 对象的 nodeType 总是返回#document。表 5-3 列举了不同类型的属性值。

表 5-3　不同类型的属性值

类　　型	节 点 名 称	节 点 值	属　　性
Attr	属性的名称	属性值	null
CDATASection	#cdata-section	CDATA 的文本内容	null
Comment	#comment	注释内容	null
Document	#document	null	null
DocumentFragment	#document-fragment	null	null
DocumentType	document type 名称	null	null
Element	标记名称	null	NamedNodeMap
Entity	实体名称	null	null
EntityReference	被引用实体名称	null	null
Notation	标记名称	null	null
ProcessingInstruction	目标	除目标外的内容	null
Text	#text	文本内容	null

NodeType 属性具体的有效数值含义，如表 5-4 所示。

表 5-4　NodeType 属性有效数值含义表

节 点 类 型	Named Constant
1	元素节点
2	属性节点
3	文本节点
4	CDATA 节点
5	实体引用节点
6	实体节点
7	指令处理节点
8	文本节点
9	文档节点
10	文档类型节点
11	DOCUMENT_FRAGMENT_NODE
12	标号节点

节点还含有以下属性。

ParentNode：父节点。

ChildNodes：子节点 NodeList。

FirstChild：第一个子节点。

LastChild：最后一个子节点。

PreviousSibling：前一兄弟节点。

NextSibling：后一兄弟节点。

Attributes：所有属性。

节点含有如下查询方法。

HasChildNodes：是否含有子节点。

6．属性（Attr）

有的元素包含属性，这些元素可以通过元素的 attributes 属性取得。

05-07.xml 描述了一本书的书名、出版日期、每章的标题等信息。

```
 1:  <?xml version="1.0" encoding="gb2312"?>
 2:
 3:  <book year="2005" name="asp and xml">
 4:      <chapter num="1" name="asp 编程基础">
 5:      </chapter>
 6:      <chapter num="2" name="xml 编程基础">
 7:      </chapter>
 8:      <chapter num="3" name="css 入门">
 9:      </chapter>
10:      <chapter num="4" name="网页数据绑定技术">
11:      </chapter>
12:      <!-- 可以这样列举下去-->
13:  </book>
```

以下是 05-07.xml 显示书内容的 ASP 代码（05-07.asp）。

```
 1:  <%@LANGUAGE="VBSCRIPT"%>
 2:  <%
 3:  'set buffering to true
 4:  response.buffer = true
 5:  %>
 6:
 7:  <%
 8:  '创建 Microsoft XMLDOM 对象
 9:  set objXML = Server.createObject( "Microsoft.XMLDOM" )
10:  objXML.async = false
11:
12:  '装载 XML 文件
13:  objXML.load( Server.MapPath( "05-07.xml" ) )
14:  %>
15:  <html>
16:  <head>
17:      <title>属性</title>
18:  </head>
19:  <body>
20:
```

```
21: <%
22: set bookNode = objXML.documentElement
23: set chapters = bookNode.childNodes
24: %>
25:
26: <div align="left">
27: <h1><%Response.write( bookNode.attributes(1).value )%></h1>
28: <h3>        <%Response.write( bookNode.attributes(0).value )%></h3>
29:
30: <%
31: for each chapter in chapters
32:     if( chapter.nodeName = "chapter" ) then
33:         Response.write( chapter.attributes(0).value & " " &
                chapter.attributes(1).value )
34:         Response.write( "<br/>" )
35:     end if
36: next
37: %>
38: </div>
39:
40: </body>
41: </html>
```

以上代码执行后的显示结果如图 5-11 所示。

图 5-11　XML 属性示例界面

　　仔细观察一下 05-07.asp 文件的第 32 行至 35 行，有一个 if 判断语句。因为 05-07.xml 文件的第 12 行是一个注释部分，它是 book.childNodes 的最后一个元素，当然它没有属性，所以循环部分的代码对于注释部分是无法执行的。为了避免错误，我们添加了判断语句。

　　元素的属性值还可以通过属性的名称访问。如：

```
bookNode.getAttribute( "year" ) '返回 2005
```

　　chapter 属性还含有一个 specified 属性，它表示该属性值采用 DTD 或者 Schema 里面的默认值，并用 XML 文件或者代码进行赋值。若不存在则返回 false，否则返回 true。

　　7．文档（document）

document 接口有 3 个只读属性：doctype、implementation 和 documentElement。

doctype 属性返回文件首部的 "<!DOCTYPE" 信息。

implementation 属性返回 implementation 节点。该节点有 hasFeature 方法，该方法返回布尔值。它含有两个参数：文件类型和版本号。如：

```
objXML.implementation.hasFeature( "HTML", "4.1" )
objXML.implementation.hasFeature( "XML", "1.0" )
```

documentElement 返回文档的根元素，前面已经举过例子了。

8. 文字数据（CharacterData）

CharacterData 含有以下属性。

Data：节点文本内容。

Length：文本内容长度。

CharacterData 含有如下查询方法。

SubStringData()：接收两个参数，第一个参数指示偏移量，从什么位置开始；第二个参数指示读取字符长度。

下面我们来举一个例子。以下是示例文件。

05-08.xml：

```
1:    <?xml version="1.0" encoding="gb2312"?>
2:
3:    <book name="asp and xml">
4:    <desc>本书主要讲 ASP 和 XML，以及如何将两者结合起来。</desc>
5:    </book>
```

05-08.asp：

```
1:    <%@LANGUAGE="VBSCRIPT"%>
2:    <%
3:    'set buffering to true
4:    response.buffer = true
5:    %>
6:
7:    <%
8:    '创建 Microsoft XMLDOM 对象
9:    set objXML = Server.createObject( "Microsoft.XMLDOM" )
10:   objXML.async = false
11:
12:   '装载 XML 文件
13:   objXML.load( Server.MapPath( "05-08.xml" ) )
14:   %>
15:   <html>
16:   <head>
17:       <title>CharacterData 对象</title>
18:   </head>
19:   <body>
20:
21:   <%
22:   '根元素 book
23:   set bookNode = objXML.documentElement
24:
```

```
25:    'Book 子元素 desc 元素
26:    set descNode = bookNode.childNodes(0)
27:
28:    'desc 元素里面的文本 CharacterData 对象
29:    set descCharNode = descNode.childNodes(0)
30:    %>
31:
32:    <div align="left">
33:    CharacterData 内容是:<%Response.write( descCharNode.data )%>
34:    <p>
35:    字符长度是:<%Response.write( descCharNode.length )%>
36:    <p>
37:    subStringData( 2, 4 )是:<%Response.write( descCharNode.subStringData( 2,
       4 ) )%>
38:    <p>
39:    desc 元素文本内容也可以通过 text 方法取得:<%Response.write
       ( descCharNode.text )%>
40:    </div>
41:
42:    </body>
43:    </html>
```

以上代码的执行结果如图 5-12。

图 5-12 文字数据示例显示界面

通过这个例子我们可以看出，desc 元素里面的文本内容是作为 CharacterData 对象存放在
DOM 树中的。该文本值也可以通过 node 的 text 属性取得。

9. 元素（Element）

Element 接口含有以下属性。

➢ TagName：元素名称，nodeName 值。该属性是只读属性。

Element 接口含有如下查询方法。

➢ getAttribute：接收一个字符串作为参数，返回属性名称等于该参数的属性值。

➢ getAttributeNode：接收一个字符串作为参数，返回属性名称等于该参数的属性（Attr）
   节点。

> ➢ getElementsByTagName：返回给定字符串的所有元素节点（NodeList），"*"表示返回所有元素节点。
> ➢ hasAttribute：查看给定字符串名称的属性是否在该节点中存在（DOM Level 2 里面介绍的内容）。

下面举例说明以上方法。

05-09.xml：

```
1:   <?xml version="1.0" encoding="gb2312"?>
2:
3:   <root attrName1="attrValue1" attrName2="attrValue2">
4:   </root>
```

root 元素含有两个属性，名称分别是 attrName1 和 attrName2，值分别是 attrValue1 和 attrValue2。

05-09.asp：

```
1:   <%@LANGUAGE="VBSCRIPT"%>
2:   <%
3:   'set buffering to true
4:   response.buffer = true
5:   %>
6:
7:   <%
8:   '创建 Microsoft XMLDOM 对象
9:   set objXML = Server.createObject( "Microsoft.XMLDOM" )
10:  objXML.async = false
11:
12:  '装载 XML 文件
13:  objXML.load( Server.MapPath( "05-09.xml" ) )
14:  %>
15:  <html>
16:  <head>
17:      <title>Element 对象</title>
18:  </head>
19:  <body>
20:
21:  <%
22:  '根元素 root
23:  set rootNode = objXML.documentElement
24:  %>
25:
26:  <table border="1">
27:      <tr>
28:          <td>方法</td>
29:          <td>返回值</td>
30:      </tr>
31:
32:      <tr>
33:          <td>tagName</td>
34:          <td><%Response.write( rootNode.tagName )%></td>
35:      </tr>
```

```
36:
37:        <tr>
38:            <td>getAttribute( "attrName1" )</td>
39:
               <td><%Response.write( rootNode.getAttribute( "attrName1" ) )%>
                </td>
40:        </tr>
41:
42:        <tr>
43:            <td>getAttribute( "attrName2" )</td>
44:
           <td><%Response.write( rootNode.getAttribute( "attrName2" ) )%></td>
45:        </tr>
46:
47:        <tr>
48:            <td>getAttributeNode( "attrName1" ).nodeValue</td>
49:
             <td><%Response.write( rootNode.getAttributeNode( "attrName
             1" ).nodeValue )%></td>
50:        </tr>
51:
52:        <tr>
53:            <td>getAttributeNode( "attrName2" ).nodeValue</td>
54:
             <td><%Response.write( rootNode.getAttributeNode( "attrName
             2" ).nodeValue )%></td>
55:        </tr>
56:
57:        <tr>
58:            <td>hasAttribute( "attrName1" )</td>
59:
             <td><%Response.write( rootNode.hasAttribute( "attrName1" )
             )%></td>
60:        </tr>
61:
62:        <tr>
63:            <td>hasAttribute( "attrName2" )</td>
64:
             <td><%Response.write( rootNode.hasAttribute( "attrName2"))
             %></td>
65:        </tr>
66:
67:        <tr>
68:            <td>getAttribute( "attrName1" )</td>
69:
             <td><%Response.write( rootNode.getAttribute( "attrName1"))
             %></td>
70:        </tr>
71:
72:        <tr>
73:            <td>hasAttribute( "attrName3" )</td>
```

```
74:
            <td><%Response.write( rootNode.getAttribute( "attrName3"))
            %></td>
75:        </tr>
76:    </table>
77:
78:    </body>
79:    </html>
```

以上代码执行结果如图 5-13 所示。

图 5-13   Element 接口示例界面

笔者的 Windows 平台不支持 DOM Level2 中的 hasAttribute 方法，所以在第 59 行运行的时候出错了。

另外我们可以看到，getAttribute 得到的是属性值，而 getAttributeNode 得到的是属性节点。

5.4 在我的环境中运行测试

此实例已经在笔者本机（Windows Server 2000、IIS 5.0 和 IE 6.0）和网上进行了测试，都能够正常运行。不过信息需要你来添加。

运行结果如图 5-14 所示。

图 5-14   电影信息滚动公告主界面

单击电影标题即显示电影介绍，如图 5-15 所示。

图 5-15　电影详细介绍

5.5　小结

本章通过滚动公告栏的实例讲解了 DOM 的使用，主要包括在服务器端创建 DOM 对象，以及对 DOM 对象进行遍历。

同时我们可以看到，DTD 的语法相当复杂，并且它不符合 XML 文件的标准，自成一个体系。也就是说 DTD 文档本身并不是一个形式良好的 XML 文档，上面的关于 DTD 的介绍也仅仅是做了一个简介，目的是帮助大家能读懂 DTD 文件，以及在必要时创建简单的 DTD 文件，因为现在很多 XML 应用是建立在 DTD 之上的。

另外一个代替 DTD 的就是 W3C 定义的 Schema。Schema 从字面意义上来说，可以翻译成模式、大纲、计划、规划等。它的基本意思就是为 XML 文档制定一种模式。

Schema 相对于 DTD 的明显好处是，XML Schema 文档本身也是 XML 文档，而不像 DTD 一样使用自成一体的语法。这就方便了用户和开发者，因为可以使用相同的工具来处理 XML Schema 和其他 XML 信息，而不必专门为 Schema 使用特殊工具。Schema 简单易懂，懂得 XML 语法、规则的人都可以立刻理解它。Schema 的概念提出已久，但 W3C 的标准最近才出来，相应的应用支持尚未完善，但采用 Schema 已成为 XML 发展的一个趋势。

然后我们深入地探讨了 DOM 对象的 parseError，如何定位根元素，以及节点（Node），属性（Attr），文档（Document），文字数据（CharacterData）和元素（Element）等接口的查询方法。

综上所述，CSS 是你进行网页改变的对象，DOM 是其具有变动性的机制，而客户端的脚本语言是实际促成变化的程序，当然这些都是采用 XML 方式来实现动态的 HTML 的。

第6章 计 数 器

在 Internet 虚拟国度中，我们发布网站后，无论其规模如何，都想知道自己网页的受欢迎程度，以此为根据对网站进行合理的维护。有一个东西是一定要出现的，那就是人气指数——访问人数计数器（counter）。在这里我们利用网站和网页计数器技术来解决这个问题。看着自己的站点的 counter 数字一个个地累加上去，心里真是有股说不出的兴奋与满足感。为了让计数器数字更加漂亮，还可以办个整数有奖活动，如第 10 000、100 000、1 000 000 名等访问者可以免费获得 GAME 点卡或手机之类的奖品，保证有许多人拼命从世界各地涌入（这主意创意一般）。

不管网站计数器或网页计数器，主要原理都是当用户请求网站主页或某页面的时候，将该页面的访问数加 1。怎样保存网页计数呢？基本上可以分为 3 种情况：

➤ 一般文本。

➤ 数据库。

➤ XML 文件。

注意：大家应该都能猜到本章将采用 XML 这种方式来实现网页计数器。将网页计数保存到 XML 文件，主要使用 XML DOM 树的修改方法。然后我们将深入讨论其他的 DOM 树修改方法。

教学目标

通过本章学习，你将能够：

➤ 了解 Web 运行的原理。

➤ 了解如何编写 Web 页面。

➤ 理解静态页面和动态页面的区别。

➤ 深入了解 DOM 操作 XML 数据的技巧

内容提要

本章主要介绍内容如下：

➤ 设计思路

➤ 实例开发之程序文件介绍

➤ 实例开发之代码详解

内容简介

本章设计的计数器，是可以在任意页面中调用显示的计数器程序。单一统计数据，特点是可选择图片或文字显示模式。笔者曾在 2000 年看到别人的计数器程序，于是顺手就写了一个自己的计数器程序。

现在来看访问计数器字符界面，如图 6-1 所示；同时，也将介绍访问计数器图形界面，如图 6-2 所示。

图 6-1 访问计数器字符界面

图 6-2 访问计数器图形界面

6.1 设计思路：构造计数器

随着网络大行其道，网页计数器也流行起来。事实上大多数网站均有网页计数器，用以反映该网站的访问量。计数器的来源很广，Frontpage 等网页编辑器自带了网页计数器，有的站点也提供免费的计数器下载。其实熟悉了 ASP 编程后，自己做一个计数器也很容易，下面介绍计数器的实现方法。

6.1.1 需求分析

计数器最重要的就是那个数字（也就是计数值）。毫无疑问，数字就是一串字（0 1 2 …9），它们存放在文件中，显示于网页上时可以用原始数字，搭配 HTML 标记（如<FONT>）放大、改变颜色等，这称为"文字形式"计数器。另一种是较常见的形式，计数值存放在文件里，而在取出时用程序将对应的数字改为以图形显示，此时便准备 0~9 十张图形，而且图形的大小（size）最好一样。

GIF 格式的文件是最合适的选择。由于图片 size 不大，下载显示时和文字形式的速度相差无几，又比较美观，所以网站计数器大都采用图形方式显示。网站计数器设计很简单，又有好多工具软件可以从网上下载，常见的网页编辑器如微软的 Frontpage，Macromedia Dreamweaver 等，仅仅用"拖拉点按"四字诀就可以搞定，本身不需要任何编码。

不过，这些 Web 页面编辑软件好用归好用，如果在使用网页编辑器，如微软的 Frontpage，Macromedia Dreamweaver 等之余，再来了解背后运行的原理，举一反三，岂不更好？

因为网站计数器在其他书籍和网站都有详细介绍，所以我们这里设计的是网页计数器，和网站计数器有一定的区别。网站计数器，一个网站只要一个就可以了。而网页计数器，一个网站可能需要多个，以便于对多个网页进行计数。

图 6-3 所示的是整个程序的执行流程。

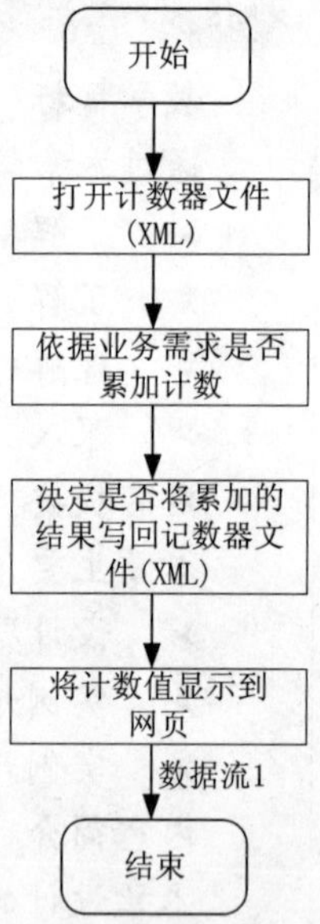

图 6-3　计数器的执行流程图

下面，我们设计 site 元素。site 元素里面包含 page 元素。site 元素包含网站地址（url）、网站名称（name）、发布日期（publishDate）、最后修改日期（lastUpdateDate）等属性。

site 和 page 使用什么结构呢？

一种是平面结构，依次列举页面和页面的网络计数。例如：

```
<site url="www.siteurl.com" name="example site" publishDate="2005-5-20"
    lastUpdateDate="2005-8-1">
<page url="dir1/dir1/page1.asp" count="23"/>
<page url="dir1/dir1/page2.asp:" count="0"/>
<!--list all pages -->
</site>
```

另一种是树型结构，像网站的结构一样。网站包含网页和目标两种子元素，目录可以包含目录和网页，网页不再含有子元素。例如：

```
<site url="www.siteurl.com" name="example site" publishDate="2005-5-20"
    lastUpdateDate="2005-8-1">
```

```
<dir name="dir1">
    <dir name="dir1">
        <page name="page1.asp" count="23"/>
        <page name="page2.asp" count="0"/>
    </dir>
</dir>
</site>
```

这里的 page 的 name 属性，可以是相对于直接目录的相对路径，而前面 page 的 url 属性应该是相对于整个网站根目录的相对路径。

相对来说，平面结构更简单。本章采用的是简单的平面结构。

6.1.2　Schema 和 DTD

Schema 是什么？Schema 和 DTD 一样，是用来描述 XML 文件结构的。不同的是，Schema 基于 XML 语法，而且语义表达比 DTD 更丰富，更强大。在一定程度上 Schema 是 DTD 的取代技术。

Schema 能够：

➢ 定义元素。
➢ 定义元素属性。
➢ 定义元素出现顺序和出现次数。
➢ 定义元素是否为空、是否包括文本内容或者其他子元素。
➢ 定义元素和属性的数据类型（datatype）。
➢ 定义元素和属性的默认值和绑定值。
➢ 定义元素继承关系。

……

以下是网页计数器的 Schema 文件（site-count.xsd）。

```
1.  <xsd:schema xmlns:xsd="http://www.w3.org/2001/XMLSchema">
2.
3.  <xsd:element name="site" type="siteType"/>
4.
5.  <xsd:complexType name="siteType">
6.  <xsd:sequence>
7.  <xsd:element name="page" type="pageType" minOccurs="0" maxOccurs=
    "unbounded"/>
8.  </xsd:sequence>
9.  <xsd:attribute name="url" type="xsd:string"/>
10. <xsd:attribute name="name" type="xsd:string"/>
11. <xsd:attribute name="publishDate" type="xsd:date"/>
12. <xsd:attribute name="lastUpdateDate" type="xsd:date"/>
13. </xsd:complexType>
14.
15. <xsd:complexType name="pageType">
16. <xsd:attribute name="url" type="xsd:string"/>
17. <xsd:attribute name="count" type="xsd:integer"/>
18. </xsd:complexType>
19. </xsd:schema>
```

第 1 行声明了名称空间 xsd，指向 http://www.w3.org/2001/XMLSchema。基本上所有的 xsd 文件都是这样开头的，而且以 "</xsd:schema>" 结束。其中引用的名称空间 xsd 可以改成其他用户喜欢的名字。

第 3 行声明了元素 site。site 元素类型是 siteType，该类型前面没有名称空间，表示默认名称空间。紧接着就定义了 siteType 类型数据结构。

siteType 被定义为复杂类型的数据结构，它按照顺序含有 page 元素，意思也等同于只含有 page 元素。page 元素出现的最小次数（minOccurs）是 0，最多次数（maxOccurs）是无限次（unbounded）。如果元素没有指定最小出现次数和最多出现次数，默认都是一次。

siteType 有 url 和 name 属性，两个属性都是字符串类型（xsd:string）。siteType 还有 publishDate 和 lastUpdateDate 属性，两个属性都是日期类型（xsd:date）。

pageType 类型含有 url 和 count 属性，其中 url 是字符串类型（xsd:string），count 是整型（xsd:integer）。

6.1.3 XML 文件的自动创建

以下是网页计数器的 XML 文件。

```xml
<?xml version="1.0" encoding="gb2312"?>

<site xmlns:xsi="http://www.w3.org/2001/XMLSchema-instance"xsi:noName
      spaceSchemaLocation="F:\asp\ch06\site-count.xsd">
<page url="site-count.asp" count="0"/>
</site>
```

1. simpleType 和 complexType

通过前面的 site-count.xsd 我们可以看到，siteType 和 pageType 都属于 complexType，同时 XML Schema 里面也有 simpleType。那么两者的区别是什么呢？

simpleType 类型不能包含子元素和属性，而 complexType 可以包含子元素和属性。

2. 预定义的数据类型

在前面的 site-count.xsd 中我们看到了 xsd:string、xsd:date、xsd:integer 等类型。这些类型是 XML Schema 里面预定义的类型，我们可以直接使用。其他的类型我们可以通过继承组合等来实现。下面我们来详细了解一下这些类型。

首先来看一些常见的基本数据类型，参见表 6-1。

表 6-1　常见的基本数据类型

数据类型名称	意　义
String	文本内容
Decimal	小数
Float	单精度浮点数
Double	双精度浮点数
Duration	时间段
DateTime	带时间的日期
Time	时间
Date	日期
GYearMonth	格林尼治日历中的月
GYear	格林尼治日历中的年

（续表）

数据类型名称	意　义
GMonthDay	月中的日
GDay	口
GMonth	月
hexBinary	十六进制数
base64Binary	六十四进制数
anyURL	绝对或者相对的 URL
QName	合格的 XML 名称
NOTATION	NOTATION 属性类型

以下数据类型是从上面的简单数据类型继承过来的，它们都属于 simpleType，参见表 6-2。

表 6-2　继承的简单数据类型

数据类型名称	意　义
normalizedString	不包含回车符、换行符和制表符的文本
token	前置和结尾都没有空格的 normalizedString
language	自然语言
NMTOKEN	NMTOKEN 属性类型
NMTOKENS	NMTOKENS 属性类型
Name	XML Names
NCName	没有名称空间的 Name
ID	ID 属性类型
IDREF	IDREF 属性类型
IDREFS	IDREFS 属性类型
ENTITY	ENTITY 属性类型
ENTITIES	ENTITIES 属性类型
integer	整型
nonPositiveInteger	非正整数
negativeInteger	负整数
long	长整数（最大值是 9223372036854775807，最小值是 -9223372036854775808）
int	整数（最大值是 2147483647，最小值是-2147483648）
short	短整数（最大值是 32767，最小值是-32768）
byte	字节（最大值是 127，最小值是-128）
nonNegativeInteger	非负整数
unsignedLong	无符号长整数
unsignedInt	无符号整数
unsignedShort	无符号短整数
unsignedByte	无符号字节数
positiveInteger	正整数

3．修改属性值

假如得到一个元素（Element）实例 emt，修改其属性 attrName1 的值为 newValue，可以使用方法为：

```
emt.setAttribute( "attrName1", "newValue" )
```

属性（Attr）对象 attr，可以通过设置属性 value 的值来修改其属性值。

```
attr.value = "newValue"
```

另外可以新建一个属性（Attr）对象，然后使用元素（Element）对象的 setAttributeNode 方法来设置新的属性，以达到修改属性值的目的。

```
'objXML 是文档（Document）实例
'新建一个属性对象
set newAttr = objXML.createAttribute( "attrName1" )
'设置属性值为 newValue
newAttr.value = "newValue"
'设置新的属性节点，新的属性节点将取代以前的属性节点
emt.setAttributeNode( newAttr )
```

4．保存文档 document

IE 浏览器提供了 save 方法来保存 Document 到指定的 url 地址。需要注意的是，该方法不是 W3C DOM Level 2 推荐的方法。

```
objXML.save( Server.MapPath( "somepath.xml" )
```

以上代码表示将 objXML document 对象保存到服务器的 somepath.xml 目录。

6.1.4　深入学习 DOM

在第 5 章我们介绍了 DOM 里面的查询方法，这里我们讨论 DOM 的修改方法。

1．Document（文档）

Document（文档）含有的修改方法如表 6-3 所示。

表 6-3　Document 的修改方法

方 法 名 称	意　　义
createAttribute	该方法接收字符串类型的参数，并创建该字符串为 nodeName 的 Attr（属性）节点，nodeValue 为空（null）
createCDATASection	该方法接收字符串，作为 CDATASection 节点的文本内容
createComment	该方法接收字符串，作为 Comment 节点的文本内容
createElement	该方法接收字符串类型的参数，并创建该字符串为 nodeName 的 Element（元素）节点，nodeValue 为空（null）。该 Element（元素），可以进一步添加 Attr（属性）、Element(子元素)、TextNode（文本内容）
createTextNode	该方法接收字符串作为参数，创建该字符串为 nodeValue 的文本节点

下面举例说明上面的方法。

示例的 XML 文件（06-01.xml）如下：

```
<?xml version="1.0" encoding="gb2312"?>

<root>
</root>
```

示例的 ASP 文件（06-01.asp）如下：

```
1:    <html>
2:    <body>
3:    <script type="text/vbscript">
```

```
 4:    '创建 DOM 对象，加载 XML
 5:    set objXML=CreateObject("Microsoft.XMLDOM")
 6:    objXML.async="false"
 7:    objXML.load("06-01.xml")
 8:
 9:    '根元素
10:    set rootNode = objXML.documentElement
11:
12:    document.write("修改之前 XML 内容: ")
13:    document.write("<xmp>" & objXML.xml & "</xmp>")
14:
15:    '创建 cdata 节点，作为 rootNode 的子节点
16:    set cdataNode=objXML.createCDATASection( "CDATASection 内容" )
17:    rootNode.appendChild( cdataNode )
18:
19:    '创建 comment 节点，作为 rootNode 的子节点
20:    set commentNode = objXML.createComment( "注释内容" )
21:    rootNode.appendChild( commentNode )
22:
23:    '创建 element 节点，并添加一个属性，作为 rootNode 的子节点
24:    set elementNode = objXML.createElement( "node1" )
25:    set attrNode = objXML.createAttribute( "attr1" )
26:    attrNode.value = "attr1Value"
27:    elementNode.setAttributeNode( attrNode )
28:    rootNode.appendChild( elementNode )
29:
30:    '创建文本节点，作为 rootNode 的子节点
31:    set textNode = objXML.createTextNode( "文本内容" )
32:    rootNode.appendChild( textNode )
33:
34:    document.write("修改后 XML 内容: ")
35:    document.write("<xmp>" & objXML.xml & "</xmp>")
36:
37:    </script>
38:    </body>
39:    </html>
```

执行效果如图 6-4 所示。

图 6-4　深入学习 DOM 实例 1

2. Node（节点）

Node（节点）是很多元素（如 Element，Attr）的父接口，也就是说 Node 定义的方法对于其子元素也是适用的。

Node 含有的修改方法如表 6-4 所示。

表 6-4　Node 的修改方法

方 法 名 称	意　　义
appendChild	该方法接收 Node（节点）类型的参数，并将其添加到 childNodes 的 NodeList 的最末尾处
insertBefore	该方法接收两个参数 newChild 和 refChild，这两个参数都是 Node 类型。该方法将 newChild 插入 refChild 的前面，如果 refChild 为 null，则将 newChild 添加到 childNodes 末尾
removeChild	该方法接收 Node 类型参数 oldNode。该方法从 childNodes NodeList 中删除 oldChild
replaceChild	该方法接收两个参数 newChild 和 oldChild，两个参数都是 Node 类型。该方法将 oldChild 替换成 newChild

我们举例说明以上方法。

示例的 XML 文件（06-02.xml）如下：

```
1:    <?xml version="1.0" encoding="gb2312"?>
2:
3:    <root>
4:    </root>
```

示例的 ASP 文件（06-02.asp）如下：

```
1:    <html>
2:    <body>
3:    <script type="text/vbscript">
4:    '创建 DOM 对象，加载 XML
5:    set objXML=CreateObject("Microsoft.XMLDOM")
6:    objXML.async="false"
7:    objXML.load("06-02.xml")
8:
9:    '根元素
10:   set rootNode = objXML.documentElement
11:
12:   document.write("修改之前 XML 内容：")
13:   document.write("<xmp>" & objXML.xml & "</xmp>")
14:
15:   '创建 element 节点，作为 rootNode 的子节点
16:   set childElement=objXML.createElement( "child" )
17:   rootNode.appendChild( childElement )
18:
19:   '创建 element 节点，放在 childNode 节点的前面
20:   set insertBeforeElement = objXML.createElement( "insertBefore" )
21:   rootNode.insertBefore insertBeforeElement, childElement
22:
23:   '创建 element 节点，放在 null 节点的前面，也就是添加在后面
```

```
24:    set anotherElement = objXML.createElement( "another" )
25:    rootNode.insertBefore anotherElement, null
26:
27:    document.write( "修改后XML内容. " )
28:    document.write( "<xmp>" & objXML.xml & "</xmp>" )
29:
30:    rootNode.removeChild( childElement )
31:
32:    set replaceElement = objXML.createElement( "replace" )
33:    rootNode.replaceChild replaceElement, anotherElement
34:
35:    document.write( "再次修改后XML内容: " )
36:    document.write( "<xmp>" & objXML.xml & "</xmp>" )
37:
38:    </script>
39:    </body>
40:    </html>
```

执行结果如图 6-5 所示。

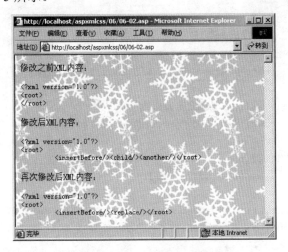

图 6-5　深入学习 DOM 实例 2

可以看到，insertBefore 元素添加在 child 元素前面，another 在末尾。之后我们删除了 child 元素，使 replace 元素替换了 another 元素。

3．CharacterData（**文本内容**）

CharacterData 的方法都是针对其文本操作的。其主要包含以下修改方法，如表 6-5 所示。

表 6-5　Character data 的修改方法

方 法 名 称	意　义
AppendData	该方法接收文本作为参数，将该文本追加到原来文本的结尾处
DeleteData	该方法接收两个长整型参数，第一个参数表示偏移量，即从第几个字符开始删除；第二个参数表示删除的字符数量
InsertData	该方法接收两个参数。第一个参数表示偏移量，即从第几个字符开始处插入；第二个参数是字符串，表示插入的字符串
ReplaceData	该方法接收三个参数。前两个参数和 deleteData 方法参数含义相同；第三个参数表示替换的文本

我们举例说明上面的方法。

示例的 XML 文件（06-03.xml）如下：

```
1:    <?xml version="1.0" encoding="gb2312"?>
2:
3:    <root>
4:    <text>Hello ASP!</text>
5:    </root>
```

示例的 ASP 文件（06-03.asp）如下：

```
1:    <html>
2:    <body>
3:    <script type="text/vbscript">
4:    '创建 DOM 对象，加载 XML
5:    set objXML=CreateObject("Microsoft.XMLDOM")
6:    objXML.async="false"
7:    objXML.load("06-03.xml")
8:
9:    '根元素
10:   set rootNode = objXML.documentElement
11:
12:   '文本内容
13:   set charData = rootNode.childNodes(0).childNodes(0)
14:
15:   document.write("修改之前 XML 内容：")
16:   document.write("<xmp>" & objXML.xml & "</xmp>")
17:
18:   '追加 "Hello"
19:   charData.appendData( " Hello" )
20:
21:   document.write( "appendData( "" Hello"")后 XML 内容：" )
22:   document.write( "<xmp>" & objXML.xml & "</xmp>" )
23:
24:   '从偏移量 6 开始，删除 4 个字符
25:   charData.deleteData 6, 4
26:
27:   document.write( "deleteData 6, 4 后 XML 内容：" )
28:   document.write( "<xmp>" & objXML.xml & "</xmp>" )
29:
30:   '在偏移量 6 后，插入字符 "ASP!"
31:   charData.insertData 6, "ASP!"
32:
33:   document.write( "insertData 6, ""ASP!""后 XML 内容：" )
34:   document.write( "<xmp>" & objXML.xml & "</xmp>" )
35:
36:   '将偏移量 6 后的 3 个字符，替换为字符 "XML"
37:   charData.replaceData 6, 3, "XML"
38:
39:   document.write( "charData.replaceData 6, 3, ""XML""后 XML 内容：" )
40:   document.write( "<xmp>" & objXML.xml & "</xmp>" )
41:
```

```
42:     </script>
43:     </body>
44:     </html>
```

执行效果如图 6-6 所示。

图 6-6　深入学习 DOM 实例 3

4．Element（元素）

Element（元素）主要含有的修改方法如表 6-6 所示。

表 6-6　Element 的修改方法

方 法 名 称	意　义
removeAttribute	该方法接收字符串作为参数。删除属性名称等于该字符串的属性值，如果该属性有默认值，那么该值就马上被默认值代替
removeAttributeNode	该方法接收属性（Attr）作为参数。删除元素的属性节点，如果该属性有默认值，那么该节点将马上被新的属性节点代替，该节点值为默认值
setAttribute	该方法接收属性名称和属性值作为参数。设置元素的属性值，如果该属性节点已经存在，那么修改属性值为新的属性值；如果该属性节点不存在，就创建新的属性节点，并设置属性值为给定的属性值
setAttributeNode	该方法接收属性节点（Attr）作为参数，设置属性节点

下面举例说明上面的方法。

示例的 XML 文件（06-04.xml）如下：

```
1:     <?xml version="1.0" encoding="gb2312"?>
```

```
2:
3:    <root>
4:    <student/>
5:    </root>
```

示例的 ASP 文件（06-04.asp）如下：

```
1:    <html>
2:    <body>
3:    <script type="text/vbscript">
4:    '创建 DOM 对象，加载 XML
5:    set objXML=CreateObject("Microsoft.XMLDOM")
6:    objXML.async="false"
7:    objXML.load("06-03.xml")
8:
9:    '根元素
10:   set rootNode = objXML.documentElement
11:
12:   '学生节点
13:   set node = rootNode.childNodes(0)
14:
15:   document.write("修改之前 XML 内容：")
16:   document.write("<xmp>" & objXML.xml & "</xmp>")
17:
18:   '添加名字属性，属性值"明明"
19:   node.setAttribute "name", "明明"
20:
21:   '创建年龄属性，属性值"20"
22:   set ageAttr = objXML.createAttribute( "age" )
23:   ageAttr.value = "20"
24:
25:   '添加年龄属性
26:   node.setAttributeNode( ageAttr )
27:
28:   document.write( "设置名字和年龄属性后 XML 内容：" )
29:   document.write( "<xmp>" & objXML.xml & "</xmp>" )
30:
31:   '删除名字属性
32:   node.removeAttribute( "name" )
33:
34:   '删除年龄属性节点
35:   node.removeAttributeNode( ageAttr )
36:
37:   document.write( "删除名字和年龄属性后 XML 内容：" )
38:   document.write( "<xmp>" & objXML.xml & "</xmp>" )
39:   </script>
40:   </body>
41:   </html>
```

执行结果如图 6-7 所示。

图 6-7 深入学习 DOM 实例 4

5．Text（**文本**）

Text（文本）是 CharacterData（文本内容）的子类，它含有的修改方法如下：

SplitText：该方法接收长整型的参数。该参数表示分割字符串的位置。该字符串前面的字符保留在原来的 Text 里面，后面的字符串作为结果返回。

下面举例说明这个方法。

示例的 XML 文件（06-05.xml）如下：

```
1:   <?xml version="1.0" encoding="gb2312"?>
2:
3:   <root>
4:   <text>Hello asp world.</text>
5:   </root>
```

示例的 ASP 文件（06-05.asp）如下：

```
1:   <html>
2:   <body>
3:   <script type="text/vbscript">
4:   '创建 DOM 对象，加载 XML
5:   set objXML=CreateObject("Microsoft.XMLDOM")
6:   objXML.async="false"
7:   objXML.load("06-05.xml")
8:
9:   '根元素
10:  set rootNode = objXML.documentElement
11:
12:  'text 节点
13:  set node = rootNode.childNodes(0).childNodes(0)
14:
15:  document.write("修改之前 XML 内容：")
16:  document.write("<xmp>" & objXML.xml & "</xmp>")
17:
18:  '分割文本
```

```
19:    set splitNode = node.splitText( 6 )
20:
21:    rootNode.childNodes(0).replaceChild node, node
       document.write( "splitText( 6 )后文本内容: <br/>" )
23:    document.write( node.text )
24:
25:    document.write( "<br/>返回值是: <br/>" )
26:    document.write( splitNode.text )
27:    </script>
28:    </body>
29:    </html>
```

执行结果如图 6-8 所示。

图 6-8　深入学习 DOM 实例 5

6.2　实例开发之程序文件介绍

本实例程序文件很简单,主要有两个文件,一个是网页计数器主程序文件 site-count.asp,另一个是 XML 数据存储文件 site-count.xml。两个文件的关系如图 6-9 所示。

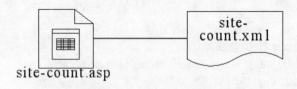

图 6-9　计数器的文件结构图

6.3　实例开发之代码详解

下面就开始介绍编程的代码部分。不过在正式介绍实例代码之前,首先介绍经常在代码调试中出现的错误(80004005),学习处理这个错误信息的方法是很有必要的。

○6.3.1　出现"msxml3.dll 错误'80004005'"的解决办法

打开字符计数器(site-count.asp)页面时出现的"msxml3.dll 错误 '80004005'"最近在论坛

上有许多帖子提到了，但所有这些帖子里均找不到很正确的相关解决办法。

笔者通过分析发现，当你将下载的文件存放在 NTFS 分区上，且其真实的物理位置不是在网站根目录所在的操作系统文件夹里面时，就会出现"msxml3.dll 错误 '80004005'"这个错误。出错的界面类似图 6-10 所示。

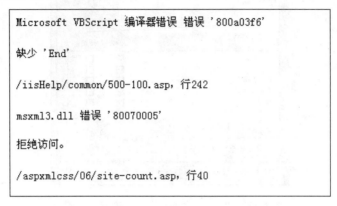

```
Microsoft VBScript 编译器错误  错误 '800a03f6'

缺少 'End'

/iisHelp/common/500-100.asp, 行242

msxml3.dll 错误 '80070005'

拒绝访问。

/aspxmlcss/06/site-count.asp, 行40
```

图 6-10　msxml3.dll 错误界面

解决这个错误的办法是：为下载文件赋予 Everyone 用户组对于目录的写权限。

详细的步骤如下。

（1）找到下载文件存放的文件夹——"asp 混合编程"，用鼠标右键单击选择"属性"命令，弹出如图 6-11 所示的对话框。

（2）选择"安全"选项卡，如图 6-12 所示，选择"Everyone"。如果没有"Everyone"，请单击"添加"→"高级"→"立即查找"→在"Everyone"上双击→"确定"。

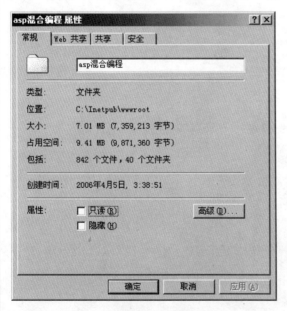

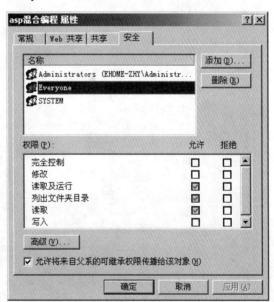

图 6-11　"asp 混合编程空格属性"对话框　　　图 6-12　"asp 混合编程属性"对话框的"安全"选项卡

（3）在"权限"框中，在"写入"、"修改"、"完全控制"等的"允许"框中打钩，如图 6-13 所示，然后单击"确定"按钮。

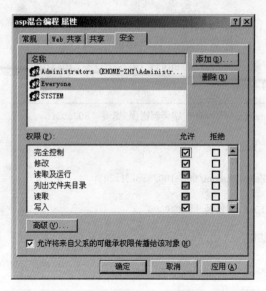

图 6-13　"asp 混合编程"文件夹权限设置

6.3.2　有一些缺陷的代码

我们先看一个简单的含有一些缺陷的计数器实现代码。读者在阅读的过程中可以看看缺陷在什么地方。

含有缺陷的网页计数器代码（site-count.asp）如下：

```
1:   <%@LANGUAGE="VBSCRIPT"%>
2:   <%
3:   'set buffering to true
4:   response.buffer = true
5:   %>
6:
7:   <%
8:   '创建 Microsoft XMLDOM 对象
9:   set objXML = Server.createObject( "Microsoft.XMLDOM" )
10:  objXML.async = false
11:
12:  '装载 XML 文件
13:  objXML.load( Server.MapPath( "site-count.xml" ) )
14:
15:  '根元素 root
16:  set rootNode = objXML.documentElement
17:
18:  '查找属性 url 值等于 site-count.asp 的 page 节点
19:  dim count
20:  dim i
21:
22:  for i=0 to rootNode.childNodes.length - 1
23:  set node = rootNode.childNodes( i )
24:  if( node.getAttribute( "url" ) = "site-count.asp" )  then
25:  '读取页面访问次数
26:  count = node.getAttribute( "count" )
27:
```

```
28:   '访问次数增加 1
29:   count = count + 1
30:
31:   '设置 count 新的属性值
32:   node.setAttribute "count", count
33:
34:   '退出循环
35:   i = rootNode.childNodes.length
36:   end if
37:   next
38:
39:   '保存到 XML 文件
40:   objXML.save( Server.MapPath( "site-count.xml" ) )
41:   %>
42:   <html>
43:   <head>
44:   <title>网页计数器</title>
45:   </head>
46:
47:   <body>
48:   您是第 <%Response.write( count )%> 位访客!
49:   </body>
50:   </html>
```

该程序和前面的程序一样，先建立 DOM 对象，装载 XML 文件，找到根元素。在根元素 site 的子元素里面找到 url 属性值等于"site-count.asp"的节点。然后读取该节点的 count 值，将 count 值增加 1。修改该节点的 count 属性值为新的 count 值。退出循环，将 XML 文件保存到服务器端。执行效果如图 6-14 所示。

图 6-14　访问计数器字符界面

不断刷新页面，将看到计数不断增加。

以下是第一次刷新页面后，site-count.xml 文件的内容。

```
51:   <?xml version="1.0" encoding="gb2312"?>
52:   <site xmlns:xsi="http://www.w3.org/2001/XMLSchema-instance" xsi:
      noNamespaceSchemaLocation= "F:\ASP+CSS+XML 应用实例\ch06\site-
      count.xsd">
53:   <page url="site-count.asp" count="1"/>
54:   </site>
```

请留意第 53 行的 count 值由原来的 0 变成 1 了。

6.3.3 缺陷分析

相信大家都知道该程序的缺陷了。

（1）网页计数器的正确性。服务器是多客户端请求的，可能有多个客户端请求 site-count.asp 页面。但目前的实现只能保证在单用户请求的情况下，网页计数器是正确的。如果多个客户同时请求 site-count.asp 就不能保证计数的正确性。

（2）XML 文件的保存。文件写操作一定要同步。当多个客户端同时请求 site-count.asp 页面，造成多个向 site-count.xml 的写操作时，导致的结果是，第一个获得 site-count.xml 写操作的客户端能返回正确结果。其他客户端写该文件的时候，服务器报告"文件不能访问"错误。因为第一个请求锁定了该文件。

6.3.4 修正程序

为了使 count 值和 XML 文件保存保持同步，我们将代码放入 application.lock 和 application.unlock 中间。ASP 服务器同步执行 Application.lock 和 application.unlock 中间的代码。

同样，如果每次都读取 XML 文件，然后查找 count 的值，也是非常耗时的操作。而且我们感兴趣的是 count 值，而不是 XML 文件。XML 文件只是提供了一种存储方式罢了。所以我们可以将 count 保存到 application 中，不需要每次都从 XML 文件中读取 count 值。

XML 文件的保存也是非常耗时的，况且我们还使用 appliction.lock 和 application.unlock 同步保存代码，执行速度也比较慢。采用缓存技术能在很大程度上减少文件的写次数。

基于上面的分析，我们从以下几个方面来修改程序。

➢ 在程序启动的时候，从 XML 文件读取 count 值，并以"site-count"变量存到 application 里面。

➢ 每次访问该页面的时候，修改 application 里面的"site-count"变量值。

➢ 减少 XML 的写操作。当缓存了一定的计数值后，我们才进行 XML 写操作。这里的写操作完成将 application 里面的 site-count 变量值保存到 site-count.xml 文件。同样在程序关闭的时候，我们也要进行写操作。

➢ 使用图片来表示用户访问次数。使用图片主要是为了美化页面。

以下给出了修改后的 ASP 代码（site-count2.asp）。

```
55:  <%@LANGUAGE="VBSCRIPT"%>
56:  <%
57:  'set buffering to true
58:  response.buffer = true
59:  %>
60:
61:  <script language="vbscript" runat=server>
62:  '程序开始的时候, 读取网页计数值
63:  sub application_onstart
64:  read_count
65:  end sub
66:
67:  '程序关闭的时候, 保存网页计数值
68:  sub application_onend
69:  save_count
70:  end sub
71:
```

```
72:   '读取网页计数值
73:   sub read_count
74:   '创建 Microsoft XMLDOM 对象
75:   set objXML = Server.createObject( "Microsoft XMLDOM" )
76:   objXML.async = false
77:
78:   '装载 XML 文件
79:   objXML.load( Server.MapPath( "site-count.xml" ) )
80:
81:   '根元素 root
82:   set rootNode = objXML.documentElement
83:
84:   '查找属性 url 值等于 site-count.asp 的 page 节点
85:   dim count
86:   dim i
87:
88:   for i=0 to  rootNode.childNodes.length - 1
89:      `set node = rootNode.childNodes( i )
90:      if( node.getAttribute( "url" ) = "site-count.asp" )  then
91:       '读取页面访问次数
92:          count = node.getAttribute( "count" )
93:          application( "site-count" ) = count
94:
95:          '退出循环
96:          i = rootNode.childNodes.length
97:      end if
98:   next
99:   end sub
100:
101:'保存网页计数值
102: sub save_count
103: '创建 Microsoft XMLDOM 对象
104: set objXML = Server.createObject( "Microsoft.XMLDOM" )
105: objXML.async = false
106:
107: '装载 XML 文件
108: objXML.load( Server.MapPath( "site-count.xml" ) )
109:
110: '根元素 root
111: set rootNode = objXML.documentElement
112:
113: '查找属性 url 值等于 site-count.asp 的 page 节点
114: dim count
115: dim i
116:
117: for i=0 to  rootNode.childNodes.length - 1
118:      set node = rootNode.childNodes( i )
119:      if( node.getAttribute( "url" ) = "site-count.asp" ) then
120:      '设置页面访问次数属性值
121:      node.setAttribute "count", application( "site-count" )
122:
```

```
123:        '退出循环
124:          i = rootNode.childNodes.length
125:      end if
126: next
127:
128:      application.lock
129:          '保存到 XML 文件
130:          objXML.save( Server.MapPath( "site-count.xml" ) )
131: application.unlock
132: end sub
133:
134: function count_image( count )
135: dim s, i, image_html
136: s = cstr( count )
137: for i =1 to len( s )
138:     image_html = image_html & "<img src=""images/c" & mid( s, i, 1 )
        &".gif""/>"
139: next
140:
141: count_image = image_html
142: end function
143: </script>
144:
145: <%
146: '访问次数加 1
147: application.lock
148: application( "site-count" ) = application( "site-count" ) + 1
149: application.unlock
150:
151: '如果已经缓存了 20 次计数, 保存网页计数
152: if ( application( "site-count" ) mod 20 = 0 ) then
153: save_count
154: end if
155: %>
156: <html>
157: <head>
158:      <title>网页计数器</title>
159: </head>
160:
161: <body>
162: 您是第 <%=count_image( application( "site-count" ) )%> 位访客!
163: </body>
164: </html>
```

第 62 行~第 144 行为在服务器端执行的脚本。

其中 application_onstart 表示程序启动的时候执行。application_onend 表示程序关闭的时候执行。application_onstart 方法调用了 read_count 方法, read_count 方法读取 XML 文件, 然后将 count 值以 site-count 变量保存到 application。application_onend 调用 save_count 方法, save_count 方法将 application 的 site-count 变量值保存到 XML 文件。

第 146 行至 156 行是执行脚本, 每次请求的时候都会被执行。

在第 148 行至 150 行，同步执行访问计数增加。

在第 153 行至 155 行，判断缓存计数的个数。如果已经缓存了 20 个计数，那么保存计数到 XML 文件。

运行结果如图 6-15 所示。

图 6-15　访问计数器图形界面

6.4　小结

本章所介绍的不算是什么新奇的功能，而且大部分书籍都会介绍，甚至有些工具干脆直接提供计数器，连编写程序代码的过程都免了。不能说这些工具不好，而是以开发者的角度来看，懂得"如何设计"比只知道"如何用"要重要得多。

其实，做一个实用的计数器没有讲得那么简单，比如加入账号列表、身份检测等认证功能，加入在线人数功能、IP 地址转地域信息功能，以及其他大家需要的实用功能。而且我们还可以让计数器显示"今日访问"、"昨日访问"、"本月访问"、"总访问量"、"真实统计天数"、"最高日访问量"和"发生时间"、"日均访问量"、"预计当日最终访问量"等。计数器有多种显示模式供选择："文字"、"滚动文字"、"图片"、"图标"、"隐藏"。计数器可以在任意页面中调用显示，自动生成页面调用代码。不那么简单了吧？感兴趣的读者可以跟我联系索取使用的计数器程序类。

第7章 购物车

在互联网高速发展的今天，网上购物已经不是什么新鲜的事情，本人就经常在网上购物，主要购买书籍和音像制品，十分方便，大家也许都有同感。

不论何种类型的商务网站，在系统结构的规划上，购物一般都是最基本的功能之一。它是"网上查询"与"商品订购"两种功能的整合，购物车是电子商务网站中不可缺少的组成部分，但目前大多数购物车只能作为一个顾客选中商品的展示，客户端无法将购物车里的内容提取出来满足自己事务处理的需要，而这一点在有些电子商务活动中很有必要。XML的出现使得网络上传输的数据变得有意义起来，我们可以根据不同的要求以不同的样式将一个购物车的内容显示出来，并且可以在一定时间内保留用户记录，这个意义很大。

教学目标

通过本章学习，你将能够：

➢ 了解 ASP 的 Session 对象。

➢ 理解购物车的设计与开发。

➢ 使用 XML 存储临时记录。

内容提要

本章主要介绍内容如下：

➢ 设计思路

➢ 实例开发之程序文件介绍

➢ 实例开发之代码详解

➢ 运行测试

内容简介

什么是购物车？购物车就是你暂时存放商品的地方。

在电子商务网站中，当浏览者在浏览网站中的产品时，也需要提供一个类似于超市里的小车，让浏览者可以暂时存储需要的产品记录，不管商品种类有何不同，尽可混合在一起，另外你还可以随时更改商品的数量，如果你最终决定想要购买购物车中的全部或部分商品，首先你要确定你已经取消了购物车中你所不需要的商品，并确定了你想要的商品数量以方便电子商务活动（如：结账）的进行。

商品分页浏览显示界面如图 7-1 所示。单击选择商品，系统会把所选商品放入购物车，单击"查看购物车"链接文字，系统将列出购物车的详细信息。购物车显示界面如图 7-2 所示。

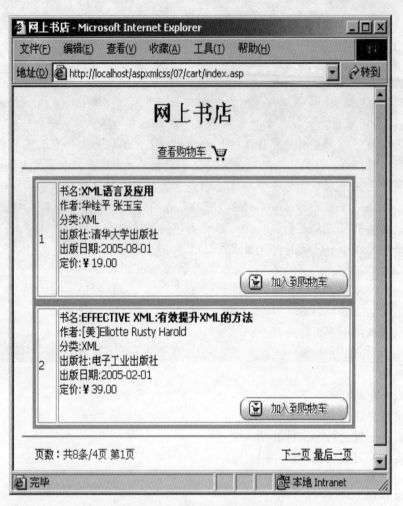

图 7-1　商品分页浏览显示界面

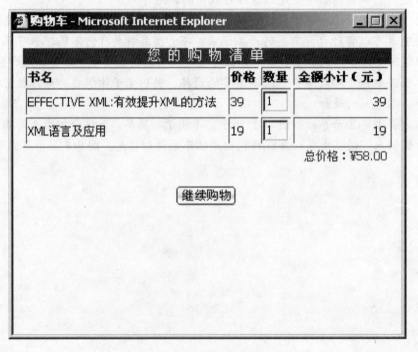

图 7-2　购物车显示界面

7.1　设计思路：为电子商务设计购物车

小论何种类型的电子商务网站，在系统结构规划上购物车是最基本的功能之一。通过参考几个大型的购物网站后，结合自己的实际开发经验，总结出购物车的基本功能和开发思路，下面就进行详细介绍。

7.1.1　基本概念

购物车的概念是在超市里提供给顾客购物用的小车。任何一个顾客都可以使用任意一个购物车，在顾客挑选到合适的商品时就将商品放入购物车中，可以多放；如果不想要哪件商品，还可以将其从购物车中拿走。当顾客结账之后，其所使用的购物车便被清空。

网上购物的一般流程如图 7-3 所示。

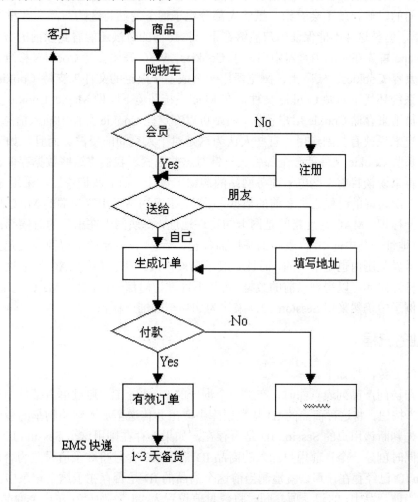

图 7-3　网上购物的一般流程图

7.1.2　需求分析

电子商务网站的购物车不同于生活中的购物车，不同的电子商务网站根据自己不同的需求，设计的购物车也会有所不同，但是基本具备以下功能：

（1）购买者无须登录就能选购商品。

（2）已经选购的商品及数量均能保存起来。

（3）购买者下一次登录能看到以前放进购物车的商品。

（4）购买者可以对购物车内的数据进行修改，包括清空购物车。

对于购物车的第（1）项功能而言，大多数用户都不喜欢在网站上进行注册，那么购物车就应该让没有注册过的用户也能够使用，这个时候对于用户而言，购物车可以使用当前用户的 Session ID 来作为其购物车的惟一标识，因为 Session 对于每一个访问的用户而言都会为其分配一个惟一的标识 ID，但是，如果这个用户关闭了当前浏览器，那么这个 ID 就会丢失，当用户下次访问的时候 Session 又会重新为其分配一个不同的 ID。对于已经注册过并登录的用户而言，可以以其用户 ID 建立一个临时表来存放选购商品。在我们这个例子中没有涉及到注册问题，所以，我们采用 Session 的 ID 来作为购物车的惟一标识。

对于同一种商品，用户也许会需要多件，那么用户应该能够很方便修改其所需要的数量，修改后的数量和商品一起会被保存起来。对于购物车功能的第（3）项，如果是注册过并登录的用户，那么其选购商品在下一次登录时仍然可以看到，但是如果采用 Session 的 ID 来标识，在下一次访问的时候，就不会看到。虽然大部分电子商务网站将选购商品和数量存储在客户端的 Cookies 里，但是这并不能保证用户能够在下一次访问的时候还能看到以前的数据。

Netscape 首先在它的浏览器中引入了 Cookies，W3C 开始支持 Cookies 标准。现在的大部分浏览器都兼容 Cookies。实际上，浏览器用一个或多个限定的文件来支持 Cookies，这些文件在 Windows 系统环境下叫做 Cookie 文件，在 Mac 系统环境下叫做 Magic Cookie 文件，它们被网站的程序员用来存储 Cookie 用户数据。网站可以在这些 Cookie 文件中插入信息，但这样对于一些网络用户来说就有些副作用。有些人认为这是对个人空间的侵占。而且，如果一旦客户端系统损坏，那些 Cookie 文件就会全部丢失。针对这些因素，我们将这些数据存储在服务器端。

下面再来谈谈目前一些电子商务网站的购物车设计，前面我们说过，采用 Session ID 会让用户在下一次访问的时候丢失之前的数据，所以，很多网站采用客户端的 MAC 地址来作为其购物车的惟一标识。MAC 地址指的是网卡的物理地址，每块网卡在出厂的时候都被设置了一个惟一的 48 位地址，其中前 24 位表示的是厂商标记，后 24 位表示的是厂商自己定义的标记，这个地址在全世界范围内也是惟一的，而且一般不会被修改。但是使用 MAC 地址只能是拥有这块网卡的计算机访问才可以得到以前的数据，而且不管谁访问都一样，因为 MAC 地址没有发生改变。在我们的例子中仍然采用 Session ID 来作为购物车的惟一标识。

7.1.3　业务流程

本系统业务流程如下。

当用户访问产品列表页面时，产生一个惟一的 Session ID；通过单击某种商品下面的"加入到购物车"按钮，将这种商品的 ID 从数据库中取出并传送至加入到购物车的程序中。加入购物车程序首先判断该用户的 Session ID 是否存在，如果不存在则用这个 Session ID 创建一条记录，在记录里同时创建一个当前用户加入的商品 ID 记录项，并且将数量值设置为"1"；如果程序判断 Session ID 已经存在，那么就检测当前这个商品的 ID 是否存在于这个记录中，如果不存在就创建一个当前商品 ID 的记录项，同时将数量值设置为"1"；如果存在这个商品 ID 的记录项，则将其数量值增加"1"。

然后利用 ASP 将存储在 XML 文件中的这些选购商品的记录读出，识别当前用户的 Session ID，并且读取其选购商品的 ID 及数量；再从数据库中根据商品的 ID 读取商品的有关信息，比如价格等。

7.1.4　数据结构

对于本例而言，我们采用 Access 2000 作为数据库。在这个数据库中，我们简化处理，暂时只需要一张表（book 表）来记录我们的商品数据。

在设计数据表时信息结构要合理，表的字段数一定不要过多。在本例中所需要设计的数据表基本信息如表 7-1 所示。

表 7-1　书信息表（book）

序　号	字　段　名	字　段　类　型	说　　明	备　注
1	id	自动编号	书的 ID	默认从 1 开始
2	书名	文本	书籍名称	不为空
3	作者	文本	书籍作者	不为空
4	分类	文本	书籍所属类别	不为空
5	出版社	文本	书籍出版社的名称	不为空
6	出版日期	日期/时间	书籍出版时间	不为空
7	定价	数字	书籍单价	不为空

下面给出数据库字段设计的实际显示效果，见图 7-4。

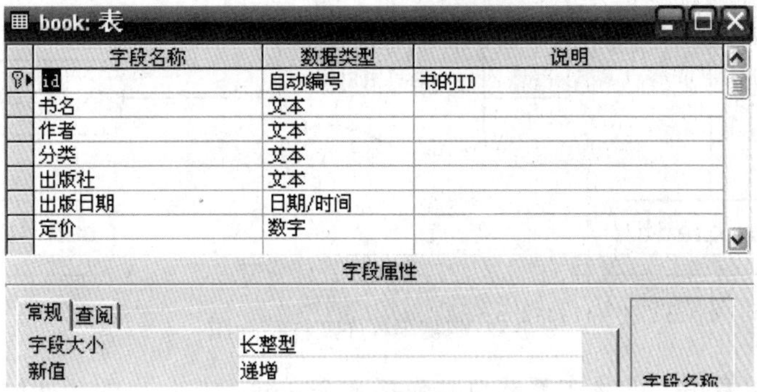

图 7-4　数据库字段设计

这样，我们就创建了一个数据库"book.mdb"，并且在这个数据库中建立了一张表"book"，这张表中存储着商品的基本信息。至此，数据库设计完成。

现在谈谈 XML 文件结构的设计。首先对于 cart.xml，我们将其设计为用于存储用户选购商品的数据。这个 XML 文件的结构比较简单，基本可以满足购物车的需求。其实际的结构可以参考 7-2。

表 7-2　cart.xml 的结构

序　号	名　　称	性　质	说　　明	备　注
1	cartList	根节点	购物车列表	
2	cart	子节点	购物车节点	有两个属性，分别是 mac 和 time
3	productID	子节点	产品 ID 节点	有一个属性 quantity
4	mac	属性	用来识别购物车的惟一标识	
5	time	属性	用来识别购物车产生的时间	
6	quantitye	属性	用来记录选购商品的数量	

7.2　实例开发之程序文件介绍

首先我们必须要知道购物流程。为了能够很好地说明购物车的总体设计，我们利用 ASP 从数据库中取出产品的资料；当浏览者想要购买某个产品时，只需要单击产品下方的"加入到购物车"按钮即可。如果想要查看购物车内容或者对购物车进行修改，只需要单击页面上的"查看购物车"链接文字即可。

这样，我们就可以针对上述过程，设计出需要的程序文件（asp、xml、css 和 dtd）结构，如图 7-5 所示。

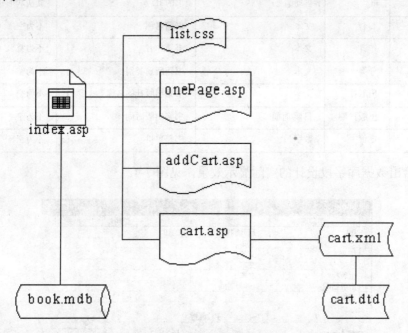

图 7-5　购物车程序文件结构图

从图 7-5 可以看出，购物车系统总共包括 8 个文件，其各自的功能如表 7-3 所示。

表 7-3　程序文件功能表

序　号	名　称	功　能　说　明	备　注
1	index.asp	显示不同产品的页面	
2	onePage.asp	主要实现过程	ShowOnePage
3	addCart.asp	处理加入购物车的程序	
4	cart.asp	显示购物车内容	
5	cart.xml	存储用户购物车数据的文件	
6	cart.dtd	文档类型定义文件	
7	book.mdb	商品数据库文件	
8	list.css	所有页面的样式表文件	

下面我们来看购物车实例效果。

利用 ASP 分页显示数据库内容，并使用表格显示数据，如图 7-6 所示。

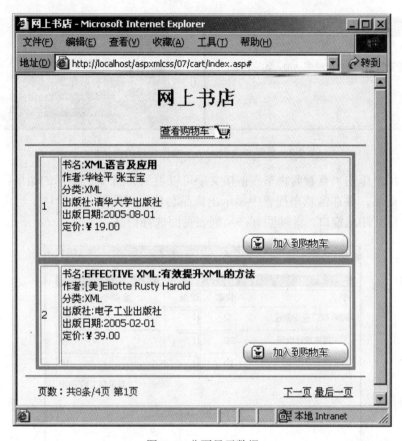

图 7-6　分页显示数据

　　此时单击"查看购物车"链接文字可以得到如图 7-7 所示的结果。因为用户此时还没有选购任何商品，所以提示购物车是空的（图 7-7），当用户单击"继续购物"按钮时，会关闭这个窗口。

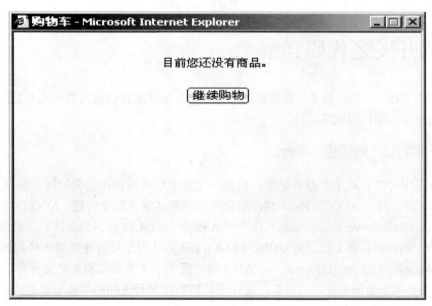

图 7-7　没有选购商品之前的购物车

　　单击"加入到购物车"按钮之后的对话框如图 7-8 所示，表示用户选购的商品已经加入到购物车中。

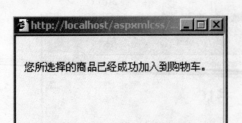

图 7-8　显示加入到购物车操作成功的对话框

此时，用户单击"查看购物车"链接文字可以得到如图 7-9 所示的结果。此时，用户已经选购了几件商品，并在购物车列表中显示出商品名称，所购数量及价格。当用户单击"继续购物"按钮，可关闭此窗口，继续回到产品列表页面选择商品。

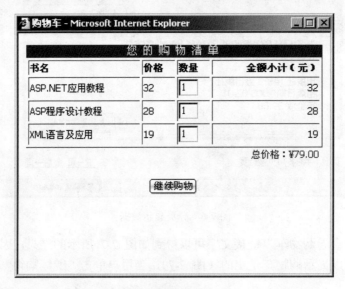

图 7-9　显示购物车内容

7.3　实例开发之代码详解

前面说了很多，也知道了应用界面的效果，那么接下来我们进入具体的"工程施工"——进行程序的开发，即代码实现部分。

○7.3.1　利用 ASP 分页显示商品

数据库中可能有成千上万条记录，如果一次显示出来的话很浪费时间，而且也没有必要一次全部都显示。利用 ADO 的 RecordSet 对象可以很好地解决这个问题。ADO 作为 ActiveX 服务器组件（ActiveX Server Component）内置于 ASP 中。当 ASP 访问数据库时，必须使用 ADO 组件。通过在 Web 服务器上设置的 ODBC 和 OLE DB 驱动程序可以连接到多种数据库，比如 SQL Server、Access、Oracle、Informix 等。ADO 组件提供了 7 个对象和 4 个集合来访问数据源。其中 RecordSet 对象是最常使用的对象，它存放访问数据源后返回的所有记录。

1. RecordSet 对象介绍

记录集可以用来表示表中的记录集合。与表一样，一个记录集包含一条或者多条记录，每条记录包括一个或者多个字段。而当前记录只能是一条记录。

利用 RecordSet 对象的属性和方法可以完全操作一个数据库。在理论上而言，能够使用 SQL 语句完成的操作，利用 RecordSet 对象都可以完成，但是这两种方法各有利弊。下面给出 RecordSet 对象常用的一些方法和属性。

- ➢ AddNew：向记录集中添加一条新记录。
- ➢ AbsolutePage：制定当前的页。
- ➢ Delete：从记录集中删除一条记录。
- ➢ Update：保存对当前记录所做的修改。
- ➢ MoveFirst：移动到记录集的第一条记录。
- ➢ MoveNext：移动到记录集的下一条记录。
- ➢ MovePrevious：移动到记录集的上一条记录。
- ➢ MoveLast：移动到记录集的最后一条记录。
- ➢ PageCount：返回记录集中的逻辑页数。
- ➢ PageSize：制定一个逻辑页中的记录个数，默认值是 10。

2．利用 RecordSet 对象打开数据库

利用 RecordSet 对象可以很方便地打开数据库，其打开数据的格式如下：

```
1:  Set conn = Server.CreateObject("ADODB.Connection")
2:  DBpath = Server.MapPath("数据库名")
3:  onn.Open "driver={Microsoft Access Driver (*.mdb)};dbq=" & DBpath
4:  Set rs = Server.CreateObject("ADODB.Recordset")
5:  SQL = "数据库表名或者 SQL 语句"
6:  rs.Open SQL,conn,打开方式,锁定类型
```

首先我们建立一个 Connection 对象的实例 conn，然后使用 Server 对象的 MapPath 方法取得数据库在服务器上的绝对路径 DBPath。

第 3 行使用连接对象的 Open 方法连接上 Access 数据库。

第 4 行建立一个 RecordSet 对象的实例 rs。

第 5 行给出 SQL 语句或者数据库表名。给出表名类似于选择这个表的所有内容。

第 6 行使用 rs 的 Open 方法打开数据库。Open 方法中的打开方式和锁定类型可以省略，但是 SQL 语句和 conn 必须指定，使用 SQL 语句去打开 conn 连接上的数据库。

打开方式有以下 4 个参数可选。

- ➢ 0：adOpenFowaredOnly，这是默认值，使用前向指针。指针在记录集中只能向前移动。
- ➢ 1：adOpenKeyset，使用 Keyset 指针，可以在记录集中向前或者向后移动指针。如果另一个用户删除或改变了一条记录，记录集中将反映这个变化。但是如果另一个用户添加了一条新记录，新记录将不会出现在记录集中。
- ➢ 2：adOpenDynamic，使用动态指针，可以在记录集中向前或者向后移动指针，其他用户所做的对记录的任何变化都会在记录集中有所反映，但是这也是最耗费资源的。
- ➢ 3：adOpenStatic，使用静态指针，可以在记录集中向前或者向后移动指针，但是其他用户所做的对记录的任何变化都不会在记录集中反映出来。

锁定类型有以下 4 个参数。

- ➢ 1：adLockReadOnly，指定用户不能修改记录集中的记录。
- ➢ 2：adLockPessimistic，指定用户在编辑一个记录时，立即锁定它。
- ➢ 3：adLockOptimistic，指定只有调用记录集的 Update 方法时，才锁定记录。
- ➢ 4：adLockBatchOptimistic，指定只能成批更新记录。

利用 RecordSet 对象打开数据库的强大功能，我们来看几个非常重要的属性。首先介绍 AbsolutePosition。当给 AbsolutePosition 赋值时，记录指针就会定位到相应的记录位置上。我们知道，当第一次打开数据库的时候，RecordSet 指针是定位在第一条记录上的。可以利用 AbsolutePosition 来直接定位到第几条记录上，其基本语法是：

```
rs. AbsolutePosition=N
```

利用 AbsolutePosition 直接指向第几条记录的程序代码，参见源文件中的 07-01.asp。

```
1:   <%
2:   Set conn = Server.CreateObject("ADODB.Connection")
3:   DBPath=Server.MapPath("book.mdb")
4:   conn.Open "driver={Microsoft Access Driver (*.mdb)};dbq=" & DBPath
5:   Set rs = Server.CreateObject("ADODB.Recordset")
6:   sql = "book"
7:   rs.Open sql, conn, 3
8:   rs.AbsolutePosition=4
9:   response.write rs(0) &" "& rs(1)
10:  %>
```

以上代码执行完毕后，程序将直接定位到数据库中的第 4 条记录，并且取出其中的第 1 个及第 2 个字段，显示结果如图 7-10 所示。

4 ASP程序设计教程

图 7-10   使用 AbsolutePosition

下面我们来介绍另外一个比较重要的属性 AbsolutePage。当程序调用 AbsolutePage 时，系统将对数据记录进行逻辑上的分页显示，默认的分页记录是 10 条记录。当设置 AbsolutePage 为 N 时，记录指针就会自动定位到第 N 页的第 1 条记录上。比如说，AbsolutePage=4，那么指针就指向第 4 逻辑页的第 1 条记录，此时的 AbsolutePosition 就应该为 31。它们之间的关系可以使用公式来计算，如下：

```
AbsolutePosition=（AbsolutePage-1）*PageSize+1
```

PageSize 默认为 10，表示逻辑页的记录数量。

利用 AbsolutePage 显示逻辑页的第 1 条记录的程序代码如下，参见源文件中的 07-02.asp。

```
1:   <%
2:   Set conn = Server.CreateObject("ADODB.Connection")
3:   DBPath=Server.MapPath("book.mdb")
4:   conn.Open "driver={Microsoft Access Driver (*.mdb)};dbq=" & DBPath
5:   Set rs = Server.CreateObject("ADODB.Recordset")
6:   sql = "book"
7:   rs.Open sql, conn, 3
8:   rs.pagesize=2
9:   rs.AbsolutePage=2
10:  response.write rs(0) &" "& rs(1)
11:  %>
```

第 8 行指定 pageSize 的大小为 2，也就是逻辑页的记录数量为 2；第 9 行指定 AbsolutePage

为 2，也就是显示第 2 逻辑页的第 1 条记录。按照公式计算出的 AbsolutePosition 的值为 3。取出这条记录的第 1 个字段和第 2 个字段的值，显示结果如图 7-11 所示。

```
3 DEFINITIVE XSL-FO
```

图 7-11　使用 AbsolutePage

3．定义分页显示过程

为了实现分页显示数据，我们首先定义一个分页的过程。这个过程的功能就是实现分页输出。该过程包括两个参数，第一个参数是定义的 rs 记录集对象，第二个参数 Page 是用来显示第几页的。同时我们还定义了一个加入购物车的脚本函数，这个函数包括一个参数 ID，是用来接收用户选购商品的 ID 的。

以下代码（OnePage.asp）定义了两个过程的页面。

```
1:    <script>
2:    function AddCart(id){
3:    window.open("AddCart.asp?productID="+id,
              "购物","width=240,height=100,left=200,top=100");
4:    }
5:    </script>
```

第 1~5 行定义了一个 JavaScript 的函数 AddCart(id)，这个函数的功能是将参数 ID 的值赋给 productID，然后通过地址传输给 AddCart.asp 这个程序。

第 1 行的<script>标记，并没有指定脚本语言是 JavaScript，因为作为客户端脚本语言默认就是 JavaScript。当然，也可以写成<script language="JavaScript">，使用 language 属性指定脚本为 JavaScript。

第 2 行是脚本函数 AddCart()的定义，使用关键字 function。函数内容放在一对"{"、"}"符号之间。

第 3 行是使用 JavaScript 的 window 对象的 open 方法打开 AddCart.asp 这个程序，同时将 productID 变量及值通过地址栏传送过去。另外，width 指定打开的窗口的宽度，height 指定打开窗口的高度，left 指定打开的窗口离浏览器左边框的距离，top 指定打开的窗口离浏览器顶部边框的距离，单位是像素。

```
6:    <%
7:    Sub ShowOnePage( rs, Page )
8:     rs.AbsolutePage = Page
9:     For iPage = 1 To rs.PageSize
10:         response.write "<table border=4 bordercolor=orange align=center
                width=400>"
11:         Response.Write "<tr>"
12:         RecNo = (Page - 1) * rs.PageSize + iPage
13:         Response.Write "<td width=20>" & RecNo & "</td><td align=left>"
14:         For i=1 to rs.Fields.Count-1
15:           if i=1 then
16:             Response.write rs.Fields(i).Name & ":<b>" & rs(i) &"</b>
                    <br>"
17:           elseif i=6 then
18:             Response.write rs.Fields(i).Name & ":￥" & FormatNumber
                    (rs(i),2) &"<br>"
```

```
19:          else
20:            Response.write rs.Fields(i).Name & ":" & rs(i) &"<br>"
21:          end if
22:        Next
23:        Response.Write "<div align=right>"
24:        Response.write "<a href=javascript:AddCart("&rs(0)&")>"
25:        Response.write "<img src=images/add-to-cart.gif border=0></a>"
26:        Response.Write "</div></td></tr></table>"
27:        rs.MoveNext
28:        If rs.EOF Then Exit For
29:     Next
30: End Sub
31: %>
```

第 7~30 行定义了一个过程 ShowOnePage(rs,page)，这个过程首先有两个传递过来的参数，第一个参数就是 rs 记录集对象，第二个参数用来确定显示第几页。

第 8 行将传递过来的 page 值赋给 AbsolutePage，用于指定显示逻辑上的第几页数据。

第 9~29 行使用 for…next 循环，将每一页的所有记录都显示出来。PageSize 的默认值为 10，也可以在调用过程的页面单独设置。iPage 循环 PageSize 次，将第 page 逻辑页的从当前记录（一般是这个页的第 1 条记录）开始的 PageSize 条记录显示出来。

第 10~26 行是使用表格显示 1 条记录。

第 12 行的 RecNo 用来显示记录的总的顺序号。比如每页显示 10 条记录，第 4 页的第 2 条记录的总的顺序号就是(4-1)*10+2=32。

第 14~22 行，使用循环输出每一条记录的数据。因为字段是从 0 开始计数的，所以所有 rs.fields.count 都需要减 1。

第 16 行的 rs.fields(i).name 也可以写成 rs(i).name，用于取得第 i+1 个字段的字段名，而 rs.fields(i).value 用于获取当前记录的第 i+1 个字段的字段值，可以写成 rs(i).value，value 可以省略。

第 24 行和第 25 行，给图片加上超级链接，并且使得超级链接指向定义的脚本函数 AddCart(id)，而 id 则使用实际参数，也就是 rs(0)，表示用记录的第 1 个字段值来取代。这个字段值在数据库中设计的是产品的 ID。

第 27 行使用 MoveNext 方法将当前指针移动到下一条记录。

第 28 行使用 rs.EOF 来判断是否到达记录集的最后一条记录，如果是，则跳出循环，不再输出表格来显示记录内容。这主要用来防止剩下的记录不足 PageSize 条记录，如果不足，在最后一页的显示时程序就会报错。

以上代码在运行后可以取得某 1 条记录，显示结果如图 7-12 所示。

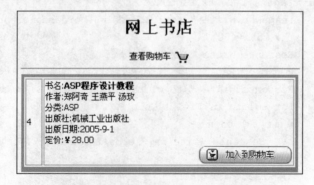

图 7-12 使用表格显示某 1 条记录

我们可以看到，这个页面是从第 4 条记录开始显示的，通过地址栏可以看到传送的参数 page 的值为 2，也就是显示的是第 2 页的所有记录。由此可以推断，主程序对于 PageSize 设定的值为 3。

1．分页显示的实现

下面我们要在显示页面主程序里调用上一节定义的过程来显示数据库中的记录。

以下代码（index.asp）显示数据的主页面。

```
1:   <!--#include file="OnePage.asp" -->
2:   <%
3:   session("mac")=session.sessionID
4:   Set conn = Server.CreateObject("ADODB.Connection")
5:   Dbpath= Server.MapPath("book.mdb")
6:   conn.Open "driver={Microsoft Access Driver (*.mdb)};dbq=" & DBpath
7:   Set rs = Server.CreateObject("ADODB.Recordset")
8:   sql = "book"
9:   rs.Open sql, conn, 3
10:  %>
```

代码的第 1 行，使用 SSI（Server Slide Include，服务器端包含）指令将 OnePage.asp 文件包含到 index.asp 文件中，以便在程序中调用 OnePage.asp 中的过程。

第 2~10 行是 ASP 代码部分。

第 3 行使用 Session 对象的 sessionID 获取一个 ID，当每一个用户访问时系统都会自动分配一个 ID，这个 ID 是不会重复的，用来标识每一个不同的用户。同时将这个 ID 赋给一个 Session 变量 "mac"。这个变量主要用于在一个用户的会话期间将 ID 传送到其他程序中。

第 4~9 行是使用 RecordSet 对象打开数据库 book.mdb 的程序。

第 9 行使用 rs 记录集打开了数据库。

```
11:  <html>
12:  <head>
13:  <title>网上书店</title>
14:  <link rel="stylesheet" type="text/css" href="list.css">
15:  </head>
16:  <body bgcolor="beige">
17:  <h2 ALIGN="CENTER">网上书店</h2>
18:  <div align=center>
     <a href="#" onclick="window.open('cart.asp','cart','width=400,
     height=300,left=100')">查看购物车 <img src=images/car.gif border=0
       align=absmiddle></a></div>
19:  <hr>
20:  <%
21:  rs.PageSize = 3
22:  Page = CLng(Request("Page"))
23:  If Page < 1 Then Page = 1
24:  If Page > rs.PageCount Then Page = rs.PageCount
25:  ShowOnePage rs, Page
26:  %>
27:  <hr>
```

第 14 行使用 link 标记将样式表文件 list.css 链接上，使得页面样式统一。

第 18 行使用超级链接的空链接"#"，然后使用 onclick 事件调用 window.open 方法打开 cart.asp 页面。cart.asp 页面主要显示当前用户的购物车情况。

第 21 行设定 PageSize 的值为 3，也就是说逻辑页的记录数是 3。

第 22 行使用 Request 接收从地址栏传送过来的 page 值，然后使用 CLng()函数将其转换成 Long 类型。

第 23 行保证如果从地址栏传送过来的 page 值小于 1 的话，那么此时就将 page 设置为 1。

第 24 行保证如果从地址栏传送过来的 page 值大于记录集的逻辑页数，则将 page 设置为 rs.PageCount，也就是最大的逻辑页码。

第 25 行调用 OnePage.asp 文件中的 showOnePage()函数，一个是 rs 记录集，另一个是所要显示的逻辑页数。

```
28:  <table align=center width=400>
29:  <tr><td align=left>
30:  页数: <font color="Red">共<%=rs.RecordCount%>条/<%=rs.PageCount%>页第
     <%=Page%>页</font>
31:  </td><td align=right>
32:  <%
33:  If Page <> 1 Then
34:      Response.Write "<A href=index.asp?Page=1>第一页</A> "
35:      Response.Write "<A href=index.asp?Page=" & (Page-1) & ">
         上一页</A> "
36:  End If
37:  If Page <> rs.PageCount Then
38:      Response.Write "<A href=index.asp?Page=" & (Page+1) & ">
         下一页</A> "
39:      Response.Write "<A href=index.asp?Page=" & rs.PageCount & ">
         最后一页</A>"
40:  End If
41:  %>
42:  </td></table>
43:  </body>
44:</html>
```

第 30 行显示总共多少条记录（RecordCount），以及总共多少页（PageCount）和当前是哪一页。

第 33~36 行的 if 判断实现了如果当前页为第一页的时候，就不显示第一页和上一页的链接；如果当前页不为第一页时就显示。当单击第一页时，将 page=1 通过地址栏传输到 index.asp 页面；当单击上一页的时候，将当前页的 page 值减 1，从而实现向前翻页的功能。

第 37~40 行的 if 判断实现了如果当前页为最后一页（rs.PageCount）的时候，就不显示下一页和最后一页的链接；如果当前页不为最后一页时就显示。当单击最后一页时，将 rs.PageCount 值赋给 page 然后通过地址栏将其传送到 index.asp 页面；当单击下一页的时候，将当前页的 page 值加 1，从而实现向后翻页的功能。

程序运行后显示的结果如图 7-13 所示。

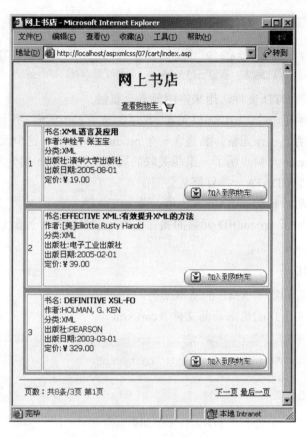

图 7-13　实现分页显示

7.3.2　利用 XML 存储购物车

1．购物车文件的设计

　　使非注册登录用户的选购信息能够暂时保存在服务器端，这种情况可以用在当用户考虑到安全性关闭浏览器的 Cookie 功能时，或者当网站设计者确实就是想让用户的选购商品能够保存在服务器上时。这样可以保证用户下一次访问的时候能够获取上一次的商品列表，但是，这种情况又必须借助于一个惟一标识用户身份的 ID。我们在前面介绍过使用网卡的 MAC 地址，因为这种地址在全球范围内是惟一的。而在我们这个例子中为了简化程序，采用了随机的惟一的 Session ID 来惟一标识用户，那么用户在下一次访问的时候是无法获取上一次的商品列表的。不过，这个问题不是很大。

　　在服务器端存储购物车数据，可以采用数据库、文本或者 XML 文件等。如果采用数据库来存储，对于不同的数据库，还需要不同的 DBMS，操作起来对系统的消耗比较大，毕竟我们的商品列表文件不是很大。而采用文本来存储，虽然不需要 DBMS，但是纯粹的文本不能够表示任何意义。所以，我们使用 XML 文件来存储购物车信息，首先是因为 XML 文件本身也就是一个文本文件，对于它的操作很方便，这样甚至还可以实现跨平台操作；其次是因为在 XML 文件中可以很方便地告诉计算机每一个数据的意义。

2．购物车 DTD

　　为了确保购物车 XML 文件的"有效性"，我们给出其 DTD。购物车的 DTD（cart.dtd）如下：

```
1:  <!ELEMENT cartList (cart*)>

2:  <!ELEMENT cart (productID*)>
```

```
3:      <!ATTLIST cart mac CDATA #REQUIRED
4:                     time CDATA #REQUIRED>
5:      <!ELEMENT productID (#PCDATA)>
6:      <!ATTLIST productID quantity CDATA #REQUIRED>
```

这是一个简单的 DTD 文件，用来声明元素及属性。

➢ 第 1 行声明了一个 cartList 根元素，其包含一个 cart 元素，并且这个 cart 可以多次出现。

➢ 第 2 行声明了 cart 元素，其包含一个 productID 元素，这个元素可以多次出现。

➢ 第 3 行为 cart 元素声明了一组相关联的属性，包括 mac 属性和 time 属性，这两个属性的类型都是 CDATA，并且都是必需的。

➢ 第 5 行声明了 productID 元素内容，为 PCDATA。

➢ 第 6 行声明了 procudtID 元素的属性，为 quantity，这个属性是 CDATA 类型，并且是必需的。

3. 购物车 XML

首先我们来看看购物车 XML 的基本架构。

以下是用来存储用户的选购商品文件（cart.xml）。

```
1:      <?xml version="1.0" encoding="gb2312"?>
2:      <!DOCTYPE cartList SYSTEM "cart.dtd">
3:      <cartList>
4:      </cartList>
```

第 2 行用来引用一个外部 DTD 文件 cart.dtd。

第 3~4 行给出了 cartList 标记。

这样做的目的在于这部分数据不需要由 ASP 去创建，方便程序的执行。当用户选购商品的时候，就会在这个 XML 文档里创建其选购商品的列表。下面我们来看看用户选购了第一件商品之后，cart.xml 存储了哪些信息。

```
1:      <?xml version="1.0" encoding="gb2312"?>
2:      <!DOCTYPE cartList SYSTEM "cart.dtd">
3:      <cartList>
4:          <cart mac="881326073" time="10/11/2005 5:34:41 AM">
5:                  <productID quantity="1">4</productID>
6:          </cart>
7:      </cartList>
```

通过对比，我们可以看到，当用户选购了 ID 号为 4 的商品之后，在 cart.xml 中增加了第 4~6 行的内容。其中：

第 4 和 6 行是 cart 元素，表示一个购物车，它有两个属性，第一个属性为 mac，属性值为当前用的 Session ID；第二个属性为 time，属性值为这次用户选购第一件商品的时间。

第 5 行是 productID 元素，其内容是 4，也就是用户选购商品的 ID，它有一个属性为 quantity，表示这种商品选购的数量。

以下是当前用户又选择了一些商品的结果。

```
1:      <?xml version="1.0" encoding="gb2312"?>
2:      <!DOCTYPE cartList SYSTEM "cart.dtd">
3:      <cartList>
4:          <cart mac="881326073" time="10/11/2005 5:34:41 AM">
5:                  <productID quantity="2">4</productID>
```

```
6:                     <productID quantity="1">7</productID>
7:                     <productID quantity="1">8</productID>
8:         </cart>
9:     </cartList>
```

可以看出，当前用户对于 4 号商品选购了 2 件。

以下是第二位用户选购了商品之后，为其增加了一个购物车，使用不同的 MAC 标识不同的购物车。cart.xml 文件如下所示。

```
1:     <?xml version="1.0" encoding="gb2312"?>
2:     <!DOCTYPE cartList SYSTEM "cart.dtd">
3:     <cartList>
4:         <cart mac="881326073" time="10/11/2005 5:34:41 AM">
5:                     <productID quantity="2">4</productID>
6:                     <productID quantity="1">7</productID>
7:                     <productID quantity="1">8</productID>
8:         </cart>
9:         <cart mac="881326074" time="10/11/2005 5:51:54 AM">
10:                    <productID quantity="3">2</productID>
11:        </cart>
12:    </cartList>
```

注意：其中的"881326073"及"881326074"就是不同的 Session ID。time 属性是为了将来系统能够在一定时期之后自动删除那些不再需要保存的购物车而设计的。

○7.3.3　结合 CSS 实现购物车功能

1．加入到购物车

当用户看到自己喜欢的商品时，就可以单击此商品信息下面的"加入到购物车"按钮，把信息提交到购物车中去。当用户单击"加入到购物车"按钮的时候，在定义分页显示过程中我们知道，程序会调用脚本过程 AddCart(id)，而实参就是 rs(0)，也就是数据库中商品的 ID，然后将 ID 赋给 productID 并通过地址栏传送到 AddCart.asp 文件中，如果商品成功加入到购物车，就会显示如图 7-9 所示的结果。

以下程序代码实现将商品加入到购物车（AddCart.asp）。

```
1:     <link rel=stylesheet type=text/css href=list.css>
2:     <%
3:     productID=trim(request("productID"))
4:     mac=session("mac")
5:     %>
```

第 1 行引用外部 CSS 文件 list.css。

第 3 行使用 request 对象的 QueryString 接收从 index.asp 页面通过地址栏传送过来的 productID 变量值。QueryString 变量一般应用于网页之间参数的传递，接收参数的格式如下：

Request.QueryString("productID")

但是在 ASP 中可以简写成：

Request("productID")

trim()函数用于删除接收后的 productID 变量值的前后空格，然后将赋值给 productID 变量。在这里使用 productID 来作为变量主要是为了程序的可读性，当然，也可以定义成其他的变量名。

这个 productID 变量只是 AddCart.asp 程序的局部变量，跟 Request("productID")中的 productID 是不同的，Request("productID")中的 productID 是实现分页显示中定义的变量。

第 4 行将用户在 index.asp 中生成的 Session 变量值赋给本程序中的 mac 变量。因为在一个没有超时的会话期间，Session 变量是保持不变的。

```
6:    <%
7:    set xmlDoc=server.createObject("Microsoft.xmldom")
8:    xmlDoc.async=false
9:    fileName=server.mappath("cart.xml")
10:   xmlDoc.load(fileName)

11:   set cartElement=xmlDoc.getElementsByTagName("cart")
12:   cartNum=cartElement.length

13:   tempI=-1
14:   tempJ=-1'判断是修改还是增加的临时变量
15:   for i=0 to cartNum-1
16:       set cart=cartElement.item(i)
17:       if ( cart.getAttribute("mac")=mac ) then '判断MAC值是否相同
18:           tempI=i
19:       end if
20:   next
```

第 7~10 行，是在 ASP 创建 DOMDocument 的实例，并且使用这个实例加载了存储购物车信息的 XML 文件 cart.xml。

第 7 行创建的 DOMDocument 实例 xmlDoc 可以在脚本中调用 DOMDocument 对象的各种方法和属性来访问 XML 文档。

第 8 行设置同步装载文档，第 9 行获取 cart.xml 文件在服务器上的物理路径。

第 10 行使用 load 方法来装载和解析文档。由于设置了同步转载文档，一旦系统返回给我们控制权，我们就可以知道文档已经装载和解析，还可以使用下面的代码来检查这个文档是否已经正确解析。

```
if xmlDoc.parseError.errorCode <> 0 then
    '表明解析失败，因为解析错误代码不为 0
else
    '表明解析成功
end if
```

如果需要异步装载文档，则可以把第 8 行的 async 属性值设置为 true（默认值），然后还要为 onreadystatechange 事件设置事件处理器。

第 11 行使用了 XMLDOMDocument 对象的 getElementsByTagName 方法。getElements-ByTagName 方法使用指定的标记名称("cart")返回在文档中包含所有元素的 XMLDOMNodeList 对象，返回的顺序与其在原始文档中的顺序一样。XMLDOMNodeList 对象是一个包含 XMLDOMNode 对象的有序列表集合。一个购物车 "<cart>…</cart>" 就是一个 XMLDOMNode 对象。

第 12 行使用 XMLDOMNodeList 对象的 length 属性返回集合中 XMLDOMNode 对象的数量。XMLDOMNode 对象是在 DOM 节点树中的所有不同节点类型的基本对象。实际上就是返回有多少个购物车。

第 15~20 行将 XMLDOMNodeList 对象中的所有 XMLDOMNode 对象遍历。

第 16 行使用 XMLDOMNodeList 对象的 item 方法返回每一个 XMLDOMNode 对象（购物车）cart。

第 17~19 行使用 XMLDOMNode 对象派生的 XMLDOMAttribute 对象的 getAttribute 方法来获取属性的属性值。XMLDOMAttribute 对象表示 XML 文档的属性，它包含一个 name 属性（代表文档属性的名称）和一个 value 属性（表示存储在文档属性中的值）。这个判断用来确定 XMLDOMNodeList 对象中哪一项的 mac 属性值和第 4 行接受的会话变量相同，也就是寻找同一个会话 ID 的购物车。如果找到匹配项，则将这项的索引值赋给 tempI，否则 tempI 仍然为 -1，因为 XMLDOMNodeList 集合是以 0 为基础的。换句话说，如果 tempI 的值为 -1 则表示在当前购物车中没有当前用户的购物车。

```
21:   if (tempI<>-1) then
22:       set cart=cartElement.item(tempI)
23:       for j=0 to cart.childNodes.length-1  '循环 productID 的数量
24:           if (cart.childNodes(j).text=productID) then
25:               tempJ=j  '如果有相同的 productID 的话，则取出其顺序号，然后传下去；
                            '如果没有相同的 productID，则 tempJ=-1
26:       end if
27:   Next

28:   if (tempJ<>-1) then   '如果存在相同的 productID，则在数量上增加 1 个
29:       set productIDNode=cart.childNodes(tempJ)
30:       productIDNode.setAttribute("quantity")=productIDNode.getAttri-
              bute("quantity")+1'增加 1 个数量
31:   else
32:   '如果没有相同的 productID 则增加一个 productID，同时将 quantity 设置为 1
33:       set E1=xmlDoc.createElement("productID")
34:       E1.text=productID
35:       E1.setAttribute "quantity","1"
36:       cart.appendChild E1
37:   end if
```

这段程序的主要功能是在购物车列表中找到当前用户上一次的存储选购商品的购物车，然后判断用户再次选购的商品是否和上一次相同，如果相同则增加相同商品的数量，如果不相同则增加这个商品的标记，同时将数量设置为 1。

第 21 行判断 tempI 是否不等于 -1，因为 XMLDOMNodeList 集合是以 0 为基础的，所以，只要在 XMLDOMNodeList 集合中，对象存在的 mac 属性值和当前用户的 mac 值一样 tempI 就不会等于 -1，而是获得相应的索引值。

第 22 行在 XMLDOMNodeList 集合中获得和 tempI 索引相对应的购物车对象。

第 23~27 行在用户购物车中判断是否已经存在用户当前选购的商品。第 23 行使用 XMLDOM-Node 对象的 childNodes 属性返回一个 XMLDOMNodeList 集合，使用 length 属性可以得到这个集合的长度。

第 24 行使用 childNodes(j) 遍历所有的节点，使用 text 属性返回这个节点的文本，实际上就是返回购物车 <cart> 节点的子节点 <productID> 的数据。然后将这个数据和用户在商品列表页面上传过来的 productID 变量的值相比较，以判断在当前这个购物车的所有已存储商品中是否与用户选购商品相同。如果有相同的 productID，则 tempJ 返回这个子节点 <productID> 在 <cart> 节点中的索引值，以便我们下面的操作；否则 tempJ 的值为 -1，表示用户当前的选购为第一次选购。

第 28~37 行判断用户当前选购商品如果已经存在，则使商品数量增加 1；如果不存在则增加一个选购商品项的子节点\<productID\>。当 tempJ 的值不等于-1 时表明已经存在当前选购商品。

第 29 行使用 XMLDOMNode 对象的 childNodes(tempJ)索引到子节点。

第 30 行使用 getAttribute 方法返回当前 quantity 属性的值，加 1；然后使用 setAttribute 方法设置子节点的属性。

第 32~36 行是当 tempJ 为-1 的时候，也就是在已存储的选购商品中不存在用户当前选购的商品，此时，我们要将当前选购商品添加到购物车中。首先使用 createElement 方法建立一个 productID 的 XMLDOMElement 对象；然后给 text 属性赋予用户传递过来的 productID 变量值，也就是向刚才创建的子节点\<productID\>中插入用户的当前选购商品的 ID；使用 setAttribute 方法创建一个 quantity 属性，同时给出属性值 1。

第 36 行使用 XMLDOMNode 对象的 appendChild 方法在当前节点的列表末尾添加新的子节点，也就是在当前用户的\<cart\>的末尾添加\<productID\>子节点。

```
38:   else
39:   '新建一个 cart，其 mac 属性值为新的 MAC 地址
40:   '在 cart 下新建一个 productID，数量为 1

41:   set E=xmlDoc.createElement("cart")
42:   E.setAttribute "mac",mac          '加入 mac
43:   E.setAttribute "time",now         '加入当前时间

44:   set E1=xmlDoc.createElement("productID")
45:   E1.text=productID
46:   E1.setAttribute "quantity","1"

47:   E.appendChild E1

48:   xmlDoc.documentElement.appendChild E
49:   end if
```

以上代码表示当 tempJ 返回-1 时，也就是购物车中没有当前用户的购物车，所以程序就在用户选购第一件商品的时候在购物车中创建一个当前用户的购物车。

第 43 行的 now 是系统变量，可以返回服务器系统的当前时间。增加 time 属性的目的在于可以判断用户的购物车已经存储多长时间。可以设置一个时间，让程序自动删除过期的购物车。

第 47 行是在\<cart\>节点中添加\<productID\>子节点。

第 48 行是在 XML 根节点下添加\<cart\>节点。

```
50:   xmlDoc.save fileName
51:   response.write "<br><p>您所选择的商品已经成功加入到购物车。"
52:response.write "<script>alert('购物成功! ');window.close();</script>"
53:   %>
```

第 50 行是保存 XML 文档。

第 51~52 行显示添加成功信息。

2. 查看购物车

当用户单击"查看购物车"链接文字时，应该能看到购物车相应的信息。如果用户没有选购过任何商品，那么显示的结果如图 7-7 所示，如果用户已选购商品，则应该列出商品的一些基本信息，显示结果如图 7-9 所示。

以下是查看购物车程序（cart.asp）。

```
1:  <link rel="stylesheet" type="text/css" href="list.css">
2:  <title>购物车</title>
3:  <%
4:  mac=session("mac")
5:  set xmlDoc=server.createObject("Microsoft.xmldom")
6:  xmlDoc.async=false
7:  fileName=server.mappath("cart.xml")
8:  xmlDoc.load(fileName)
9:  set cartElement=xmlDoc.getElementsByTagName("cart")
10: cartNum=cartElement.length
11: tempI=-1
12: for i=0 to cartNum-1
13:     set cart=cartElement.item(i)
14:     if ( cart.getAttribute("mac")=mac ) then'判断MAC是否相同
15:           tempI=I
16:           end if
17: next
```

以上代码首先接受 Session 变量，主要用于判断当前用户的购物车。然后创建 XMLDOMDocument 对象，并且加载和解析 cart.xml 文档。接着使用 getElementByTagName 方法返回<cart>的 XMLDOMNodeList 集合。最后在集合中判断是否存在相同的 MAC 地址。

接下来，如果不存在相同的 MAC 地址，就表明当前用户没有选购任何商品。如果存在，则取出相对应用户并保存在 cart.xml 文档中的<productID>值，以及每个<productID>的属性 quantity 值。获得<productID>值后，我们还要去数据库中根据这些值将相应商品的其他属性用表格显示出来，并且要计算总价格。

```
18: if (tempI<>-1) then
19: response.write "<div align=center class=cartHead>你 的 购 物 清 单
       </div>"
20: set cart=cartElement.item(tempI)
21: for j=0 to cart.childNodes.length-1 '循环productID的数量
22:b=
           cart.childNodes(j).text & " " & b
23:        c=cart.childNodes(j).getAttribute("quantity") & " " & c
24: next
25: productID=split(b," ")
26: quantity=split(c," ")
27: Set conn = Server.CreateObject("ADODB.Connection")
28: conn.Open "driver={Microsoft Access Driver (*.mdb)};dbq=" &
    Server.MapPath("book.mdb")
29: Set rs = Server.CreateObject("ADODB.Recordset")
30: response.write "<table border align=center width=100% ><col span=3
                   align=left><colgroup span=1 align=right>"
31: response.write "<tr><th>书名</th><th>价格</th><th>数量</th><th>金额小计
                   （元）</th></tr>"
32: sum=0
33: for i=0 to ubound(productID)
34: if productID (i)<>"" then
35: sql = "select * from book where id=" & productID (i)
```

```
36:    rs.Open sql, conn
37:    Response.Write "<tr>"
38:    Response.Write "<td>" & rs.Fields(1).Value & "</td><td>" & rs.fields(6)
                      &"</td><td><input type=text size=2 value=" & quantity
                      (i) & "></td><td>"& rs(6)* quantity (i) & "</td>"
39:    Response.Write "</tr>"
40:    sum=sum+rs(6)* quantity (i)
41:    rs.close
42:    end if
43:    next
44:    response.write "<caption align=right valign=bottom class=tableText>总价格：
                      &yen;" & formatNumber(sum,2) & "</caption> </table>"
45:    else
46:    response.write "<div align=center><br><p>目前您还没有商品。</div>"
47:    end if
48:    %>
```

第 18 行判断 tempI 是否不等于-1。如果等于-1 则执行第 46 行代码，在页面输出"目前你还没有商品。"；如果不等于-1，就从购物车中取出当前用户的选购商品及其数量，然后从数据库中读取相关数据。

第 21~24 行将当前用户的所有选购商品的商品 ID 都放到变量 b 中，同时将所有选购商品的数量都放入变量 c 中，它们具有一一对应的关系。

第 25 行及第 26 行使用 split()函数将变量 b 和变量 c 的值按照空格分隔开，这样分隔开的变量 productID 和变量 quantity 就变成了数组变量。

第 27~29 行使用 ADO 连接上数据库 book.mdb，并创建 RecordSet 对象。

第 32 行对求总价格的变量 sum 赋初值。

第 33~43 行使用 ubound()函数取得数组变量 productID 的最大下标，这个 for 循环用来遍历用户的所有选购商品，然后从数据库中取出相应的商品的信息并用表格显示出来。

第 35 行的 SQL 语句的功能是从 book 表中选择所有的字段，条件是 book 表中的字段 id 必须和用户所选购商品 productID 的值相同。

第 38 行主要负责输出每一种选购商品的信息，我们只输出了部分字段及字段值。rs(1)是第 2 个字段，在 book 表中是"书名"；rs(6)是第 7 个字段，在 book 表中是"定价"。另外使用 rs(6)*quantity(i)来计算每一种选购商品的价格总数。

第 40 行是计算所有商品的总价格。

```
49:    <p>
50:    <div align=center><a href="javascript:window.close()">
51:    <img src=images/contuinBuy.gif border=0></a>
52:    </div>
```

这几行代码是在显示购物车窗口下方创建一个按钮，当用户单击该按钮时调用 JavaScript 的脚本 window.close()来关闭窗口，并且回到产品列表页面继续购物。

7.4　在我的环境中运行测试

此实例已经在笔者本机（Windows Server 2000、IIS 5.0 和 IE 6.0）和网上进行了测试，都能够正常运行。

具体的信息就由读者自己来添加。

运行结果如图 7-14 和图 7-15 所示。

图 7-14　商品分页浏览显示界面

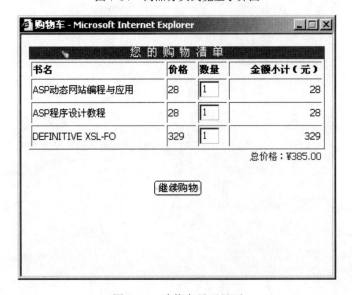

图 7-15　购物车显示界面

7.5　小结

本章以市面上同类图书中常见的"网上购书"为模板，进而定义并设计出一套专属的购物车。大家融会贯通后，其他地方的购物车也会很快地编写出来。在实际的应用中，购物车程序模块往往要跟随注册程序模块，而注册模块将在后面的章节中进行详细的讲解。

在某种意义上，DOM 是动态 HTML 的真正核心内容。正是它使得 HTML 具备了变动性。

DOM 体现的是网页元素的等级关系，这些元素在指定的时间在浏览器上呈现。DOM 包括时空背景信息，如当前的日期、时间，包括浏览器自身属性，如浏览器的版本号，包括窗口自身属性，如网页的 URL；最后还包括各 HTML 元素，如标签、divs、表格。通过将 DOM 向动态 HTML 语言公开，浏览器能够使网页更多的功能元素发挥作用。如果像日期、时间之类的元素不能够自动变换的话，它也可以通过 Scripts 修改其他元素来完成。IE 4.0 的 DOM 是多数人选择 IE 浏览器的其中一个原因。尽管 Netscape 的 DOM 较之 IE 有很多的局限性，但 Netscape 声称在以后浏览器的新版本中，这种功能将完全支持 W3C 所定的 DOM 标准。

而串接样式表（Cascading Style Sheets，CSS）属于 DOM 的一部分，它的属性可以通过动态 HTML 编写语言得到体现，因此能够实现页面外在视觉效果的几乎一切变化。通过改变页面元素的 CSS 属性（如颜色、位置、大小），可以实现所在机器的带宽和处理器运行速度允许范围内的一切效果。

综上所述，CSS 是你进行网页改变的对象，DOM 是其具有变动性的机制，而客户端的脚本语言是实际促成变化的程序。

第8章 文件上传

网上交互信息的发布，经常用得到文件上传，比如电子邮件的附件、BBS 中的灌水贴图、电子相册中的图片、博客中的文章发布及办公网上文件交流等方面，都需要一个将本地指定文件传输到服务器端，放入服务器特定目录下或写入数据库中，这样完成客户端文件上传到服务器端的操作，从而使得客户文件资源在较大范围有效利用。本章将讲解一个使用 XML 上传文件的方法和相关技术，使用该方法没有传统方法中的种种限制。

教学目标

通过本章学习，你将能够：

➢ 知道如何使用 MSXML 技术（主要指 MSXML 3.0）。

➢ 全面了解 ADO.Stream 对象。

➢ 不需要专用的组件实现文件上传。

➢ 了解木马病毒获得客户端文件目录的一种方法。

➢ 利用浏览器下载服务器文件。

内容提要

本章分 4 节，依次介绍内容如下：

➢ 设计思路

➢ 实例开发之程序文件介绍

➢ 实例开发之代码详解

➢ 运行测试

内容简介

笔者在学习 ASP 之初，总是利用 WS_FTP 之类的软件连接到 FTP Server。首先设置 ASCII、Binary 模式等，然后单个或批量地将自己的文件上传到服务器端。这是多么平常的操作。

不过，仔细想想，FTP Server 需要个人账号、密码，闲杂人等未经许可不得入内，虽然服务器能够提供"匿名"（Anonymous）账号，但是在互联网技术普及的今天，作为网站应用很少让广大用户使用 FTP 上传文件。因为这很不方便，而且有很大的不安全隐患存在，所以现在上网"灌水"，建立网上相册，在博客中提交文章，发送电子邮件带附件等网上日常操作均采用 HTTP 方式上传文件。

本例的利用 XML 技术无组件上传的主要文件上传客户端界面如图 8-1 所示，文件上传到服务器端显示结果如图 8-2 所示。

图 8-1　文件上传客户端界面　　　　图 8-2　文件上传到服务器端显示结果

8.1 设计思路：如何才能完成文件上传

我们在上网的时候，经常要下载或上传文件。在下载的时候我们通常会使用 NetAnts、FlashGet 等专门的下载软件，在上传时常用 CuteFtp 一类的应用软件，其实在上传文件时可以不依靠这些应用的软件，IE 浏览器就可以完成，并且十分的简单，现在分析在 IE 中上传文件的方法。

○8.1.1 基本概念

1. HTTP 上传机制

通过 HTTP 上传有 3 种机制，即 PUT、WebDAV 和 RFC1867。

PUT 是 HTTP 1.1 引入的一个新的 HTTP 动词。当 Web 服务器收到一个 HTTP PUT 和对象名字时，它将会验证用户，接收 HTTP 流的内容，并把它直接存入 Web 服务器。但这可能会对一个 Web 站点造成破坏，并且还会失去 HTTP 最大的优势——服务器可编程性。在 PUT 的情况下，服务器自己处理请求，没有空间让 CGI 或者 ASP 应用程序介入。惟一让你的应用程序捕获 PUT 的方法是在低层操作，即 ISAPI 过滤层。由于相应的原因，PUT 的应用很有限。

WebDAV 允许 Web 内容的分布式认证与翻译，它引入了几种新的 HTTP 动词，允许通过 HTTP 上传，锁定/解锁，登记/检验 Web 内容。Office 2000 中的"Save to Web"就是通过 WebDAV 来实现的。如果你所感兴趣的一切都是上传内容，WebDAV 应用得非常出色，它解决了很多问题。 然而，如果你需要在你的 Web 应用程序里面上传文件，WebDAV 对你就毫无用处可言。像 HTTP PUT 一样，那些 WebDAV 的动词是被服务器解释的，而不是 Web 应用程序。你需要工作在 ISAPI 过滤层来访问 WebDAV 的这些动词，并在你的应用程序中解释内容。

RFC1867（http://www.ietf.org/rfc/rfc1867.txt）在被 W3C 在 HTML 3.2 中接受前，是作为一种建议标准。它是一种非常简单但是功能很强大的想法——在表单字段中定义一个新类型。这种编码方案在传送大量数据的时候，比起默认的"application/x-url-encoded"表单编码方案，效率要显得高得多。URL 编码只有很有限的字符集，使用任何超出字符集的字符，必须用"%nn"代替，这里的 nn 表示相应的 2 个十六进制数字。例如，即使是普通的空格字符也要用"%20"代替。而 RFC1867 使用多部分 MIME 编码，就像通常在 E-mail 消息中看到的那样，不编码来传送大量数据，而只是在数据周围加上很少的简单但实用的头部。主要浏览器的厂商都采用了建议的"浏览..."按钮，用户能很容易地使用本地的"打开文件..."对话框选择要上传的文件。

RFC1867 仍然将大多数文件上传的灵活方法留给了你的 Web 应用程序。PUT 用得很有限。WebDAV 对内容的作者很有用，比如 Frontpage 用户，但是对想在 Web 应用程序中加入文件上传功能的 Web 开发者来说很少用到。因此，RFC1867 是在 Web 应用程序中加入文件上传的最好的办法。

2. 组件上传

一般，上传文件需要自己写一个上传组件或选择一个别人写好的 ActiveX Server 控件（说白一点就是个 DLL 文件），这就是组件上传。常见的有 Microsoft Posting Acceptor、Software Artisans SA-FileUp 及 Persis Software ASPUpload（这个古老一些），使用组件上传的优势是：

- ➢ 容易安装
- ➢ 提供文件的安全设置
- ➢ 限制上传的文件大小
- ➢ 引入 ADO 将文件写入数据库
- ➢ 程序代码很少，甚至不超过 5 行

> ➢ 支持加/解密
> ➢ 文件名称具有惟一性
> ➢ 丰富的实例和代码范例

当然，缺点也是很多，主要有：

> ➢ 操作不灵活
> ➢ 功能稍强的需要购买
> ➢ 功能丰富的需要额外付费
> ➢ 分发不方便

在实际应用中，微软免费提供了 Posting Acceptor。由于 ASP 不懂"multipart/form-data"编码方案，取而代之，微软提供了 Posting Acceptor。Posting Acceptor 是一种在上传完成后，接受 REPOST 到一个 ASP 页的 ISAPI 应用程序。

Software Artisans 的 SA-FileUp 是最早的商业 Active Server 组件之一。几经改进，现在作为一个纯粹的 ASP 组件存在。

组件上传的原理和实例已经很多，可以查阅相关书籍和网络资料，在这里不作为本书介绍的主要内容。

3．无组件上传

（1）无组件上传的原理

还是以一个实例来说明吧。在客户端我们可以使用如下格式的 FORM 来浏览上传附件。

```
...
...
<FORM NAME="form1"
ACTION="upfile.asp"
ENCTYPE="multipart/form-data"
METHOD="post">
<INPUT TYPE="file" NAME="file1">
<INPUT TYPE="submit" VALUE="Upload File">
</FORM>
...
...
```

但是一定要注意必须设置表单（form）的"enctype"属性为"multipart/form-data"，即 enctype="multipart/form-data"，方法（method）是"post"。

运行后的界面中有类似如图 8-3 所示的部分。

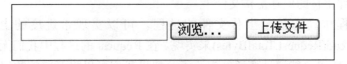

图 8-3　上传文件界面

在后台 ASP 程序中，以前获取表单提交的 ASCII 数据，非常容易。但是如果需要获取上传的文件，就必须使用 Request 对象的 BinaryRead 方法。BinaryRead 方法是对当前输入流进行指定字节数的二进制数读取。需要注意的是，一旦使用 BinaryRead 方法后，将再也不能使用 Request.Form 或 Request.QueryString 集合了。结合 Request 对象的 TotalBytes 属性，可以将所有表单提交的数据全部转成二进制数，不过这些数据都是经过编码的。

首先让我们来看看这些数据是如何编码的，有无规律可循。编段代码，在代码中我们将

BinaryRead 读取的二进制数转换为文本，输出在后台的 upfile.asp 中（注意该示例不要上传大文件，否则可能会造成浏览器出错）。

为简单起见，上传一个最简单的文本文件（G:\test.txt，内容为"test file upload."）来试验一下，文本框 filename 中保留默认值"default filename"，提交后看看输出结果。

```
-----------------------------7d429871607fe
Content-Disposition: form-data; name="file1";

filename="G:\ test.txt "
Content-Type: text/plain
test file upload.
-----------------------------7d429871607fe
Content-Disposition: form-data; name="filename"
default filename
-----------------------------7d429871607fe—
```

可以看出，对于表单中的项目，是用"-----------------------------7d429871607fe"这样的边界来分隔成一块一块的，每一块的开始都有一些描述信息，例如：

```
Content-Disposition: form-data; name="filename"
```

在描述信息中，通过 name="filename"可以知道表单项的 name。如果有 filename="G:\ test.txt"这样的内容，则说明是一个上传的文件，如果是一个上传的文件，那么描述信息会多一行"Content-Type: text/plain"，用来描述文件的 Content-Type。描述信息和主体信息之间是通过换行符来分隔的。

根据这个规律我们就知道该怎么来分离数据，然后对分离的数据进行处理了。首先就是边界值处理问题。例如上例中的"----------------------------- 7d429871607fe"每次上传这个边界值是不一样的。

利用 ASP 中的 Request. ServerVariables("HTTP_CONTENT_TYPE")来获得，例如上例中 HTTP_CONTENT_TYPE 的内容为："multipart/form-data; boundary=---------------------------7d429871607fe"，有了这个，我们不仅可以判断在客户端的 form 中有无使用 enctype="multipart/form-data"（如果没有使用，那么下面就没必要执行），还可以获取边界值 boundary=----------------------------- 7d429871607fe。（注意：这里获取的边界值比上面的边界值开头的"—"要少，最好补充上。）

至于如何分析数据的过程这里就不赘述了，无非就是借助 InStr、Mid 等这样的函数来分离出我们想要的数据。

（2）无组件上传的保存上传文件

在上传过程中动态显示上传文件的进程，可以实现带进度的上传过程，可以通过 Request.BinaryRead(Request.TotalBytes)来实现。在 Request 的过程中我们无法得知当前服务器获取了多少数据，所以只能通过变通的方法了。如果我们可以将获取的数据分成一块一块的，然后根据已经上传的块数算出当前上传了多大数据。也就是说，如果 1KB 为 1 块，那么上传 1MB 的输入流就分成 1024 块来获取，例如当前已经获取了 100 块，那么就表明当前上传了 100KB。当笔者提出分块的时候很多人觉得不可思议，因为他们都忽略了 BinaryRead 方法不仅可以读取指定大小，而且可以连续读取。并且在 While 循环中，我们可以在每次循环时将当前状态记录到 Application 中，然后我们就可以通过访问该 Application 动态获取上传进度条。

另外，如果是要拼接二进制数据，可以通过 ADODB.Stream 对象的 Write 方法，示例代码如下：

```
……
Set bSourceData = createobject("ADODB.Stream")
bSourceData.Open
bSourceData.Type = 1 'Binary
Do While ReadedBytes < TotalBytes
biData = Request.BinaryRead(ChunkBytes)
bSourceData.Write biData '

'直接使用 write 方法将当前文件流写入 bSourceData 中
ReadedBytes = ReadedBytes + ChunkBytes
If ReadedBytes > TotalBytes Then ReadedBytes = TotalBytes
Application("ReadedBytes") = ReadedBytes
Loop
……
```

通过 Request.BinaryRead 获取提交数据，分离出上传文件后，根据数据类型的不同，保存方式也不同：对于二进制数据，可以直接通过 ADODB.Stream 对象的 SaveToFile 方法，将二进制数据流保存成为文件；对于文本数据，可以通过 TextStream 对象的 Write 方法，将文本数据保存到文件中。

文本数据和二进制数据，是可以方便地相互转换的。对于上传小文件来说，两者基本上没什么差别，但是两种方式在保存时是有一些差别的。对于 ADODB.Stream 对象，必须将所有数据全部装载完才可以保存成文件，所以使用这种方式时如果上传大文件将占用很大内存空间；而对于 TextStream 对象，可以在文件创建好后，一次写（Write）一部分，分多次写（Write），这样的好处是不会占用服务器内存空间，结合上面分析的分块获取数据原理，我们可以每获取一块上传数据就将其写（Write）到文件中。来做一次试验，同样在本机上传一个一百多兆字节的文件，使用第一种方式时内存一直在涨，到最后直接提示计算机虚拟内存不足，最可恨的是即使进度条表示文件已经上传完，但最终文件还是没有保存上；而使用后一种方法，在上传过程中内存基本上没有什么变化。

原理基本上说清楚了，但是实际代码要比这复杂得多，要考虑很多问题，最麻烦的是在分析数据那部分，对于每一块获取的数据，都要分析是不是属于描述信息，是表单项目还是上传的文件，文件是否已经上传结束……

○8.1.2　需求分析

经过上述对无组件文件上传的说明，大家已经有了简单的了解。首先，我们必须使用 POST 方法，因为 GET 方法无法处理这样的表单数据。并且，没有什么方法可以在不使用表单的情况下引发一个 POST 动作。把数据发送给表单处理程序后，浏览器将会把处理程序作为新页面加载，然后使用者会看到一个不讨人喜欢的页面转换过程。

ENCTYPE 属性为表单定义了 MIME 编码方式，上传文件的表单的 ENCTYPE 属性必须使用 "multipart/form-data"。把这个属性设置为 "multipart/form-data" 就创建了一个与传统结构不同的 POST 缓冲区（复合结构），ASP 的 Request 对象无法访问这样的表单内容。所以，我们可以使用 Request.binaryRead 方法来访问这些数据，但是无法使用脚本语言来完成这一切。Request.binaryRead 方法返回一个 VTarray 型数据（只包含无符号一字节字符的 Variant 型数组）。但是脚本语言只能处理 Variant 型数据。为了解决这个问题，只能使用专用的 ASP 上传组件，或者 ISAPI 扩展程序，比如 CPSHOST.DLL。这是设计上的限制。

现在 ASP 结合 XML 实现无组件文件上传，可以直接将二进制数据保存成文件，还可以利用数据库来保存用户上传的文件，这样就避免了传统方法的种种弊端。

（1）基本原理

采用 XML 文档格式，利用 ADO.Stream 对象的 BinaryRead 方法将 XML 文档节点中的所有数据读出，从中截取出所需的数据，以二进制数据文件方式存盘。

（2）使用该方法的益处

➢ 不引起页面转换。

➢ 不需要专用组件。

➢ 可同时上传多个文件。

➢ 这段程序是纯脚本写成的，可以很容易地插入到其他代码中，而不需要任何 HTML 对象的配合。还可以把这个逻辑在任何支持 COM 标准的语言中实现。

8.1.3 业务流程

直接进入主题，根据需求，需要按照如下两个步骤操作。

（1）客户端：

➢ 使用 MSXML 3.0 创建一个 XML 文档。

➢ 创建一个针对二进制数内容的 XML 节点。

➢ 使用 ADO.Stream 对象将上传的文件数据放入该节点。

➢ 使用 XMLHTTP 对象把这个 XML 文档发送给 Web 服务器。

（2）服务器端：

➢ 从 Request 对象中读出 XML 文档。

➢ 读出二进制数节点中的数据并且存储到服务器上的文件中。当然，我们也可以将其存储到数据库的 BLOB 型字段中。

综合上述处理过程，业务流程如图 8-4 所示。

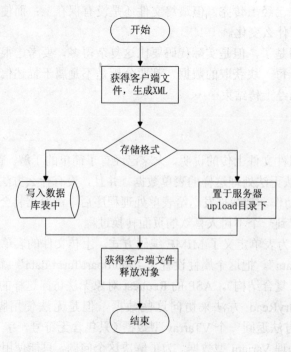

图 8-4　文件上传的执行流程

说到 XML，大家都熟悉其处理文本数据的功能。其实，XML 格式支持很多数据类型，比如 numeric、float、character 等。很多人将 XML 定义为 ASCII 格式，但是我们不能忽视，XML 技术还可以使用 "bin.base64" 数据类型来描述二进制数据信息。这个特性在 MS XML 3.0 解析器中得到完全的支持，但是目前还需要一些特别设置。

该对象提供一些可以对二进制数据进行完全控制的属性：

> obj_node.dataType——这种可读写的属性定义了特定节点的数据类型。MS XML 解析器支持更多的数据类型（参见 MSDN：http://msdn.microsoft.com/library/psdk/xmlsdk/xmls3z1v.htm）。对于二进制数据，我们可以使用 "bin.base64" 类型。

> obj_node.nodeTypedValue——这种可读写属性包含了按照指定类型表示的指定节点的数据。

所以我们可以创建一个包含多个 bin.base64 类型节点的 XML 文档，节点中包含上传的文件。这个特性使得可以使用一个 POST 一次上传多个文件。

我们可以使用 XMLHttpRequest 对象和 POST 方法发送一个 XML 文档给 Web 服务器。该对象为 HTTP 服务器提供了客户端协议支持，允许在 Web 服务器上发送和接受 MS XMLDOM 对象。XMLHttpRequest 是 Internet Explorer 5 内置的 COM 对象（不需要定制安装），并且发送完毕后无须转换页面。

我们可以在客户端创建一个包含一个或者多个二进制数节点的 XML 文档。我们还必须把文件内容填入节点中。但是很不幸，脚本语言不能访问本地文件系统，并且 Scripting.FileSystem 对象（是 Win32 系统的内置对象）到目前为止还不能访问二进制数文件。这是设计上的限制。所以我们需要另外找一个可以提供对本地二进制数文件的访问的 COM 对象。

我们在服务器端会用到 ADO.Stream 对象。ADO.Stream 对象（MDAC 2.5 中的组件）提供了读、写和管理二进制数据流的手段。字节流的内容可以是文本或者二进制数据，并且没有容量上的限制。在 ADO 2.5 中，Microsoft 对 Stream 对象的介绍不属于 ADO 对象结构的任何一层，所以，我们无须捆绑即可使用该对象。

本章中使用 ADO.Stream 对象来访问文件内容，再把内容存入 XML 节点。 也可以使用 Stream 对象把数据放到数据库的 BLOB 型字段中。

8.2　实例开发之程序文件介绍

本例实现 XML 无组件上传文件到服务器，各个程序文件之间的关系如图 8-5 所示。

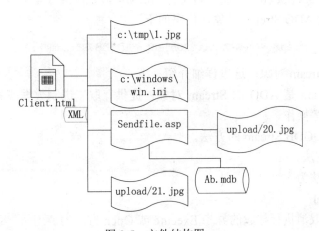

图 8-5　文件结构图

本例将客户端 C 盘 tmp 目录下的 1.jpg（爱犬图）上传到服务器 upload 目录下并更名为 20.jpg，

同时显示出来。为了界面好看，笔者将刚刚玩的游戏界面截图（服务器 upload 目录下的 21.jpg）显示在界面上。

这是单文件上传，然后实现多文件上传，就是将 C 盘 windows 目录下的 win.ini 和 C 盘 tmp 目录下的 1.jpg 写入数据库的数据表中。这样需要 7 个文件，具体的内容如表 8-1 所示。

表 8-1　文件功能说明

序号	路径	文件名	功能说明
1	../	Client.html	上传文件客户端页面
2	../	Sendfile.asp	上传文件服务器端程序
3	../	Ab.mdb	服务器端数据库文件（access 数据库格式）
4	../upload	20.jpg	服务器端上传文件存放路径下上传文件
5	../upload	21.jpg	服务器端上传文件存放路径下已有文件
6	C:\tmp	1.jpg	客户端准备上传的文件
7	C:\windows	win .ini	客户端准备上传的文件

注：服务器上的 upload 目录下的 20.jpg 就是客户端上传的文件 1.jpg。

8.3　实例开发之代码详解

文件上传的功能在网站应用中已经很普遍了，总体上讲文件上传分单文件上传和多文件上传，在文件上传过程中应该十分注意系统安全问题和处理的方法等等，这些就是下面介绍的内容。

8.3.1　单文件上传

1. 客户端

首先编写从服务器端读取 upload 目录下的 21.jpg 文件的代码，如下：

```
<IMG SRC="upload/21.jpg" WIDTH="300" BORDER="1" ALT="">
```

然后，显示一个"上传文件"按钮，代码如下：

```
<INPUT id=send name="send" type=button value="上传文件">
```

最后编写 JavaScript 脚本实现上传文件的 XML 封装，共分 4 个步骤。

（1）　创建 ADO.Stream 对象，代码如下：

```
var ado_stream = new ActiveXObject("ADODB.Stream");
```

说到 ADO.Stream 对象，这里详细介绍一下。

ADODB.Stream 是 ADO 的 Stream 对象，提供存取二进制数据或者文本流，从而实现对流的读、写和管理等操作。

首先介绍 ADODB.Stream 的方法。

1）Cancel 方法

➤　使用方法为：

Object.Cancel

➤　说明：取消执行挂起的异步 Execute 或 Open 方法的调用。

2）Close 方法

➤　使用方法为：

Object.Close

➢ 说明：关闭对象。

3）CopyTo 方法

➢ 使用方法为：

Object.CopyTo(destStream,[CharNumber])

➢ 说明：将对象的数据复制，destStream 指向要复制的对象，CharNumber 为可选参数，指要复制的字节数，不选表示全部复制。

4）Flush 方法

➢ 使用方法为：

Object.Flush

➢ 说明：输出缓存区数据。

5）LoadFromFile 方法

➢ 使用方法为：

Object.LoadFromFile(FileName)

➢ 说明：将 FileName 指定的文件装入对象中，参数 FileName 为指定的用户名。

6）Open 方法

➢ 使用方法为：

Object.Open(Source,[Mode],[Options],[UserName],[Password])

➢ 说明：打开对象。

➢ 参数说明：

✧ Source——对象源，可不指定。

✧ Mode——指定打开模式，可不指定，以下为可选参数。

```
adModeRead  =1
adModeReadWrite =3
adModeRecursive =4194304
adModeShareDenyNone =16
adModeShareDenyRead =4
adModeShareDenyWrite =8
adModeShareExclusive =12
adModeUnknown  =0
adModeWrite =2
```

✧ Options——指定打开的选项，可不指定，以下为可选参数。

```
adOpenStreamAsync =1
adOpenStreamFromRecord =4
adOpenStreamUnspecified =-1
```

✧ UserName——指定用户名，可不指定。

✧ Password——指定用户名的密码。

7）Read 方法

➢ 使用方法如下：

Object.Read(Numbytes)

➢ 说明：读取指定长度的二进制数据内容。

➢ 参数说明：Numbytes 指定要读取的字节长度，不指定则读取全部。

8）ReadText 方法

➢ 使用方法为：

Object.ReadText(NumChars)

➢ 说明：读取指定长度的文本。

➢ 参数说明：NumChars 指定要读取的字符串的长度，不指定则读取全部。

9）SaveToFile 方法

➢ 使用方法为：

Object.SaveToFile(FileName,[Options])

➢ 说明：将对象的内容写到 FileName 指定的文件中。

➢ 参数说明：

✧ FileName——指定文件。

✧ Options——存取的选项，可不指定，可选参数如下：

```
adSaveCreateNotExist =1
adSaveCreateOverWrite =2
```

10）SetEOS 方法

➢ 使用方法为：

Object.setEOS()

➢ 说明：设置 EOS。

11）SkipLine 方法

➢ 使用方法为：

Object.SkipLine()

➢ 说明：跳下一行。

12）Write 方法

➢ 使用方法为：

Object.Write(Buffer)

➢ 说明：将指定的数据装入对象中。

➢ 参数说明：Buffer 为指定的要写入的内容。

13）WriteText 方法

➢ 使用方法为：

Object.Write(Data,[Options])

➢ 说明：将指定的文本数据装入对象中。

➢ 参数说明：

✧ Data——为指定的要写入的内容。

✧ Options——写入的选项，可不指定，可选参数如下：

```
adWriteChar =0
adWriteLine =1
```

下面介绍 ADODB.Stream 的属性。

1）Charset

EOS 返回对象内数据是否为空。

2）LineSeparator

指定换行格式，可选参数有：

```
adCR =13
```

```
adCRLF =-1
adLF =10
```

3）Mode

指定或返回的模式。

4）Position

指定或返回对象内数据的当前指针。

5）Size

返回对象内数据的大小。

6）State

返回对象状态是否打开。

7）Type

指定或返回的数据类型，可选参数为：

```
adTypeBinary=1
adTypeText=2
```

了解完 ADO.Stream 对象，接着看第（2）步。

（2）创建包含默认头信息和根节点的 XML 文档，代码如下：

```
var xml_dom = new ActiveXObject("MSXML2.DOMDocument");
xml_dom.loadXML('<?xml version="1.0" ?> <root/>');
```

根节点是<root />。

（3）创建一个新节点，设置其为二进制数据节点，并设置上传文件，代码如下：

```
Var l_node1 = xml_dom.createElement("file1");
l_node1.dataType = "bin.base64";
// 打开 Stream 对象，读源文件
ado_stream.Type = 1; // 1=adTypeBinary
ado_stream.Open();
ado_stream.LoadFromFile("c:\\tmp\\1.jpg");
// 将文件内容存入 XML 节点
l_node1.nodeTypedValue = ado_stream.Read(-1); // -1=adReadAll
ado_stream.Close();
xml_dom.documentElement.appendChild(l_node1);
```

创建的一个新节点是 file1，节点对象是 l_node1，因为要上传文件，所以节点的数据类型为
"bin.base64"；同时，ADO.Stream 对象类型也是二进制数据格式，即 "ado_stream.Type = 1"。
在加载客户端文件时，路径要用网络地址表示，如上面加粗显示的字体的内容 "c:\\tmp\\1.jpg"，
而不能用 "c:\tmp\1.jpg"。

注意：加载文件完毕时，一定要关闭 ADO.Stream 对象，养成好的习惯：在同一程序模块中
写对象的 "open()" 方法，必须在同一程序模块中写该对象的 "close()" 方法。

将 ADO.Stream 对象的内容赋给节点对象 l_node1 后，关闭 ADO.Stream。然后将节点对象
l_node1 加入到 XML_DOM 中，代码是："xml_dom.documentElement.appendChild (l_node1)"。

（4）把 XML 文档发送到 Web 服务器，代码如下：

```
var xmlhttp = new ActiveXObject("Microsoft.XMLHTTP");
xmlhttp.open("POST","./sendfile.asp",false);
xmlhttp.send(xml_dom);
```

若将处理完毕的 XML 文档对象上传到服务器端，首先要申请 XMLHTTP 对象，代码是："new ActiveXObject("Microsoft.XMLHTTP");"。然后用 open()方法将文档发送到指定的程序文件（代码中的加粗部分）——sendfile.asp。sendfile.asp 在服务器端运行获得客户端数据。最后，XMLHTTP 对象用 send()方法将文档提交到服务器。

关于 XMLHTTP 对象的所有使用方法和属性，将在下面的章节中详细介绍。

下面我们可以将所有代码放在一起，形成下面的代码（Client.html 文件）。

```html
<HTML>
<HEAD>
<TITLE>上传文件客户端</TITLE>
<META http-equiv=Content-Type content="text/html; charset=gb2312">
</HEAD>
<BODY>
<DIV id=div_message align="center">上传文件客户端</DIV>
<br>
<CENTER><IMG SRC="upload/21.jpg" WIDTH="300" BORDER="1" ALT=""></CENTER>
<br>
<CENTER><INPUT id=send name="send" type=button value="上传文件"> </CENTER>

<SCRIPT LANGUAGE=JavaScript>

// 上传函数
function send.onclick()
{
// 创建 ADO.Stream 对象
var ado_stream = new ActiveXObject("ADODB.Stream");

// 创建包含默认头信息和根节点的 XML 文档
var xml_dom = new ActiveXObject("MSXML2.DOMDocument");
xml_dom.loadXML('<?xml version="1.0" ?> <root/>');
// 指定数据类型
xml_dom.documentElement.setAttribute("xmlns:dt","urn:schemas-microsoft-
        com:datatypes");

// 创建一个新节点，设置其为二进制数据节点
var l_node1 = xml_dom.createElement("file1");
l_node1.dataType = "bin.base64";
// 打开 Stream 对象，读源文件
ado_stream.Type = 1; // 1=adTypeBinary
ado_stream.Open();
ado_stream.LoadFromFile("c:\\tmp\\1.jpg");
// 将文件内容存入 XML 节点
l_node1.nodeTypedValue = ado_stream.Read(-1); // -1=adReadAll
ado_stream.Close();
xml_dom.documentElement.appendChild(l_node1);

// 把 XML 文档发送到 Web 服务器
var xmlhttp = new ActiveXObject("Microsoft.XMLHTTP");
xmlhttp.open("POST","./sendfile.asp",false);
xmlhttp.send(xml_dom);
```

```
// 显示服务器返回的信息
div_message.innerHTML = xmlhttp.ResponseText;
}
</SCRIPT>
</BODY>
</HTML>
```

在地址栏中输入：http://localhost/aspxmlcss/08/Client.html，显示界面如图 8-6 所示。

图 8-6　Client.html 界面

出现这个界面，表示 Client.html 成功运行了。

2．服务器端

在服务器端接受客户端的文件，客户端采用 javaScript 编写，服务器脚本用 VBScript 编写，处理过程也有 4 个步骤。

（1）创建 Stream 对象，代码如下：

```
set ado_stream = Server.CreateObject("ADODB.Stream")
'从 Request 对象创建 XMLDOM 对象
set xml_dom = Server.CreateObject("MSXML2.DOMDocument")
xml_dom.load(request)
```

需要创建两个对象，一个是处理 XML 的 xml_dom 对象，另一个是处理文件内容的 ADO.Stream 对象。xml_dom 对象用 load 方法获得客户端请求（Request）。

（2）读出包含二进制数据的节点

```
set xml_file1 = xml_dom.selectSingleNode("root/file1")
```

由于我们在客户端定义的根节点是"root"，子节点只有一个是"file1"，所以在服务器端选择节点应该是"root/file1"。

（3）打开 Stream 对象，将数据存入其中，代码如下：

```
ado_stream.Type = 1 ' 1=adTypeBinary
ado_stream.open
ado_stream.Write xml_file1.nodeTypedValue
' 文件存盘
ado_stream.SaveToFile"C:\Inetpub\wwwroot\asp 混合编程\08\upload\20.jpg",
```

```
      2  '2=adSaveCreateOverWrite
      ado_stream.close
```

获得 XML 节点后，如何获得文档的全部内容呢？很简单，首先将 ADO.Stream 的类型设定为二进制数据类型，语句是：ado_stream.Type = 1；然后，将节点值写入 ADO.Stream 对象，语句是：ado_stream.Write xml_file1.nodeTypedValue；接着，利用 ADO.Stream 对象的 SaveToFile 方法将文档写入到服务器硬盘上，文件名发生改变，由客户端的 1.jpg 改成服务器端的 20.jpg；最后，关闭 ADO.Stream 对象。这样，客户端文件就成功上传到服务器端了。

（4）销毁对象，代码如下：

```
      set ado_stream = Nothing
      set xml_dom = Nothing
```

在最后一步，一定不要忘记销毁对象（释放服务器端内存）。

通过这 4 个步骤，就可以利用 XML 技术实现无组件上传文件了。具体代码如下（sendfile.asp）：

```
<!DOCTYPE HTML PUBLIC "-//W3C//DTD HTML 4.0 Transitional//EN">
<HTML>
<HEAD>
<TITLE> 文件上传服务器端 </TITLE>
<META http-equiv=Content-Type content="text/html; charset=gb2312">
</HEAD>

<BODY>
<%@ LANGUAGE="VBScript" %>
<%
Response.Expires = 0

' 定义变量和对象
dim ado_stream
dim xml_dom
dim xml_file1

' 创建 Stream 对象
set ado_stream = Server.CreateObject("ADODB.Stream")
' 从 Request 对象创建 XMLDOM 对象
set xml_dom = Server.CreateObject("MSXML2.DOMDocument")
xml_dom.load(request)
' 读出包含二进制数据的节点
set xml_file1 = xml_dom.selectSingleNode("root/file1")

' 打开 Stream 对象，把数据存入其中
ado_stream.Type = 1 ' 1=adTypeBinary
ado_stream.open
ado_stream.Write xml_file1.nodeTypedValue
' 文件存盘
ado_stream.SaveToFile "C:\Inetpub\wwwroot\asp 混合编程\08\upload\20.jpg",2
' 2=adSaveCreateOverWrite
ado_stream.close

' 销毁对象
```

```
set ado_stream = Nothing
set xml_dom = Nothing
' 向浏览器返回信息
Response.Write "<IMG SRC='upload/20.jpg' WIDTH='300' BORDER='0' ALT=''><br><br>"

%>
</BODY>
</HTML>
```

在 sendfile.asp 程序文件的最后，有一条向浏览器返回信息的语句，代码是："Response.Write "<IMG SRC='upload/20.jpg' WIDTH='300' BORDER='0' ALT=''>"，指可以在客户端不需要刷新页面就能显示出来。编写完毕后，将 sendfile.asp 程序文件存到目录下。下面我们测试一下，单击客户端"上传文件"按钮，待程序成功运行后，客户端无须刷新就显示出如图 8-7 的界面。

图 8-7　sendfile.asp 程序文件执行后界面

大获成功。你可能要问，能不能一次上传 N 个文件？答案是肯定的。

8.3.2　多文件上传

1. 客户端

仅需要再次创建一个新节点，设置其为二进制数据节点，并指定要上传的文件及其客户端路径就可以了。以上传 windows 目录下的 win.ini 文件为例（恐怖！！），节点名称是 file2，编写代码如下：

```
……
var l_node1 = xml_dom.createElement("file2");
l_node1.dataType = "bin.base64";
// 打开 Stream 对象，读源文件
ado_stream.Type = 1; // 1=adTypeBinary
ado_stream.Open();
ado_stream.LoadFromFile("c:\\windows\\win.ini");
// 将文件内容存入 XML 节点
l_node1.nodeTypedValue = ado_stream.Read(-1); // -1=adReadAll
ado_stream.Close();
```

```
xml_dom.documentElement.appendChild(l_node1);
......
```

2. 服务器端

在服务器端接收文件时，在读出包含二进制数据的节点 root/file1 后，添加 root/file2 节点，存放的文件名称没有改变，相关代码如下：

```
......
set xml_file1 = xml_dom.selectSingleNode("root/file2")

' 打开 Stream 对象，把数据存入其中
ado_stream.Type = 1 ' 1=adTypeBinary
ado_stream.open
ado_stream.Write xml_file1.nodeTypedValue
' 文件存盘
ado_stream.SaveToFile"C:\Inetpub\wwwroot\asp 混合编程\08\upload\win.ini",2
' 2=adSaveCreateOverWrite
ado_stream.close
......
```

最后，在向浏览器返回信息中添加如下代码，这样就可以在线查看客户端的 win.ini 文件内容了。

```
......
' 向浏览器返回信息

Response.Write "<a href='upload/win.ini'>win.ini Open</a><br>"
......
```

这时再单击客户端"上传文件"按钮，程序成功运行后，客户端无须刷新就显示出如图 8-8 的界面。

单击"win.ini Open"连接，就会弹出类似图 8-9 所示的文件下载对话框。

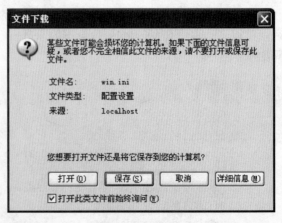

图 8-8　sendfile.asp 程序文件执行后界面　　　　　　图 8-9　文件下载对话框

单击"打开"按钮，win.ini 文件就会下载到本地，并打开（默认用记事本程序打开），界面类似图 8-10 所示。

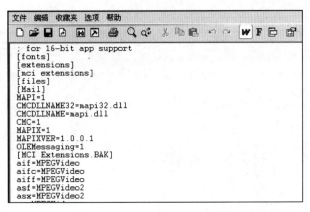

图 8-10　win.ini 文件内容浏览

8.3.3　系统安全考虑

ADO.Stream 组件现在被三大病毒机构认定是影响 Windows 安全的组件，凡内部出现 ADO.Stream 语句的 ASP 文件都被视做病毒。这并非是安全设定提高了，而是病毒机构认定这个危害极大，希望各位注意。

如何禁用 ADODB.Stream 呢？有很多网页木马就用到这个来列举文件目录，有的 ASP 木马是用 CLASSID 来创建脚本对象的，这就是木马病毒获得客户端文件目录的一种方法，所以它很危险，笔者在举例时标注了恐怖的字样。至于如何编写 ASP 木马，就不是本文介绍的内容了，在互联网上 ADODB.Stream 和 SHELL 执行往往已经被禁掉了。

8.3.4　其他应用方式

ADODB.Stream 的其他应用很多，这里简单说一种，"网络爬虫"的核心之一——下载指定的文件。其代码如下：

```
<%
call downloadFile(replace(replace(Request("file"),"",""),"/",""))

Function downloadFile(strFile)

'获得指定文件的全路径
strFilename = server.MapPath(strFile)

'清除缓存
Response.Buffer = True
Response.Clear

'创建对象
 Set adostr = Server.CreateObject("ADODB.Stream")
adostr.Open

 '设置二进制数据格式
adostr.Type = 1
```

```
'加载文件
 on error resume next

'检查文件是否加载完毕
Set fso = Server.CreateObject("Scripting.FileSystemObject")
if not fso.FileExists(strFilename) then
Response.Write("<h1>Error:</h1>" & strFilename & " does not exist<p>")
Response.End
end if

'获得文件长度
Set f = fso.GetFile(strFilename)
intFilelength = f.size

adostr.LoadFromFile(strFilename)
if err then
Response.Write("<h1>Error: </h1>" & err.Description & "<p>")
Response.End
end if

'发送 Headers 到用户浏览器
Response.AddHeader "Content-Disposition", "attachment; filename=" & f.name
Response.AddHeader "Content-Length", intFilelength
Response.CharSet = "UTF-8"
Response.ContentType = "application/octet-stream"

'输出文件到浏览器
Response.BinaryWrite adostr.Read
Response.Flush

'销毁对象
adostr.Close
Set adostr = Nothing
End Function
%>
```

  将上面的代码保存为 downloadfile.asp。其使用方法是：downloadfile.asp?file=相对路径的文件。代码的执行过程请大家分析一下。

  将文件上传到服务器，然后保存到数据库中，是非常容易的事情，这里就不详细罗列代码了，只是概要地介绍一种方法。

  在此之前先要设计一个数据库/数据表。以 Access 为例（SQL Server 同），我们根据实际需要的字段建立名为"upload"的上传数据表，字段名称和数据类型如表 8-2 所示。

表 8-2 upload 数据表字段名称及数据类型

字 段 名 称	中 文 意 义	数 据 类 型	说　　　明
id	自动编号	长整型	主键值，不得重复
descrp	文本	char（50）	文件说明
transdate	文本	char（22）	处理日期
filecontent	OLE 对象	OLE 对象	保存文件（SQL Server 中请选择 image）

　　注意：id 是主键值（primary key），不可重复，为了与 SQL Server 兼容，建议用长整型。transdate 理论上应该选择"日期"格式，但为了方便，我们改成字符类型，并且长度为 22，包含"日期"和"时间"。filecontent 是客户端上传的图形文件，请用"OLE 对象"类型存储，SQL Server 则用"image"类型存储。

　　按照上述内容创建好数据表后，就能看到类似图 8-11 所示的结果，将数据库文件保存为 ab.mdb。

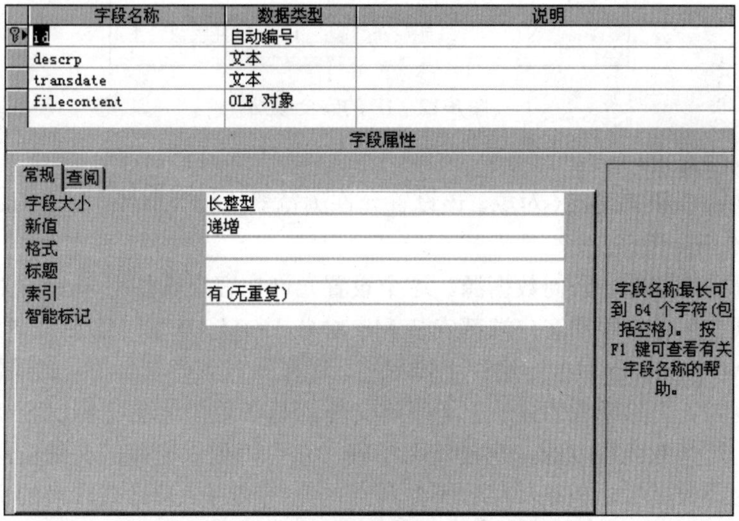

图 8-11　Access 数据库的 upload 表

　　将文件保存到数据库的方法很多，下面就看一个简单的方法，就是利用 ASPUpload 控件，用其 ToDatabase 方法。

　　ToDatabase 方法附属于 Files 集合里的 File 对象，其语法为：

```
File.ToDatabase ConnectionString,SQLStatement
```

　　其中的 ConnectionString 是连接到数据库的连接句柄，可以用 DSN-Less 的方式。
　　具体操作是：

```
……
Dim Upload,strDSN
……
Set Upload = Server.CreateObject("Persits.Upload.1")
StrDSN = "Driver={Microsoft Access Driver (*.mdb)};DBQ="&
    Server.MapPath("/aspxmlcss/08/ab.mdb")
……
Upload.Files("file1").ToDatabase strDSN, "insert into upload"&_
    "values ('','demo',' "&Now&"', ?) "
……
```

8.4　在我的环境中运行测试

　　通过上面的介绍我们知道，该方法只能使用于内部网络，因为它需要将 IE 5 的安全级别设置为"低"，如图 8-12 所示。

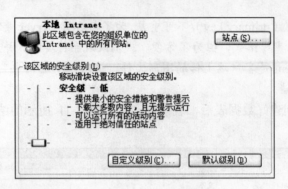

图 8-12　IE 的安全级别

使用该方法必须：

> 允许脚本和 ActiveX 对象。该设置允许浏览器执行类似"myobj = new activexobject(...)"的 JScript 语句。
> 必须允许穿越域访问数据源。这个设置允许在客户端使用 Stream 对象。
> 必须在服务器端和客户端都安装 MS XML DOM 3.0 和 MDAC 2.5。

关于用 ADO.Stream 做的无组件上传程序，现在做一下简单介绍。如果要用 ASP 操作文件，比如移动、复制、删除或者创建一个记事本文件，基本上都是通过 FILESYSTEMOBJECT 对象做的。当然，这个东西很专业，也没什么不好，它可以提供完善的文件信息，比如建立时间、大小、上次修改时间等，但是如果你不做痛苦的高代价的字符格式转换的话，利用它就无法直接操作二进制数据文件。

但是，现在我们介绍的 stream 对象可以同时操作文本对象和二进制数据对象，要求是，你的机器上要安装有 ADO 2.5 或者更高版本，可以到网站 http://www.microsoft.com/data 中去下载。

在测试过程中，若上传文件过大，则会导致超时操作不成功。后来经过改善，把编码分段发送。测试 100MB 成功。

因为 IE 不太喜欢 XMLHTTP（本观点谨代表个人意见），总认为它有恶意行为，老弹出提示警告，所以操作的时候不能使用 Web 路径，只能用物理路径去访问它。

本章学习的主要目的还是为了锻炼一下自己。

8.5　小结

如何使用 MS XML 3.0 和 ADO.Stream 对象来实现这种新的上传方法，好处有很多。但重要的不是这种技术，而是学习其应用方法和原理。

相信根据上面的描述，你也可以开发出自己的功能强大的无组件上传组件。估计更多的人关心的只是代码，而不会自己动手去写，也许没有时间，也许水平还不够，更多的已经成为了一种习惯……

在 CSDN 上见过太多的八股文，都是一段说明，然后全是代码。授人以鱼不如授人以渔。给你一个代码，也许你并不会去思考为什么，直接拿去用，当下次碰到类似的问题的时候，还是不知道为什么。希望此文能让更多的人学到一些东西，最重要是"悟"到点什么。

第9章 留 言 板

留言板是让使用者就某一个主题做深入讨论的场地。从功能上讲，留言板是缩减的 BBS 论坛；若留言板与聊天室比较，留言板上的留言较有连贯性，而且使用者可以浏览并检寻过往的留言，这样使用者便有交流不同意见的机会。相比之下，聊天室的交谈比较简短，也只有直接参与者才看到聊天内容；当聊天告一段落后，也不会为有关内容存留任何记录。所以留言板绝对是举行辩论、寻求意见及结交朋友的好地方。

虽然留言板有上述的优点，但是在张贴留言的时候，需要注意下列几点：

➢ 遵守国家相关法律，不要发表非法言论。

➢ 别以为别人无法从你的留言中猜出你的身份。

➢ 注意自己的隐私，不要张贴自己的电话号码和地址。

➢ 不要张贴无礼或冒犯别人的留言。

➢ 留言板是一种公开的沟通方式。

教学目标

或许你会说，用"ASP + TXT"也可以达到不用数据库而实现留言板的目的。不错，确实能够做到，而且网上也有很多这样的留言板可以免费下载。但是，利用"ASP + XML"不仅不用数据库来实现留言功能，而且比 TXT 文本有更多优越性。

本章学习内容是：

➢ 用 ASP 和 DOM 来读取和存储 XML 数据。

➢ 利用 XML 数据来存储留言信息。

➢ 实现和同用数据库存储数据相同的功能。

➢ XML 数据结构设计。

如果你正在用"ASP+XML"编写一些程序，或者你正在学如何利用 XML 技术，那么本章值得一看。

内容提要

本章主要介绍内容如下：

➢ 设计思路

➢ 实例开发之程序文件介绍

➢ 实例开发之代码详解

➢ 运行测试

内容简介

阅读本章须具备的知识：对 ASP 有基本的了解，对 XML 和 DOM 有基本的了解。通过学习本章基本上能够掌握"ASP + XML"和 DOM 的应用，并能根据本章实例写出更高级的"ASP + XML"程序。

XML 留言板主界面留言列表界面如图 9-1 所示。有了列表就要有留言输入功能，新留言编号界面如图 9-2 所示。完成的 HTML 数据将写入 XML 文件中。

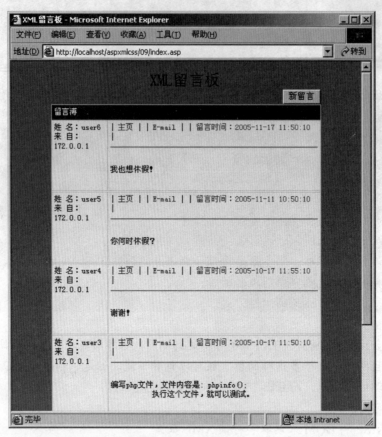

图 9-1　留言板主界面

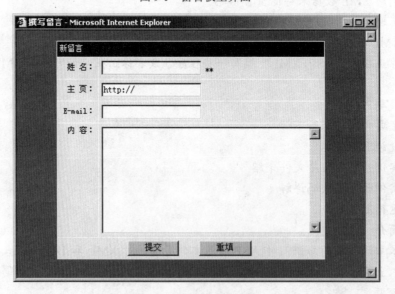

图 9-2　新留言编写界面

9.1　设计思路：完善的需求思路

留言板分为添加留言、保存留言、显示留言、管理留言等模块。显示留言页面应为系统默认页面或首页，管理页面由站长进行回复与删除管理等。具体的内容下面将详细介绍。

9.1.1　基本概念

留言板使用方便，在互联网上普遍应用，因为留言板结构简单，一般不需要数据库，所以以往采用"ASP+TXT"文本就可以不用数据库而实现留言板的功能，而且网上也有很多这样的程序可以免费下载，但这里我们使用"ASP+XML"来实现留言板功能。为什么要用"ASP+XML"实现留言板功能吗？这就要讲一下"ASP+XML"的优越性。

1."XML+ASP"比"ASP+TXT"速度要快

在实际应用中，可能你也发现当 TXT 文件内容很少时速度出奇地快，但是随着留言内容的增加而 TXT 文本变大时，速度却又是出奇地慢，这就是"ASP+TXT"的弱点。当然不能说"ASP+XML"就一定很快，但是比起"ASP+TXT"要快许多。随着留言信息的增加，XML 文本也会增大，速度也会很快下降，但是比起 TXT 来说就还是好了许多（这一点可以从"WAS"测试证明，你也可以自行测试）。当然"ASP+XML"比不上数据库的处理速度，因为数据库对查询、存储做了特别的优化，具有特殊的文件结构。

XML 只是纯文本，并且利用 ASP 建立 XML 对象时，要把 XML 数据全部读入内存中，所以如果数据量大的话，可想而知，速度定会慢下来。

那你也许要问：那什么时候用关系数据库存储数据，又在什么时候用 XML 存储数据呢？一般就是当数据比较复杂无规律，并且数据总量不太大时用 XML 数据比较合适，还有就是打算将这些数据在不同的操作系统上读取运用时，那就是 XML 大显身手的时候了。如果就是普通的数据，那么不到关键时刻或者不支持数据库的空间，还是不要用 XML 文件来存储数据为好。

2. XML 数据比 TXT 文本的读取性要好很多

TXT 文本是比较难操作的，我们必须一行一行地读取判断，而且很多功能无法实现，只能编制比较简单的留言本，而 XML 数据则不同了，利用 DOM 可以轻易地访问每一个节点，而不是使用 TXT 那些烦人的 Readline() 函数和 Writeline() 函数了。我们可以随意地加入、删除或更新某一个我们感兴趣的节点。利用 ASP、JavaScript 或者数据岛都可以轻松实现这一点，当然这里为了考虑兼容性，用了 ASP 来读取 XML 数据，所以没有用数据岛来读取节点数据（只有 IE 5以上版本才支持数据岛技术，而用 ASP 来实现就不存在这些问题了，因为客户得到的是 HTML文件）。

3. XML 数据具有很好的跨平台性

只要我们把这些数据存储为 XML 格式，那么这些数据就能被任何语言或操作系统所识别——XML 是跨平台的数据，而不用做任何改动，TXT 文件显然不具备这些性能。我们在网上的留言信息内容，可以直接被转换成 WAP 格式在手机上显示。

9.1.2　需求分析

本例的思想是，利用 ASP 和 DOM 来读取和存储 XML 数据，并利用 XML 数据来存储留言信息，达到和用数据库存储数据相同的功能。

留言板的功能主要是：

➢ 打开服务器端的保存留言信息的 XML 文件，读取 XML 文件中的相关信息，并且对信息内容进行格式审查。

➢ 留言信息分页判断。

➢ 显示每页的留言信息。按照常规，留言信息显示时是按照留言提交的日期时间的倒序显示，也就是说，最后发表的留言信息在头条显示。提取一条留言的全部信息，左侧显示人员信息和提交的 IP 地址，右侧显示留言内容、提交日期时间和其他信息。

➢ 添加新的留言。首先读取用户发表的信息内容，判断必须填写的信息是否已填写，若没有填写，则需要用户重新填写。然后将用户填写的各项留言信息进行格式验证，接着读取服务器端 XML 文件的留言相关信息，调整写入信息的相关内容，将用户提交的并调整好的信息写入服务器端的 XML 文件中。最后，向用户显示提交后的感谢信息，一个简单而实用的留言板系统就建成了。

9.1.3 业务流程

根据留言板的基本功能，不难得到留言板的业务流程，如图 9-3 所示。留言板的业务流程很简单，主要有两个方面：

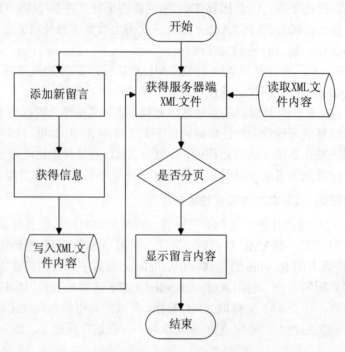

图 9-3 留言板的业务流程图

其一是显示留言信息。

首先，留言板系统读取服务器端的 XML 文件（相当于数据库）的全部信息，将信息格式化。接着判断是否分页。根据信息总量和单页留言信息数，判断显示留言信息是否分页，若分页则得出总页数等分页信息。最后，将每页留言信息按照显示的要求，输出到客户端浏览器中。显示要求是：一条留言信息分左右两栏显示，左侧显示发表留言的用户姓名、来自的 IP 地址，右侧是主要信息显示区，分上下两部分，上面分别显示主页、E-mail 和留言时间，下面则显示留言的内容。

其二是添加留言信息。

首先，显示用户需要添加信息的所有项目，包括姓名、主页、E-mail、内容等项，其中，姓名是必填项。若提交信息不成功，则返回本页，若成功则显示"谢谢你的留言"信息提交成功的提示。

好，大体的需求都已经清楚了，下面进入实质的开发环境。不过在正式介绍程序之前，需要介绍关键的 XML 文件的数据结构。

9.1.4　XML 数据结构

首先要简单介绍设计 XML 会用到的一些常识。

1. XML 元素命名

XML 元素命名必须遵守下面的规则。

➤ 　元素的名字可以包含字母、数字及其他字符。

➤ 　元素的名字不能以数字或者标点符号开头。

➤ 　元素的名字不能以 XML（或者 xml、Xml、xMl⋯⋯）开头。

➤ 　元素的名字不能包含空格。

除了这些强制规定，自己"发明"的 XML 元素还必须注意下面一些简单的规则。

（1）任何名字都可以使用，没有保留字（除了 XML），但是应该使元素的名字具有可读性，对使用下画线是一个不错的选择，例如：<first_name>, <last_name>。

只要你愿意，元素的名字可以任意长，但也不要太夸张了。命名应该遵循简单易读的原则，例如<book_title>是一个不错的名字，而<the_title_of_the_book>则显得啰嗦了。

（2）尽量避免使用 "-"、".",因为有可能引起混乱。

（3）XML 文档往往都对应着数据表，我们应该尽量让数据库中的字段的命名和相应的 XML 文档中的命名保持一致，这样可以方便数据变换。

（4）非英文/字符/字符串也可以作为 XML 元素的名字，例如<理想><经典>都是完全合法的名字。但是有一些软件不能很好地支持这种命名，所以尽量使用英文字母来命名。

（5）在 XML 元素命名中不要使用 ":",因为 XML 命名空间需要用到这个十分特殊的字符。

（6）所有的 XML 文档必须有一个结束标记，在 XML 文档中，忽略结束标记是不符合规定的。

但是，在 HTML 文档中，一些元素可以没有结束标记。下面的代码在 HTML 中是完全合法的。

```
<p>This is a paragraph
<p>This is another paragraph
```

但是在 XML 文档中必须要有结束标记，像下面的例子一样。

```
<?xml version="1.0" encoding="gb2312" ?>
<p>This is a paragraph</p>
<p>This is another paragraph</p>
```

注意：你可能已经注意到了，上面例子中的第一行并没有结束标记。这不是一个错误。因为 XML 声明并不是 XML 文档的一部分，它不是 XML 元素，也就不应该有结束标记。

（7）XML 标记都是大小写敏感的，这与 HTML 不一样。

在 XML 中，标记<Letter>与标记<letter>是两个不同的标记。因此在 XML 文档中开始标记和结束标记的大小写必须保持一致。

```
<Message>This is incorrect</message>   //错误的
<message>This is correct</message>     //正确的
```

（8）所有的 XML 文档必须有一个根元素，XML 文档中的第一个元素就是根元素。

所有 XML 文档都必须包含一个单独的标记来定义,所有其他元素都必须成对地在根元素中嵌套。XML 文档有且只能有一个根元素。

所有的元素都可以有子元素,子元素必须正确地嵌套在父元素中,请看下面的代码:

```
<root>
  <child>
  <   subchild>...</subchild>
  </child>
</root>
```

（9）使用 XML,空白将被保留。在 XML 文档中,空白部分不会被解析器自动删除。这一点与 HTML 是不同的。在 HTML 中,这样的一句话:

```
"Hello            my name is Ordm"
```

将会被显示成:

```
"Hello my name is Ordm"
```

因为 HTML 解析器会自动把句子中的空白部分去掉。

（10）使用 XML,CR / LF 被转换为 LF。

使用 XML,新行总是被标识为 LF（Line Feed,换行）。你知道打字机是什么吗?打字机是在 20 世纪里使用的一种专门打字的机器。

当你用打字机敲完一行字后,你通常不得不再把打字头移动到纸的左端。

在 Windows 应用程序中,文本中的新行通常标识为 CR LF (carriage return, line feed,回车,换行)。在 UNIX 应用程序中,新行通常标识为 LF。还有一些应用程序只使用 CR 来表示一个新行。

（11）XML 中的注释

在 XML 中注释的语法基本上和 HTML 中的一样。

```
<!-- 这是一个注释 -->
```

别看规定和需要注意的地方很多,其实 XML 并没有什么特别的。为什么这样说呢?

因为 XML 确实没有什么特别的地方,它只是一些用尖括号扩在一起的普通纯文本。然而在一个支持 XML 的应用程序中,XML 标记往往对应着特殊的操作,有些标记可能是可见的,而有些标记则可能不会显示出来,而不会有什么特殊的操作。

不过,说起普通,普通到普通的编辑文本软件也可以编辑 XML 文档。当然,好的 XML 编辑器使用起来会很方便。推荐用简体中文 Altova XMLSpy 2006 企业版。

XMLSpy 是所有 XML 编辑器中做得非常好的一个软件,支持 WYSWYG（所见即所得）。支持 Unicode、多字符集,支持 Well-formed 和 Validated 两种类型的 XML 文档,支持 NewsML 等多种标准 XML 文档的所见即所得的编辑,同时提供了强有力的样式表设计。

同时,XMLSpy 2006 企业版新增功能有:

➤ XSLT 调试工具。XSL 也就是所谓的扩展风格表单语言（Extensible Stylesheet Language）,由 3 种语言组成。这 3 种语言负责把 XML 文档转换为其他格式。XML FO（XSL Formatting Objects,XSL 格式化对象）说明可视的文档格式化,Xpath 则访问 XML 文档的特定部分,而 XSLT（XSL Transformations）就是把某一 XML 文档转换为其他格式的实际语言。

➤ WSDL 编辑器。WSDL 就是描述 XML Web 服务的标准 XML 格式。WSDL 由 Ariba、

Intel、IBM 和微软等开发商提出。它用一种和具体语言无关的抽象方式定义了给定 Web 服务收发的有关操作和消息。

➢ Java / C++代码生成器。这个可以从 XML Schemas 文档中生成 Java/C++代码。

➢ 集成 Tamino。Tamino 产品是世界第一套以纯粹且标准的 XML 格式进行资料储存与抓取的信息服务器，一个能够将企业资料转换为 Internet 对象，提供资料交换和应用程序集成环境，同时又支持 Web 的完整资料管理系统。

2. 设计存储留言信息的 XML 文件（message.xml）

这里不打算使用 DTD，因为这是我们自己编制并测试通过的 XML 数据，所以不需要 DTD 来验证（如果你对此感兴趣当然可以加一个，这不影响程序的运行）。现在我们来看看建立一个留言本的基本要素，共有 9 个，它们分别是：留言 ID 号、用户名、地址、留言时间、用户主页、E-mail、内容、根节点、子节点等。

定义内容分别如下：

（1）留言 ID 号

定义为<id></id>。这是方便查询检索，也是参照了数据库设计的原理。

（2）用户名

定义为<username></username>。不用解释了，它是必填项。

（3）地址

定义为<addr></addr>。用户的 IP 地址。

（4）留言时间

定义为<posttime></posttime>。用户发布留言的日期和时间。

（5）用户主页

定义为<homepage></homepage>。每一个用户都有自己的网站或 URI。

（6）E-mail

定义为<email></email>。用户的信箱。

（7）内容

定义为<content></content>。留言内容。

（8）根节点

定义为<manage></ manage>存放所有留言的信息。

（9）子节点

定义为<item></item>。存放一条留言的信息。

当然以上不是必需的，读者可以自行命名并加减相关标签。把它们组合起来就得到 message.xml 文件了。

下面是本例中的具体文件内容。

```
<?xml version="1.0" encoding="gb2312"?>
< xml >
<manage>
<item>
<id>1</id>
<username>user1</username>
<addr>172.0.0.1</addr>
<posttime>2005-6-17 10:50:10</posttime>
<homepage>http://www.test.com.cn</homepage>
<email>test1@test.com.cn</email>
```

```xml
<content>总算建成了! </content>
</item>
<item>
<id>2</id>
<username>user2</username>
<addr>172.0.0.1</addr>
<posttime>2005-10-17 10:50:10</posttime>
<homepage>http://www.test.com.cn</homepage>
<email>test2@test.com.cn</email>
<content>如何测试 PHP 安装成功? </content>
</item>
<item>
<id>3</id>
<username>user3</username>
<addr>172.0.0.1</addr>
<posttime>2005-10-17 11:50:10</posttime>
<homepage>http://www.test.com.cn</homepage>
<email>test3@test.com.cn</email>
<content> 编写 php 文件, 文件内容是: phpinfo();
执行这个文件, 就可以测试。</content>
</item>
<item>
<id>4</id>
<username>user4</username>
<addr>172.0.0.1</addr>
<posttime>2005-10-17 11:55:10</posttime>
<homepage>http://www.test.com.cn</homepage>
<email>test4@test.com.cn</email>
<content>谢谢! </content>
</item>
<item>
<id>5</id>
<username>user5</username>
<addr>172.0.0.1</addr>
<posttime>2005-11-11 10:50:10</posttime>
<homepage>http://www.test.com.cn</homepage>
<email>test5@test.com.cn</email>
<content>你何时休假? </content>
</item>
<item>
<id>6</id>
<username>user6</username>
<addr>172.0.0.1</addr>
<posttime>2005-11-17 11:50:10</posttime>
<homepage>http://www.test.com.cn</homepage>
<email>test6@test.com.cn</email>
<content>我也想休假! </content>
</item>
</manage>
</ xml >
```

注意：必须加上 encoding="gb2312"，否则会报错为非法字符，因为 XML 默认不支持中文。

这个文件的含义这里就不多说了，大家应该能看明白。接下来介绍关键的地方——如何来显示它。

9.2　实例开发之程序文件介绍

显示 XML 数据的 ASP 文件，新增留言信息的 ASP 文件，以及储存留言信息的 XML 文件都在服务器端，前面两个存放在相同的工作目录下，而储存留言信息的 XML 文件则存放在 IIS 服务器的根目录下，这是为什么呢？因为 XML 文件是数据核心文件，存放在其他目录，并且通过设置 IIS 服务器的相关权限，使其安全性加强；应用程序文件统一存放在另外的目录，可以统一授予与程序相关的权限这样整体的安全性大大增加。

本实例中主要的程序文件之间的关系如图 9-4 所示。文件功能说明见表 9-1。

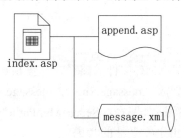

图 9-4　留言板文件关系图

表 9-1　文件功能说明

序　号	路　径	文 件 名	功 能 说 明
1	../	index.asp	留言显示程序
2	../	append.asp	留言添加程序
3	../	message.xml	留言信息储存文件 存放在根目录

本实例是将储存留言信息的 XML 文件，存放在 IIS 服务器的根目录中，大家在测试时要注意：若第一次运行系统，请将储存留言信息的 XML 文件拷贝到自己的服务器根目录下，否则，会出现如图 9-5 所示的错误信息提示。

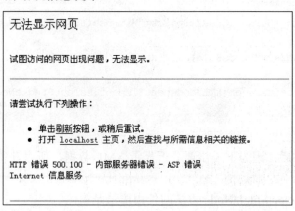

图 9-5　无法显示的出错信息界面

若 IIS 的出错信息允许输出的话，将看到如下提示：

```
错误类型:
Microsoft VBScript 运行时错误 (0x800A01A8)
缺少对象: 'objXML.documentElement'
/aspxmlcss/10/index.asp, 第 7 行
```

处理方法是: 将 message.xml 文件拷贝到 IIS 服务器的根目录下,就能解决以上问题。

9.3 实例开发之代码详解

1. 显示留言 XML 数据的 ASP 文件(index.asp)

这个文件要实现的功能就是读取并显示 XML 数据。首先创建一个 XML 对象,然后把 XML 读入内存中,利用 DOM 分离出我们所要的数据。

具体的处理过程是:加载 XML 文件→获得根节点→分页信息处理→显示留言详细内容→显示添加新留言按钮。

下面分别讲解。

(1)加载 XML 文件

首先用 strSourceFile 获取 XML 文件的路径,这里根据你的虚拟目录的不同而不同。

注意: Server.MapPath("/")&"\message.xml"中 message.xml 文件名前一定要添加 "\"。

当然,你还可以利用程序所处路径:Server.MapPath("message.xml "),虽然可以这样做,我们不赞成用这种方法,主要出于安全性的考虑。

接着创建 XMLDOM 对象,然后采用 load 方法加载 XML 文件。load 方法的使用语法是:

```
boolValue = oXMLDOMDocument.load(xmlSource);
```

参数: xmlSource 是字符串类型,表示 XML 文件的详细 URL 地址字串。

返回值: 是布尔类型,若为 True(真),则表示加载 XML 文件成功;若为 False(假),则表示加载失败。

相关代码如下:

```
……
'获得message.xml 文件
strSourceFile = Server.MapPath("/")&"\message.xml"
'创建 XMLDOM 的对象
Set objXML = Server.CreateObject("Microsoft.FreeThreadedXMLDOM")
'加载文件
objXML.load(strSourceFile)
'获得根节点
Set objRootsite = objXML.documentElement.selectSingleNode("manage")
……
```

(2)获得根节点

加载 XML 文件后,因为下一步要分析显示 XML 数据,所以获得 XML 的根节点,以便读取相关信息。

获得根节点的 selectSingleNode 方法的使用语法是:

```
var objXMLDOMNode = oXMLDOMNode.selectSingleNode(queryString);
```

功能:获得第一个与 queryString 匹配的节点。

参数：queryString 是字符串类型，是你设计 XML 文件的应用节点标签（用 XPath 表示）。
返回值：节点对象（object），若没有找到你指定的节点标签，则返回空值（null value）。
根据我们的设计，根节点是"manage"。
相关代码如下：

```
......
'获得根节点
Set objRootsite = objXML.documentElement.selectSingleNode("manage")
......
```

（3）分页信息处理

顾名思义，就是将留言信息分页（若不分页随着信息的增加……可怕），与数据库应用类似，处理方法是：

➤ 指定每页的显示留言数目，即 PageCount =5。
➤ 获得留言总数，即 objRootsite.childNodes.length – 1，因为节点数是从 0 开始的，所以最大子节点数要减 1。
➤ 计算总页数，即 AllNodesNum\PageCount + 1。
➤ 定位每一页的留言，指定"起始节点"和"结束节点"。需要特别指出，因为要按照留言的提交时间倒序显示，所以每一次获得页面就要定位到每一页显示的最新留言，代码是：

```
if Page="" then
    Page = Pages
end if
```

➤ 最后要判断起始节点数是否超过总的节点数，如果超过则结束节点数要减去（StarNodes-AllNodesNum）的差值，否则下标会超界出错。
相关代码如下：

```
......
'每页显示 5 条留言
PageCount =5

'获取子节点数据
AllNodesNum = objRootsite.childNodes.length - 1

'算出总页数
Pages = AllNodesNum\PageCount + 1
Page = Request.querystring("Page")

'显示最新的留言
if Page="" then
    Page = Pages
end if

'获得起始节点
StarNodes = Page*PageCount - 1

'获得结束节点
EndNodes = (Page-1)*PageCount
```

```
if EndNodes < 0 then
    EndNodes = 0
end If

'判断起始节点数是否超过总的节点数
if StarNodes > AllNodesNum then

    EndNodes=EndNodes-(StarNodes-AllNodesNum)
    StarNodes=AllNodesNum
end if
if EndNodes < 0 then
    EndNodes=0
end if

......
```

（4）显示留言详细内容

首先读取 XML 文件中的各项信息内容。读取内容我们会用到 IXMLDOMNode 对象的 item 方法，以及 childNodes、text 属性。

相关语法分别是：

```
var objXMLDOMNode = oXMLDOMNodeList.item(index);
```

功能：获得一个节点列表的指定节点。

参数：index 是长整类型，是你设计 XML 文件的各个子节点的序号，注意这个序号是从 0 开始的。

返回值：一个对象（object）是 IXMLDOMNode 对象，若 index 的值超出范围，则返回值为空（Null）。

```
objXMLDOMNodeList = oXMLDOMNode.childNodes;
```

功能：获得当前节点的子节点列表。

```
strValue = oXMLDOMNode.text;
```

功能：获得节点文本内容信息。

了解了相关方法和属性语法，我们就可以依次得到：用户名（username）、地址（fromwhere）、留言时间（Posttime）、用户主页（homepage）、E-mail（email）、内容（text）等内容。

相关代码如下：

```
......
username = objRootsite.childNodes.item(StarNodes).childNodes.item(1).text
fromwhere = objRootsite.childNodes.item(StarNodes).childNodes.item(2).text
Posttime = objRootsite.childNodes.item(StarNodes).childNodes.item(3).text
homepage = objRootsite.childNodes.item(StarNodes).childNodes.item(4).text
email    = objRootsite.childNodes.item(StarNodes).childNodes.item(5).text
text     = objRootsite.childNodes.item(StarNodes).childNodes.item(6).text

......
```

需要说明的是，内容（text）信息是不能直接输出的，因为有很多字符是不能正常显示的，这些字符是："Chr(13)"（回车）、"Chr(32)"（空格）、"<"（左尖号，保留字符）、">"（右尖号，保留字符）等。

相关代码如下：

```
……

    '替代回车
    text = Replace(text,Chr(13),"<br>")

    '替代空格
    text = Replace(text,Chr(32)," ")

    text = Replace(text,"<","&lt")

    text = Replace(text,">","&gt")
…,..
```

所有信息都获得后，接下来就是用 HTML 代码将它们显示出来。这部分代码大家都能很方便地编写出来。

相关代码如下：

```
……
<table width="80%" border="0" cellspacing="1" cellpadding="4" align="center"
    bgcolor="#CCCCCC">
<tr bgcolor="#004080">
<td colspan="2"><font color="#FFFFFF">留言簿</font>
</td>
</tr>
<tr bgcolor="#EAEAEA">
    <td width="21%" height="94" valign="top">姓 名: <%=username%><br>
        来 自: <%=fromwhere%><br>
    </td>
<td width="79%" height="94" valign="top"> | <a href="<%=homepage%>" target=_blank
 title="<%=username%>的主页">主页</a>
  | | <a href="mailto:<%=email%>" title="给<%=username%>写信">信箱</a> | |<font
        color="#CC6633">
留言时间: <%=Posttime%> </font>|
<hr>
<pre><%=text%></pre></td>
</tr>
<tr bgcolor="#FFFFFF" align="right">
<td colspan="2"> </td>
</tr>
<%
StarNodes = StarNodes - 1
wend
set objXML = nothing
%>
<tr bgcolor="#EAEAEA" align="right">
<td colspan="2"> 共有<<%=Pages%>>页
<%
```

```
if cint(Page)<>Pages then'分页
response.write "<a href='index.asp?Page="&(Page+1)&"'>上一页</a>"
end if
if cint(Page)<>1 then
response.write "<a href='index.asp?Page="&(Page-1)&"'>下一页</a> "
end if
%>
</td>
</tr>
</table>
......
```

保存文档为 index.asp，运行它你就会得到一个类似图 9-6 所示的界面。

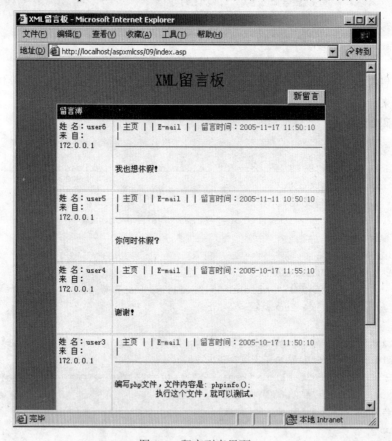

图 9-6　留言列表界面

（5）显示添加新留言按钮

如何添加新留言呢？下面就来添加一个"新留言"按钮，HTML 代码是：

```
<INPUT TYPE="button" name="button1" value="新留言" onclick= "pageOpen()" >
```

在 onclick 事件中，调用 pageOpen()方法来显示新的窗口，在新的窗口中显示添加新留言的相关信息。

相关代码如下：

```
......

<INPUT TYPE="button" name="button1" value="新留言" onclick= "pageOpen()" >
```

```
function pageOpen(){
    var newWindow;
    newWindow=window.open('append.asp',"openScript",'width=540,height=360,
resizable=1,scrollbars=yes,menubar=no,status=no');
    newWindow.moveTo((screen.width-540)/2,(screen.height-360)/2);
}// end function
......
```

其中用 JavaScript 编写了一个 newWindow，它用 OPEN 方法加载 append.asp 文件，用 newWindow 的 moveTo 将窗口移到屏幕中心显示。有关 JavaScript 的操作，请查阅相关书籍和网站，这里就不再过多介绍这些知识。

保存所有代码，重新刷新 index.asp 页面，将会出现类似图 9-7 所示的界面。

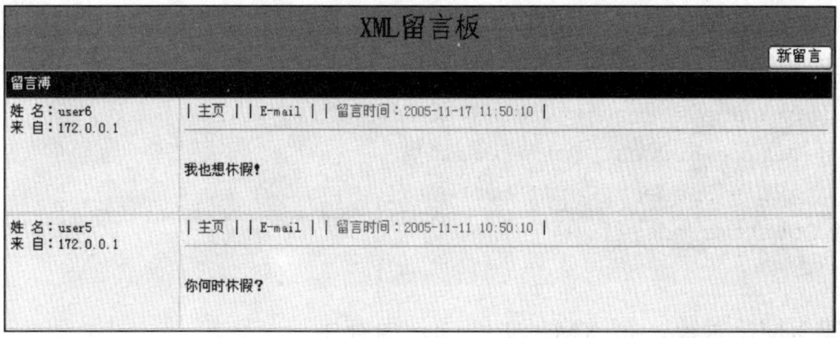

图 9-7　有"新留言"按钮的页面

单击"新留言"按钮，将弹出如图 9-8 所示的界面。

图 9-8　新留言编辑界面

2. 建立写新留言程序（append.asp）

这个文件要实现的功能就是写入新的 XML 节点。首先创建一个 XML 对象，然后把 XML 读入内存中，利用 appendChild() 方法加入生成新的 XML 节点。

具体的处理过程是：判断保存信息→获取用户提交的信息→创建 XML 对象，把 XML 文件读入内存中→获得将要插入子节点的 ID 号→将新留言信息插入节点中→存储 XML 文件→释放对象→显示感谢信息。

下面分别对每一步进行详细介绍。

（1）判断保存信息

以用户名（username）信息是否存在为依据进行判断，如果存在，就表示提交信息，如果不存在，就表示第一次运行，直接显示需要填写的信息界面即可。当然若提交中没有填写用户名（username）的内容，即便不是第一次运行，也会显示需要填写信息的界面，所以用户名（username）是必填内容。

获得用户名（username）的代码如下：

```
……
username = Request.Form("username")
……
```

（2）获取用户提交的信息

将提交的信息和需要保存的信息各项赋值到指定变量中。这部分代码很简单，不再做专门介绍。

相关代码如下：

```
……
fromwhere = Request.ServerVariables("REMOTE_HOST")
    homepage = Request.Form("homepage")
    email = Request.Form("email")
    text = Request.Form("content")
    Posttime =now()
……
```

（3）创建 XML 对象，把 XML 文件读入内存中

前面已经讲过，该操作分三步：获得 message.xml 文件、创建 XMLDOM 的对象及加载文件。

相关代码如下：

```
……
strSourceFile = Server.MapPath("/") & "\message.xml"

Set objXML = Server.CreateObject("Microsoft.XMLDOM")

objXML.load(strSourceFile)
……
```

（4）获得将要插入子节点的 ID 号

按道理，直接编写获得 ID 号的代码就行了。可是，经验告诉我们，在处理 XML 节点之前，要考虑一个重要的问题：若是第一次运行本程序，并且 XML 文件中没有任何信息，那么处理其节点信息便成为笑谈——如果不加判断则在第一次运行时就会报错。

所以，当创建 XML 对象，并把 XML 文件读入内存中后，要判断是否有可以操作的节点。这就用到两个 XMLDOM 的属性，其语法如下：

```
var objError = objXMLDOMDocument.parseError;
```

功能：返回分析器产生的最后一个分析错误信息对象。

```
lValue = oXMLDOMParseError.errorCode;
```

功能：返回最后一个分析错误信息的编码。当 errorCode 的编码为"0"时，表示没有出错信息。

这样，根据 objXML.parseError.ErrorCode 的值，就可以知道是否是第一次操作 message.xml（内容为空）。若 objXML.parseError.ErrorCode 的值不为"0"，则需要赋给 objXML 对象的 XML 内容，代码如下：

```
objXML.loadXML "<?xml version=""1.0"" encoding=""gb2312"" ?><xml><manage>
        </manage></xml>"
```

经过以上处理，就可以放心地进行如下功能设计了。

获得将要插入子节点的 ID 号，其 ID 号为：<manage>的最后一个子节点（lastChild）的第一个子节点（firstChild）的 ID 号加 1（这里我们按照关系型数据库的 ID 号来递增）。有些拗口，但确实如此。

如是没有子节点则将第一次留言 ID 号设为 1。

相关代码如下：

```
......
If objXML.parseError.ErrorCode <> 0 Then
        objXML.loadXML "<?xml version=""1.0"" encoding=""gb2312"" ?><xml>
            <manage>
                        </manage></xml>"
    End If

Set objRootlist = objXML.documentElement.selectSingleNode("manage")

If objRootlist.hasChildNodes then
id = objRootlist.lastChild.firstChild.text + 1
Else
id=1
End If
......
```

（5）将新留言信息插入节点中

添加信息的方法很多，常见的有如下两种：

➢ 根据得到的数据建立 XML 片段，并把 XML 片段读入内存中，获得 XMLDOM 的根节点，然后把 XML 片段插入到 XML 文件中。这个过程简单，但效率不高。

➢ 利用 XMLDOM 对象的 appendChild 方法，直接赋值添加。其语法是：

```
var objXMLDOMNode = oXMLDOMNode.appendChild(newChild);
```

功能：在当前节点下追加一个子节点，这个节点位于最后。

参数：newChild 是一个对象（An object），表示新子节点对象。

返回值：若成功，将返回当前节点的列表，新子节点已经添加到列表最后。

```
var objXMLDOMElement = oXMLDOMDocument.createElement(tagName);
```

功能：创建一个单节点的对象。

利用这两个方法，就可以将用户提交的数据写入到 XMLDOM 对象中。首先，创建一个节点：Set oListNode = objXML.documentElement.selectSingleNode("manage").appendChild (objXML. createElement("item"))。此代码的含义是将<item></item>插入到<manage></manage>段的最后，然后，在这个<item></item>段中添加各个子节点，如添加<id></id>，则代码是：Set oDetailsNode = oListNode.appendChild(objXML.createElement("id"))。接着给这个子节点赋值，如给"id"赋值的代码为：oDetailsNode.Text = id。

详细的代码如下：

```
......
Set oListNode = objXML.documentElement.selectSingleNode("manage").
```

```
        Append Child (objXML. createElement("item"))

    Set oDetailsNode = oListNode.appendChild(objXML.createElement("id"))
    oDetailsNode.Text = id

    Set oDetailsNode = oListNode.appendChild(objXML.createElement("username"))
    oDetailsNode.Text = username

    Set oDetailsNode = oListNode.appendChild(objXML.createElement("addr"))
    oDetailsNode.Text = fromwhere

    Set oDetailsNode = oListNode.appendChild(objXML.createElement("Posttime"))
    oDetailsNode.Text = Posttime

    Set oDetailsNode = oListNode.appendChild(objXML.createElement("homepage"))
    oDetailsNode.Text = homepage

    Set oDetailsNode = oListNode.appendChild(objXML.createElement("email"))
    oDetailsNode.Text = email

    Set oDetailsNode = oListNode.appendChild(objXML.createElement("content"))
    oDetailsNode.Text = text
    ……
```

（6）存储 XML 文件

为所有需要保存的数据赋值完毕后，就需要将这个变化用 save 方法写到 XML 文件中去。save 方法很简单，语法如下：

```
oXMLDOMDocument.save(destination);
```

功能：将 XML 文档保存到指定的地方。

参数：destination 是一个对象（object），这个对象可以是一个文件名，或 ASP Response 对象，或 DOMDocument 对象，或一个自定义对象。

代码如下：

```
……
objXML.save(strSourceFile)
……
```

（7）释放对象

很简单，只有一行代码，但这是必须要做的，一定要养成好的习惯。

如下所示。

```
……
Set objXML=nothing
……
```

（8）显示感谢信息

提交信息都保存到 XML 文件中后，需要给用户一个友好的提示信息，比如"谢谢你的留言""欢迎你光临"、"常来坐坐"等。然后，添加一个"关闭"的锚点，用 JavaScript 写一句"window.close();"。这样好像不够完美。

若这样关闭窗口，用户将不会看到他提交的留言信息（需要刷新 index.asp），于是，需要在

"window.close();"语句前增加一句"self.opener.location.reload(true);"，便可以实现自动刷新index.asp 界面的效果。关于 JavaScript 的语句实现请查看相关的书籍和网站资料。

相关代码如下：

```
……
response.write "<CENTER>谢谢您的留言</CENTER>"
response.write "<BR><CENTER><a href='javascript:
self.opener.location.reload(true);
window.close();'>关闭</a></CENTER>"
response.end
……
```

append.asp 最后应该是什么呢？

对，应该询问用户需要提交的信息了。这些信息包括：用户名（username）、地址（addr）、留言时间（Posttime）、用户主页（homepage）、E-mail（email）、内容（content）等 6 个项目。

其中，地址（addr）、留言时间（Posttime）两项不需要用户填写，而用户名（username）需要注明为必填项。

相关代码如下：

```
……
<html>
<head>
<title>撰写留言</title>
<meta http-equiv="Content-Type" content="text/html; charset=gb2312">
<style type="text/css">
<!--
td { font-size: 9pt}
-->
</style>
</head>
<body bgcolor="#8080FF" text="#000000">
<table width="80%" border="0" cellspacing="1" cellpadding="4" align="center"
    bgcolor="#FFFFFF">
<Form action="append.asp" method="post" name="Form1">
<tr bgcolor="#004080">
<td colspan="2"><font color="#FFFFFF">新留言</font></td>
</tr>
<tr bgcolor="#EAEAEA">
<td width="19%" align="right">姓 名: </td>
<td width="81%">
<input type="text" name="username">
** </td>
</tr>
<tr bgcolor="#EAEAEA">
<td width="19%" align="right">主 页: </td>
<td width="81%">
<input type="text" name="homepage" value="http://">
</td>
</tr>
<tr bgcolor="#EAEAEA">
<td width="19%" align="right">E-mail: </td>
<td width="81%">
```

```
<input type="text" name="email">
</td>
</tr>
<tr bgcolor="#EAEAEA">
<td width="19%" align="right" valign="top">内 容: </td>
<td width="81%">
<textarea name="content" cols="60" rows="10"></textarea>
</td>
</tr>
<tr bgcolor="#EAEAEA">
<td align="center" colspan="2">
<input type="submit" name="Submit" value="  提  交  ">
<input type="reset" name="Submit2" value="  重填  ">
</td>
</tr>
</Form>
</table>
</body>
</html>
……
```

编写完毕后，请保存代码，文件名为 append.asp，运行界面如图 9-8 所示（新留言编辑界面）。

最后，需要运行测试一下编写好的程序。程序的全部代码，你可以到本书指定的网络地址中下载。

9.4   在我的环境中运行测试

如果你在本书指定的地址下载源代码后，就将其解压拷贝到 IIS 运行目录下，所下载的程序不能运行，则可能在拷贝时或者注释时出错了。出错需要首先检查 message.xml 是否有读写权限，如图 9-9 所示。

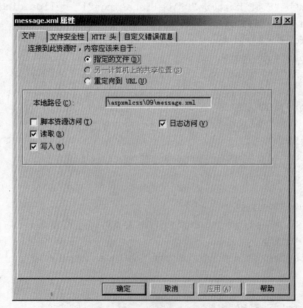

图 9-9   message.asp 权限界面

另外，检查路径的读写权限，设置与图 9-9 类似，不再细说。

如果仍有问题，请检查 index.asp 和 append.asp 中的代码 strSourceFile = Server.MapPath("/") & "\List.xml"，看这里是否出错了。

如果一切没有问题，运行 index.asp 就应该出现类似图 9-1 所示的留言板主界面，单击"新留言"按钮，将弹出类似图 9-8 所示的新留言编辑界面。

下面测试一下添加留言的效果，添加内容有：

姓名：实例 1

主页：http:// www.test.com

E-mail：test@163.com

内容：狗年快到了，你有啥打算？

添加留言界面如图 9-10 所示。

图 9-10　留言编辑界面

单击"提交"按钮，成功运行后将出现如图 9-11 所示的友好的提示信息界面。

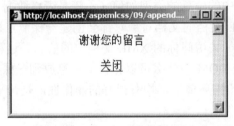

图 9-11　友好的提示信息界面

单击"关闭"链接文字，待窗口关闭后主界面自动刷新，将用户名为"实例 1"的留言显示到留言板的顶部。如图 9-12 所示为自动刷新的主界面。

到这里，我们就建立了一个简单并有分页功能的 XML 留言本。

其实，还可以为上面的留言本加上回复功能、管理功能、单击计数功能等，甚至你可以把它变为一个 BBS 等。

很简单吧，其实这里只起一个抛砖引玉的功能，其目的是引导大家建立更复杂更好的"ASP＋XML"程序。

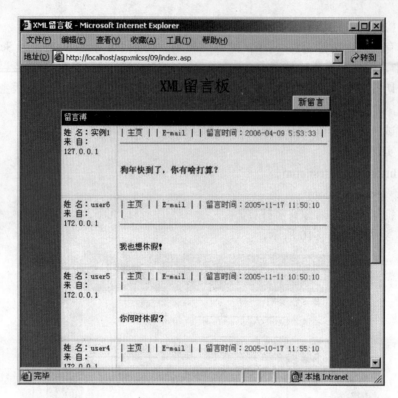

图 9-12　自动刷新的主界面

9.5　小结

通过对本章的学习可以了解到，DOM 可以让你以分层次对象模型来访问储存在 XML 文档中的信息。DOM 生成一棵节点树（以 XML 文档的结构和信息为基础），你可以通过这棵树来访问你的信息。在 XML 文档中的文本信息转变成一组树的节点。

不论你的 XML 文档中的信息的类型如何（不管是表格数据、一列 items，或者只是文档），DOM 在你创建一个 XML 文档的文档对象时都会创建一棵节点树。DOM 强迫你使用树状模型（就像 Swing TreeModel）去访问你的 XML 文档中的信息。这种模式确实不错，因为 XML 原本就是分层次的，这也是 DOM 为什么可以把你的信息放到一棵树中的原因。

XML 在不同网络、不同环境下，均有很好的操作性，是跨平台的"数据库"。

第 10 章 公交信息管理

通 过复杂的 XML 数据内容的操作，详细介绍 XML 的设计、操作步骤、注意事项、处理方法等内容。系统采用基于最新标准的 XML/XSL，并且本系统不需要任何数据库支持，而只需要开放 FSO，适于在 Windows 2000 的 IIS 5 平台下运行。

主要应用有如下：

➤ 在线发布信息。

➤ 随时更改、删除、增加信息。

➤ 多人在线查询，自动生成所有查询结果的静态 HTML 页面。

➤ 处理大量且关系复杂的信息内容。

➤ 对速度要求优先的场合。

➤ 要求查询功能强大的场合。

➤ 不要数据库的应用领域。

教学目标

本章主要学习以下内容。

➤ 运行效率：公交信息内容全部直接生成.html、.xml、.js 文件，访问者只需要访问.html、.xml、.js 文件，不会接触到.asp，这样就可以大大减服务器的负担，提高网站的浏览速度。

➤ 适应性强：具有可移植性，所生成公交信息的.html、.xml、.js 文件适用于各种平台。

➤ 可靠性高：即使服务器停止了对 CGI 的支持，也不会影响对外部的公交信息进行浏览。

➤ 成本低廉：不需要任何数据库的支持，纯文本操作，不受操作系统、软件平台的限制。

➤ XML 的好处：直接动态支持 Web 操作；XML 在数据描述方面具有灵活、可扩展、自描述的特点。XML 具有基于 Schema 自描述语义的功能，容易描述数据的语义，这种描述能被计算机理解和自动处理。

➤ 数据交换：基于 XML 的公交信息数据交换，可实现 XML 数据双向存取，将 XML 数据同具体应用程序集成，进而使之同现有的业务规则相结合，最后真正实现基于 XML 的分布式数据交换与信息共享。

内容提要

本章主要介绍内容如下：

➤ 设计思路

➤ 开发之程序文件介绍

➤ 开发之代码详解

➤ 运行测试

内容简介

本系统主要针对公交管理的车次、站点、站站进行查询，主界面如图 10-1 所示，各路公交信息如图 10-2 所示，站点查询结果显示如图 10-3 和图 10-4 所示。

在后台还要有公交信息的维护系统，如图 10-5 和图 10-6 所示。

图 10-1　查询主界面

图 10-2　查询公交详细信息界面

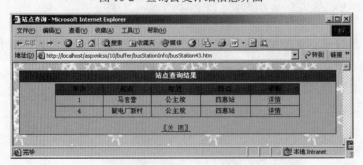

图 10-3　查询站点公交信息界面

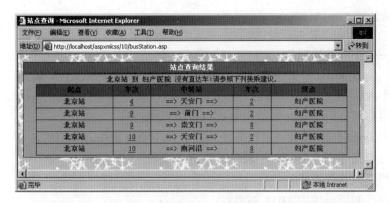

图 10-4　查询换乘信息界面

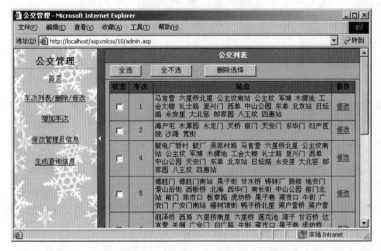

图 10-5　公交管理——公交列表信息界面

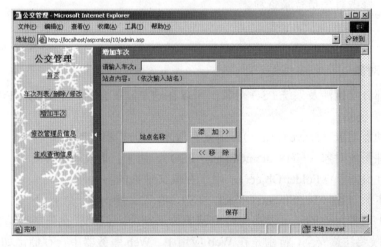

图 10-6　公交管理——编辑信息界面

10.1　设计思路：如何设计真正的系统

设计并完成一个功能强大、服务方式灵活的系统，认真而细致的需求分析是必不可少的环节。当然，设计系统功能是真正的目的和任务核心，下面就从系统功能入手进行介绍。

10.1.1 主要功能介绍

本系统主要实现的功能如下：

➢ 自动生成 XML 公交信息文件，可以大大减小服务器的负担，提高公交的浏览速度，也利于改版。

➢ 采用自动分析功能，自动调整所有相关页面信息。

➢ 采用 JavaScript 代码，可以方便地在页面中随意增加公交信息。

➢ 可自定义显示公交信息列表时的每页记录数。

➢ 在线更改管理密码。

➢ 用户名和密码使用 MD5 加密。

➢ 公交信息可以无限添加，相关公交换乘信息自动生成。

➢ 用户可在线管理信息（添加、删除）。

➢ 将公交信息查询和公交信息的维护分开。

➢ 对公交信息可以按车次、站名、换乘等 3 种方式进行搜索。

➢ 删除公交信息功能。

➢ 全新用户权限管理系统。

➢ 可以方便备份整套公交信息系统。

总的来说，分 4 个方面的功能组成，即：

➢ 车次查询——输入要查询的车次即可查出该车次的所有停靠站。

➢ 站点查询——输入一个站点，就可以查询出经过该站点的所有公交车。

➢ 站站查询——输入起点站和目的站，就可以查询出经过这两站的直达公交车或者换乘建议，并通过详情，得到车经过的每个站点。

➢ 后台管理——列举出所有车次、站点；可以增加车次、删除车次，增加站点、修改站点；修改管理员登录资料。

10.1.2 基本概念

1．FSO 对象

本书大部分实例涉及系统 FSO 对象，所以在这里简单介绍一下 FSO（File System Object）。系统 FSO 对象包括：

➢ 驱动器对象（Drive Object），用来存取本地盘或网络盘。

➢ 文件系统对象（FielSystemObject，FSO），用来存取文件系统。

➢ 文件夹对象（Folder Object），用于存取文件夹的各种属性。

➢ 文本流对象（TextStream Object，TS），存取文件内容。

使用以上对象，你的确可以在一台电脑上为所欲为，但同样也可能会造成灾难，所以在使用 FSO 的时候要注意安全，特别是在 Web 应用中。Web 服务器中会存储诸如用户信息，日志文件等重要信息，更要格外小心。在本文中，我们主要探讨 FSO 对象和 TextStream 对象。

注意：FSO 由 Microsoft 提供，所以本文内容只适用于 Windows 操作系统下的 ASP 编程。

2．FSO 功能上的弱点

FSO 还是存在一些弱点。例如，它在处理二进制数据文件的时候就不那么方便。对于像 Word 文档、图像等许多文件，你只能执行移动、删除等操作，而不能打开进行读/写。当然，FSO 提供了另外一套操作它们的方法（具体请参考 MSDN），但始终不如我们惯用的 OPEN 方法那么顺手。

另一个不足与文件大小有关。由于 FSO 操作需要经常地将文件内容读入内存，文件有多大，就需要多少内存，所以如果你要处理大文件或一大堆小文件的话，内存的开销会很可观，可能会对系统运行速度有影响。解决办法是将大文件分段处理，并记得经常地清除内存（把变量设为 null 或""，set 对象设为 nothing）。

此外，FSO 不能改变文件和文件夹的属性。例如，在建立的例子中，其实有一个安全机制我们没有实现，就是将保存信息的文件的属性设为只读，只有在更新的时候才临时改为可写，写完后再改回只读，许多用 CGI 或 Perl 写的 guestbook 程序都有这种功能，可惜用 FSO 无法实现该功能。

3．FSO 还能干些什么

总的来说，FSO 还是很强大的。FSO 还有一些一般没人注意到的很酷的功能。下面列出一些，当你看完后可能会觉得豁然开朗。

（1）GetSpecialFolder 方法

返回一个特殊的 Windows 文件目录：Windows 安装文件目录，系统文件目录，临时文件目录。使用方法分别是：FSO.GetSpecialFolder([0])、FSO.GetSpecialFolder([1])、FSO.GetSpecialFolder([2])。

（2）GetTempName 方法

返回一个随机生成的临时文件或文件夹。像处理上面所说的，将大文件分割处理的时候这个功能特别有用。（如果 Windows 98 常死机的话，我们可以在 Windows 根目录下看到大量的长度为 0 的随机文件名，估计就是这个用途。）

（3）GetAbsolutePathName 方法

返回一个文件夹的绝对路径（有点像 Server.MapPath）。例如，FSO.GetAbsolutePathName("region")会返回像 "c:\mydocs\myfolder\region" 这样的路径，具体取决于你的当前目录。

（4）GetExtensionName 方法

返回文件的扩展名。例如 FSO.GetExtensionName("c:\docs\test.txt")返回 "txt"。

（5）GetBaseName 和 GetParentFolder 方法

分别返回根目录名和父目录名。例如 FSO.GetParentFolder ("c:\docs\mydocs") 返回 "docs"。

（6）Drives 属性

返回本机上所有驱动器的集合。如果你要建立一个 explorer 风格的界面，这个功能再有用不过了。

记住要建立一套完善的错误信息处理机制，因为上面这些功能如果遇到像文件夹不存在之类的错误时，会返回一些可恶的错误代码。

4．开启 FSO 功能步骤

（1）单击"开始"菜单，选择"运行"。

（2）在"打开"输入框中输入 "RegSvr32 C:\WINNT\SYSTEM32\scrrun.dll"（Windows 2000 系统）如图 10-7 所示，开启系统 FSO；若是 Windows 98 系统，则输入 "RegSvr32 C:\WINDOWS\SYSTEM\scrrun.dll"；若是 Windows 2003 系统，则输入 "regsvr32 scrrun.dll"。

运行成功后，将出现类似下面的信息，如图 10-8 所示。

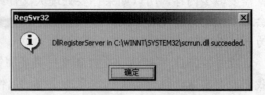

图 10-7　在"打开"输入框中输入命令　　　　图 10-8　运行成功提示信息

（3）运行 Internet 服务管理器，选择 IIS 中工作目录，这里为 aspxmlcss 虚拟目录的"属性"，如图 10-9 所示。

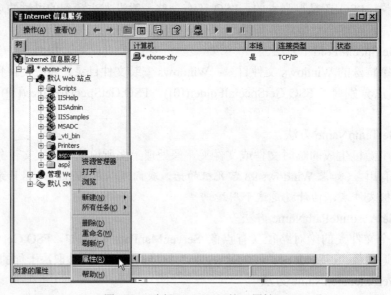

图 10-9　选择 aspxmlcss 的"属性"

（4）在"aspxmlcss 属性"对话框中选择"目录安全性"选项卡，在"匿名访问和验证控制"选项组中单击"编辑"按钮，如图 10-10 所示。

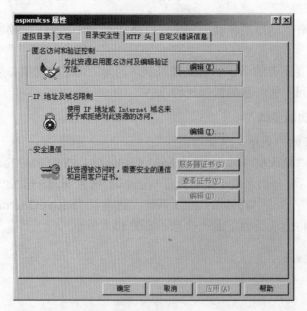

图 10-10　"aspxmlcss 属性"对话框的"目录安全性"选项卡

（5）在"验证方法"对话框中选中"匿名访问"复选框，然后单击"编辑"按钮，如图 10-11 所示。

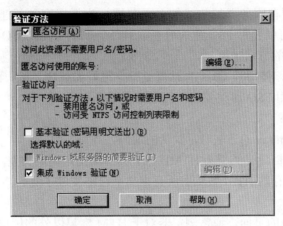

图 10-11　在"验证方法"对话框中勾选"匿名访问"复选框

（6）在"匿名用户账号"对话框中，用户名选择 Administrator，同时，在"允许 IIS 控制密码"前打钩，如图 10-12 所示，单击"确定"按钮。

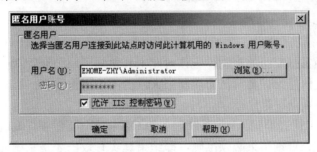

图 10-12　设置匿名用户账号

（7）关闭命令，在打开输入框中输入"RegSvr32 /u C:\WINNT\SYSTEM32\scrrun.dll"（Windows 2000 系统），如图 10-13 所示；若是 Windows 98 系统，则输入"RegSvr32 /u C:\WINDOWS\SYSTEM\scrrun.dll"；若是 Windows 2003 系统，则输入"regsvr32 /u scrrun.dll"。

图 10-13　关闭命令

（8）注销成功，将弹出如图 10-14 所示的信息框。

图 10-14　注销成功提示信息

看到这里，是不是觉得 FSO 很有用呢？实际上，我们所提到的内容只是冰山一角。在相关网站上（具体请参阅附录），还可以看到更多与此话题有关的讨论。

由于实例中需要在服务器端生成的页面数据，为了提高访问速度，往往需要生成静态的 HTM 页面。通常，可以使用 FSO 生成静态的 HTM 页。但如果 FSO 被禁止或没有使用 FSO 的权限，就需要用其他的方法来解决。

利用 XMLDOM，使用其 save()方法就是一个很好的解决之道。而且，如果数据是 XML 格式，使用 save()比使用 FSO 速度要快，代码的复用率也高。

但需要注意的是：

➢ 调用 xmldom.save()方法时，默认的编码方式是 UTF-8。

➢ 如果指定文档输出类型为 HTML 由于其不能指定编码类型，当数据中含有中文字符时，就会发现保存的 HTM 数据中所有中文字符都变成了乱码。

解决方法：

对于 HTML 类型的页面，通常浏览器对于 HTM 标记以外的标记并不进行解释。

➢ 指定输出文档类型为 XML。

➢ 指定编码（encoding="gb2312"）。

➢ 指定保留缩进格式（以方便阅读）。

10.1.3　需求分析

公交是我们经常打交道的事物，应该对此十分熟知了。公交管理必须有方便而快捷的检索功能，同时，公交信息维护要简洁而功能强大。上面说得很简单，可是实现起来要考虑到许多方面。我们从以下 4 点进行分析。

首先，系统查询快速准确。因为系统服务的对象很多，要做到查询快速必须采用静态 HTML 页面设计。由于每个查询结果必须准确，即结果真实有效，才是系统应用的核心，这就对系统提出严格的要求。针对这些就要在综合分析的基础上，细心设计。

其次，系统功能强大。就是不需要掌握复杂的处理方法，实现复杂的查询处理过程，就能很快地获得相关信息。增加系统运行时与用户的亲和性，在设计时要充分考虑用户的习惯和行业特点。

再次，公交信息维护方便。因为系统信息会经常变动，同时，更新会牵连到依赖关系的变化，处理过程一定要简洁方便。

最后，系统安全可靠。因为所有数据都是 XML 格式，所以用户和密码都要经过 MD5 加密处理，防止意外的误操作发生。

10.1.4　业务流程

根据公交管理业务的基本功能，不难得到公交管理的业务流程，如图 10-15 所示。公交管理的业务流程很简单，主要有两个方面。

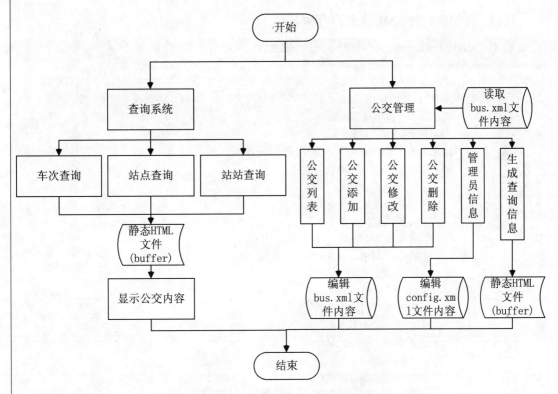

图 10-15 公交管理业务流程结构图

其一是前台显示公交信息查询系统。前台界面有 3 种形式，包括：车次查询、站点查询和站站查询内容。

➢ 车次查询：输入要查询的车次即可查出本车次的停靠站。

➢ 站点查询：输入一个站点，就可以查询出经过该站点的所有公交车。

➢ 站站查询：输入起点站和目的站，就可以查询出经过这两站的直达公交车或者换乘建议。

其二是后台显示公交信息维护系统。主要包括：添加新公交信息、修改公交信息、删除公交信息、生成查询信息和管理员信息等内容。

➢ 添加新公交信息：输入车次名称，并且依次输入该车次的各个站名内容，保存后完成新公交信息。

➢ 修改公交信息：调整选择车次后，编辑该车次的站名，保存后完成修改工作。

➢ 删除公交信息：选择要删除的车次后，单击"删除"按钮并单击"确定"按钮后成功删除。

➢ 生成查询信息：当所有添加/修改/删除等操作完成后，一定要重新生成查询信息功能，然后才能生效。

➢ 管理员信息：完成管理员名称、密码等修改操作。

○10.1.5 XML 数据结构和操作

程序的数据结构定义为："公交车信息"集合包含多个 bus 对象，每一个 bus 对象包括"车次"、"起点站"、"终点站"、"各站名称"的属性，"各站名称"对象包括各个具体的"站名"存放的依次站点站名。将以上定义对应到 XML 文件，即"公交车信息"为根节点，bus 为"公交车信息"的子节点，"车次"、"起点站"、"终点站"、"各站名称"和"各站名称"对象包括各个具体的"站名"存放的依次站点站名。

这样，我们得到的 XML 文件内容如下：

```xml
<?xml version="1.0" encoding="gb2312"?>
<公交车信息>
<bus busid="1">
        <车次>1</车次>
        <起点站>马官营</起点站>
        <终点站>四惠站</终点站>
        <各站名称>
                <站名>马官营</站名>
                <站名>六里桥北里</站名>
                <站名>公主坟南站</站名>
                <站名>公主坟</站名>
                <站名>军博</站名>
                <站名>木樨地</站名>
                <站名>工会大楼</站名>
                <站名>礼士路</站名>
                <站名>复兴门</站名>
                <站名>西单</站名>
                <站名>中山公园</站名>
                <站名>东单</站名>
                <站名>北京站</站名>
                <站名>日坛路</站名>
                <站名>永安里</站名>
                <站名>大北窑</站名>
                <站名>郎家园</站名>
                <站名>八王坟</站名>
                <站名>四惠站</站名>
        </各站名称>
</bus>
<bus busid="2">
        <车次>2</车次>
        <起点站>海户屯</起点站>
        <终点站>宽街</终点站>
        <各站名称>
                <站名>海户屯</站名>
                <站名>木樨园</站名>
                <站名>永定门</站名>
                <站名>天桥</站名>
                <站名>前门</站名>
                <站名>天安门</站名>
                <站名>东华门</站名>
                <站名>妇产医院</站名>
                <站名>沙滩</站名>
                <站名>宽街</站名>
        </各站名称>
</bus>
    <bus busid="4">
        <车次>4</车次>
        <起点站>靛电厂新村</起点站>
        <终点站>四惠站</终点站>
```

```
        <各站名称>
                <站名>靛电厂新村</站名>
                <站名>靛厂</站名>
                <站名>吴家村路</站名>
                <站名>马官营</站名>
                <站名>六里桥北里</站名>
                <站名>公主坟南站</站名>
                <站名>公主坟</站名>
                <站名>军博</站名>
                <站名>木樨地</站名>
                <站名>工会大楼</站名>
                <站名>礼士路</站名>
                <站名>复兴门</站名>
                <站名>西单</站名>
                <站名>中山公园</站名>
                <站名>天安门</站名>
                <站名>东单</站名>
                <站名>北京站</站名>
                <站名>日坛路</站名>
                <站名>永安里</站名>
                <站名>大北窑</站名>
                <站名>郎家园</站名>
                <站名>八王坟</站名>
                <站名>四惠站</站名>
        </各站名称>
    </bus>
    ……
</公交车信息>
```

注意：在＜?xml version="1.0" encoding="gb2312"?＞这一行，XML 默认不支持中文，通过设置 encoding 属性，才可以使 XML 正确地显示中文。

10.2　实例开发之程序文件介绍

所有操作的存储数据对象——XML 文件，都是 bus.xml 文件。而在 buffer 子目录下生成静态 HTML 页面文件。

主程序 index.asp 和 admin.asp 文件分别是：前台查询主程序和后台管理编辑主程序。

各个程序文件之间的关系如图 10-16 所示。

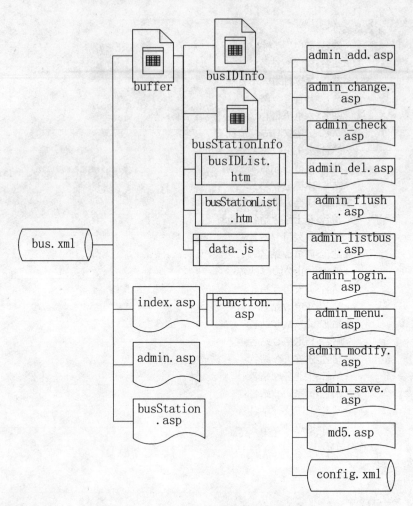

图 10-16　公交信息管理系统文件结构图

卜面分别对这两个主程序文件进行详细介绍。

1．index.asp

前台使用 JavaScript 分页方式浏览主程序，主要关联以下程序文件：buffer 目录下的静态 HTML 文件、data.js、bg.gif、bus.xml 等文件。

2．admin.asp

后台管理编辑主程序主要关联以下程序文件：admin.asp、function.asp、busStation.asp、admin_add.asp 、 admin_change.asp 、 admin_check.asp 、 admin_del.asp 、 admin_flush.asp 、 admin_listbus.asp、admin_login.asp、admin_menu.asp、admin_modify.asp、admin_save.asp、md5.asp、 config.xml、bus.xml 等文件。

各个文件的具体功能见表 10-1 的说明。

表 10-1　文件功能说明

序　号	路　径	文 件 名	功　能　说　明
1	buffer/	*	静态 HTML 页面文件
2	buffer/busIDInfo/	*	各个车次基本信息页面
3	buffer/busStationInfo/	*	相关车次和站名关联管理页面
4	buffer/	busIDList.htm	所有车次选择页面

（续表）

序　号	路　径	文　件　名	功　能　说　明
5	buffer/	busStationList.htm	所有车站名次选择页面
6	buffer/	data.js	查询的数据数组文件
7	../	index.asp	前台查询主程序
8	../	admin.asp	后台管理维护主程序
9	../	bg.gif	背景文件
10	../	function.asp	公共函数文件
11	../	busStation.asp	站站查询程序
12	../	admin_add.asp	添加车次程序
13	../	admin_change.asp	管理员维护程序
14	../	admin_check.asp	设置 Cookies 程序
15	../	admin_del.asp	删除车次程序
16	../	admin_flush.asp	生成查询信息静态 HTML 文件程序
17	../	admin_listbus.asp	公交信息列表程序
18	../	admin_login.asp	后台登录程序
19	../	admin_menu.asp	后台维护菜单程序
20	../	admin_modify.asp	修改车次程序
21	../	admin_save.asp	保存编辑时处理数据程序
22	../	md5.asp	MD5 编码程序
23	../	config.xml	管理员名称和口令文件
24	../	bus.xml	公交信息文件

10.3　实例开发之代码详解

整个系统按照功能划分为前台综合查询系统和后台管理系统两部分，分别完成查询应用功能和数据维护功能。下面分别详细介绍相关内容。

○10.3.1　前台综合查询系统

index.asp 主要完成公交信息管理的综合查询工作。

公交信息内容全部直接生成.html、.xml、.js 文件，访问者只需要访问.html、.xml、.js 文件即可，而不会接触到 ASP，这样就可以大大减小服务器的负担。具体如何提高网站的浏览速度，主要有以下几点。

首先讲车次查询功能，代码如下：

```
……
<table width="650" border="0" bgcolor="#003399" cellpadding="3" cellspacing=
    "1" align="center">
  <tr bgcolor="#808080">
    <td height="20"><div align="left"><font color="#FFFFFF"><strong>[车次查询]
        </strong></font></div></td>
  </tr>
  <tr bgcolor="#C0C0C0">
```

```
    <td height="60">
        <table width="605" border="0">
          <form name="form1" method="post" action="busId_do.asp">
          <tr>
           <td width="177"> 请输入或选择车次 </td>
           <td width="226" valign="top">
              <input type="text" name="text1" value="" style="width:220;border: 1px
                 solid #000000;height: 19px;font-size: 13px;" onkeydown="keydown()">
              </td>

           <td width="20"><INPUT TYPE="button" value="选择" onClick="doChoice(1)"
                 ></td>
           <td width="164"><INPUT TYPE="button" value=" 查询 " onClick="do1();">
                 </td>
          </tr>
          </form>
          </table>
      </td>
       </tr>
      </table>
      ......
```

我们需要了解如何列出所有车次的选择窗口，它的功能是在 doChoice()函数中实现的。doChoice()完成两项功能，一是弹出选择窗口，二是将选择的值返回相应的录入文本框中。

doChoice()函数的详细内容如下：

```
function doChoice(choiceid){
    switch (choiceid){
        case 1:
              var returnBusID=window.showModalDialog("buffer/
                 busIDList.htm?temp="+Math.random(),"","dialogHeight: 350px;
                 dialogWidth: 220px; dialogTop: 300px; dialogLeft: 300px; edge:
                 Raised; center: Yes; help: No; resizable: No; status: No;");
              if (returnBusID) document.form1.text1.value=returnBusID;
              break;
        case 2:
              var returnBusState=window.showModalDialog("buffer/
                 busStationList.htm?temp="+Math.random(),"","dialogHeight:
                 350px; dialogWidth: 280px; dialogTop: 300px; dialogLeft: 300px;
                 edge: Raised; center: Yes; help: No; resizable: No; status: No;");
              if (returnBusState) document.form2.text2.value=returnBusState;
              break;
        case 3:
              var returnBusState=window.showModalDialog("buffer/
                 busStationList.htm?temp="+Math.random(),"","dialogHeight: 350px;
                 dialogWidth: 280px; dialogTop: 300px; dialogLeft: 300px; edge:
                 Raised; center: Yes; help: No; resizable: No; status: No;");
              if (returnBusState) document.form3.text3.value=returnBusState;
              break;
        case 4:
```

```
            var returnBusState=window.showModalDialog("buffer/
                busStationList.htm?temp="+Math.random(),"","dialogHeight: 350px;
                dialogWidth: 280px; dialogTop: 300px; dialogLeft: 300px; edge:
                Raised; center: Yes; help: No; resizable: No; status: No;");
            if (returnBusState) document.form3.text4.value=returnBusState;
            break;
        }
    }
```

　　车次的查询功能是通过 do1()函数实现的。该函数首先判断查询值是否为空,若为空,则提示"请输入或选择车次!",否则,索取相应的页面。索取页面函数是 busID_search(), busID_search()负责判断 busIDList 数组中是否含有该车次,若没有,则提示"对不起, *XX* 车次不存在!",若存在,则利用 window.open 方法调用 buffer/busIDInfo/bus*XX*.htm 页面显示相应车次详细信息。

　　相关代码如下:

```
function do1(){
    if (document.form1.text1.value==""){
    alert("请输入或选择车次!");
    }else{
        //核对查询的车次是否存在,如存在,则索取相应的页面
        busID_search();
    }
}
function busID_search(){
    var flag=false;
    var busIDKey=document.form1.text1.value;
    for (ii=0;ii<busIDList.length;ii++){
        if(busIDKey==busIDList[ii]){
        flag=true;
        break;
    }
    }
    if (flag){
        window.open("buffer/busIDInfo/bus"+ii+".htm")
    }else{
        alert("对不起, "+busIDKey+" 车次不存在! ");
        document.form1.text1.select();
    }
}
```

　　其次讲站点查询。其执行过程和程序结构与车次查询类似。可以参考车次查询,所不同的是,车次查询的条件是车次,而站点查询的条件是站名。最后列举的站点数组是 busStationList。

　　最后重点讲站站查询。选择的函数还是 doChoice(),如上所述,在此不再赘述了。相关代码如下:

```
......
<table width="650" border="0" bgcolor="#003399" cellpadding="3" cellspacing="1"
align="center">
  <tr bgcolor="#808080">
    <td height="20"><div align="left"><font color="#FFFFFF"><strong> [站站查询]
```

```
</strong></font>
          </div></td>
    </tr>
    <tr bgcolor="#C0C0C0">
     <td height="71">
       <table width="629" border="0">
        <form name="form3" method="post" action="busStation.asp">
         <tr>
          <td width="235">起点站名
            <input value="" type="text" name="text3" style="width:140;border:
               1px solid #000000; height: 19px;font-size: 13px;" onkeydown=
                  "keydown()">
           </td>
           <td width="20" valign="bottom"><INPUT TYPE="button" value="选择" onClick=
             "doChoice(3)"></td>
           <td width="235">
              目的站名
            <input value="" type="text" name="text4" style="width:140;border:
               1px solid #000000; height: 19px;font-size: 13px;" onkeydown=
               "keydown()">
            </td>
           <td width="20" valign="bottom"><INPUT TYPE="button" value="选择" onClick=
             "doChoice(4)"></td>
           <td width="93"><INPUT TYPE="button" value=" 查询 " onClick="do3();"></td>
         </tr>
       </form>
        </table>
     </td>
  </tr>
  </table>
     ......
```

实现从起点站到目的站的查询功能的是 do3()函数。该函数首先判断输入的项目（起点站和目的站）是否有内容，若没有内容，则弹出"请输入或者选择起点站！"或"请输入或者选择目的站！"的提示信息。

若有内容，则分别在站点数组 busStationLis 进行中查询，看是否存在，若不存在则显示相应的"对不起，*XX*站不存在！"的信息。若都存在，则调用 busStation.asp 页面处理相关两站的页面程序。

实现这些查询的主要 JavaScript 脚本程序如下所示。

```
function do3(){
     var busStationStartKey=document.form3.text3.value;
     var busStationToKey=document.form3.text4.value;
     var flagStart=false;
     var flagTo=false;
     if (busStationStartKey==""){
         alert("请输入或者选择起点站！");
     }else if(busStationToKey==""){
         alert("请输入或者选择目的站！");
     }else{
```

```
                  for (ii=0;ii<busStationList.length;ii++){
                       if(busStationStartKey==busStationList[ii]){
                       flagStart=true;
                       }
                       if(busStationToKey==busStationList[ii]){
                            flagTo=true;
                       }
                       if (flagStart && flagTo) break;
                  }
             if (flagStart && flagTo){
                  document.form3.submit();
             }else if(!flagStart && !flagTo){
                  alert("对不起,"+busStationStartKey+" 、"+busStationToKey+" 站不存在! ");
                  document.form3.text3.select();
             }else if(!flagStart){
                  alert("对不起,"+busStationStartKey+" 站不存在! ");
                  document.form3.text3.select();
             }else if(!flagTo){
                  alert("对不起,"+busStationToKey+" 站不存在! ");
                  document.form3.text4.select();
             }
        }
   }
```

注意: 为了使浏览器不会读缓冲区数据, 可以添加一个参数来解决, 如下所示。

```
……
<!--添加一个参数,使浏览器不会读缓冲区数据-->
<script language="JavaScript" src="buffer/data.js?temp=<% = rnd %>"></script>
……
```

处理站站查询的关键处就是解决如何换乘的问题,以下为其基本实现方法。
首先,将所有站点读入数组当中,代码如下:

```
……
busStateList=getBusStateList
for i=0 to ubound(busStateList)
    if busStart=busStateList(i) then
      flag=true
    end if
    if busTo=busStateList(i) then
    flag2=true
    end if
    if (flag and flag2) then exit for
next
……
```

其次,判断是否有不存在的站点(**flag** 和 **flag2**)。这部分代码很简单,如下所示:

```
……
if not flag then
response.write ("抱歉, 站点 <strong><font color=""#FF0000"">" & busStart &
            "</font></strong>不存在!<br>")
```

```
        end if
        if not flag2 then
        response.write ("抱歉，站点 <strong><font color=""#FF0000"">" & busTo & "</font>
                </strong>不存在!")
        end if
        ......
```

如果两个站点都有，就接着判断有没有直达车。这就要遍历所有车次，其中从数组的第 4 个元素才开始记录站点名，strTemp 保存查到的有效车次。代码如下：

```
        ......
        busIdList=getBusIdList
        '遍历所有车次
        strTemp=""
        for i=0 to ubound(busIdList)
            busInfo=getInfoByBusid(busIdList(i))
            flag3=0
            for j=3 to ubound(busInfo)        '从数组的第 4 个元素才开始记录站点名
                if busInfo(j)=busStart then
                    flag3=flag3+1
                end if
                if busInfo(j)=busTo then
                    flag3=flag3+1
                end if
                if flag3=2 then exit for
            next
            if flag3=2 then
                strTemp=strTemp+cstr(busInfo(0))+"||"   'strTemp 保存查到的有效车次
            end if
        next
        ......
```

如果 strTemp 为空，则表示没有直达车，若不为空，则表示有中转站点。接下来要判断只有一次中转站的站点。首先，得到经过起点站和终点站的全部组合，在全部组合中判断两辆车有没有交叉点，若成功找到两辆车的交会处，则将结果放到 ResultII 中，这样就需要 4 个 for 循环和判断。相关代码如下：

```
        for ii=0 to ubound(passStartStationBusID)
        for jj=0 to ubound(passToStationBusID)
            '判断两辆车有没有交叉点
            busInfoA=getInfoByBusid(passStartStationBusID(ii))
            busInfoB=getInfoByBusid(passToStationBusID(jj))
            for mm=3 to ubound(busInfoA)
                for nn=3 to ubound(busInfoB)
                    if busInfoA(mm)=busInfoB(nn) then
                        '成功找到两辆车的交会处
                        'flagII=true
                        firstBusID=passStartStationBusID(ii)
                        secondBusID=passToStationBusID(jj)
                        changeStation=busInfoA(mm)
                        ResultII=ResultII+firstBusID+";"+secondBusID+";"+
```

```
                    changeStation+"||"
                end if
            next
        next
    next
next
```

接着，判断 ResultII 内容是否有记录，若没有则提示"抱歉，*XX* 到 *XX* 没有直达车,换乘一次也无法到达!"，如果有记录，则输出所有内容。如何换乘的具体代码请参见见 busStation.asp 程序文件。

这样可以看出，公交信息的页面都是.html、.xml、.js 文件，适用于各种平台。

另外，即使服务器停止了对 CGI 的支持，也不会对外部的公交信息浏览产生任何影响。

该过程不需要任何数据库的支持，纯文本操作，不受操作系统、软件平台的限制。

程序相关运行结果如图 10-17 所示。下面介绍程序执行实例。

（1）车次查询

输入要查询的车次即可查出本车次的停靠站。

例如：输入查询值"2"，或单击"选择"按钮，弹出如图 10-18 所示的车次选择界面，单击"2"按钮，然后单击"查询"按钮，弹出如图 10-19 所示的 2 路车详细车站界面。

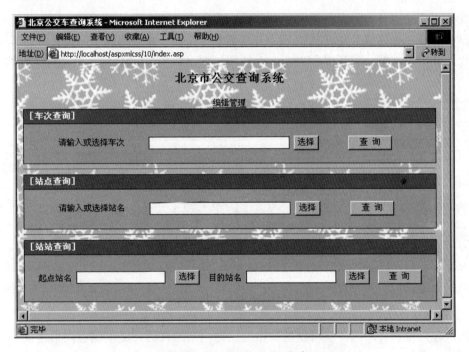

图 10-17　公交查询主界面

图 10-18　车次选择界面

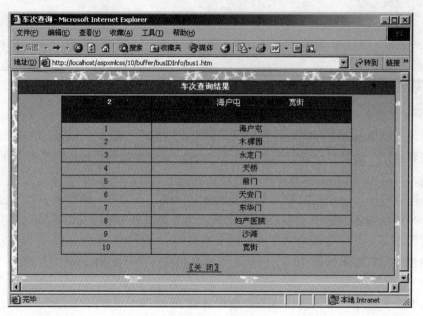

图 10-19　2 路车详细车站图

（2）站点查询

输入一个站点，就可以查询出经过该站点的所有公交车。

例如：输入查询值"大北窑"，或单击"选择"按钮，弹出如图 10-20 所示的车站选择界面，单击"大北窑"按钮，然后单击"查询"按钮，弹出如图 10-21 所示的途经大北窑车站的车次界面。

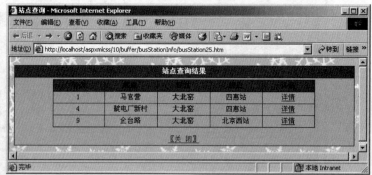

图 10-20　车站选择界面　　　　　　图 10-21　途经大北窑车站的车次界面

（3）站站查询

输入起点站和目的站，就可以查询出经过这两站的直达公交车或者换乘建议。

例如：在起点站名处输入查询值"北京西站"，或单击"选择"按钮，弹出如图 10-20 所示的车站选择界面，单击"北京西站"按钮，在目的站名处输入查询值"四惠站"，或单击"选择"按钮，弹出如图 10-20 所示的车站选择界面，单击"四惠站"按钮，然后单击"查询"按钮，弹出如图 10-22 所示的"北京西站"到"四惠站"的换乘结果界面。

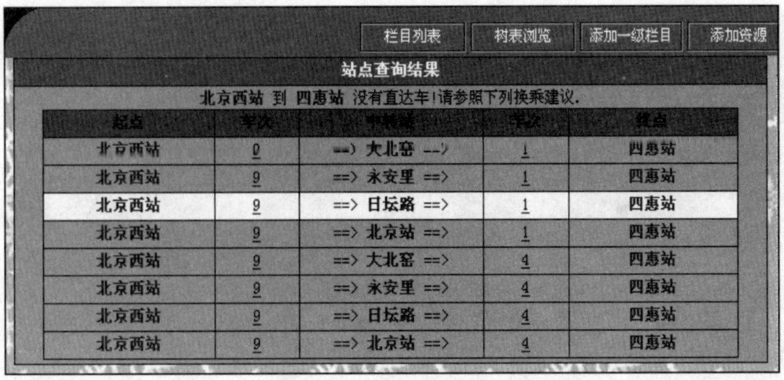

起点	车次	中转站	车次	终点
北京西站	9	==> 大北窑 ==>	1	四惠站
北京西站	9	==> 永安里 ==>	1	四惠站
北京西站	9	==> 日坛路 ==>	1	四惠站
北京西站	9	==> 北京站 ==>	1	四惠站
北京西站	9	==> 大北窑 ==>	4	四惠站
北京西站	9	==> 永安里 ==>	4	四惠站
北京西站	9	==> 日坛路 ==>	4	四惠站
北京西站	9	==> 北京站 ==>	4	四惠站

图 10-22　“北京西站”到“四惠站”的换乘结果界面

前台的具体操作很简单，大家可以很方便地看出操作过程。下面重点介绍后台管理系统。

10.3.2　后台管理系统

将公交信息查询和公交信息的维护分开，这样各司其职、互不影响，增加系统的安全性，更使系统方便易用。这是系统的重点内容。这一部分主要讲述：

（1）自动生成 XML 公交信息文件，可以大大减轻服务器的负担，提高公交的浏览速度，也利于改版。

（2）采用自动分析功能，自动调整所有相关页面信息。

（3）采用 JavaScript 代码，可以方便地在页面随意增加公交信息。

（4）可自定义显示公交信息列表时的每页记录数。

（5）在线更换管理密码。

（6）用户名和密码使用 MD5 加密过。

（7）公交信息可以无限添加，相关公交换乘信息自动生成。

（8）用户可在线管理信息（添加、删除）。

下面按照各个程序文件的功能分别介绍。

1．admin.asp

功能：完成管理员的登录及创建分页加载管理菜单程序（admin_menu.asp）和公交信息列表程序（admin_listbus.asp）。

代码如下：

```
<%@LANGUAGE="VBSCRIPT"%>
<% option explicit %>
<!-- #include file="admin_check.asp" -->
<html>
<head>
<meta http-equiv="Content-Type" content="text/html; charset=gb2312">
<title>公交管理</title>
<SCRIPT>
<!--
if(self!=top) {top.location=self.location;}
function switchSysBar(){
if (switchPoint.innerText==3){
    switchPoint.innerText=4;
    document.all("frmTitle").style.display="none";
```

```
    }else{
        switchPoint.innerText=3;
        document.all("frmTitle").style.display="";
    }
}
-->
</SCRIPT>
</head>

<body bgcolor="#DAEBFC" style="MARGIN: 0px" scroll=no background="bg.gif">
<TABLE height="100%" cellSpacing=0 cellPadding=0 width="100%" border=0>
    <TR>
      <TD id=frmTitle align=middle width="160">
    <IFRAME id=left style="Z-INDEX: 2; VISIBILITY: inherit; WIDTH: 160px; HEIGHT: 100%"
        name=left src="admin_menu.asp" frameBorder=0 scrolling=yes></IFRAME>
      </TD>
      <TD bgColor="#408080" style="HEIGHT: 100%" width="15">
    <SPAN id=switchPoint title=关闭/打开左栏   onclick=switchSysBar() style="FONT-SIZE:
            9pt; CURSOR: hand; COLOR: white; FONT-FAMILY: Webdings">3</SPAN>
      </TD>
      <TD>
    <IFRAME id=main style="Z-INDEX: 1; VISIBILITY: inherit; WIDTH: 100%; HEIGHT: 100%"
        name=main src="admin_listbus.asp" frameBorder=0 scrolling=yes></IFRAME>
      </TD>
    </TR>
</TABLE>
</body>
</html>
```

其中，<!-- #include file="admin_check.asp" -->加载.Cookies，通过.Cookies 可以判断出是否登录。

2. admin_check.asp

若没有注册，则禁止非法操作，马上调用登录程序（admin_login.asp）。代码如下：

```
<%
if request.Cookies("isAdmin")<>"yes" then
response.Redirect("admin_login.asp")
response.End
end if
%>
```

3. admin_login.asp

因为都是文本内容的操作，所以用户名和口令都是经过 MD5 算法加密的。

MD5 以 512 位分组来处理输入文本，每一分组又划分为 16 个 32 位子分组。算法的输出由 4 个 32 位分组组成，将它们级联形成一个 128 位散列值。

首先填充消息使其长度恰好为一个比 512 位的倍数仅小 64 位的数。填充方法是附一个 1 在消息后面，后面接上所要求的多个 0，然后在其后附上 64 位的消息长度（填充前）。这两步的作用是使消息长度恰好是 512 位的整数倍（算法的其余部分要求如此），同时确保不同的消息在填充后不相同。

MD5 的 4 个 32 位变量初始化为：

```
A=0x01234567
B=0x89abcdef
C=0xfedcba98
D=0x76543210
```

它们称为链接变量（chaining variable）

接着进行算法的主循环，循环的次数是消息中 512 位消息分组的数目。

将上面 4 个变量复制到另外的变量中：A 到 a，B 到 b，C 到 c，D 到 d。

主循环有 4 轮（MD4 只有 3 轮），每轮都很相似。第一轮进行 16 次操作，每次操作都对 a、b、c 和 d 其中 3 个做一次非线性函数运算，然后将所得结果加上第 4 个变量，文本的一个子分组和一个常数。再将所得结果向右循环移动一个不定的数，并加上 a、b、c 或 d 其中之一。最后用该结果取代 a、b、c 或 d 其中之一。

以下是每次操作中用到的 4 个非线性函数（每轮一个）。

```
F(X,Y,Z)=(X&Y)|((~X)&Z)
G(X,Y,Z)=(X&Z)|(Y&(~Z))
H(X,Y,Z)=X^Y^Z
I(X,Y,Z)=Y^(X|(~Z))
```

（&是与，|是或，~是非，^是异或）

这些函数是这样设计的：如果 X、Y 和 Z 的对应位是独立和均匀的，那么结果的每一位也应是独立和均匀的。

函数 F 是按逐位方式操作符：如果 X，那么 Y，否则 Z。函数 H 是逐位奇偶操作符。

设 Mj 表示消息的第 j 个子分组（从 0 到 15），<<<s 表示循环左移 s 位，则 4 种操作为：

FF(a,b,c,d,Mj,s,ti)表示 a=b+((a+(F(b,c,d)+Mj+ti)<<<s)

GG(a,b,c,d,Mj,s,ti)表示 a=b+((a+(G(b,c,d)+Mj+ti)<<<s)

HH(a,b,c,d,Mj,s,ti)表示 a=b+((a+(H(b,c,d)+Mj+ti)<<<s)

II(a,b,c,d,Mj,s,ti)表示 a=b+((a+(I(b,c,d)+Mj+ti)<<<s)

这 4 轮（64 步）是：

第 1 轮

```
FF(a,b,c,d,M0,7,0xd76aa478)
FF(d,a,b,c,M1,12,0xe8c7b756)
FF(c,d,a,b,M2,17,0x242070db)
FF(b,c,d,a,M3,22,0xc1bdceee)
FF(a,b,c,d,M4,7,0xf57c0faf)
FF(d,a,b,c,M5,12,0x4787c62a)
FF(c,d,a,b,M6,17,0xa8304613)
FF(b,c,d,a,M7,22,0xfd469501)
FF(a,b,c,d,M8,7,0x698098d8)
FF(d,a,b,c,M9,12,0x8b44f7af)
FF(c,d,a,b,M10,17,0xffff5bb1)
FF(b,c,d,a,M11,22,0x895cd7be)
FF(a,b,c,d,M12,7,0x6b901122)
FF(d,a,b,c,M13,12,0xfd987193)
```

第 2 轮

```
GG(a,b,c,d,M1,5,0xf61e2562)
GG(d,a,b,c,M6,9,0xc040b340)
GG(c,d,a,b,M11,14,0x265e5a51)
GG(b,c,d,a,M0,20,0xe9b6c7aa)
GG(a,b,c,d,M5,5,0xd62f105d)
GG(d,a,b,c,M10,9,0x02441453)
GG(c,d,a,b,M15,14,0xd8a1e681)
GG(b,c,d,a,M4,20,0xe7d3fbc8)
GG(a,b,c,d,M9,5,0x21e1cde6)
GG(d,a,b,c,M14,9,0xc33707d6)
GG(c,d,a,b,M3,14,0xf4d50d87)
GG(b,c,d,a,M8,20,0x455a14ed)
GG(a,b,c,d,M13,5,0xa9e3e905)
GG(d,a,b,c,M2,9,0xfcefa3f8)
```

```
FF(c,d,a,b,M14,17,0xa679438e)        GG(c,d,a,b,M7,14,0x676f02d9)
FF(b,c,d,a,M15,22,0x49b40821)        GG(b,c,d,a,M12,20,0x8d2a4c8a)
```

第 3 轮   **第 4 轮**

```
HH(a,b,c,d,M5,4,0xfffa3942)          II(a,b,c,d,M0,6,0xf4292244)
HH(d,a,b,c,M8,11,0x8771f681)         II(d,a,b,c,M7,10,0x432aff97)
HH(c,d,a,b,M11,16,0x6d9d6122)        II(c,d,a,b,M14,15,0xab9423a7)
HH(b,c,d,a,M14,23,0xfde5380c)        II(b,c,d,a,M5,21,0xfc93a039)
HH(a,b,c,d,M1,4,0xa4beea44)          II(a,b,c,d,M12,6,0x655b59c3)
HH(d,a,b,c,M4,11,0x4bdecfa9)         II(d,a,b,c,M3,10,0x8f0ccc92)
HH(c,d,a,b,M7,16,0xf6bb4b60)         II(c,d,a,b,M10,15,0xffeff47d)
HH(b,c,d,a,M10,23,0xbebfbc70)        II(b,c,d,a,M1,21,0x85845dd1)
HH(a,b,c,d,M13,4,0x289b7ec6)         II(a,b,c,d,M8,6,0x6fa87e4f)
HH(d,a,b,c,M0,11,0xeaa127fa)         II(d,a,b,c,M15,10,0xfe2ce6e0)
HH(c,d,a,b,M3,16,0xd4ef3085)         II(c,d,a,b,M6,15,0xa3014314)
HH(b,c,d,a,M6,23,0x04881d05)         II(b,c,d,a,M13,21,0x4e0811a1)
HH(a,b,c,d,M9,4,0xd9d4d039)          II(a,b,c,d,M4,6,0xf7537e82)
HH(d,a,b,c,M12,11,0xe6db99e5)        II(d,a,b,c,M11,10,0xbd3af235)
HH(c,d,a,b,M15,16,0x1fa27cf8)        II(c,d,a,b,M2,15,0x2ad7d2bb)
HH(b,c,d,a,M2,23,0xc4ac5665)         II(b,c,d,a,M9,21,0xeb86d391)
```

常数 ti 可以有如下选择。

在第 i 步中，ti 是 4294967296*abs(sin(i))的整数部分，i 的单位是弧度（4294967296 是 2 的 32 次方）。所有这些完成之后，将 A、B、C、D 分别加上 a、b、c、d。然后用下一分组数据继续运行算法，最后的输出是 A、B、C 和 D 的级联。

MD5 相对 MD4 所做的改进：

➢ 增加了第 4 轮。

➢ 每一步均有惟一的加法常数。

➢ 为减弱第 2 轮中函数 G 的对称性从(X&Y)|(X&Z)|(Y&Z)变为(X&Z)|(Y&(~Z))。

➢ 第一步加上了上一步的结果，这将引起更快的雪崩效应。

➢ 改变了第 2 轮和第 3 轮中访问消息子分组的次序，使其更不相似。

➢ 近似优化了每一轮中的循环左移位移量以实现更快的雪崩效应，各轮的位移量互不相同。

详细处理方法见 **md5.asp** 程序文件。

经过 MD5 的计算后，比较 config.xml 存放的用户名和口令，若相同则弹回调用界面。

代码如下：

```asp
<%@LANGUAGE="VBSCRIPT"%>
<% option explicit %>
<!--#include file="md5.asp"-->
<%
If Request("action") = "login" Then
    Dim objXML,loadResult
    Dim userNameNode, passwordNode
    Set objXML = server.CreateObject("Msxml2.DOMDocument")
    loadResult = objXML.Load(server.MapPath("config.xml"))
    If Not loadResult Then
        Response.Write ("加载 config.xml 文件出错。")
        Response.end
```

```
            End If
        Set userNameNode = objXML.getElementsByTagName("用户名")
        Set passwordNode = objXML.getElementsByTagName("密码")
        If md5(Request("text1")) <> userNameNode.item(0).Text Then
            Response.Write ("<strong><font color=""#FF0000"">用户名错误</strong></font>")
        Else
            If md5(Request("text2")) <> passwordNode.item(0).Text Then
             Response.Write ("<strong><font color=""#FF0000"">密码错误</strong></font>")
            Else
                Response.Cookies("isAdmin") = "yes"
                Response.Redirect ("admin.asp")
                 'response.Write("登录成功")
                 Response.End
            End If
        End If
End If
%>
<html>
<head>
<meta http-equiv="Content-Type" content="text/html; charset=gb2312">
<title>管理员登录</title>
<style type="text/css">
body,tr,td {
    text-align: center;
    font-family: 宋体;
    font-size: 13px
}
</style>
<script language="JavaScript">
function checkInput(){
    if (document.form1.text1.value==""){
    alert("请输入用户名");
    document.form1.text1.focus();
    return false;
}else if(document.form1.text2.value==""){
        alert("请输入密码")
        document.form1.text2.focus();
        return false;
    }else{
        return true;
    }
}
</script>
</head>

<body bgcolor="#FFF9EE" background="bg.gif">
<form action="admin_login.asp" method=post name="form1" onSubmit="return
    checkInput();" target="_self">
    <input type="hidden" name="action" value="login">
     <table width="300" border="0" bgcolor="#003399" cellpadding="3"
    cellspacing="1" align="center">
```

```
        <tr bgcolor="#808080">
         <td colspan="2"><div align="center"><strong><font color="#FFFFFF">管理
            员登录 </font></strong></div></td>
        </tr>
        <tr bgcolor="#C0C0C0">
         <td width="84"><strong>用户名: </strong></td>
         <td width="201"><input type="text" name="text1" style="width:150px">
           </td>
        </tr>
        <tr bgcolor="#C0C0C0">
         <td><strong>密码: </strong></td>
         <td><input type="password" name="text2" style="width:150px"></td>
        </tr>
        <tr bgcolor="#C0C0C0">
         <td colspan="2"><div align="center"></div>
           <div align="center">
             <input type="submit" name="Submit" value=" 登录 ">    <input type=
                "reset" name="Submit2" value=" 重置 ">
           </div></td>
        </tr>
      </table>
    </form>
    </body>
    </html>
```

其中，创建 Msxml2.DOMDocument 对象及加载 config.xml 文件的相关代码如下：

```
Set objXML = server.CreateObject("Msxml2.DOMDocument")
loadResult = objXML.Load(server.MapPath("config.xml"))
```

然后对输入的用户名和密码信息进行处理，并与 config.xml 文件中保存的用户名和口令进行比较，相关代码如下：

```
md5(Request("text1")) <> userNameNode.item(0).Text
md5(Request("text2")) <> passwordNode.item(0).Text
```

如果成功，则注册 Cookies 信息，并调用 admin.asp，相关代码如下：

```
Response.Cookies("isAdmin") = "yes"
Response.Redirect ("admin.asp")
```

管理员登录界面如图 10-23 所示。

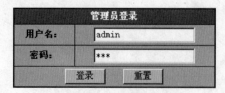

图 10-23 管理员登录界面

注：系统默认的管理员名称是 admin，密码是 111。

加载管理菜单程序（admin_menu.asp）和公交信息列表程序（admin_listbus.asp）成功后，就会出现如图 10-24 所示的后台管理主界面。

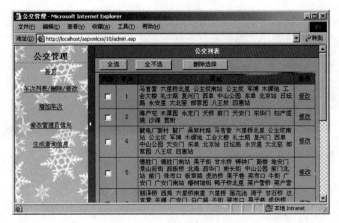

图 10-24 后台管理主界面

4. admin_listbus.asp

功能显示公交信息列表。

代码如下：

```
……
<body bgcolor="#E8F3FF" leftmargin="0" topmargin="0" background="bg.gif">
<table width="100%" height="100%" border="0" bgcolor="#003399" cellpadding="3"
    cellspacing="1" align="center">
 <tr bgcolor="#808080">
  <td height="25"><strong><font color="#FFFFFF">公交列表</font></strong></td>
 </tr>
 <tr bgcolor="#C0C0C0">
  <td height="30">
   <table width="300" border="0" cellspacing="0" cellpadding="0" align="left">
    <tr>
     <td><INPUT TYPE="button" value=" 全选 " onClick="checkAll()"></td>
     <td><INPUT TYPE="button" value=" 全不选 " onClick="checkNone()"></td>
     <td><INPUT TYPE="button" value=" 删除选择 " onClick="delSubmit()"></td>
    </tr>
   </table>
  </td>
 </tr>
 <tr bgcolor="#C0C0C0">
  <td valign="top">
   <!--查询结果显示开始-->
   <form name="form1" action="admin_del.asp" method="get">
<table width="98%" border="0" bgcolor="#003399" cellpadding="3" cellspacing="1">
    <tr bgcolor="#408080">
     <td width="30"><strong>状态</strong></td>
     <td width="40"><strong>车次</strong></td>
     <td><strong>站点</strong></td>
     <td width="40"><strong>操作</strong></td>
    </tr>
<%
dim busIdList,busStateList
dim i,j
busIdList=getBusidList
for i=0 to ubound(busIdList)
```

```
response.Write("<tr bgcolor=""#C0C0C0"" onMouseOver = ""this.style.back
    groundColor='#FFF9EE'""onMouseOut=""this.style.backgroundColor=''"">")
response.Write("<td><input type=""checkbox"" name=""ckbox"" id=""ckbox""
    value="""& busIdList(i) &""""></td>")
response.Write("<td>"& busIdList(i) &"</td>")
response.Write("<td><div align=""left"">")
busStateList=getInfoByBusId(busIdList(i))
for j=3 to ubound(busStateList)
    response.Write(busStateList(j)+" ")
next
response.Write("</div></td>")
response.Write("<td><a href=""admin_modify.asp?modifyID="& busIdList(i) &"""">
    修改</a></td>")
response.Write("</tr>")
next
%>
    </table>
  </form>
  <!--查询结果显示结束-->
  </td>
</tr>
<tr bgcolor="#C0C0C0">
  <td height="30">
    <table width="300" border="0" cellspacing="0" cellpadding="0" align="left">
      <tr>
        <td><INPUT TYPE="button" value=" 全选 " onClick="checkAll()"></td>
        <td><INPUT TYPE="button" value=" 全不选 " onClick="checkNone()"></td>
        <td><INPUT TYPE="button" value=" 删除选择 " onClick="delSubmit()"></td>
      </tr>
    </table>
  </td>
</tr>
</table>
......
```

5. admin_add.asp

功能：完成添加车次和站点的校验工作，最后将添加信息提交给 **admin_save.asp** 程序进行处理。

这段程序主要利用 JavaScript 对添加的信息进行校验工作，首先对车次进行校验时。

单击左侧窗格中的"增加车次"链接文字，系统会调入公交车次添加系统，代码如下：

```
......
<script language="JavaScript">
function addItem(){
    var t2=document.form1.text2;
    var t3=document.form1.text3;
    var flag=false;
    if (t2.value != ""){
        for (i=0;i<t3.length;i++){
            if (t2.value==t3.options[i].text){
                flag=true;
                break;
            }
```

```
            }
        if (flag){
            alert("添加的站点名称已经存在");
        }else{
            t3[t3.length++].text=t2.value;
        }
        t2.value="";
        t2.focus();
    }
}
function delItem(){
    var t3=document.form1.text3;
    if (t3.selectedIndex >= 0){
        t3.remove(t3.selectedIndex++);
    }
}
function selectAllItem(){
    var t3=document.form1.text3;
    for (i=0;i<t3.length;i++){
        t3.options[i].selected=true;
    }
}
function keyDown(){
    //alert(window.event.keyCode);
    if(window.event.keyCode==13){
        addItem();
    }
}
function doCheck(){
    var f=document.form1;
    if (f.text1.value==""){
        alert("请填写车次！");
        f.text1.focus();
    }else if(f.text3.length < 2){
        alert("至少要输入两个站点");
        f.text2.focus();
    }else{
        selectAllItem();
        f.submit();
    }
}
</script>
</head>

<body bgcolor="#E8F3FF" leftmargin="0" topmargin="0" background="bg.gif">
<form action="admin_save.asp" method="post" name="form1">
<table width="100%" height="100%" border="0" bgcolor="#003399" cellpadding="3"
    cellspacing="1" align="center">
  <tr bgcolor="#808080">
    <td><strong><font color="#FFFFFF">增加车次</font></strong></td>
    </tr>
    <tr bgcolor="#C0C0C0">
      <td>请输入车次: <input name="text1" type="text" id="text1"></td>
```

```
      </tr>
      <tr bgcolor="#C0C0C0">
       <td><font color="#000000">站点内容：（依次输入站名）</font></td>
      </tr>
       <tr bgcolor="#C0C0C0" valign="top" align="center">
         <td>
          <table width="442" border="1" cellspacing="0" cellpadding="0">
            <tr>
            <td width="123" align="center">站点名称<br>
              <input name="text2" type="text" id="text2" style="width:130px"
                 onKeyDown="keyDown()"></td>
            <td width="116" align="center">
                <p>
              <input type="button" name="button1" value="添 加 &gt;&gt;" onClick=
                 "addItem()">
               </p>
               <p>
              <input type="button" name="button2" value="&lt;&lt;移 除" onClick=
                 "delItem()">
               </p></td>
             <td width="203"><select name="text3" multiple id="text3" style="
                 width:200px;height: 220px;">
              </select></td>
            </tr>
          </table>
          <br>
          <input type="button" name="Submit" value=" 保存 " onClick="doCheck()">
          </td>
      </tr>
    </table>
    </form>
     ……
```

添加公交基本信息界面如图 10-25 所示。

图 10-25　添加公交基本信息

6．admin_modify.asp

功能：修改公交信息。

代码如下：

```asp
<%@LANGUAGE="VBSCRIPT"%>
<% option explicit %>
<!--#include file="admin_check.asp"-->
<!--#include file="function.asp"-->
<%
dim busInfo,i
busInfo=getInfoByBusid(request("modifyID"))
%>
<html>
<head>
<meta http-equiv="Content-Type" content="text/html; charset=gb2312">
<title>增加车次</title>
<style type="text/css">
body,tr,td {
    font-family: 宋体;
    font-size: 13px
}
img{CURSOR: hand;}
</style>
<script language="JavaScript">
function addItem(){
    var t2=document.form1.text2;
    var t3=document.form1.text3;
    var flag=false;
    if (t2.value != ""){
    for (i=0;i<t3.length;i++){
        if (t2.value==t3.options[i].text){
            flag=true;
            break;
        }
    }
    if (flag){
        alert("添加的站点名称已经存在");
    }else{
        t3[t3.length++].text=t2.value;
    }
    t2.value="";
    t2.focus();
  }
 }
 function delItem(){
 var t3=document.form1.text3;
 if (t3.selectedIndex >= 0){
     t3.remove(t3.selectedIndex++);
  }
}
function selectAllItem(){
  var t3=document.form1.text3;
  for (i=0;i<t3.length;i++){
      t3.options[i].selected=true;
  }
```

```
    }
function keyDown(){
    //alert(window.event.keyCode);
    if(window.event.keyCode==13){
        addItem();
    }
}
function doCheck(){
    var f=document.form1;
    if (f.text1.value==""){
        alert("请填写车次!");
        f.text1.focus();
    }else if(f.text3.length < 2){
        alert("至少要输入两个站点");
        f.text2.focus();
    }else{
        f.text1.disabled=false;
        selectAllItem();
        f.submit();
    }
}
</script>
</head>


<body bgcolor="#E8F3FF" leftmargin="0" topmargin="0" background="bg.gif">
<form action="admin_save.asp" method="post" name="form1">
<table width="100%" height="100%" border="0" bgcolor="#003399" cellpadding="5"
    cellspacing="1" align="center">
    <tr bgcolor="#808080">
     <td><strong><font color="#FFFFFF">编辑公交信息</font></strong></td>
     </tr>
    <tr bgcolor="#C0C0C0">
    <td>请输入车次: <input name="text1" type="text" id="text1" disabled value=
        "<%=busInfo(0)%>"></td>
    </tr>
    <tr bgcolor="#C0C0C0">
     <td><font color="#000000">站点内容:（依次输入站名）</font></td>
    </tr>
     <tr bgcolor="#C0C0C0" valign="top" align="center">
        <td>
         <table width="442" border="1" cellspacing="0" cellpadding="0">
          <tr>
           <td width="123" align="center">站点名称<br>
          <input type="hidden" name="modifyID" value="<%=busInfo(0)%>">
            <input name="text2" type="text" id="text2" style="width:130px"
                onKeyDown="keyDown ()"></td>
           <td width="116" align="center">
               <p>
                <input type="button" name="button1" value="添 加 &gt;&gt;" onClick=
                "addItem()">
              </p>
```

```
        <p>
          <input type="button" name="button2" value="&lt;&lt; 移 除" onClick=
          "delItem()">
        </p></td>
        <td width="203"><select name="text3" multiple id="text3" style="width:
        200px;height:220px;">
            <%
            for i=3 to ubound(busInfo)
                response.Write("<option>"& busInfo(i) &"</option>")
            next
            %>
        </select>
        </td>
      </tr>
    </table>
    <br>
    <input type="button" name="Submit" value=" 保存修改 " onClick="doCheck()">
    </td>
  </tr>
</table>
</form>
</body>
</html>
```

修改公交信息界面如图 10-26 所示。

图 10-26　修改公交信息界面

7. admin_save.asp

功能：将填写的信息写入 bus.xml 文件中。

一定要注意剔除非法字符。代码如下：

```
<%@LANGUAGE="VBSCRIPT"%>
<% option explicit %>
<!--#include file="admin_check.asp"-->
```

```
<!--#include file="function.asp"-->
<%
dim modifyID
dim text1,text3
dim eachState,i,j
dim returnResult
dim strTemp
modifyID=request("modifyID")
if modifyID<>"" then
    modifyID=cstr(modifyID)
    returnResult=delBus(modifyID)
    'response.Write(returnResult)
    'response.Write(modifyID)
end if
text1=trim(request("text1"))
text3=request("text3")
eachState=split(text3,",")
i=ubound(eachState)+1
redim arrBusInfo(i)
arrBusInfo(0)=text1

for j=1 to i
    '剔除非法字符
    strTemp=trim(eachState(j-1))
    strTemp=replace(strTemp,";","")
    strTemp=replace(strTemp,"|","")
    strTemp=replace(strTemp," ","")
    arrBusInfo(j)=strTemp
next
if addBus(arrBusInfo)=true then
    response.Redirect("admin_listbus.asp")
else
    '添加失败，因为有同名车次
    response.Write("添加失败，有同名车次!")
end if
%>
```

8．admin_change.asp

功能：修改管理人员的登录信息。结果采用 MD5 加密后写入 config.xml 文件中。代码如下：

```
......
<%@LANGUAGE="VBSCRIPT"%>
<% option explicit %>
<!--#include file="admin_check.asp"-->
<!--#include file="md5.asp"-->
<%
If Request("action") = "login" Then
    Dim objXML,loadResult
    Dim userNameNode, passwordNode
    Set objXML = server.CreateObject("Msxml2.DOMDocument")
```

```
loadResult = objXML.Load(server.MapPath("config.xml"))
If Not loadResult Then
    Response.Write ("加载 config.xml 文件出错。")
    Response.end
End If
Set userNameNode = objXML.getElementsByTagName("用户名")
Set passwordNode = objXML.getElementsByTagName("密码")
If md5(Request("text1")) <> userNameNode.item(0).Text Then
    Response.Write ("<font color=""#FF0000"">用户名错误</font>")
Else
    If md5(Request("text2")) <> passwordNode.item(0).Text Then
        Response.Write ("<font color=""#FF0000"">密码错误</font>")
    Else
        userNameNode.item(0).Text=md5(request("text3"))
        passwordNode.item(0).Text=md5(request("text4"))
        objXML.save(server.MapPath("config.xml"))
        Response.Write ("<font color=""#FF0000"">密码修改成功</font>")
        response.End()
    End If
End If
End If
%>
......
```

管理人员修改界面如图 10-27 所示。

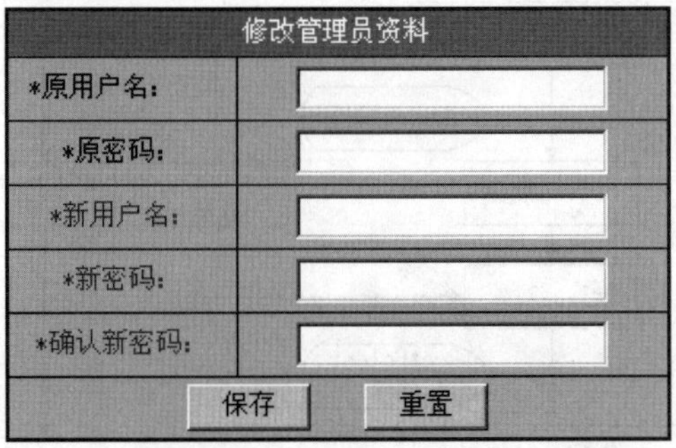

图 10-27　管理人员修改界面

9．admin_del.asp

功能：删除选择的车次。

代码如下：

```
<%@LANGUAGE="VBSCRIPT"%>
<% option explicit %>
<!--#include file="admin_check.asp"-->
<!--#include file="function.asp"-->
<%
dim checkedItem,eachItem
dim i
checkedItem=request("ckbox")
eachItem=split(checkedItem,",")
```

```
for i=0 to ubound(eachItem)
    delBus(trim(eachItem(i)))
next
response.Redirect("admin_listbus.asp")
response.end
%>
```

10. admin_flush.asp

生成静态 HTML 页面代码，分为 6 部分。这些部分必须要用文件系统定位——使用 FileSystemObject 对象。FileSystemObject 对象的几个方法可用来得到其他对象的引用，因此可以在服务器的文件系统和任何网络驱动器中定位。事实上，在 ASP 代码里使用的所有对象或组件中，除了 ActiveX Data Object 组件，FileSystemObject 对象很可能是最复杂的对象。

这种复杂性是由于对如何访问文件系统的不同部分，要求有极高的灵活性。例如，可以从 FileSystemObject 向下通过使用各种从属对象定位一个文件。其过程是从 Drives 集合开始，到一个 Drive 对象，再到驱动器的根 Folder 对象，然后到子 Folder 对象，再到文件夹的 Files 集合，最后到集合内的 File 对象。

另外，如果已知要访问的驱动器、文件夹或文件，则可以直接对其使用 GetDrive、GetFolder、GetSpecialFolder 和 GetFile 方法。

图 10-28 有助于理解所有与文件系统定位相关的组件、对象、方法和属性之间的关系。

Driver 对象的 RootFolder 属性返回一个 Folder 对象，通过该对象可访问这个驱动器内的所有内容。可以使用这个 Folder 对象的属性和方法遍历驱动器上的目录，并得到该文件夹和其他文件夹的属性。

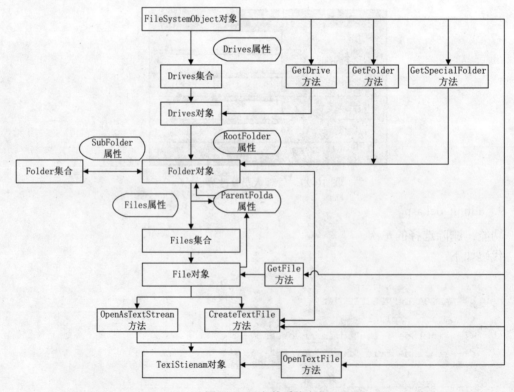

图 10-28　文件系统定位

（1）Folder 对象的属性

Folder 对象提供一组属性，可用这些属性得到关于当前文件夹的更多信息，也可以改变该文件夹的名称。其属性及说明如表 10-2 所示。

表 10-2 Folder 对象的属性及说明

属 性	说 明
Attributes	返回文件夹的属性。可以是下列值中的一个或其组合：Normal(0)、ReadOnly(1)、Hidden(2)、System(4)、Volume(名称)(8)、Directory(文件夹)(16)、Archive(32)、Alias(64)和 Compressed(128)。例如，一个隐藏的只读文件，其 Attributes 值为 3
DateCreated	返回该文件夹的创建日期和时间
DateLastAccessed	返回最后一次访问该文件夹的日期和时间
DateLastModified	返回最后一次修改该文件夹的日期和时间
Drive	返回该文件夹所在的驱动器的驱动器字母
Files	返回 Folder 对象包含的 Files 集合，表示该文件夹内所有的文件
IsRootFolder	返回一个布尔值说明该文件夹是否是当前驱动器的根文件夹
Name	设定或返回文件夹的名字
ParentFolder	返回该文件夹的父文件夹所对应的 Folder 对象
Path	返回文件夹的绝对路径，使用相应的长文件名
ShortName	返回 DOS 风格的 8.3 形式的文件夹名
ShortPath	返回 DOS 风格的 8.3 形式的文件夹的绝对路径
Size	返回包含在该文件夹里所有文件和子文件夹的大小
SubFolers	返回该文件夹内包含的所有子文件夹所对应的 Folders 集合，包括隐藏文件夹和系统文件夹
Type	如果可能，返回一个文件夹的说明字符串（例如，"Recycle Bin"）

（2）Folder 对象的方法

Folder 对象提供一组可用于复制、删除和移动当前文件夹的方法。这些方法的运行方式与 FileSystemObject 对象的 CopyFolder、DeleFolder 和 MoveFolder 方法相同，但这些方法不要求 source 参数，因为源文件就是这个文件夹。这些方法及说明如表 10-3 所示。

表 10-3 Fdder 对象的方法及说明

方 法	说 明
Delete(force)	删除文件夹及里面的所有内容。如果将可选的 force 参数设置为 True，即使文件夹设置为只读或含有只读的文件，也将删除该文件夹。默认的 force 参数是 False
Move(destination)	将文件夹及里面所有的内容移动到 destination 指定的文件夹。如果 destination 的末尾是路径分隔符(''），那么认为 destination 是放置移动文件夹的一个文件夹，否则认为 destination 是一个新的文件夹的路径和名字。如果目标文件夹已经存在，则出错
CreateTextFile(filename,overwrite,unicode)	用指定的文件名在文件夹内创建一个新的文本文件，并且返回一个相应的 TextStream 对象。如果可选的 overwrite 参数设置为 True，将覆盖任何已有的同名文件。默认的 overwrite 参数是 False。如果将可选的 Unicode 参数设置为 True，文件的内容将存储为 Unicode 文本。默认的 Unicode 参数是 False

（续表）

方　　法	说　　明
Copy(destination,overwrite)	将这个文件夹及所有的内容复制到 destination 指定的文件夹中。如果 destination 的末尾是路径分隔符('　')，那么认为 destination 是放置拷贝文件夹的一个文件夹，否则认为 destination 是要创建的新文件夹的路径和名字。如果目标文件夹已经存在且 overwrite 参数设置为 False，将产生错误，默认的 overwrite 参数是 True

在文件夹之间可以使用当前文件夹的 ParentFolder 属性，返回到父目录。当到达一个文件夹时，如果 IsRootFolder 属性是 True，就停下来。离开驱动器的根目录，沿目录树向下，可遍历或访问在 Folders 集合（由当前文件夹的 SubFolders 属性返回）内的指定文件夹。

下面以"删除旧文件"、"生成选择车次页"为例进行介绍。

（1）删除旧文件

很简单，只需要文件系统对象的 DeleteFolder 方法即可，见如下代码中的黑体部分。

```
function deleteOldFiles()
    dim fso,bufferPath,busIDInfoPath,busStationInfoPath
    Set fso = server.CreateObject("Scripting.FileSystemObject")
    bufferPath=server.MapPath("buffer")
    busIDInfoPath=server.MapPath("buffer/busIDInfo")
    busStationInfoPath=server.MapPath("buffer/busStationInfo")
    if fso.FolderExists(bufferPath) then
        fso.DeleteFolder bufferPath
    end if
    fso.CreateFolder bufferPath
    fso.CreateFolder busIDInfoPath
    fso.CreateFolder busStationInfoPath
end function
```

（2）生成选择车次页

用 CreateTextFile 方法，即用指定的文件名在文件夹内创建一个新的文本文件，并且返回一个相应的 TextStream 对象。如果将可选的 overwrite 参数设置为 True，将覆盖任何已有的同名文件。默认的 overwrite 参数是 False。如果将可选的 Unicode 参数设置为 True，则文件的内容将存储为 Unicode 文本。默认的 Unicode 是 False。

可以采用 JScript 语言，并使用 WriteLine 方法来实现。WriteLine 方法用于向 TextStream 文件中写入给定的字符串和一个换行符。

其语法是：

```
object.WriteLine([string])
```

参数：

➢ Object 为必选项，总是一个 TextStream 对象的名称。

➢ String 为可选项，要写入该文件的文本。如果忽略该参数，则向该文件写入一个换行符。

下面的示例演示了 WriteLine 方法的用法。

```
var fso, f;
fso = new ActiveXObject("Scripting.FileSystemObject");
f = fso.CreateTextFile("c:\\testfile.txt", true);
f.WritcLinc("This is a test.");
f.Close();
```

利用上述可以生成选择车次页，具体的代码如下：

```
Function flush_busIDList()
    Dim busIDList
    Dim i
    Dim strHTML1, strHTML2, strHTML3
    Dim f, fso, fPath
    Set fso = server.CreateObject("Scripting.FileSystemObject")

    strHTML1 = ""
    strHTML3 = ""
    strHTML1 = strHTML1 + "<style type=""text/css"">" + vbCrLf
    strHTML1 = strHTML1 + "input{width:65px;}" + vbCrLf
    strHTML1 = strHTML1 + "</style>" + vbCrLf
    strHTML1 = strHTML1 + "<title>请选择车次</title>" + vbCrLf

    strHTML3 = strHTML3 + "<script language=""JavaScript"">" + vbCrLf
    strHTML3 = strHTML3 + "function sendTo(busID){" + vbCrLf
    strHTML3 = strHTML3 + "    window.returnValue = busID;" + vbCrLf
    strHTML3 = strHTML3 + "    window.close();" + vbCrLf
    strHTML3 = strHTML3 + "}" + vbCrLf
    strHTML3 = strHTML3 + "</script>" + vbCrLf

    busIDList = getbusIDList
    '打印三列的表格
    strHTML2 = ""
    strHTML2 = strHTML2 + "<table border=""0"" background=""../bg.gif"">" + vbCrLf
    For i = 0 To UBound(busIDList)
        If (i Mod 3 = 0) Then strHTML2 = strHTML2 + "<tr>" + vbCrLf
        strHTML2 = strHTML2 + "<td><input type=""button"" value=""" & busIDList(i)
            & """
            onClick=""sendTo('" & busIDList(i) & "')""></td>" + vbCrLf
        If ((i + 1) Mod 3 = 0) Then strHTML2 = strHTML2 + "</tr>" + vbCrLf
    Next
    '判断 TR 是否有结尾标签
    If ((UBound(busIDList) + 1) Mod 3 = 1) Then
        strHTML2 = strHTML2 + "<td></td><td></td></tr>" + vbCrLf
    ElseIf ((UBound(busIDList) + 1) Mod 3 = 2) Then
        strHTML2 = strHTML2 + "<td></td></tr>" + vbCrLf
    End If
    strHTML2 = strHTML2 + "</table>" + vbCrLf

    fPath = server.MapPath("buffer/busIDList.htm")
    Set f = fso.CreateTextFile(fPath)
    f.writeline strHTML1
    f.writeline strHTML2
    f.writeline strHTML3
End Function
```

其他 4 部分应用类似，但生成主体的其他部分代码如下：

……

```
<table width="100%" height="100%" border="0" bgcolor="#003399" cellpadding="3"
        cellspacing="1" align="center">
  <tr bgcolor="#808080">
    <td height="20"><font color="#FFFFFF">刷新信息</font></td>
  </tr>
  <tr bgcolor="#C0C0C0">
    <td><span id="txt1">正在更新文件信息，请稍候</span><span id="alertTXT" style=
        "width:50"></span> </td>
  </tr>
</table>
</body>
</html>
<%
response.Flush()              '将等候信息先发给用户

deleteOldFiles               '删除旧文件

flush_busIDInfo                  '生成各辆车的详细信息页

flush_busStationInfo             '生成各个站点的详细信息页

flush_busIDList                  '生成选择车次页

flush_busStationList             '生成选择站点页

flush_search_js                  '生成客户端查询的数据

response.Write("<script language=""JavaScript"">")
response.Write("document.all.txt1.innerText='数据更新完毕! ';")
response.Write("document.all.alertTXT.innerText=' ';")
response.Write("</script>")
......
```

这部分虽然是整个网站数据生成的关键，但是操作内容很简单，就是刷新所有查询信息内容。由于处理数据和页面需要时间，所以在处理过程中，应显示"正在更新文件信息，请稍候"，处理过程是：

首先，将等候信息发给用户，同时，将所有原来的文件删除。

接着，生成各辆车的详细信息页，以及各个站点的详细信息页，选择车次页，选择站点页。

最后，生成客户端查询的数据，同时，显示"数据更新完毕!"。

11. config.xml

功能：保存管理员的用户名称和密码信息。

用户名默认是 admin，经过 MD5 加密后变成"21232f297a57a5a743894a0e4a801fc3"，密码默认是 111，经过 MD5 处理后，内容变成"698d51a19d8a121ce581499d7b701668"。详细的 XML 文件结构内容如下：

```
<?xml version="1.0" encoding="gb2312"?>
<配置内容>
    <用户名>21232f297a57a5a743894a0e4a801fc3</用户名>
```

```
          <密码>698d51a19d8a121ce581499d7b701668</密码>
     </配置内容>
     <!--初始用户名: admin-->
     <!--初始密　码: 111　-->
```

12．function.asp

完成 bus.xml 的全面操作函数集合，其内容包括 9 项，下面分别进行说明。

（1）加载 bus.xml，创建 objXML 对象

如果调用 MSXML.DOMDocument 或者 MSXML.DOMDocument 的 Load 方法来加载一个 XML 文件资源，而访问的这个 XML 文件是 Internet 上的资源，那么具体会有几种情况出现？开发人员应该熟悉在不同的设置下会出现什么状况。

其中有 4 种情况比较特殊，希望应用时一定要小心。在讲解这 4 种情况之前，首先介绍一下相关知识。

- ➢ async 属性
- ➢ load 方法

async 属性表示是否允许异步的下载。其基本语法为：

```
boolvalue = XMLdocument.async;
XMLdocument.async = boolvalue;
```

说明：布尔值是可擦写的（read/write），如果准许异步下载，则值为 true，反之则为 false。

使用范例：

```
xmlDoc.async = "false";
alert(xmlDoc.async);
```

load 方法表示从指定位置加载文件。其基本语法为：

```
boolvalue = xmldocument.load(url);
```

说明：url 包含要被加载文件的 URL 的字符串。假如文件加载成功，返回值即为 true。若加载失败，返回值则为 false。

使用范例：

```
boolvalue = xmlDoc.load("Lst.xml");
alert(boolvalue);
```

明白基本语法后，按下列 4 种情况进行处理。

```
A    oXML.async = false
B    oxml.setProperty "ServerHTTPRequest", true
C    ReturnValue = oXML.Load(Server.MapPath("bus.xml"))
D    Response.write "Result of load method is =" & ReturnValue & "<br>"
```

第 1 种情况（一个幌子）：

在默认情况下，DOMDocument 对象的 async 属性是 true，即以异步方式加载，而且加载时不使用 ServerXMLHTTP 组件。即注释掉上面代码中的第 A 行和 B 行代码。

这时候，加载会成功，ReturnValue 将会是 true。但是加载到 DOMDocument 中的 XML 文档为空。也就是说，load 方法返回的 true 是一个幌子！ 对于这种情况，程序员一定要小心。XML 虽然没有报告任何错误，而且 load 方法也表明成功，但是 DOM 的 xml 属性却为空。

第 2 种情况（一个严重的错误）：

如果你显式地声明 async 属性为 false，即以同步方式加载 XML 文档，而且加载时不使用 ServerXMLHTTP 组件。即只注释掉上面代码中的第 B 行代码。

那么将会遭遇失败。ReturnValue 将是 false。错误原因为 "-2146697209 - 无所需资源的可用数据"。

也就是说，同步加载 Internet 上的 XML 资源是不会成功的。

第 3 种情况（不允许的情况）：

如果你的 async 属性为 true，即以异步方式加载 XML 文档，而且加载时使用 ServerXMLHTTP 组件。即启用上面代码中的第 B 行代码，注释掉第 A 行代码。

将会报告错误。说明使用 SXH 组件异步加载 XML 文档是不被允许的。错误描述为 "-1072897486 - The ServerHTTPRequest property can not be used when loading a document asynchronously and is only supported on Windows NT 4.0 and above."。

第 4 种情况（真正好的情况）：

如果你显式地声明 async 属性为 false，即以同步方式加载 XML 文档，而且加载时使用 ServerXMLHTTP 组件。即启用上面代码中的第 A 和 B 行代码。

这样就可以了。说明使用 SXH 组件加载 XML 文档能够纠正异步方式加载 Internet 资源的错误。呵呵，终于有一种情况能够加载 Internet 上的 XML 资源了。

所以总结如表 10-4 所示。

表 10-4　4 种加载情况分析

加 载 方 式	是否使用 ServerXMLHTTP 组件	加 载 结 果
异步加载	不使用	加载会成功。但是加载到 DOMDocument 中的 XML 文档为空
同步加载	不使用	将会遭遇失败。错误原因为 "2146697209 无所需资源的可用数据"
异步加载	使用	不被允许的
同步加载	使用	真正成功

相关的详细代码如下：

```
Dim objXML, loadResult
Set objXML = Server.CreateObject("Msxml2.DOMDocument")
objXML.async = False
loadResult = objXML.load(Server.MapPath("bus.xml"))
If Not loadResult Then
    Response.Write ("加载 XML 文件出错! ")
    Response.End
End If
```

（2）getBusidList 得到所有车次的列表

getAttribute(String) 返回标签中给定属性名称的属性的值。在这儿需要注意的是，因为 XML 文档中允许有实体属性出现，而这个方法对这些实体属性并不适用，这时候就需要用到 getAttributeNodes() 方法得到一个属性对象来进行进一步的操作。

详细代码如下：

```
'
Function getBusidList()
    Dim objNodes
    Dim i
    Set objNodes = objXML.gotElementsByTagName("公交车信息/bus")
```

```
            ReDim temp(objNodes.length - 1)
            For i = 0 To objNodes.length - 1
                temp(i) = objNodes.Item(i).getAttribute("busid")
            Next
            getBusidList = temp
        End Function
```

（3）getBusStateList 得到所有站点的列表把所有站点的重复项去掉后，按照站点进行排序。详细代码如下：

```
        Function getBusStateList()
            Dim objNodes
            Dim i, j, k, l, strTemp, flag
            k = 0
            l = 0
            Set objNodes = objXML.getElementsByTagName("公交车信息/bus/各站名称/站名")
            k = objNodes.length
            ReDim temp(k)
            ReDim temp1(k)
            '将所有站点取出
            For i = 0 To k - 1
                temp(i) = objNodes.Item(i).Text
            Next
            '去掉重复项
            temp1(0) = temp(0)
            For i = 1 To k - 1
                flag = 0            '重复项标志
                For j = 0 To i - 1
                    If temp(j) = temp(i) Then
                        '重复项
                        flag = 1
                        Exit For
                    End If
                Next
                If flag = 0 Then    '和前面的比较没有重复
                    l = l + 1
                    temp1(l) = temp(i)
                End If
            Next
            '将非空值读到另外一个数组中
            ReDim temp2(l)
            For i = 0 To l
                temp2(i) = temp1(i)
            Next
            '站点排序
            For i = 1 To l
                For j = 0 To i - 1
                    If Asc(temp2(j)) > Asc(temp2(i)) Then
                        strTemp = temp2(i)
                        temp2(i) = temp2(j)
                        temp2(j) = strTemp
```

```
            End If
        Next
    Next
    getBusStateList = temp2
End Function
```

（4）getInfoByBusID 得到指定车次的详细信息

要获得车次的详细信息，必须用 getElementsByTagName 方法。getElementsByTagName 方法用来返回指定名称的元素集合。

其基本语法为：

```
objNodeList = xmldocument.getElementsByTagName(tagname);
```

说明：tagname 是一个字符串，代表了找到的元素卷标名称。使用 tagname "*"可以返回文件中所有找到的元素。

使用范例：

```
objNodeList = xmlDoc.getElementsByTagName("*");
alert(objNodeList.item(1).xml);
```

详细代码如下：

```
Function getInfoByBusID(busID)
    busID = CStr(busID)
    Dim objNodes
    Dim k, l
    Dim i, j
    Set objNodes = objXML.getElementsByTagName("公交车信息/bus")
    k = objNodes.length
    For i = 0 To k - 1
        If busID = objNodes.Item(i).getAttribute("busid") Then
            j = objNodes.Item(i).childNodes.Item(3).childNodes.length '站点的数量
            ReDim arrTemp(j + 2)
            arrTemp(0) = objNodes.Item(i).childNodes.Item(0).Text        '车次
            arrTemp(1) = objNodes.Item(i).childNodes.Item(1).Text        '起点站
            arrTemp(2) = objNodes.Item(i).childNodes.Item(2).Text        '终点站
            For l = 0 To j - 1
                '读各个站点名称
                arrTemp(l + 3) = objNodes.Item(i).childNodes.Item(3).childNodes.
                    Item(l).Text
            Next
            Exit For
        End If
    Next
    getInfoByBusID = arrTemp
End Function
```

（5）getBusIDInfoByStation 得到经过指定站点的车次列表

详细代码如下：

```
Function getBusIDInfoByStation(Station)
```

```
        Dim busIDList
        Dim busInfo
        Dim i, j
        Dim tempStr
        tempStr = ""
        busIDList = getBusidList
        For i = 0 To UBound(busIDList)
            busInfo = getInfoByBusID(busIDList(i))
            For j = 3 To UBound(busInfo)
                If busInfo(j) = Station Then
                    tempStr = tempStr + CStr(busIDList(i)) + ";"
                    Exit For
                End If
            Next
        Next
        tempStr = Left(tempStr, Len(tempStr) - 1)    '去掉最后一个分号
        getBusIDInfoByStation = Split(tempStr, ";")
    End Function
```

注意：去掉最后一个分号。

（6）isPassTheStation 判断指定车次是否经过指定的站点

详细代码如下：

```
    Function isPassTheStation(Station, BusID)
        Dim busInfo
        Dim i, Result
        Result = False
        busInfo = getInfoByBusID(BusID)
        For i = 3 To UBound(busInfo)
            If busInfo(i) = Station Then
                Result = True
                Exit For
            End If
        Next
        isPassTheStation = Result
    End Function
```

（7）addBus 增加一趟车次信息

添加一趟车次，就是将车次的所有信息数组 arrBusInfo 内容写入 bus.xml 文件中。

首先查询该车次是否存在，若存在就返回 False，若不存在，就创建一个新元素，使用的方法是 createNode。createNode 方法用于建立一个指定型态、名称，及命名空间的新节点。其基本语法为：

```
    xmldocument.createNode(type, name, nameSpaceURI);
```

说明：type 用来确认要被建立的节点类型。name 是一个字符串，用来确认新节点的名称，命名空间的前缀则是选择性的。nameSpaceURI 是一个定义命名空间 URI 的字符串，如果前缀被包含在名称参数中，则此节点会在 nameSpaceURI 的内文中以指定的前缀建立；如果不包含前缀，指定的命名空间会被视为预设的命名空间。

使用范例：

```
objNewNode = xmlDoc.createNode(1,"TO","");
alert(objNewNode.xml);
```

添加完新元素后，使用 appendChild 方法把元素内容添到 XML 中。AppendChild 方法用于加上一个节点当做指定节点最后的子节点。其基本语法为：

```
xmldocument.ode.appendChild(newChild);
```

说明：newChild 是附加子节点的地址。
使用范例：

```
docObj = xmlDoc.document.lement;
alert(docObj.xml);
objNewNode = docObj.appendChild(xmlDoc.document.lement.firstChild);
alert(docObj.xml);
```

添加元素到 XML 后，关键要把车次写进 bus 的属性中，这就需要用到 createAttribute 方法。createAttribute 方法用于建立一个指定名称的属性。其基本语法为：

```
xmldocument.createAttribute(name);
```

说明：name 是被建立属性的名称。
使用范例：

```
objNewAtt = xmlDoc.createAttribute("encryption");
alert(objNewAtt.xml);
```

具体的代码如下：

```
Function addBus(arrBusInfo)
    '返回值为 True 则表示添加成功，为 False 则表示添加失败（有重复名车次）
    'arrBusInfo 的数据格式为：
    'arrBusInfo(0) 车次
    'arrBusInfo(1)-arrBusInfo(…) 各站名称
    Dim objNode
    Dim busIdList, i, busInfoNode, busIdInfo
    Dim startState, endState
    Dim startNode, endNode, busIdNode
    Dim eachNode0
    busIdList = getBusidList
    For i = 0 To UBound(busIdList)
        If busIdList(i) = arrBusInfo(0) Then
            addBus = False    '填加失败，因为有相同的车次名称
            Exit Function
        End If
    Next
    Set objNode = objXML.getElementsByTagName("公交车信息")
    Set objNode = objNode.Item(0)
    '创建一个新元素
    Set busInfoNode = objXML.createNode("element", "bus", "")
    '把元素内容添到 XML 中
    Set busInfoNode = objNode.appendChild(busInfoNode)
    '把车次写进 bus 的属性中
    Set busIdInfo = objXML.createAttribute("busid")
```

```
        busIdInfo.Text = arrBusInfo(0)
        busInfoNode.Attributes.setNamedItem (busIdInfo)
        '读出起点站和终点站
        startState = arrBusInfo(1)
        endState = arrBusInfo(UBound(arrBusInfo))
        Set busIdNode = objXML.createNode("element", "车次", "")
        busIdNode.Text = arrBusInfo(0)
        Set busIdNode = busInfoNode.appendChild(busIdNode)
        Set startNode = objXML.createNode("element", "起点站", "")
        startNode.Text = startState
        Set startNode = busInfoNode.appendChild(startNode)
        Set endNode = objXML.createNode("element", "终点站", "")
        endNode.Text = endState
        Set endNode = busInfoNode.appendChild(endNode)
        ReDim eachNode(UBound(arrBusInfo))
        Set eachNode0 = objXML.createNode("element", "各站名称", "")
        Set eachNode0 = busInfoNode.appendChild(eachNode0)
        For i = 1 To UBound(arrBusInfo)
            'arrBusInfo(1) 开始记录各个站点信息arrBusInfo（0）记录的是车次
            Set eachNode(i) = objXML.createNode("element", "站名", "")
            eachNode(i).Text = arrBusInfo(i)
            Set eachNode(i) = eachNode0.appendChild(eachNode(i))
        Next
        objXML.save (Server.MapPath("bus.xml"))
        addBus = True
    End Function
```

（8）delBus 删除指定车次

要删除车次，首先检查 busID 是否存在。利用 UBound 函数（将在下面详解）获得 BusidList 数组集合，循环数组成员进行判断，若没有则返回 False，若有则将 bus.xml 文件中的该节点删除并返回 True。

删除节点需要用到 removeChild 方法。removeChild 方法会将指定的节点从节点清单中移除。其基本语法为：

```
objdocument.ode = xmldocument.ode.removeChild(oldChild);
```

说明：oldChild 为一个包含要被移除的节点的对象。

使用范例：

```
objRemoveNode = xmlDoc.document.lement.childNodes.item(3);
alert(xmlDoc.xml);
xmlDoc.document.lement.removeChild(objRemoveNode);
alert(xmlDoc.xml);
```

千万记住要调用 objXML.save 方法将改变保存到 bus.xml 文件中。具体代码如下：

```
Function delBus(busID)
    '返回为 True 则表示删除成功，为 False 则表示失败，因为提供的车次不存在
    Dim busIdList, i, flag
    Dim busNode
    busID = CStr(busID)
    busIdList = getBusidList
```

```
          flag = False
          For i = 0 To UBound(busIdList)
             If busID = busIdList(i) Then
                flag = True
                Exit For
             End If
          Next
          If Not flag Then
             'Response.Write ("删除的车次不存在! ")
             'Response.End
             delBus = False
             Exit Function
          End If
          Set busNode = objXML.getElementsByTagName("公交车信息/bus")
          For i = 0 To busNode.length - 1
             If busNode.Item(i).getAttribute("busid") = busID Then
                busNode.Item(i).parentNode.removeChild busNode.Item(i)
                Exit For
             End If
          Next
          objXML.save (Server.MapPath("bus.xml"))
          delBus = True
       End Function
```

（9）getBusIndexByBusID 由车次名称得到车次索引号

获取索引号只需要根据传入的 BusID 与调用数组 BusIDList 集合就行，这就用到 UBound 函数。

UBound 函数返回一个 Long 型数据，其值为指定的数组维可用的最大下标。其语法格式为：

```
UBound(arrayname[,dimension])
```

UBound 函数的语法包含下面部分。

➤ arrayname：必需的。数组变量的名称，遵循标准变量命名约定。

➤ dimension：可选的。类型是类型是 Variant(Long)。指定返回哪一维的上界。1 表示第一维，2 表示第二维，依此类推。如果省略 dimension，就认为是 1。

说明：UBound 函数与 LBound 函数一起使用，用来确定一个数组的大小。LBound 用来确定数组某一维的上界。

对具有下述维数的数组而言，UBound 的返回值如表 10-5 所示。

```
Dim A(1 To 100, 0 To 3, -3 To 4)
```

表 10-5 UBound 的返回值

语　　句	返　回　值
UBound(A, 1)	100
UBound(A, 2)	3
UBound(A, 3)	4

具体代码如下：

```
function getBusIndexByBusID(BusID)
    dim i,busIDList
```

```
busIDList=getBusIDList
for i=0 to ubound(busIDList)
    if busIDList(i)=BusID then
        getBusIndexByBusID=i
        exit function
    end if
next
end
```

10.4　在我的环境中运行测试

此实例已经在笔者本机（Windows Server 2000、IIS 5.0 和 IE 6.0）和网上进行了测试，都能够正常运行。

在本实例中，数据只录入了 1~10 路的公交信息，其他的公交信息就请你来添加。

10.5　小结

到此，我们经常使用的公交信息管理程序就大功告成了。怎么样？感觉如何？应该说还是相当简单吧。当然了，这个实例还有许多可以改进的地方，这里也只不过是抛砖引玉，希望读者在掌握了 XML 编程之后，自行修改完善吧。

关于从属列表问题（dependent list problem）时常被提出，问题时常出现于当你有两个以上的选择列表时，一个主列表有若干个选项，你希望当用户选择主列表中的某个选项时，在其他的从属列表中显示相关的选项。这可以通过 Extensible Markup Language（XML）的数据岛（data islands）来实现这一功能，把 XML 内嵌到你的 HTML 中。

这样不用刷新该页面，或不用每次在主列表中选择时，都向服务器发送消息，XML 数据岛能够完美地解决这一问题。当用户发出请求时，所有的数据都连接成一个 XML 字符串，返回的结果是一个嵌在 HTML 页面中的数据岛。

第 11 章　聊天系统

由于实现了客户端的计算和存储，服务器端工作方式变得非常简单。服务器存有少量数据，所有用户都来这里取数据，自己取走自己的，仅此而已。而且不管是谈话，还是系统信息都采用统一的格式。在客户端判断实现何种功能，是否显示，如何显示，是否提醒等，所以服务器处理相对简单。

（1）本地计算和处理

将 XML 格式的数据发送给客户后，客户可以用应用软件解析数据并对数据进行编辑和处理。使用者可以用不同的方法处理数据，而不仅仅是显示它。XML 文档对象模式（DOM）允许用脚本或其他编程语言处理数据。数据计算不需要回到服务器就能进行。分离使用者观看数据的界面，使用简单灵活开放的格式，可以给 Web 创建功能强大的应用软件，这些软件原来只能建立在高端数据库上。

（2）粒状的数据更新

通过 XML，数据可以粒状地更新。每当一部分数据变化后，不需要重发整个结构化的数据。变化的元素必须从服务器发送给客户，并且不需要刷新整个用户界面就能够显示出来。目前，只要一条数据变化了，整页都必须重建，这严重限制了服务器的升级性能。XML 也允许加进其他数据，加入的信息能够流入存在的页面，不需要浏览器发一个新的页面。

教学目标

XMLHTTP 技术 + XML 文档对象模式（DOM）的结构，非常适合少量数据快速传输处理的 Web 应用模式，利用系统响应速度快的特点，实现支持超大容量用户的功能特点。

本章学习内容是：

➢　XML 格式的数据传输
➢　传输数据最小化
➢　客户端的收藏夹定制和讨论组设定
➢　接收数据在服务器端的简单处理

若你正在构思一个聊天或网络实时通信（如网上直播等）的程序，本章会有很大的参考价值。

内容提要

本章主要介绍内容如下：

➢　设计思路
➢　实例开发之程序文件介绍
➢　实例开发之代码详解
➢　运行测试

内容简介

该实例的登录窗口如图 11-1 所示，XML 聊天主窗口如图 11-2 所示。

图 11-1　登录窗口　　　　　　　　　　　　　　图 11-2　聊天主窗口

11.1　设计思路：实时系统的开发，网上直播的构建

虽然 XML 看起来似乎是一个很有趣的概念，但是你可能会怀疑在实际例子中到底可以利用 XML 来做哪些事。在这一节中，列出了一些 XML 实际用途的范例。包含目前 XML 被使用的方式，以及其他不同团体所建议的用途。如果某些 XML 应用程序是针对特定用途被定义的，它们将会被括起来。

11.1.1　基本概念

针对 XML 实际应用和使用环境，本章 XML 文件的主要用途有两个方面。

1．储存数据库

就像专有的数据库格式，XML 可以用来标记数据库记录中的每一个字段。（例如，XML 可以标记地址列表数据库中每一笔数据记录的标题、内容与时间。）标记每一个信息的片段让你可以用不同的方式来显示数据，并且以其他方式来对资料进行搜寻、排序、筛选与处理。

2．组织文件

XML 文件的树状结构让 XML 更适合制作文件，如人员管理、聊天室配置，以及统计信息等结构。例如，你可以使用 XML 来标记聊天中的权限、短语、表情、动作等。XML 的标记允许软件根据喜爱的格式来显示或打印文件，搜寻、摘要或管理文件的信息；来产生内容、纲要与概要的表格，并以其他方式来处理信息。

XML 文件应该是易读的且合理清楚的，XML 标签不能太过简洁以免使文件变得难以阅读。

11.1.2　需求分析

很自然地，我们会问："XML 与数据库，用哪一个？"。回答这个问题，就要从客观实际的应用环境来讨论，以聊天为例，进行需求分析。

一个基本的聊天系统应该包括客户端和服务端。服务器端能够实现简单的用户管理功能和信息的简单显示（如用户的进入和退出及公共信息的显示）；客户端能够实现公开发文和私下密聊功能，同时支持在线用户名称的分配（还可以加上对头像的选择），能够显示在线用户列表和消息。

那么，XML 适合聊天系统的哪些部分应用呢？从聊天程序本身看，聊天交谈信息数据是最适合进行 XML 格式处理的，其实，更方便处理的不止这方面，如公共信息、头像显示、再线显示等，甚至包括收藏夹和讨论组等管理信息，它们更加适合 XML 的格式加工。

只是在服务器端的用户注册信息和相关统计信息，有两种处理方法：可以放入数据库，方便快速检索和统计；也可以放入 XML 文件中，这样系统开销很少，达到合理节省空间和资源的目的。两者各有千秋，本文是将这些信息数据全部以 XML 格式存储到文件中去。若想将数据存入数据库或将 XML 文件存入数据库，就请读者自己进行设计吧。

11.1.3　业务流程

根据聊天的基本功能，不难得到聊天的通用业务流程，如图 11-3 所示。聊天的业务流程很简单，主要包括登录、选择聊天室、网络发言、注册等 4 个方面内容。

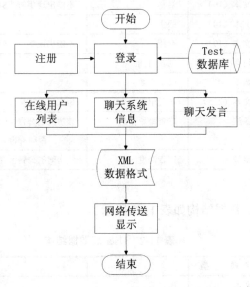

图 11-3　聊天系统业务流程结构图

（1）注册内容

用户昵称（3~8 个字符，勿用全角逗号）* 、用户密码（至少 4 位）*、密码*、提示问题（例：你的生日？）、问题答案（例：19830412）、电子信箱、爱好、性别、用户头像、个人简介等项目。带 * 的项是必须要填写的，注册信息中请不要含这些特殊字符：**$ * = , % ? & ; '**。

（2）聊天室

主要的分类有 3 个：

> "美好时光"（最多 60 人）——谈谈我们的学生时代，谈谈那个曾经无知、单纯的年代。

> "邂逅园"（最多 100 人）——这是一个散发着玫瑰芬芳的园，让我们一起来培育我们的梦想。

> "英语沙龙"（最多 50 人）——This is a English world。

（3）网络发言

共有两个窗口：

"显示窗口"：显示聊天室在线所有用户的谈话记录。

"私聊窗口"：只显示所有与您有关的谈话记录。

发言内容有输入文字、私聊、文件颜色、表情、趣语、图片短语、状态、屏幕是否分屏、控制是否滚动等操作内容。

至此，大体的需求都已经清楚了，下面进入实质的开发阶段，不过在正式介绍程序之前，需要介绍各个程序文件的功能内容和文件结构。

11.1.4　数据结构

1．Room 表

保存聊天室信息，数据结构如表 11-1 所示。

表 11-1　Room 表数据结构

序　　号	字　段　名	字段类型	说　　明	备　　注
1	ID	长整型	主键	自动编号
2	room_name	文本（10）	名称	不能出现字符 "$"
3	room_owner	文本（10）	版主	
4	room_ref	文本（10）	介绍	不能出现字符 "$"
5	build_time	日期/时间	创建时间	
6	max_user	数字	最多人数	
7	visite_record	文本（255）	访问信息	用来记录该房间访问记录（一个月或一周等）
8	room_notice	备注	广告地址信息	该房间的公告（广告）存放的是 HTML 代码（不能为空，否则 split(roominfo,"$")出错）
9	notice_high	整型	广告高度	该房间的公告区高度

2．User 表

保存注册用户信息，数据结构如表 11-2 所示。

表 11-2　User 表数据结构

序　　号	字　段　名	字段类型	说　　明	备　　注
1	username	文本（10）	用户名	
2	password	文本（20）	口令	正式启用了对用户的密码的加密。存入数据库中的密码是经过加密以后的值（采用的是 "传说水吧" 中的简单加密）
3	sex	文本（10）	性别	
4	reg_time	日期/时间	注册时间	
5	visite_num	长整型	访问次数	
6	in_time	日期/时间	在线时间	
7	out_time	日期/时间	离开时间	
8	email	文本（250）	Emial	
9	remind	文本（250）	密码提问	
10	answer	文本（250）	密码回答	
11	reg_ip	文本（250）	注册机器 IP	
12	last_ip	文本（20）	最后访问机器 IP	
13	info	文本（250）	个人简介	
14	favorite	文本（250）	收藏夹	以$分隔，只包含昵称，其他信息在每次进入时读取。暂时只收藏用户，将来收藏讨论组等
15	hate	文本（250）	黑名单	
16	head	文本（7）	头像	

（续表）

序　号	字 段 名	字 段 类 型	说　　明	备　　注
17	aihao	文本（110）	爱好	
18	save	是/否	每次退出时保存此次修改	
19	sum_oltime	整型	总在线时间	

11.2　实例开发之程序文件介绍

各程序文件之间的关系如图 11-4 所示。

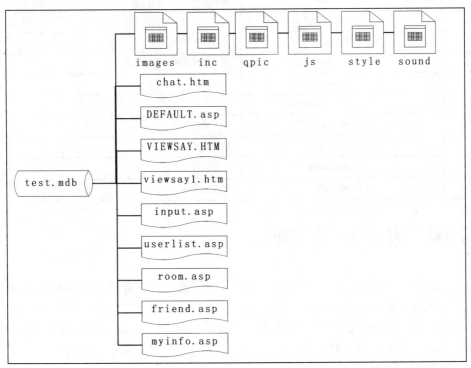

图 11-4　聊天系统文件结构图

存储数据对象的是 Access 文件 test.mdb，主要存储人员信息、聊天室信息、配置信息。

images 子目录用来存放图片文件。

inc 子目录用来存放公共文件。

qpic 子目录用来存放 Q 图片文件。

sound 子目录用来存放声音文件。

style 子目录用来存放样式文件。

js 子目录用来存放 JavaScript 文件。

具体的文件请参见表 11-3 文件功能说明。

表 11-3　文件功能说明

序　号	路　径	文　件　名	功　能　说　明
1	images/	*	存放图片文件路径
2	inc/	*	存放公共文件路径
3	qpic/	*	存放 Q 图片文件路径
4	js/	*	存放 JavaScript 文件路径
5	DATA/	*	存放数据库文件路径
6	style/	*	存放样式文件路径
7	sound/	*	存放声音文件路径
8	../	chat.htm	聊天主窗口
9	../	DEFAULT.asp	显示聊天室和其他相关信息程序
10	../	Login.asp	登录注册窗口
11	../	VIEWSAY.HTM	显示发言信息的框架文件
12	../	Viewsay2.htm	显示窗口文件
13	../	userlist.asp	在线用户列表程序
14	../	room.asp	聊天室列表程序
15	../	friend.asp	好友收藏夹程序
16	../	myinfo.asp	自己的信息
17	../	input.asp	发言主程序

11.3　实例开发之代码详解

介绍的内容主要有两类，一类是应用程序，主要有：用户登录页面程序（DEFAULT.asp）、发言程序（input.asp）、房间在线用户的列表程序（userlist.asp）等。另一类是模板文件，主要有：主界面框架文件（chat.htm）、在线所有用户的谈话记录文件（viewsay1.htm）、私聊谈话记录窗口文件（viewsay.htm）等。接下来一一介绍。

1．DEFAULT.asp

该文件是用户登录页面。实现了房间名称的提交。$、#均不能在用户名中出现，否则可能崩溃。用 FORM 提交到新窗口中，以后的所有处理都在新窗口 G_chatsystemWindow 中完成。提交数据后，本窗口用户名和密码清空，防止被他人利用。现在无需打开数据库，房间信息已在 Global 中保存到 Application 了。

系统所有 Application 中用到的 ID 仍然为 rs("id")，App(useronline)由本页来统计，是各个房间人数的和，不用在 PROCESS 和 OUT 中再统计。

首先介绍 Response.CacheControl 属性。因为聊天系统用不到页面缓存，所以 CacheControl 属性设置为 no-cache。

CacheControl 属性忽略 Private 默认值。当你将其属性设置为 Public 时，代理服务器可以缓冲由 ASP 产生的输出。其语法为：

```
Response.CacheControl [= Cache Control Header ]
```

➢　Cache control Header：缓冲存储器控制标题，可以是 Public 或 Private。

另外，用到了 Response.AddHeader 方法。AddHeader 方法用指定的值添加 HTML 标题。该

方法常常响应添加新的 HTTP 标题。其语法为：

```
Response.AddHeader name,value
```

> ➤ Name：新的标题变量的名称。
> ➤ Value：存储在新的标题变量中的初始值。

为避免命名不明确，name 中不能包含任何下画线字符（＿）。ServerVariables 集合将标题中的下画线字符解释为反斜杠。例如，下面的脚本使服务器查找一个名为 MY_HEADER 的标题名。

```
<% Request.ServerVariables("HTTP_MY_HEADER") %>
```

下面这个示例使用 AddHeader 方法，要求客户端使用 BASIC 验证。

```
<% Response.Addheader "WWW-Authenticate", "BASIC" %>
```

注意：*前面的脚本仅通知客户端浏览器使用哪个验证。若您在 Web 应用程序中使用该脚本，则一定要启用 Web 服务器的 BASIC 验证。*

弹出聊天界面，暂时只支持 1024×768 像素和 800×600 像素两种分辨率，且暂时只打开两种分辨率下的窗口。不会在过大分辨率下显示全屏。

详细代码如下。

```
……
on error resume next

Response.CacheControl = "no-cache"
Response.AddHeader "Pragma", "no-cache"
Response.Expires = 0

if not Application("initialized") then response.Redirect("initchat.asp")
%>
<script language="JavaScript">
Win_width=screen.availWidth;
if (Win_width>1024)Win_width=1024;
Win_width-=10;

Win_height=screen.availHeight;
if (Win_height>600)
Win_height=768;
Win_height-=50;

function openWin()
{winst="Status=no,scrollbars=yes,resizable=yes,width="+(Win_width)+",
     height="+(Win_height)+",top=0,left=0";
 window.open('about:blank','G_chatsystemWindow',winst);
}
function openlogin(rid,rname)
{
winst="Status=no,scrollbars=yes,resizable=yes,width=279,height=179,top=0,
     left=0";
cah="login.asp?room_id="+rid+"&room_name="+rname;
window.open(cah,'G_Window',winst);
}
```

```
function openWin2(str,w,h)
{winst="Status=yes,scrollbars=yes,resizable=yes,width="+(w)+",height="+(h)+",
    top=0,left=0";
 window.open(str,'G_chatsystemWindow2',winst);
}
function login(){
f=document.form1
if (f.username.value.length<1){alert("请输入昵称！");return false;}
if (f.room_id.value<0){alert("请选择房间！");return false;}
openWin();
f.submit();
f.username.value="";
f.password.value="";
}
......
```

如果浏览器是 Netscape 4，则需要修改一下屏幕的尺寸。

```
......
<script language="JavaScript">
<!--
function MM_reloadPage(init) {  //reloads the window if Nav4 resized
  if (init==true) with (navigator) {if ((appName=="Netscape")&&
      (parseInt(appVersion)==4)) {
    document.MM_pgW=innerWidth; document.MM_pgH=innerHeight; onresize=
      MM_reloadPage; }}
  else if (innerWidth!=document.MM_pgW || innerHeight!=document.MM_pgH)
      location.reload();
}
MM_reloadPage(true);
// -->
</script>
......
```

在正式进行聊天对话之前，需要有聊天大厅，大厅应具有房间设置，系统最高在线人数、当前在线人数、会员人数显示，会员登录、注册等功能。

大厅的房间设置是后台管理的，后面将专门讲解，现在来看如何显示其他的信息。

首先讲系统最高在线人数。它存放在 Application 对象中，当载入 ASP DLL 并响应对一个 ASP 网页的第一个请求时，创建 Application 对象。该对象提供一个存储场所，用来存储对于所有访问者打开的所有网页都可用的变量和对象。具体的调用方法是：

```
......
系统最高在线人数:<B><%=Application("c_sysmaxonline")%></B>
......
```

显示当前在线人数，也是同样的道理，代码如下：

```
......
当前在线:
<B> <span id=sumuser></span> </B>人
其中会员:<B><%=Application("c_usermember")%></B>人
```

......

　　其次，应该说登录了。这部分必须要有会员登录内容。内容可简可繁，简单的就仅有用户名和口令，当然这是最基本的，为了增加趣味性，必须有昵称、密码，可以选择头像、性别，还可以更人性化——提供游客（GUEST）登录、找回密码等功能。

　　昵称、密码、头像、性别等只需要根据自己的偏好进行设计即可，相关代码如下：

......

```
<table width="257" border="0" cellspacing="0" =ellpadding="0">
    <form  name=FormLogin action="#"> <tr>
        <td width="32"> </td>
        <td width="225" valign="top" class="text">
          <table width="220" border="0" cellspacing="0" =ellpadding="0">
            <tr>
              <td class="text" width="51" align="center" =eight="33">昵称</td>
              <td class="text" width="162" height="33">
                <input type="text" name="nick" size="15">
              </td>
            </tr>
            <tr>
              <td class="text" width="51" align="center">密码</td>
              <td class="text" width="162">
                <input type="password" name="passwd" size="15">
              </td>
            </tr>
            <tr>
              <td class="text" colspan="2" height="41" =lign="center">
                <input name=ResetIrc type=reset value=进入 onClick="return
                    submit_login('聊天用户');">
                <a href="" onclick="return open_register()" alt="注册昵称"><font
                    color="#0000CC">注册昵称</font></a></td>
            </tr>
            <tr>
              <td class="text" colspan="2" height="52">
                <p><font color="#FF6600">特别提示：<br>
                  ①昵称中请不要含这些特殊字符：  &quot; $ * = , % ? &amp; ; ',
                  <br>
                  ②遵守国家各项有关法律法规，不发布有害信息和散布有害言论。
                </p>
              </td>
            </tr>
          </table>
        </td></tr> </form></table>
```

......

　　注意：为了方便程序的运行，一定要进行提示：昵称中请不要含这些特殊字符——""、'、"$"、"*"、"="、","、"?"、"&"、";"、"{"、"}"等有特殊含义的字符。

　　相关提示代码如下：

......

```
<td class="text" colspan="2" height="52">
    <p><font color="#FF6600">特别提示：<br>
```

```
    ①昵称中请不要含这些特殊字符：  &quot; $ * = , % ? &amp; ; ',
    <br>
    ②遵守国家各项有关法律法规，不发布有害信息和散布有害言论。
    </p>
</td>
......
```

除了这些，不能忽视的另一个问题就是，限制最大在线人数，否则将会因服务器无法响应而造成意外（可能没有实际用途，但是很有必要）。根据自己的机器和运行环境对在线人数规定一个上限值，并在登录时进行判断，若大于或等于这个值就显示"已满"。相关代码如下：

```
......
<TABLE width="100%" border="0" align="center" cellpadding="0" height="100%">
    <TR>
        <TD width="56%"> <%roominfo=Application("c_roominfo")%>
        <TABLE width="550" border="0" align="center" cellpadding="5"
          cellspacing="0" bordercolor="#">
        <% if not isarray(roominfo) then%>
            <TR>
                <TD colspan="2"> <DIV align="center">未开放! </DIV></TD>
            </TR>
            <%else%>
            <%for i=1 to ubound(roominfo)%>
            <TR>
              <TD> <%
              info=split(roominfo(i),"$")
              max_user=info(4)

              sumuser=sumuser+user
              if max_user>user then%>
              <SPAN style="cursor:hand;color:#660033;"
              onClick="javascript:openlogin('<%=info(1)%>','<%=info(2)%>');">
               <STRONG><%=info(2)%></STRONG>
              </SPAN>[<%=max_user%>/<%=user%>]
              <%else%> <STRONG><%=info(2)%></STRONG>[<%=max_user%>/已满]
              <%end if %> </TD>
              <TD><%=info(3)%> </TD>
            </TR>
            <%next
              Application("c_useronline")=sumuser
            end if%>
        </TABLE>
    ......
```

最后，必须有会员注册的功能。你可以在注册页（regagree.asp）中写多个游戏规则，系统调用就行。相关代码如下：

```
......
<a href="" onclick="return open_register()" alt="注册昵称"><font color="#0000CC">
    注册昵称</font></a>
......
```

运行结果如图 11-5 所示，即登录界面。

图 11-5 登录界面

2．chat.htm

该部分是实现本系统的最基本的窗体，能够实现 welcome 的加入和正确处理。

在该文件中，title 已做成了页面 title.htm，store 用来存储用户的一些设置与数据。根据分辨率动态平衡调整窗口大小及文字大小。刚刚将网页的自动过期做了屏蔽，因为本页应该是可以缓存的，它不会影响各个 ASP 页面的执行，现在用户退出处理由本页来完成。

当会员或游客输入昵称和口令（游客不需要）后，选择"美好时光"、"邂逅园"或"英语沙龙"时，系统会弹出聊天主窗口。这个主窗口包括 3 部分 6 个信息窗格。

首先，规划一个框架并将其分成左、中、右 3 栏：左侧是主要的信息区，包括标题部分、显示窗口、私聊窗口、发言窗口等；中间是菜单；右侧是在线用户窗口。

为了使聊天有些气氛，可以添加背景音乐，常见的如 MIDI 音乐格式。MIDI 格式文件既小巧音质又好。加入的操作很简单，使用<BGSOUND>标记即可。

<BGSOUND>用来插入背景音乐，但只适用于 IE，其参数设定不多。语法如下：

```
<BGSOUND src="your.mid" autostart=true loop=infinite>
```

src 设定 midi 文件及路径，可以是相对或绝对的。

Autostart 判断是否在音乐文件传完之后，就自动播放音乐。若该值为 true 则播放，若为 false 则不播放（默认）。

Loop 用来设置是否自动反复播放背景音乐。2 表示重复两次，Infinite 表示重复无限次。

```
……
<bgsound src="" id="psound" name="psound" loop=1>
……
```

言归正传，系统必须有一个完整的框架来合理地放置各个功能模块。

首先，设置大的环境参数，这就不能不提到 HTML 标签 META。

很多人忽视了 HTML 标签 META 的强大功能，一个好的 META 标签设计可以大大提高你的个人网站知名度。

META 标签是 HTML 语言 HEAD 区的一个辅助性标签。在几乎所有的网页里，我们都可以看到类似下面的这段 HTML 代码：

```
<head>
<meta http-equiv="Content-Type" content="text/html; charset=gb2312">
</head>
```

这就是 META 标签的典型应用，标识网页所采用的编码类型。根据 HTML 语言标准注释：META 标签是对网站发展非常重要的标签，它可以用于鉴别作者，设定页面格式，标注内容提要和关键字，以及刷新页面等。

META 标签分两大部分：HTTP-EQUIV 和 NAME 变量。

在 META 标签的基本用法中，最重要的就是：Keywords 和 Description 的设定。为什么呢？

道理很简单，这两个语句可以让搜索引擎准确地发现你，吸引更多的人访问你的站点。现在流行的搜索引擎（比如，Google 等）的工作原理一般为：搜索引擎先派机器人自动在 WWW 上搜索，当发现新的网站时，便检索页面中的 Keywords 和 Description，并将其加入到自己的数据库，然后再根据关键词的密度将网站排序。

由此看来，我们必须记住添加 Keywords 和 Description 的 META 标签，并尽可能写好关键字和简介。否则，后果就会是：

➢ 如果你的页面中根本没有 Keywords 和 Description 的 META 标签，那么机器人无法将你的站点加入数据库，网友也就不可能搜索到你的站点。

➢ 如果你的关键字选不好，关键字的密度不高，那么你的站点将被排列在几十甚至几百万个站点的后面，这样被点击的可能性就会非常小。

写好 Keywords（关键字）要注意以下几点：

➢ 不要用常见词汇。例如 www、homepage、net、web 等。

➢ 不要用形容词、副词。例如最好的、最大的等。

➢ 不要用笼统的词汇，要尽量精确。例如"爱立信手机"，改用"T28SC"会更好。

"三人之行，必有我师"，寻找合适关键字的技巧是：到 Google 等著名搜索引擎，搜索与你的网站内容相仿的网站，查看排名前十位的网站的 META 关键字，将它们用在你的网站上，效果可想而知了。

小窍门

为了提高搜索点击率，这里还有一些"捷径"：

➢ 为了增加关键字的密度，将关键字隐藏在页面里（将文字颜色定义成与背景颜色一样）。

➢ 在图像的 ALT 注释语句中加入关键字。如：

```
<IMG SRC="xxx.gif" Alt="Keywords">
```

➢ 利用 HTML 的注释语句，在页面代码里加入大量关键字。用法如下：

```
<!-- 这里插入关键字 -->
```

相关代码如下：

```
......
<meta http-equiv="Content-Type" content="text/html; charset=gb2312">
<meta http-equiv="pragma" content="no-cache">
<meta http-equiv="Cache-Control" content="no-cache, must-revalidate">
<title>XML 聊天系统</title>
<script src='js/showmenu.js'></script>
<script language="JavaScript">
exitnormal=false;
```

```
function ExitNormal(outstr){
    /*outstr:leave_out 超过系统规定的暂离的限定而退出;
        time_out 超过系统规定的自动退出时间限定; */
exitnormal=true;
input.cRld=-100;　//否则可能出现 input 又一次载入 reload 时，Application 已被销毁
window.location.href="out.asp?out="+outstr;
}
function CloseSystem(){//直接关闭窗口
input.cRld=-100;//否则可能出现 input 又一次载入 reload 时，Application 已被销毁
if (exitnormal==false)
window.open("out.asp","outing","");
}
</script>
<bgsound src="" id="psound" name="psound" loop=1>
</head>
……
```

其次，要设置好完整的布局——用 iframe 分隔窗口。

简单介绍一下 iframe 的参数。

➢ src：最初嵌入窗口的内容网页。

➢ name：窗口名称。

➢ frameborder：设定是否显示边框，1 为是，0 为否。

➢ scrolling：设定窗口是否显示滚动条，NO 不出现滚动条；Auto 自动出现滚动条；Yes 出现滚动条。

➢ width：设定"画中画"区域的宽度。

➢ height：设定"画中画"区域的高度。

➢ align：设定窗口排列方式，Left 为居左，Center 为居中，Right 为居右。

➢ marginwidth：网页中内容在表格右侧的预留宽度，单位是 pix。

➢ marginheight：网页中内容在表格顶部预留的高度。

➢ hspace：网页右上角的的横坐标。

➢ vspace：网页右上角的纵坐标。

另外，用到了 screen 对象。screen 对象包含关于客户屏幕和渲染能力的信息。

下面列出了 screen 对象引出的成员及其含义。

availHeight：获取系统屏幕的工作区域高度，排除 Windows 任务栏。

availWidth：获取系统屏幕的工作区域宽度，排除 Windows 任务栏。

bufferDepth：设置或获取用于画面外位图缓冲颜色的每像素位数。

colorDepth：获取用于目标设置或缓冲区的颜色的每像素位数。

deviceXDPI：设置或获取系统屏幕水平每英寸点数（DPI）的数值。

deviceYDPI：设置或获取系统屏幕垂直每英寸点数（DPI）的数值。

fontSmoothingEnabled：获取用户是否在控制面板的显示设置中启用了圆整屏幕字体边角的选项。

height：获取屏幕的垂直分辨率。

logicalXDPI：获取系统屏幕水平每英寸点数（DPI）的常规数值。

logicalYDPI：获取系统屏幕垂直每英寸点数（DPI）的常规数值。

UpdateInterval：设置或获取屏幕的更新间隔。

width：获取屏幕的垂直分辨率。

注意：此对象在 Microsoft 的 Internet Explorer 4.0 的脚本中可用。

相关代码如下：

```
......
<body onunload="CloseSystem()" scroll=no style="MARGIN: 0px" text="#666666"
    oncontextmenu="javascript:return false;">
<div id=winDiv style='Z-INDEX:24;POSITION:absolute; visibility: hidden; width: 1;
    height: 1; background-color: #FFFFD9; layer-background-color: #FFFFD9;
    border:1px none #000000;'></div>
<div id=msgDiv style='Z-INDEX: 25;POSITION:absolute;visibility: hidden; width: 1;
    height: 1; background-color: #FFFFD9; layer-background-color: #FFFFD9;
    border:1px none #000000;'></div>
<div id=winDiv0 style='Z-INDEX:20;POSITION:absolute; visibility:hidden; width: 1;
    height: 1; background-color: #FFFFD9; layer-background-color: #FFFFD9;
    border:1px none #000000;'></div>
<div id=sysDiv style='Z-INDEX:40; POSITION:absolute; visibility:hidden; width:1;
    height: 1; background-color: #FFFFD9; layer-background-color: #FFFFD9;
    border:1px none #000000;'></div>
<script>
//输出一个 IFRAME
function prf(nm,ht,wd,scll,srcn){document.write("<iframe id="+nm+"
  name="+nm+" style='HEIGHT:"+ht+";VISIBILITY:inherit;WIDTH:"+wd+";Z-INDEX:1'
  scrolling="+scll+" frameborder=0 src="+srcn+"></iframe>");}
//输出一个 SPAN
function ppoint(d,n,t,b){document.write("<span style=\"font-size:14;
  font-family: Webdings;cursor:"+d+"-resize;color:cc9900;\"
  id=\""+n+"\" title=\""+t+"\">"+b+"</span></td></tr>");}
//竖菜单栏各项的输出
function tools(cl,t,n){document.write("<tr><td style=\"cursor:hand\"
  onmouseover=\'this.style.color=\"000000\";\' onmouseout=\'this.style.color=
  \"#666666\";\'onclick=\""+cl+"\" title="+t+">"+n+"</td></tr>");}
//Title 区的打开与关闭控制
function switchTitle(){if (switchPoint0.innerText==5) {switchPoint0.style.
  cursor="s-resize";switchPoint0.innerText=6;document.all("titletd").style.
  height=0;}
  else {switchPoint0.style.cursor="n-resize";
    switchPoint0.innerText=5;document.all("titletd").style.height=
    title.Notice_Height;}}
//用户列表的打开与关闭控制
function switchSysBar(){if (switchPoint1.
  innerText==4) {switchPoint1.style.cursor="w-resize";
    switchPoint1.innerText=3;document.all("fRight").style.display="none";}
  else {switchPoint1.style.cursor="e-resize";
    switchPoint1.innerText=4;document.all("fRight").style.display="";}}
  var main_loading ="<HTML><BODY><center><H3 color=#ffffff>正在载入主面板,
    请稍候 ......</h3>
</center></BODY></HTML>";
//清除谈话记录
function clearview(){
  viewsay.pub.Ly.innerHTML = "";
```

```
    viewsay.my.Ly.innerHTML = "";
  }
  //标题栏，自荐链接子程序的处理
  function SeltVouch(){
    ShowWin(350,200,"self_vouch.asp");
  }
  //得到当前屏蔽分辨率的标识，并保存起来，供其他页面来调用（暂时只考虑1024×768
    像素和800×600像素）
  if (screen.availWidth>1000)
    showset=1024;
  else
    showset=800;
  //根据分辨率动态写入字体大小的 Style
  if (showset==1024){
    document.write("<style>");
    document.write("A{color:224466;text-decoration:none;}");
    document.write("td{font-size:14;text-align:center;}</style>");
  }
  else{
    document.write("<style>");
    document.write("A{color:224466;text-decoration:none;}");
    document.write("td{font-size:12;text-align:center;}</style>");
  }
  </script>
  ……
```

最后，根据分辨率动态调整右边 LIST 栏的宽度，主要有 800 至 1 024 之间的调整，限制这些是防止标题区过宽而将用户列表挤掉。

相关代码如下：

```
  ……
  <script language="javascript">
  //根据分辨率动态调整右边 LIST 栏的宽度
  if (showset==1024){
  fRight.style.width=180;
  fBottom.style.height=80;
  }
  else{
  //这一句的目的是防止标题区过宽将用户列表挤掉，或许没有必要用
  fRight.style.width=140;
  fBottom.style.height=70;
  }
  </script>

  ……
```

3．VIEWSAY.HTM

该文件是 FRAME 元素的容器文件。HTML 文档可包含 FRAMESET 元素框架。

利用 FRAME 将框架划分为显示窗口区和私聊窗口区两部分，一定要写上一段如下所示的语句。

```
<noframes>
  <body>
    <p>This page uses frames, but your browser doesn't support them.</p>
  </body>
</noframes>
```

这样，在不支持 FRAME 分帧的浏览器中就会出现 "This page uses frames, but your browser doesn't support them." 的提示，否则，用户会不明白发生了什么。具体代码如下：

```
<html>
<head>
</head>
<frameset id="frmMain" border="3" framespacing="2" bordercolor="#FFCC00">
  <frame name="my" src="viewsay2.htm">
  <noframes>
  <body>
  <p>This page uses frames, but your browser doesn't support them.</p>
  </body>
  </noframes> </frameset>
</html>
```

4．Viewsay2.htm

该文件是显示窗口文件，显示聊天室所有在线用户的谈话记录。

在这部分主要定义一个 DIV 块，id= "Ly"。用它处理显示在线的所有用户的谈话记录信息。如何获取和显示呢？

就是间隔一定时间读取 input.asp 程序文件送出的内容。实现方法是使用定时函数。

运行 setTimeout 或 setInterval 函数代码都可以定时执行一段代码。

setTimeout 函数的语法是：

```
iTimerID = window.setTimeout(vCode, iMilliSeconds [, sLanguage])
```

setInterval 函数的语法是：

```
iTimerID = window.setInterval(vCode, iMilliSeconds [, sLanguage])
```

下面对其中的参数进行说明：

vCode：Variant 类型。在 IE 5.0 之前，setTimeout 只接受字符串类型的参数，并且在指定的的事件间隔后对该字符串进行解析。IE 5.0 中 vCode 参数可以是字符串或者函数指针。但如果要在 DHTML 中使用 setTimeout 就需要注意：

➢ 如果 vCode 参数所指的方法位于 HTC 文档之内，那么该参数类型必须是 Function Pointer。

➢ 如果 vCode 参数所指的方法位于主文档（即 HTML 页面）之内，那么类型必须是 String。

iMilliSeconds：整型。表示间隔的时间，它是毫秒数值。例如：iMilliSeconds 为 1000 表示 1 秒。

sLanguage：字符串型。表示适用的语言环境。具体内容有下列几种：

➢ JScript 表示 JScript Language。

➢ VBScript 表示 VBScript Language。

➢ JavaScript 表示 JavaScript Language。

返回值 iTimerID：整型，是函数执行句柄，可以用 clearTimeout(iTimerID)将它清除。

window 对象有两个主要的定时方法：setTimeout 和 setInteval。它们的语法基本上相同，但是完成的功能有所区别。

> * setTimeout 方法是定时程序,也就是在什么时间以后干什么。
> * setInterval 方法则表示间隔一定时间反复执行某操作。

如果用 setTimeout 实现 setInerval 的功能,就需要在执行的程序中再定时调用自己才行。如果要清除计数器,则需要根据使用的方法不同,调用不同的清除方法。例如:

```
tttt=setTimeout('northsnow()',1000);
clearTimeout(tttt);
```

或者:

```
tttt=setInterval('northsnow()',1000);
clearInteval(tttt);
```

具体代码如下:

```
......
<div id="Ly" style="table-layout:fixed;word-break:break-all;position:absolute;
    width:100%; z-index:1">
</div>

<script language="javascript">

  var showed=true;
  setTimeout("parent.parent.input.location.href='input.asp'","2000");

</script>
......
```

运行结果如图 11-6 所示,即聊天信息显示窗口。

图 11-6　聊天信息显示窗口

5．input.asp

input.asp 发言程序。发言部分有输入文字、私聊、文件颜色、表情、趣语、图片短语、状态、屏幕是否分屏、控制是否滚动等操作内容。

发言是每一个聊天系统所必需的功能,主要包括:发言的双方人员、发言的内容、发言性质、发言方式。

发言的双方，我们定义为两个变量，"$F"表示发言发出方，"$T"表示发言接受方。

发言的内容主要是输入的文字，文字的颜色是在预先定义的颜色中进行选择，相关的代码如下：

```
......
<select name="sayscolor" onchange="document.say.says.style.color=this.options
[this.selectedIndex].value;GetFocus()"><script>function xx(c_code,c_name){
document.write("<option style='BACKGROUND-COLOR:"+c_code+";COLOR:"
+c_code+"' value='"+c_code+"'>"+c_name+"</option>")}
  function xxx(def){if (def==1){xx("#000088","深蓝");xx("#ff0000","亮红");}else{
xx("#ff0000","亮红");xx("#000088","深蓝");}xx("#000000","黑色");xx("#0088ff",
    "海蓝");xx("#0000ff","亮蓝");
  xx("#888800","黄绿");xx("#008888","蓝绿");xx("#008800","橄榄");
  xx("#8888ff","淡紫");xx("#aa00cc","紫色");xx("#8800ff","蓝紫");xx("#888888",
    "灰色");
  xx("#ccaa00","土黄");xx("#ff8800","金黄");xx("#cc3366","暗红");xx("#ff00ff",
    "紫红");
  xx("#ee9966","粉红");xx("#6699ee","天蓝");xx("#3366cc",
    "蓝黑");}xxx(1);</script>
  </select>
......
```

发言性质包括一些自定义的好玩的辅助功能，以下是比较常见的。

（1）表情：像微笑、傻乎乎、握手等，具体结构用"|"逐项分隔。通过"$F"和"$T"巧妙地替代，可以很好地处理这些内容，当然你可以再增加一些其他内容。

（2）趣语：为了增加聊天文字的趣味性，经常放些常用趣语，比如"晕倒"的趣语定义为"口吐白沫，咕咚一声，栽倒在地"，还有"憧憬"的趣语定义为"歪着头憧憬地向往：如果不上班又有工资，又没有老板管，那不知道该有多好"等内容。趣语的结构和表情类似，不同的是用","分隔短句。具体的代码如下：

```
......
<select name="addsign" onchange="document.say.says.value=
    this.options[this.selectedIndex].
    value;GetFocus()"><script>
  yy("","趣语");yy("","----");yy("$F 热情地向在场的所有人打招呼。","招呼");
  yy("$F 留恋地说道："世上没有不散的宴席，我先走一步了，大家保重。"","离开");
  yy("$F 口吐白沫，咕咚一声，栽倒在地。","晕倒");yy("$F 心中默默念道："由爱故生忧，由爱
    故生怖;若离于爱者，无忧亦无怖。"","默念");
  yy("$F 歪着头憧憬地向往："如果不上班又有工资，又没有老板管，那不知道该有多好。"","憧
    憬");
  yy("$F 俏脸生春，妙目含情，只看得大家心慌意乱。","含情");
  yy("$F 负手而立，凝望远山。只觉得天下英雄舍我其谁。","英雄");yy("$F 低下头，嫣然一笑，
    露出颊上浅浅的梨涡，害羞地脸红了起来! ","害羞");
  yy("$F 热泪盈眶地说："好，好，好!"","同意");yy("$F 自言自语道："今儿个不知该到谁家
    蹭饭去了......"","蹭饭");
......
```

（3）图片短语：随着聊天的风靡，聊天的内容更加丰富。其中，最具代表性的是图片短语的应用。因为图片短语可以非常形象而生动地表示一种发言信息，所以一经使用，便欲罢不能。

在这里列举两例，如"鼓掌"用动画，"我抽你"用动画。

相关的详细代码如下：

```
……
     yy("$F 向$T 摇摇食指，"小朋友，不可以这样喔！" ","小许");</script></select>
        <select name="textimg" onchange="document.say.says.value=
                    this.options[this.selectedIndex]. value;GetFocus()">
<script language="javascript">
     yy("","图片短语");yy("","========");
     yy("$F 拿出一张钞票，对$T 说：陪我聊！！[img]DONGZ/01[/img]","找人陪聊")
     yy("$F 哭着说：你可要对我负责呀！鸣--- [img]DONGZ/02[/img]","对我负责")
     yy("$F 大叫：气死我了！呀！呀！呀！[img]DONGZ/03[/img]","气死我啦")
     yy("$F 挥舞着双拳，越战越勇[img]DONGZ/026[/img]","越战越勇")
     yy("$F 说：不行！我坚决反对！[img]DONGZ/08[/img]","坚决反对")
     yy("$F 鼓掌！[img]DONGZ/06[/img]","鼓掌")
     yy("$F 说：嗨！大家好！！[img]DONGZ/05[/img]","嗨！你好")
     yy("$F 对$T 说：让我为你高歌一曲！[img]DONGZ/09[/img]","高歌一曲")
     yy("$F 对$T 说：不要呀！[img]DONGZ/010[/img]","不要呀")
     ……
     yy("$F: [img]DONGZ/031[/img]","坏笑")
     yy("$F 说：放马过来！！[img]DONGZ/033[/img]","放马过来")
     ……


</script>
</select>
……
```

说完发言性质后，就要谈一下发言方式。发言方式中最常见的是"状态"。"状态"主要描述自己的目前情况，主要包括联机、外出就餐、免扰、忙碌等内容。

有关代码如下：

```
……
<select name="zt" onchange="StatSet(this)">
<script>yy("","状态");yy("默认","恢复");yy("暂离","暂离");yy("免扰","免扰");
    yy("忙碌",
"忙碌");yy("孤独","孤独");yy("高兴","高兴");yy("烦恼","烦恼");yy("自定",
    "自定");</script></select>
<select name="sscr" onchange="splitscreen(this.value)">
<script>yy("","分屏");yy("0","----");yy("1","水平");yy("2","垂直");
    yy("0","不分");</script></select>
……
```

好了，上面介绍了很多表面的东西，但它们都不是本节讲述的重点。本节重点是如何将这些纷杂的信息发送给每一个在线的用户和私聊双方。

实现的原理是创建一个临时的 XML 文件，然后将这个内容发送给每个用户。必须用微软的 XMLHTTP 对象及方法。

XMLHTTP 是一套可以在 JavaScript、VBScript、JScript 等脚本语言中通过 HTTP 协议传送或接收 XML 及其他数据的 API。XMLHTTP 最大的用处是可以更新网页的部分内容而不需要刷新整个页面。

来自 MSDN 的解释：XMLHTTP 提供给客户端同 HTTP 服务器通信的协议。客户端可以通过 XMLHTTP 对象（MSXML2.XMLHTTP.3.0）向 HTTP 服务器发送请求并使用微软 XML 文档对象模型 Microsoft XML Document Object Model（DOM）处理回应。

现在绝大多数浏览器都增加了对 XMLHTTP 的支持，IE 中使用 ActiveXObject 方式创建 XMLHTTP 对象，其他浏览器如 Firefox、Opera 等通过 window.XMLHttpRequest 来创建 XMLHTTP 对象。

首先，介绍 XMLHTTP 对象及其方法。

MSXML 中提供了 Microsoft.XMLHTTP 对象，能够完成从数据包到 Request 对象的转换及发送任务。

创建 XMLHTTP 对象的语句如下：

```
Set objXML = CreateObject("Msxml2.XMLHTTP")
```

或

```
Set objXML = CreateObject("Microsoft.XMLHTTP")
```

或（for version 3.0 of XMLHTTP）

```
Set xml = Server.CreateObject("MSXML2.ServerXMLHTTP")
```

XMLHTTP 对象创建后调用 Open 方法对 Request 对象进行初始化，语法格式为：

```
poster.open http-method, url, async, userID, password
```

Open 方法中包含了 5 个参数，前 3 个是必需的，后 2 个是可选的（在服务器需要进行身份验证时提供）。参数的含义如下所示。

➢ http-method：HTTP 的通信方式，比如 GET 或 POST 。
➢ url：接收 XML 数据的服务器的 URL 地址。通常在 URL 中要指明 ASP 或 CGI 程序。
➢ async：一个布尔标识，说明请求是否为异步的。如果是异步通信方式（true），客户机就不等待服务器的响应；如果是同步方式（false），客户机就要等到服务器返回消息后才去执行其他操作。
➢ UserID：用户 ID，用于服务器身份验证。
➢ Password：用户密码，用于服务器身份验证。

用 Open 方法对 Request 对象进行初始化后，调用 Send 方法发送 XML 数据语法为：

```
poster.send XML-data
```

Send 方法的参数类型是 Variant，可以是字符串、DOM 树或任意数据流。发送数据的方式分为同步和异步两种。在异步方式下，数据包一旦发送完毕，就结束 Send 进程，客户机执行其他的操作；而在同步方式下，客户机要等到服务器返回确认消息后才结束 Send 进程。

XMLHTTP 对象中的 readyState 属性能够反映出服务器在处理请求时的进展状况。客户机的程序可以根据这个状态信息设置相应的事件处理方法。readyState 属性值及其含义如表 11-4 所示。

表 11-4 readyState 属性值及其含义

值	说　明
0	Response 对象已经创建，但 XML 文档装载过程尚未结束
1	XML 文档已经装载完毕
2	XML 文档已经装载完毕，正在处理中
3	部分 XML 文档已经解析
4	文档已经解析完毕，客户端可以接受返回消息

客户机接收到返回消息后，进行简单的处理，基本上就完成了 C/S 之间的一个交互周期。

客户机接收响应是通过 XMLHTTP 对象的属性实现的。

> responseTxt：将返回消息作为文本字符串。
> responseXML：将返回消息视为 XML 文档，在服务器响应消息中含有 XML 数据时使用。
> responseStream：将返回消息视为 Stream 对象。

相关代码如下：

```
......
function sendMsg()
{ if (this.T=="" && this.F=="") {alert("你要对谁说？");return;}
      cRld=1;
sCtemp=   this.sC;
if (document.say.secret.value==true) sCtemp+="$secret$";
   var sS="F="+code(this.F)+"&T="+code(this.T)+"&sC=
     "+code(sCtemp)+"&cL="+this.cL+"&E="+this.E+"&nC="+this.nC;
     sS=URLEncoding(sS)
     var oSend=new ActiveXObject("Microsoft.XMLHTTP");
     oSend.open("POST","say.asp",false);
     oSend.setRequestHeader("Content-Length",sS.length);
     oSend.setRequestHeader("CONTENT-TYPE","Application/x-www-form-urlencoded");
     //没有这句就玩不转了
     oSend.send(sS);
     var oDom=new ActiveXObject("Microsoft.XMLDOM");
     oDom.async=false;
     body=bytes2BSTR(oSend.responseBody);
     oDom.loadXML(body);
   if(oDom.parseError.errorCode != 0)
     {alert("对不起，发生错误！");
 parent.ShowWin(300,200,"xmlparseerror.htm");
      return }
    else
 {
     outputsays(oDom);}
parent.store.SetLTime();//更新上次发言时间
delete(aryF);delete(aryT);delete(arysC);delete(arycL);delete(arynC);delete(aryE);
delete(oDom)
delete(oSend)
delete(tmpHtml)
}
......
```

使用 Open 方法之后，一定要用 setRequestHeader 方法发送 HTTP 头部。
setRequestHeader 是单独指定请求的某个 HTTP 头部信息的方法，语法为：

```
oXMLHttpRequest.setRequestHeader(bstrHeader, bstrValue);
```

下面对其参数进行说明。

> bstrHeader：字符串类型，头部名称。
> bstrValue：字符串类型，表示值。

如果已经存在已此名称命名的 HTTP 头，则覆盖之。

注意：此方法必须在 open 方法后调用。

另外，在输出 body 内容时，一定要用 bytes2BSTR()函数进行处理，将 body 二进制数的内容转换成字符串（文本信息）就可以输出了。

因为 xmlhttp.responseBody 返回的是二进制数代码，所以必须转换成文本。

这里介绍一下 xmlhttp:responsebody 属性，responseBody 返回某一格式的服务器响应数据。语法为：

```
strValue = oXMLHttpRequest.responseBody;
```

返回值 strValue 的值为二进制数。

变量 responseBody，此属性只读，以 unsigned array 格式表示直接从服务器返回的未经解码的二进制数据。举例如下：

```
var xmlhttp = new ActiveXObject("Msxml2.XMLHTTP.3.0");
xmlhttp.open("GET", "http://localhost/books.xml", false);
xmlhttp.send();
alert(xmlhttp.responseBody);
```

注意：bytes2BSTR()函数的效率比较低，来转换乱码的中文的效率太低了，打开稍微大一点的页面就会超时。但如果中文量不大，就不会有影响。

bytes2BSTR()函数的作用同时也是为了解决中文乱码问题。

运行结果如图 11-7 所示，即发言窗口，以及如图 11-8 所示，即发言结果窗口。

图 11-7　发言窗口

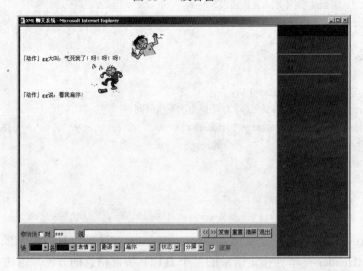

图 11-8　发言结果窗口

6．userlist.asp

该文件显示该房间在线用户的列表。

看是否可以将所有 ASP 操作集中在前面完成，这样速度应该会快些。

现在只能查看会员的 INFO，游客无个人信息。

代码如下：

```
<%
on error resume next

Response.CacheControl = "no-cache"
Response.AddHeader "Pragma", "no-cache"
Response.Expires = 0

room_id=session("c_userroomid")
userlist1=Application("c_roomuserlist"&room_id)
userlist=split(userlist1,"$")
%>
<script>
function getroom(){
document.all.roomname.innerText=parent.store.roomname;
}
</script>
<script src="js/showset1.js"></script>
<link href="style/list.css" rel="stylesheet" type="text/css">
<BODY onLoad="javascript:getroom();"
  onUnLoad="javascript:parent.input.userlistshow=false;"
  title="单击头像查看会员的信息" bgcolor="#408080">
<TABLE width="100%" border="0" cellspacing="0" cellpadding="0" align="right"
  bgcolor="#408080">
 <TR>
  <TD align="center"><FONT color="#993300">【<span id=roomname></span>】
    </FONT></TD>
 </TR>
 <TR>
  <TD align="center"><FONT color="#993300">
    『<%=Application("c_roomusernum"&room_id)%>人/在线』</FONT></TD>
 </TR>
 <TR>
  <TD align="center"> <HR> </TD>
 </TR>
 <%for i=1 to ubound(userlist)
 userinfo=split(userlist(i),"#")
 %>
 <TR>
  <TD>  <SPAN style="cursor:hand;"
    onClick="parent.input.towho('<%=userinfo(0)%>');"> 
    <%=userinfo(0)%></SPAN></TD>
 </TR>
 <%next%>
 <TR>
  <TD align="center"> <HR width="100%"> </TD>
 </TR>
 <TR>
  <TD align="right"> <A href="javascript:window.location.reload();">马上刷新
    </A></TD>
 </TR>
</TABLE>
```

```
<!--#include file="client_error_deal.asp"-->
</BODY>
```

其中，Split 函数用来返回一个下标从零开始的一维数组，它包含指定数目的子字符串。其语法为：

```
Split(expression[, delimiter[, count[, compare]]])
```

以下是参数说明。

➢ expression：必需的。包含子字符串和分隔符的字符串表达式。如果 expression 是一个长度为零的字符串（""），Split 则返回一个空数组，即没有元素和数据的数组。

➢ delimiter：可选的。用于标识子字符串边界的字符串字符。如果忽略，则使用空格字符（" "）作为分隔符。如果 delimiter 是一个长度为零的字符串，则返回的数组仅包含一个元素，即完整的 expression 字符串。

➢ Count：可选的。要返回的子字符串数，-1 表示返回所有的子字符串。

➢ Compare：可选的。数字值，表示判别子字符串时使用的比较方式。

以下是 compare 参数的设置值。

➢ vbUseCompareOption -1：用 Option Compare 语句中的设置值执行比较。

➢ vbBinaryCompare 0：执行二进制数比较。

➢ vbTextCompare 1：执行文字比较。

➢ vbDatabaseCompare 2：仅用于 Microsoft Access。基于您的数据库的信息执行比较。

下面介绍相关基础知识。

数组是连续可索引的具有相同内在数据类型的元素所成的集合。数组中的每一元素都具有惟一索引号。更改其中一个元素并不会影响其他元素。

字符串表达式是任何其值为一连串字符的表达式。字符串表达式的元素可包含返回字符串的函数、字符串文字、字符串常数、字符串变量、字符串 Variant 或返回字符串 Variant (VarType 8)的函数。

运行结果如图 11-9 所示，即在线用户窗口。

图 11-9　在线用户窗口

11.4　在我的环境中运行测试

此实例已经在笔者本机（Windows Server 2000、IIS 5.0 和 IE 6.0）和网上进行了测试，都能够正常运行。

11.5　小结

到此，我们的聊天程序就大功告成了。怎么样？感觉如何？应该来说还是相当简单的吧。当然了，这个实例还有许多可以改进的地方，比如：

画面过滤功能。当你觉得某个聊友的言谈不适合你时，你可使用此功能将其过滤掉，这样你就不会再看到其说话，当然其他人还是照常能看见此人的谈话的。这项功能向所有注册用户开放。

动作指令功能。具有直接在输入框输入的指令功能，可以产生有趣的动作话语。

聊天机器人功能。在聊天室里，有一个可以陪聊天用户说话的小机器人，当然，这个机器人的智能还远远不及人，很多时候只供大家取乐。对话数据库管理员可以自己增加，并不断丰富其智能。

点播音乐、发送图片功能。在聊天的过程中，可以向你的朋友送出动听的音乐和可爱的图片，用来表达你的情感。

约会留言功能。当你觉得有需要向某个聊友提出约会时，可用此功能留言。如果该聊友选择了自动通知功能，就会收到你的约会 E-mall。这项功能向所有注册用户开放。

踢人功能。请勿违反本聊天室的规定，否则会被有此权限的网管踢出本聊天室，并在 30 分钟后才能重新登录。

还有好多，这里不再列举，本章的聊天系统也只不过是抛砖引玉，希望读者在掌握了 XML 编程之后，自行修改完善吧。

第 12 章　通　信　录

当寻找一个简单而且容易进行入门学习的实例时，偶然看到别人的小小演示，觉得有必要给大家介绍一下。笔者深知：作为一个普通的程序员，拥有一个优秀的实例，对于正在学习编程的人是多么有帮助。

本章避繁就简，演示的实例是一个通信录信息管理程序，笔者也是写来以方便自己和朋友们互相联系用的。但"麻雀虽小，五脏俱全"，相信对正在学习 ASP + XML 编程的朋友，还是具备一定的参考价值的。

教学目标

读者可以通过此实例，了解在 ASP（Active Server Page）中如何操纵 XML 文件，并进行数据的各种处理，包括 XML 节点的建立、修改、删除和保存等。文中涉及到的技术包括 ASP、VBScript、JavaScript、DOM、XML 和 XSL 等。

XML 被设计成供长久使用的、高价值的文档的储存格式。XML 不仅让你定义标识符，还允许你定义文档的储存结构。一篇 HTML 文档仅存在于一个文件中，而一个 XML 文档可以由存放在不同地点的多个文件（称为实体）组成，这提出了作为文档存储库的 XML 服务器的概念。

通过本章，你将能够掌握：

➤ 基于 ASP 和 DOM 来读取和存储 XML 数据。

➤ 利用 XML 数据来存通信录信息。

➤ XML 数据结构设计。

➤ XSL 显示模板。

➤ 用了 JavaScript 分页显示 XML。

内容提要

本章主要介绍内容如下：

➤ 设计思路

➤ 实例开发之程序文件介绍

➤ 实例开发之代码详解

➤ 运行测试

内容简介

本章并不对使用到的技术进行深入的理论介绍，因此，读者需要具备一定的相关知识，尤其是对 ASP、XML 和 DOM 应该有一定的了解。通读本文，并参考源代码，相信读者一定可以熟练地掌握 XML 编程。

（1）程序说明

实例基于 B/S 结构，使用 XML 文件存储联系信息，然后通过一个用 VBScript 写的 Class，并使用 DOM，对 XML 文件中的联系信息进行各种操作。

实例提供的代码采用了统一的命名规范，主要包括：用 3 个字母的缩写说明变量类型，如数字类型——int，字符串类型——str，对象——obj 等。虽然在 ASP/VBScript 中不区分数据类型，但使用明显的数据类型说明，对程序的编写和维护还是很有意义的；使用有意义的变量名称，如 XMLDocument 对象，定义为 objXmlDoc 等。同样，这样做的目的也是为了更好地编写和维护程序。

此程序可以分为后台数据处理和前台界面表现两部分，前台界面有两种形式，包括：JS 分页浏览界面和 XSL 模板显示。

程序后台，使用 VBScript 编写了一个 Class，这是在 VBScript5.0 版本中提供的新特性。虽然这里 Class 的概念和真正的面向对象相去甚远，但是，在 ASP 中合理地使用 Class，还是可以在一定程度上提高程序的运行效率和可维护性的。

前台表现，使用 XSL 对 XML 文件中的数据进行了格式化，然后以 HTML 的形式输出到客户端，充分体现了 XML 技术带来的灵活性与可定制性。格式化的过程放在了服务器端，使用 ASP 程序完成。这样，客户端得到的是经过格式化之后的 HTML 信息，避免了兼容性问题的出现。

当然，程序对于具体的操作细节未做非常严格的检验，比如联系信息必填项的检查等，但是，对于在 ASP 中使用 DOM 操作 XML 的有关部分，程序提供了完整的代码。

（2）XML 文件说明（persons.xml）

实例中使用到的 XML 文件结构十分简单，并且没有定义相关的 Schema 或者 DTD，因为，对于此程序这是不必要的。当然，如果读者愿意自己定义一个的话，也不会对程序的运行产生影响。

读者需要注意 XML 文件中的 ＜?xml version="1.0" encoding="gb2312"?＞ 这一行，XML 默认不支持中文，通过设置 encoding 属性，才可以使 XML 正确地显示中文。读者可以在 IE 5.0 及以上版本的浏览器中访问此文件，它会以树型结构把数据显示出来。

本实例的管理编辑模块的界面如图 12-1 所示，单击"姓名"可以编辑该联系人的信息内容，如图 12-2 所示。对于主界面可以使用 XSL 模板方式浏览显示，如图 12-3 所示，用 JavaScript 分页浏览，如图 12-4 所示。

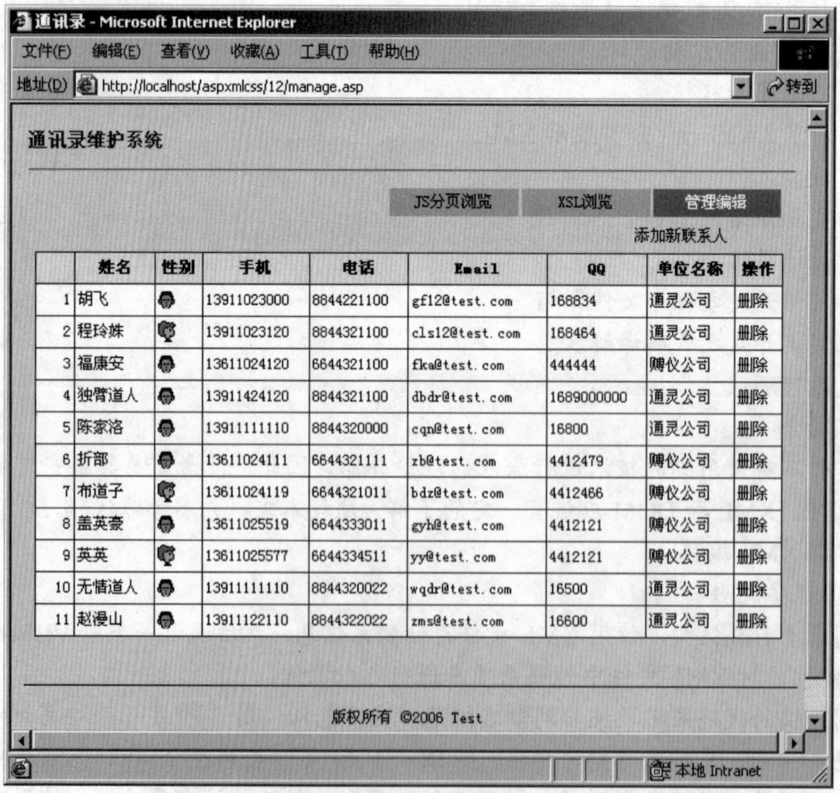

图 12-1　通信录编辑修改主界面

图 12-2　修改联系信息界面

图 12-3　通信录 XSL 模板方式浏览主界面

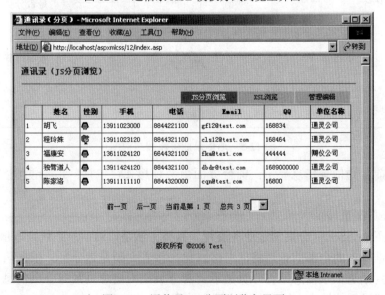

图 12-4　通信录 JS 分页浏览主界面

12.1 设计思路：数据存储与交换的桥梁

随着 XML 的深入应用，XML 的相关技术已经发展成熟，并且逐渐将改变我们的生活。大家已经感到 XML 处理数据的能力很是强大，下面就结合一个通信录的具体例子进行讨论。

12.1.1 需求分析

记得在大学时，笔者的第一个完整的"大作"便是通信录。不管简单与复杂，通信录都是用于记载每个人通信的信息，并方便今后的查询浏览统计等。

这里讨论的重点与以往不同。首先，录入保存为 XML 格式，刷新数据为自动方式。查询显示有两种，一种是结合 JavaScript，对客户端数据进行处理，称为"JavaScript 分页浏览"，另外一种是 MVC（Modal View Controler）方式，称为"XSL 浏览"，这是重点。

注意：若需要 MVC 的相关知识，请查阅相关书籍或互联网，这里不再详细介绍。

通过这些分析，希望给大家带来对 XML 的新的认识，其实这些对 XML 应用来说只是"冰山一角"罢了。

12.1.2 业务流程

根据通信录的基本功能，不难得到通信录的业务流程，如图 12-5 所示。通信录的业务流程很简单，主要有两个方面。

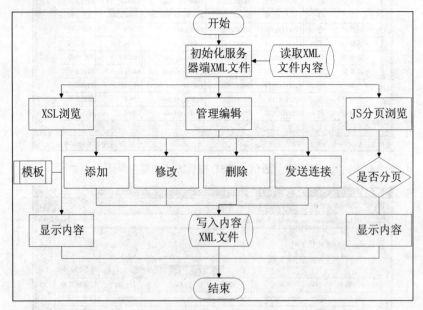

图 12-5 通信录业务流程结构图

其一是前台通信录信息显示。前台界面由两种形式，包括：JS 分页浏览显示和 XSL 模板显示。

（1）分页浏览显示

首先介绍 JavaScript 分页浏览业务流程。具体方法是，通信录系统读取服务器端 XML 文件（相当于数据库）的全部信息，将信息格式化。接着判断是否分页。根据信息总量和单页通信录信息数，判断通信录信息是否分页显示。若分页则得出总页数等分页信息。最后，将每页通信录信息按照显示的要求，输出到客户端浏览器中。

　　显示要求是：每一条通信录信息分别对应一个 Person 对象，显示内容包括姓名 Name、性别 Sex、手机 Mobile、电话 Tel、电子邮件 E-mail、腾讯 QQ 和单位名称 Company 的属性。

　　其中性别一项显示图片信息。下面是显示通信录的分页相关项目内容，主要有：前一页、后一页、当前是第几页、总共多少页、下拉列表框（可以选择其他页码）。

　　（2）XSL 模板显示

　　以 XSL 模板显示，也是首先要读取服务器端 XML 文件（相当于数据库）的全部信息，将信息格式化。但是不用分页，直接利用 XSL 的模板功能，同样输出与 JS 分页浏览一样的显示内容。

　　其二是后台通信录信息维护系统。主要包括：添加新联系人、修改联系人信息、删除联系人信息和显示 E-mail 链接等内容。

　　（1）添加新联系人

　　首先，显示用户需要添加信息的所有项目，包括：姓名 Name、性别 Sex、手机 Mobile、电话 Tel、电子邮件 E-mail、腾讯 QQ 和所在公司（浏览显示是单位名称）Company 等项。

　　其中，姓名是必填项。需要指出的是：性别要输入"boy.gif"或"girl.gif"图片，提交信息成功则显示"添加成功"信息的提示，关闭页面，同时刷新编辑显示界面，显示新添加的联系人信息。

　　（2）修改联系人信息

　　显示用户需要修改信息的所有项目，包括姓名 Name、性别 Sex、手机 Mobile、电话 Tel、电子邮件 E-mail、腾讯 QQ 和单位名称 Company 等项。

　　其中，姓名是必填项。需要指出的是：性别要输入"boy.gif"或"girl.gif"图片，提交信息成功则显示"修改成功"信息的提示，页面关闭，同时编辑显示界面刷新，显示新添加的联系人信息。

　　（3）删除联系人信息

　　在每一条记录后面都有具有"删除"功能按钮，在删除每一条记录时会提示是否真的删除联系人，经确认后才能删除。删除联系人后刷新维护界面。

　　（4）显示 E-mail 链接

　　显示用户的电子邮件 E-mail 项目内容，同时增加 MailTo 的链接。

　　好，大体的需求都已经清楚了，下面进入实质的开发环境，不过在正式介绍程序之前，需要介绍各个程序文件的功能内容和文件结构。

12.2　实例开发之程序文件介绍

　　所有操作的存储数据对象——XML 文件，都是 persons.xml 文件。所有页面 CSS 样式处理文件都是 contact.css。

　　images 子目录下有 3 个文件：bg.gif、boy.gif、girl.gif，都是公共的图片文件。

　　class 子目录下有 8 个文件：clsPerson.asp、constpub.asp、footer.asp、funcpub.asp、funcxml.asp、header.asp、header-manage.asp、header-index.asp，都是各个页面的子类（class）文件，目的是方便系统维护，合理地使用 Class，可以在一定程度上提高程序的运行效率和可维护性。

　　各个文件之间的结构关系如图 12-6 所示。

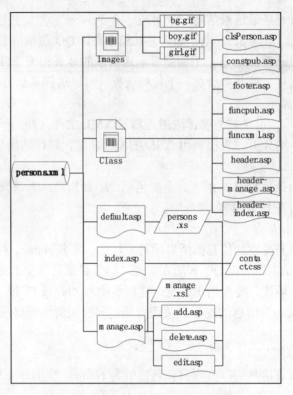

图 12-6　通信录文件结构图

主程序 default.asp、index.asp 和 manage.asp 分别是：前台 XSL 方式浏览主程序、前台 JavaScript 分页方式浏览主程序和后台管理编辑主程序。

1．default.asp

前台 XSL 方式浏览主程序，主要关联以下程序文件：funcxml.asp、constpub.asp、persons.xml、persons.xsl、header.asp、footer.asp 等。

2．index.asp

前台 JavaScript 分页方式浏览主程序，主要关联以下程序文件：constpub.asp、header-index.asp、persons.xml、footer.asp 等。

3．manage.asp

后台管理编辑主程序，主要关联以下程序文件：funcxml.asp、constpub.asp、persons.xml、manage.xsl、add.asp、edit.asp、delete.asp、funcpub.asp、clsPerson.asp、header-manage.asp、footer.asp 等。

详细的文件说明见表 12-1。

表 12-1　文件功能说明

序　号	路　径	文　件　名	功　能　说　明
1	Class/	clsPerson.asp	Person 类，主要包括：读写各个属性、获取错误信息、从 Xml 中读取指定节点的数据、添加信息到 XML 文件中、从 XML 文件中删除数据、修改 XML 文件中的数据等方法和属性
2	Class/	constpub.asp	程序公用常量定义
3	Class/	footer.asp	各页面页脚信息内容
4	Class/	funcpub.asp	公共方法

（续表）

序　号	路　径	文 件 名	功 能 说 明
5	Class/	funcxml.asp	使用 XSL 文件格式化 XML 文件 Load XML 文件
6	Class/	header.asp	XLS 浏览各个页面头部信息内容
7	Class/	header-manage.asp	管理各个页面头部信息内容
8	Class/	header-index.asp	JavaScript 浏览各个页面头部信息内容
9	Images/	bg.gif	背景透明图
10	Images/	boy.gif	男性图标
11	Images/	girl.gif	女性图标
12	../	add.asp	添加新联系人
13	../	contact.css	公共样式单文件
14	../	default.asp	浏览通信录主文件
15	../	delete.asp	删除联系人
16	../	edit.asp	修改联系人
17	../	manage.asp	管理通信录
18	../	manage.xsl	管理通信录的 XSL 模板
19	../	persons.xml	通用通信录人员信息 XML 文件
20	../	persons.xsl	浏览通信录的 XSL 模板
21	../	index.asp	有分页的浏览通信录主文件

12.3　实例开发之代码详解

根据上一节的设计，在写代码之前，一定要对操作对象 XML 文件要详细了解。下面从 XML 文件入手，并对 JavaScript 分页浏览、XSL 模板浏览和后台管理三方面进行详细讲解。

12.3.1　XML 结构和操作

程序的数据结构定义为：Persons 集合，它包含多个 Person 对象，每一个 Person 对象包括姓名 Name、性别 Sex、手机 Mobile、电话 Tel、电子邮件 E-mail、腾讯 QQ 和单位名称 Company 的属性。将以上定义对应到 XML 文件即可，Persons 为根节点，Person 为 Persons 的子节点，Name、Sex、Mobile、Tel、E-mail、QQ 和 Company 为 Person 的子节点。

注意：为了很好理解手机内容，本文所列手机号码均为随机写入，若与你的号码相同纯属巧合。

这样，我们得到的 XML 文件内容如下：

```
<?xml version="1.0" encoding="gb2312"?>

<Persons>
<Person>
<Name>胡飞</Name>
<Sex>boy.gif</Sex>
<Mobile>13911023000</Mobile>
<Tel>8844221100</Tel>
<Email>gf12@test.com</Email>
<QQ>168834</QQ>
```

```
<Company>通灵公司</Company>
</Person>

<Person>
<Name>程玲姝</Name>
<Sex>girl.gif</Sex>
<Mobile>13911023120</Mobile>
<Tel>8844321100</Tel>
<Email>cls12@test.com</Email>
<QQ>168464</QQ>
<Company>通灵公司</Company>
</Person>

……

</Persons>
```

○12.3.2　JavaScript 分页浏览显示

在正式介绍 index.asp 之前先介绍 4 个方面的内容。首先介绍公用常量定义程序（constpub.asp），这部分内容很简单，如下：

```
<%
'######
' 说明：程序公用常量定义
'######

Const C_TITLE      = "通信录"
Const C_COPYRIGHT  = "Test"
Const C_XMLFILE    = "persons.xml"
Const C_XSLFILE    = "persons.xsl"

%>
```

其次，介绍一下公共样式单文件（contact.css），内容如下：

```
A:link{color: #0000FF; TEXT-DECORATION: none; }
A:visited {COLOR: #0000FF; TEXT-DECORATION: none}
A:active {COLOR: #3333ff; TEXT-DECORATION: none}
A:hover {COLOR: #ff0000; TEXT-DECORATION: none}

td {font-size: 9pt; line-height: 150%}
.title {font-size: 10.8pt; font-weight: bold}
.alert {font-size: 9pt; color: #990000; font-weight: bold}
.input {font-size: 9pt}
```

再，介绍浏览各个页面头部信息内容的文件。

（1）JavaScript 浏览各个页面头部信息内容（header-index.asp）：

```
<table width="600" align="center">
 <tr>
  <td><font class="title" color="#993300"><%=C_TITLE%>（JS 分页浏览）</font></td>
 </tr>
```

```
    <tr>
     <td><hr align="center" width="100%"></td>
    </tr>
   </table>
   <table width="580" align="center">
    <tr>
        <td width="280" bgcolor="#D9D9FF"> </A></td>
        <td align="center" width="100" bgcolor="#8080FF"><A HREF="index.asp">
         <font color="#FFFFFF">JS 分页浏览</font></A></td>
        <td align="center" width="100" bgcolor="#BBBBFF"><A HREF="default.asp">
          <font color="#000000">XSL 浏览</font></A></td>
        <td align="center" width="100" bgcolor="#BBBBFF"><A HREF="manage.asp">
          <font color="#000000">管理编辑</font></A></td>
    </tr>
   </table>
```

运行结果如图 12-7 所示，即 JavaScript 分页浏览头部界面。

图 12-7 JavaScript 分页浏览头部界面

（2）XLS 浏览各个页面头部信息内容（header.asp）：

```
   <table width="600" align="center">
    <tr>
        <td><font class="title" color="#993300"><% = C_TITLE %>（XSL 浏览）</font></td>
    </tr>
    <tr>
     <td><hr align="center" width="100%"></td>
    </tr>
   </table>
   <table width="580" align="center">
    <tr>
        <td width="280" bgcolor="#D9D9FF"> </A></td>
        <td align="center"width="100"bgcolor="#BBBBFF"><AHREF="index.asp">
         <font color="#000000 ">JS 分页浏览</font></A></td>
        <td align="center" width="100" bgcolor="#8080FF"><A HREF="default.asp">
          <font color="#FFFFFF ">XSL 浏览</font></A></td>
        <td align="center" width="100" bgcolor="#BBBBFF"><A HREF="manage.asp">
          <font color=" #000000 ">管理编辑</font></A></td>
    </tr>
   </table>
```

运行结果如图 12-8 所示，即 XSL 浏览头部界面。

图 12-8 XSL 浏览头部界面

（3）管理各个页面头部信息内容的文件（header-manage.asp），内容如下：

```
<table width="600" align="center">
 <tr>
   <td><font class="title" color="#993300"><% = C_TITLE %>维护系统</font></td>
 </tr>
 <tr>
   <td><hr align="center" width="100%"></td>
 </tr>
</table>
<table width="580" align="center">
 <tr>
   <td width="280" bgcolor="#D9D9FF"> </A></td>
   <tdalign="center"width="100"bgcolor="#BBBBFF"><AHREF="index.asp">
     <font color="#000000 ">JS 分页浏览</font></A></td>
   <tdalign="center"width="100"bgcolor="#BBBBFF"><AHREF="default.asp">
     <font color="#000000">XSL 浏览</font></A></td>
   <tdalign="center"width="100"bgcolor="#8080FF"><AHREF="manage.asp">
     <font color="#FFFFFF ">管理编辑</font></A></td>
 </tr>
</table>
```

运行结果如图 12-9 所示，即管理各个页面头部界面。

图 12-9　管理各个页面头部界面

最后，介绍显示各页面页脚信息内容的文件（footer.asp），内容如下：

```
<br>
<table align="center" cellspacing="0" cellpadding="0" width="600" border="0">
 <tr>
   <tdbgcolor="#000000"height="1"><imgsrc="images/bg.gif"border="0"height=
     "1" width="100%"></td>
 </tr>
 <tr>
   <td align="center" height="45">版权所有 &copy;2006  <% = C_COPYRIGHT %></center>
 </tr>
</table>
```

运行结果如图 12-10 所示，即页脚信息界面。

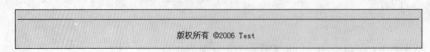

图 12-10　页脚信息界面

下面开始详细介绍 index.asp 文件内容。为了维护方便，在 index.asp 的适当位置引入各个
class 文件，主要有 constpub.asp、header-index.asp、footer.asp 等，这些文件上面都有相关介绍，
这里不再赘述。

以下为 index.asp 主程序代码。

```
<% Option Explicit
'####
' 说明: 分页通信录
'####
%>

<!--#include file="class/constpub.asp"-->

<!DOCTYPE HTML PUBLIC "-//W3C//DTD HTML 4.0 Transitional//EN">
<HTML>
<HEAD>
<TITLE>通信录（分页）</TITLE>
<META NAME="Generator" CONTENT="EditPlus">
<META NAME="Author" CONTENT="">
<META NAME="Keywords" CONTENT="">
<META NAME="Description" CONTENT="">
<META HTTP-EQUIV="content-type" CONTENT="text/html;charset=GB2312"/>
<link rel="stylesheet" href="contact.css" type="text/css">
</HEAD>
<BODY bgcolor="#D9D9FF">
<!--#include file="class/header-index.asp"-->

javascript 内容

<br>
<!--#include file="class/footer.asp"-->
</BODY>
</HTML>
```

相关的文件一一介绍完了，最后来看关键的 JavaScript 部分。这部分共有 5 个程序块，分别如下。

（1）初始化环境

初始化环境包括：设置变量，如每页显示信息数（pagenum）、页次（page）、输出主体内容（BodyText）、XML 文档对象（xmlDoc）、XML 文件中的对象（mode）、页操作条（toolBar）。

XML 文档对象（xmlDoc）的声明用 new 关键字，加载 XML 文件用 Load 方法。

```
var xmlDoc = new ActiveXObject("Microsoft.XMLDOM");
xmlDoc.load("persons.xml");
```

这些大家已经熟悉，不介绍了。分页需要先获得 XML 文件的记录数和每条记录的列数，这用到了 XMLDOM 方法中的 getElementsByTagName、item 方法和 childNodes、length 属性，其中 item 方法前面已经介绍过，这里重点介绍 getElementsByTagName 方法。其具体语法是：

```
var objXMLDOMNodeList =oXMLDOMDocument.getElementsByTagName(tagName);
```

功能：返回指定的 XML 元素的节点列表。

参数：tagName 是一个字符型，表示指定的元素的字符串，若为 "*" 表示返回每一个元素的节点列表。

返回值：一个对象，是 XML 元素的节点列表集合。

应用示例如下：

```
Dim xmlDoc As New Msxml2.DOMDocument40
Dim objNodeList As IXMLDOMNodeList
xmlDoc.async = False
xmlDoc.Load ("books.xml")
Set objNodeList = xmlDoc.getElementsByTagName("author")
For i = 0 To (objNodeList.length - 1)
MsgBox (objNodeList.Item(i).xml)
Next
```

在应用 XMLDOM 的 getElementsByTagName 方法之前,需要了解 XMLDOMNodeList 的 item 方法。item 的语法是:

```
var objXMLDOMNode = oXMLDOMNodeList.item(index);
```

功能:可以随机存取节点列表中指定的单个节点。

参数:index 是一个长整型,表示节点列表中的各个节点的序数。

注意:节点列表中第一个序数是 0。

返回值:一个对象,是单个节点对象(IXMLDOMNode)。

注意:若 index 值超出节点列表范围时返回对象为空(Null)。

应用示例如下:

```
var xmlDoc = new ActiveXObject("Msxml2.DOMDocument.4.0");
var objNodeList;
xmlDoc.async = false;
xmlDoc.load("books.xml");
objNodeList = xmlDoc.getElementsByTagName("author");
for (var i=0; i<objNodeList.length; i++) {
  alert(objNodeList.item(i).text);
}
```

介绍好相关方法,现在讲相关属性。首先讲 childNodes 属性。childNodes 的语法是:

```
objXMLDOMNodeList = oXMLDOMNode.childNodes;
```

功能:包含当前子节点的 NodeList。

说明:这个属性是只读的。

应用示例如下:

```
var xmlDoc = new ActiveXObject("Msxml2.DOMDocument.4.0");
var root;
var oNodeList;
var Item;
xmlDoc.async = false;
xmlDoc.load("books.xml");
root = xmlDoc.documentElement;
oNodeList = root.childNodes;
for (var i=0; i<oNodeList.length; i++) {
   Item = oNodeList.item(i);
   alert(Item.xml);
}
```

最后介绍 length 属性。length 的语法是:

```
lValue = oXMLDOMNodeList.length;
```

功能：IXMLDOMNodeList 包含 items 项的数量。

说明：返回值是长整型，这个属性是只读的。

应用示例如下：

```javascript
var xmlDoc = new ActiveXObject("Msxml2.DOMDocument.4.0");
var objNodeList;
xmlDoc.async = false;
xmlDoc.load("books.xml");
objNodeList = xmlDoc.getElementsByTagName("author");
for (var i=0; i<objNodeList.length; i++) {
  alert(objNodeList.item(i).text);
}
```

了解这些方法和属性的目的，主要是实现 JavaScript 分页。实现分页要计算记录数，具体代码是：

```javascript
maxNum = xmlDoc.getElementsByTagName(mode).length;
```

还要获得每条记录的列数，具体代码是：

```javascript
column=xmlDoc.getElementsByTagName(mode).item(0).childNodes;
```

另外，获得记录的列数，具体代码是：

```javascript
colNum=column.length;
```

最后，计算出页数，具体代码是：

```javascript
pagesNumber=Math.ceil(maxNum/pagenum)-1;
```

本部分实际相关代码如下：

```javascript
……
<script language="javascript">
var pagenum =5; //每页显示几条信息
var page=0 ;
var BodyText="";
var xmlDoc = new ActiveXObject("Microsoft.XMLDOM");
var mode="Person";
var toolBar;

xmlDoc.async="false" ;
xmlDoc.load("persons.xml");
header="<tablealign='center'width='580'cellspacing='1'cellpadding='2'border=
    '0' bgcolor='#666600'><tr align='center' class='title' bgcolor='#E5E5E5'>
    <td width='25'> </td><td>姓名</td><td>性别</td><td>手机</td><td>
    电话</td><td>Email</td><td>QQ</td><td>单位名称</td></tr>";

//检索的记录数
maxNum = xmlDoc.getElementsByTagName(mode).length;
  //每条记录的列数
  column=xmlDoc.getElementsByTagName(mode).item(0).childNodes;
  //每条记录的列数
  colNum=column.length;
  //页数
```

```
            pagesNumber=Math.ceil(maxNum/pagenum)-1;
            pagesNumber2=Math.ceil(maxNum/pagenum);
            ......
```

（2）设置上一页、后一页、当前页数、总页数的函数

其代码如下：

```
        ......
    //上一个页面
    function UpPage(page)
    {
        thePage="<FONT class='input'>前一页</FONT>";
        if(page+1>1) thePage="<A class='input' HREF='#' onclick='Javascript:
            return UpPageGo()'>前一页</A>";
        return thePage;
    }
    //下一个页面
    function NextPage(page)
    {
        thePage="<FONT class='input'>后一页</FONT>";
        if(page<pagesNumber) thePage="<A class='input' HREF=
            '#' onclick='Javascript:return NextPageGo()'>后一页</A>";
        return thePage;
    }
    function UpPageGo(){
        if(page>0) page--;
        getContent();
        BodyText="";
    }


    //当前的页数
    function currentPage()
    {
        var cp;
        cp="<FONT class='input'>当前是第 "+(page+1)+" 页</FONT>";
        return cp;
    }


    //总共的页数
    function allPage()
    {
        var ap;
        ap="<FONT class='input'>总共 "+(pagesNumber+1)+" 页</FONT>";
        return ap
    }
    function NextPageGo()
    {
        if (page<pagesNumber) page++;
        getContent();
        BodyText="";
    }
```

......

（3）显示分页状态栏、页面转换、下拉列表页码选择的函数

本部分的相关代码如下：

```
......
//显示分页状态栏
function pageBar(page)
{
    var pb;
    pb="<br><center>"+UpPage(page)+""+NextPage(page)+""+currentPage()+"
        "+allPage()+selectPage()+"</center>";
    return pb;
}
function changePage(tpage)
{
    page=tpage
    if(page>=0) page--;
    if (page<pagesNumber) page++;
    getContent();
    BodyText="";
}
function selectPage()
{
    var sp;
    sp="<select name='pp' onChange='javascript:changePage
        (this.options[this.selectedIndex].value)'>";
    sp=sp+"<option value=''></option>";
    for (t=0;t<=pagesNumber;t++)
    {
        sp=sp+"<option value='"+t+"'>"+(t+1)+"</option>";
    }
    sp=sp+"</select>"
    return sp;
}
......
```

（4）输出显示内容的函数

这里重点说明显示图片和文字内容的语句。

```
if (mNum==1)   {
BodyText=BodyText+("<TD><img src='images/"+xmlDoc.getElementsByTagName(mName).
    item(n).text + "'></TD>");
}else{    BodyText=BodyText+("<TD>"+xmlDoc.getElementsByTagName
    (mName).item(n).text +"</TD>");
}
```

在具体内容中加粗显示如下：

```
......
//内容
function getContent()
```

```
{
  if (!page) page=0;
    n=page*pagenum;
    endNum=(page+1)*pagenum;
    if (endNum>maxNum) endNum=maxNum;
    BodyText=header+BodyText;
    for (;n<endNum;n++)
    {
        kn=n+1;
      BodyText=BodyText+"<TR BGCOLOR='#FFFFFF'><TD>"+kn+"</TD>";
        for (mNum=0;mNum<=colNum-1;mNum++)
        {
          mName=column.item(mNum).tagName;
                    if (mNum==1)
                    {
            BodyText=BodyText+("<TD><img src='images/"+xmlDoc.
              getElementsByTagName(mName).item(n).text+"'></TD>");
                    } else {
                            BodyText=BodyText+("<TD>"+xmlDoc.getElementsByTagName
                              (mName).item(n).text+"</TD>");
                    }
        }
        BodyText=BodyText+"</TR>";
    }
    showhtml.innerHTML=BodyText+"</table>"+pageBar(page);

      BodyText="";
}
……
```

（5）设置 div 和判断是否有合适的信息内容

本部分的相关代码如下，div 的 id 是"showhtml"：

```
……
<div id="showhtml"></div>

<script language="javascript">
if (maxNum==0)
{
    document.write("没有检索到合适的信息");
} else {
  getContent();
  }
</script>
……
```

详细的运行结果如图 12-11～图 12-13 所示。

	姓名	性别	手机	电话	Email	QQ	单位名称
1	胡飞		13911023000	8844221100	gf12@test.com	168834	通灵公司
2	程玲姝		13911023120	8844321100	cls12@test.com	168464	通灵公司
3	福康安		13611024120	6644321100	fka@test.com	444444	聘仪公司
4	神臂道人		13911101100	00443811100	dbdr@test.com	16890	通灵公司
5	陈家洛		13911111110	8844320000	cqn@test.com	16800	通灵公司

前一页 后一页 当前是第 1 页 总共 3 页

图 12-11 JavaScript 分页显示

	姓名	性别	手机	电话	Email	QQ	单位名称
6	折部		13611024111	6644321111	zb@test.com	4412479	聘仪公司
7	祁道子		13611024119	6644321011	bdz@test.com	4412466	聘仪公司
8	盖英豪		13611025519	6644333011	gyh@test.com	4412121	聘仪公司
9	英英		13611025577	6644334511	yy@test.com	4412121	聘仪公司
10	无惺道人		13911111110	8844320022	wqdr@test.com	16500	通灵公司

前一页 后一页 当前是第 2 页 总共 3 页

图 12-12 JavaScript 分页显示第 2 页

	姓名	性别	手机	电话	Email	QQ	单位名称
11	赵漫山		13911122110	8844322022	zms@test.com	16600	通灵公司

前一页 后一页 当前是第 3 页 总共 3 页

1
2
3

版权所有 ©2006 Test

图 12-13 JavaScript 分页显示下拉列表框选择页面

12.3.3 XSL 模板浏览显示

XSL 模板浏览主程序主要关联以下程序文件：default.asp、funcxml.asp、constpub.asp、contact.css、header.asp、footer.asp、persons.xml、persons.xsl 下面对其中部分程序文件内容进行介绍。

1. 程序首页（default.asp）

调用相应的包含文件和公共函数，格式化 XML 文件，并进行显示。可以看到，页面 Title 是可定制的，公共的头部和尾部都做成了相应的包含文件。C_TITLE、C_XMLFILE 和 C_XSLFILE 为公共常量，在 constpub.asp 文件中进行定义，关于它们的意义，相信大家应该明白了，这些在 JavaScript 分页浏览显示时已经详细介绍了，这里就不再赘述。

为了方便应用，XML 文件仍然用 persons.xml，CSS 文件相应地用 contact.css，这里也不重复介绍了。

以下为 default.asp 程序首页代码。

```
<% Option Explicit
'####
' 说明：通信录
'####
%>


<!--#include file="class/funcxml.asp"-->
<!--#include file="class/constpub.asp"-->
```

```
<HTML>
<HEAD>
<TITLE><% = C_TITLE %></TITLE>
<META NAME="Generator" CONTENT="EditPlus">
<META NAME="Author" CONTENT="">
<META NAME="Keywords" CONTENT="">
<META NAME="Description" CONTENT="">
<META HTTP-EQUIV="content-type" CONTENT="text/html;charset=GB2312"/>
<link rel="stylesheet" href="contact.css" type="text/css">
</HEAD>
<BODY bgcolor="#D9D9FF">
<!--#include file="class/header.asp"-->
<% = FormatXml(C_XMLFILE, C_XSLFILE) %>
<br>
<!--#include file="class/footer.asp"-->
</BODY>
</HTML>
```

2. 加载 XML 和 XSL 格式化函数文件（funcxml.asp）

在服务器端的转换使用一个函数来完成。若格式化成功，则返回 HTML 字符串；若格式化失败，则打印出错误信息。如下：

```
'说明：使用 XSL 文件格式化 XML 文件。
'参数：strXmlFile——Xml 文件，路径＋文件名
    'strXslFile——Xsl 文件，路径＋文件名
'返回：成功——格式化后的 HTML 字符串
    '失败——自定义的错误信息
<%

Function FormatXml(strXmlFile, strXslFile)
  Dim objXml, objXsl

  strXmlFile = Server.MapPath(strXmlFile)
  strXslFile = Server.MapPath(strXslFile)

  Set objXml = Server.CreateObject("MSXML2.DOMDocument")
  Set objXsl = Server.CreateObject("MSXML2.DOMDocument")

  objXML.Async = False
  If objXml.Load(strXmlFile) Then
    objXsl.Async = False
    objXsl.ValidateonParse = False
    If objXsl.Load(strXslFile) Then
     On Error Resume Next        '捕获 transformNode 方法的错误
     FormatXml = objXml.transformNode(objXsl)
     If objXsl.parseError.errorCode <> 0 Then
       Response.Write "<br><hr>"
       Response.Write "Error Code: " & objXsl.parseError.errorCode
       Response.Write "<br>Error Reason: " & objXsl.parseError.reason
       Response.Write "<br>Error Line: " & objXsl.parseError.line
       FormatXml = "<span class=""alert"">格式化 XML 文件错误! </span>"
     End If
```

```
      Else
        Response.Write "<br><hr>"
        Response.Write "Error Code: " & objXsl.parseError.errorCode
        Response.Write "<br>Error Reason: " & objXsl.parseError.reason
        Response.Write "<br>Error Line: " & objXsl.parseError.line
        FormatXml = "<span class=""alert"">格式化 XML 文件错误! </span>"
      End If
    Else
      Response.Write "<br><hr>"
      Response.Write "Error Code: " & objXml.parseError.errorCode
      Response.Write "<br>Error Reason: " & objXml.parseError.reason
      Response.Write "<br>Error Line: " & objXml.parseError.line
      FormatXml = "<span class=""alert"">格式化 XML 文件错误! </span>"
    End If

    Set objXsl = Nothing
    Set objXml = Nothing
  End Function


  '描述: Load XML 文件
  '参数: pObjXML    XML 对象
        'pPathStr   调用路径或 XML 字符串
        'pIsStr     如果是路径是 FALSE, 字符串是 TRUE
        'pRetMsg    错误返回的字符串
  '返回: 处理成功返回真 (TRUE)


  '**********************************************************************


  '**********************************************************************
  Function LoadXmlDoc(objXml, strLoad, blnIsStr, ByRef strErr)
    If Not blnIsStr Then        ' A Xml File
      strLoad = Server.MapPath(strLoad)
      If Not objXml.Load(strLoad) Then
        LoadXmlDoc = False
        strErr = strErr + "<br><hr>"
        strErr = strErr + "Error Code: " & objXml.parseError.errorCode
        strErr = strErr + "<br>Error Reason: " & objXml.parseError.reason
        strErr = strErr + "<br>Error Line: " & objXml.parseError.line
        strErr = strErr + "<br><hr>"
      Else
        LoadXmlDoc = True
      End If
    Else
      If Not objXml.LoadXml(strLoad) Then
        LoadXmlDoc = False
        strErr = strErr + "<br><hr>"
        strErr = strErr + "Error Code: " & objXml.parseError.errorCode
        strErr = strErr + "<br>Error Reason: " & objXml.parseError.reason
        strErr = strErr + "<br>Error Line: " & objXml.parseError.line
        strErr = strErr + "<br><hr>"
      Else
```

```
        LoadXmlDoc = True
      End If
    End If
  End Function
%>
```

3. 格式转换 XSL 文件（persons.xsl）

实例中使用 XSL 对 XML 数据进行格式化，创建显示模板，并以 HTML 的形式返回到客户端。这个过程也可以放在客户端进行，但考虑到兼容性的问题，实例中采用了在服务器端通过 ASP 操纵 DOM 进行格式化的方法。

应用的 XSL 元素（Elements）主要有 6 个：xsl:stylesheet、xsl:template、xsl:text、xsl:for-each、xsl:value-of、xsl:attribute。

需要说明的是，这些 XSL 元素用法在前面部分均有介绍，读者可以查阅相关章节。

在 XSL 模板中显示图片的语句是：

```
<img><xsl:attribute name="src">images/<xsl:value-of select="Sex" />
    </xsl:attribute> </img>
```

具体 XSL 文件的内容如下：

```
<?xml version="1.0" encoding="gb2312"?>
<xsl:stylesheet xmlns:xsl="http://www.w3.org/1999/XSL/Transform" version="1.0">
<xsl:template match="/Persons">

  <table align="center" width="580" cellspacing="1" cellpadding="2" border=
    "0" bgcolor="#666600">
  <tr align="center" class="title" bgcolor="#E5E5E5">
    <td width="25"><xsl:text disable-output-escaping=
      "yes">&amp;</xsl:text>nbsp;</td>
    <td>姓名</td>
    <td>性别</td>
    <td>手机</td>
    <td>电话</td>
    <td>Email</td>
    <td>QQ</td>
    <td>单位名称</td>
  </tr>
  <xsl:for-each select="Person">
  <TR BGCOLOR="#FFFFFF">
    <TD ALIGN="right"><xsl:value-of select="position()"/></TD>
    <TD STYLE="color:#990000"><xsl:value-of select="Name"/></TD>
    <TD><img><xsl:attribute name="src">images/<xsl:value-of select=
      "Sex" /></xsl:attribute> </img> </TD>
    <TD><xsl:value-of select="Mobile"/></TD>
    <TD><xsl:value-of select="Tel"/></TD>
    <TD><xsl:value-of select="Email"/></TD>
    <TD><xsl:value-of select="QQ"/></TD>
    <TD><xsl:value-of select="Company"/></TD>
  </TR>
  </xsl:for-each>
  </table>
```

```
</xsl:template>
</xsl:stylesheet>
```

4．头部信息内容（header.asp）

和 JavaScript 类似，内容如下：

```
<table width="600" align="center">
 <tr>
  <td><font class="title" color="#993300"><% = C_TITLE %>（XSL 浏览）</font></td>
 </tr>
 <tr>
  <td><hr align="center" width="100%"></td>
 </tr>
</table>
<table width="580" align="center">
 <tr>
   <td width="280" bgcolor="#D9D9FF"> </A></td>
  <tdalign="center"width="100"bgcolor="#BBBBFF"><AHREF="index.asp">
   <font color="#000000">JS 分页浏览</font></A></td>
  <tdalign="center"width="100"bgcolor="#8080FF"><AHREF="default.asp">
    <font color="#FFFFFF">XSL 浏览</font></A></td>
  <tdalign="center"width="100"bgcolor="#BBBBFF"><AHREF="manage.asp">
    <font color="#000000">管理编辑</font></A></td>
 </tr>
</table>
```

运行结果如图 12-14 和图 12-15 所示。

图 12-14　XSL 浏览头部

	姓名	性别	手机	电话	Email	QQ	单位名称
1	胡飞		13911023000	8844221100	gf12@test.com	168834	通灵公司
2	程玲姝		13911023120	8844321100	cls12@test.com	168464	通灵公司
3	福康安		13611024120	6644321100	fka@test.com	444444	购仪公司
4	独臂道人		13911424120	8844321100	dbdr@test.com	16890	通灵公司
5	陈家洛		13911111110	8844320000	cqn@test.com	16800	通灵公司
6	折部		13611024111	6644321111	zb@test.com	4412479	购仪公司
7	布道子		13611024119	6644321011	bdz@test.com	4412466	购仪公司
8	盖英豪		13611025519	6644333011	gyh@test.com	4412121	购仪公司
9	英英		13611025577	6644334511	yy@test.com	4412121	购仪公司
10	无惜道人		13911111110	8844320022	wqdr@test.com	16500	通灵公司
11	赵漫山		13911122110	8844322022	zms@test.com	16600	通灵公司

图 12-15　XSL 浏览信息列表

12.3.4　后台管理模块

后台管理主程序主要关联以下程序文件：manage.asp、funcxml.asp、constpub.asp、contact.css、header-manage.asp、footer.asp、persons.xml、manage.xsl、clsPerson.asp、add.asp、edit.asp、delete.asp

等，下面对部分程序文件内容进行介绍。

1．程序首页（manage.asp）

调用相应的包含文件和公共函数，格式化 XML 文件，并进行显示。可以看到，页面 Title 是可定制的，公共的头部和尾部都做成了相应的包含文件。C_TITLE、C_XMLFILE 和 C_XSLFILE 为公共常量，在 constpub.asp 文件中进行定义，关于它们的意义，相信大家可以很容易地明白了，这些在 JavaScript 分页浏览显示时已经详细介绍了，这里就不再赘述。

为了方便应用，XML 文件仍然用 persons.xml，CSS 文件相应地用 contact.css，这里也不重复介绍了。

funcxml.asp、footer.asp 前面都有评述，下面重点介绍其它文件。

我们知道，在 Cls_Person 中已经定义了相应的方法，因此，在各个文件中只需要调用对应的方法即可。添加信息的文件为 add.asp，修改信息的文件为 edit.asp，删除信息的文件为 delete.asp，我们仅以 add.asp 文件为例进行说明。其中的 CheckStrInput 和 CheckStrOutput 函数，用来格式化用户的输入和输出字符串。

以下为 manage.aop 程序首页代码。

```
<% Option Explicit
%>

<!--#include file="class/funcxml.asp"-->
<!--#include file="class/constpub.asp"-->
<HTML>
<HEAD>
<TITLE><% = C_TITLE %></TITLE>
<META NAME="Generator" CONTENT="EditPlus">
<META NAME="Author" CONTENT="">
<META NAME="Keywords" CONTENT="">
<META NAME="Description" CONTENT="">
<META HTTP-EQUIV="content-type" CONTENT="text/html;charset=GB2312"/>
<link rel="stylesheet" href="contact.css" type="text/css">
</HEAD>
<BODY bgcolor="#D9D9FF">
<!--#include file="class/header-manage.asp"-->
<% = FormatXml(C_XMLFILE, "manage.xsl") %>
<br>
<!--#include file="class/footer.asp"-->
</BODY>
</HTML>
```

2．头部信息内容（header-manage.asp）

内容很简单，详细代码如下：

```
<table width="600" align="center">
  <tr>
    <td><font class="title" color="#993300"><% = C_TITLE %>维护系统</font></td>
  </tr>
  <tr>
    <td><hr align="center" width="100%"></td>
  </tr>
</table>
```

```
<table width="580" align="center">
  <tr>
     <td width="280" bgcolor="#D9D9FF"> </A></td>
    <tdalign="center"width="100"bgcolor="#BBBBFF"><AHREF="index.asp">
     <font color="#000000">JS 分页浏览</font></A></td>
     <tdalign="center"width="100"bgcolor="#BBBBFF"><AHREF="default.asp">
        <font color="#000000">XSL 浏览</font></A></td>
     <tdalign="center"width="100"bgcolor="#8080FF"><AHREF="manage.asp">
        <font color="#FFFFFF">管理编辑</font></A></td>
  </tr>
</table>
```

运行结果如图 12-16 所示。

图 12-16　后台维护系统头部界面

3．XSL 模板文件（manage.xsl）

实例中使用 XSL 对 XML 数据进行格式化，创建显示模板，并以 HTML 的形式返回到客户端。这个过程也可以放在客户端进行，但考虑到兼容性的问题，实例中采用了在服务器端通过 ASP 操纵 DOM 进行格式化的方法。

应用的 XSL 元素（Elements）主要有 6 个：xsl:stylesheet、xsl:template、xsl:text、xsl:for-each、xsl:value-of、xsl:attribute。

xsl:stylesheet 作为 XSL 样式表中的根元素，在每个 XSL 文件中都必须有。xsl:stylesheet 元素的语法是：

```
<xsl:stylesheet
  id = id
  extension-element-prefixes = NCNames
  exclude-result-prefixes = NCNames
  version = number>
</xsl:stylesheet>
```

在 XSL 文件中，必须有：〈xsl:stylesheet xmlns:xsl="http://www.w3.org/1999/XSL/Transform"〉。其中，xsl:stylesheet 是 XSL 文件的根元素，在根元素中包含了所有的排版样式，样式表就是由这些排版样式组合成的。xmlns:xsl=" http://www.w3.org/1999/XSL/Transform "这一句主要用来说明该 XSL 样式表是使用 W3C 所制定的 XSL，设定值就是 XSL 规范所在的 URL 地址。

实际应用中采用下句：

```
<xsl:stylesheet xmlns:xsl="http://www.w3.org/1999/XSL/Transform" version="1.0">
```

具体的 XSL 文件的内容如下：

```
<?xml version="1.0" encoding="gb2312"?>
<xsl:stylesheet xmlns:xsl="http://www.w3.org/1999/XSL/Transform" version="1.0">
<xsl:template match="/Persons">
  <script language="javascript">
   function add()
   {
```

```
      window.open("add.asp", "add", "width=300,height=320,resize=no");
    }

    function edit(intId)
    {
      window.open("edit.asp?id="+intId, "edit", "width=300,height=320,resize=no");
    }

    function del(intId)
    {
      window.open("delete.asp?id="+intId, "edit", "width=300,height=320,resize=no");
    }

    function confirmDel()
    {
      return confirm("提示：确定要删除此条联系人信息吗？");
    }
</script>

<table width="500" border="0" align="center">
  <tr>
    <td align="right"><a href="javascript:add();" title="添加新联系人">
      添加新联系人</a></td>
  </tr>
</table>
<table align="center" width="580" cellspacing="1" cellpadding="2" border=
    "0" bgcolor="#666600">
  <tr align="center" class="title" bgcolor="#E5E5E5">
    <td width="25"><xsl:text disable-output-escaping="yes">&amp;
      </xsl:text>nbsp;</td>
    <td>姓名</td>
    <td>性别</td>
    <td>手机</td>
    <td>电话</td>
    <td>Email</td>
    <td>QQ</td>
    <td>单位名称</td>
  <td>操作</td>
  </tr>
  <xsl:for-each select="Person">
  <TR BGCOLOR="#FFFFFF">
    <TD ALIGN="right"><xsl:value-of select="position()"/></TD>
    <TD STYLE="color:#990000"><A><xsl:attribute name="HREF">javascript:edit
      ('<xsl:value-of select="position()"/>');</xsl:attribute><xsl:attribute name=
      "title">修改信息</xsl:attribute><xsl:value-of select="Name"/></A></TD>
    <TD><img><xsl:attributename="src">images/<xsl:value-of select="Sex"/>
      </xsl:attribute></img></TD>
    <TD><xsl:value-of select="Mobile"/></TD>
    <TD><xsl:value-of select="Tel"/></TD>
    <TD><A><xsl:attributename="HREF">mailto:<xsl:value-ofselect="Email"/>
      </xsl:attribute><xsl:value-of select="Email"/></A></TD>
```

```
        <TD><xsl:value-of select="QQ"/></TD>
        <TD><xsl:value-of select="Company"/></TD>
    <TD><A><xsl:attributename="HREF">javascript:del('<xsl:value-ofselect=
        "position()"/>'); </xsl:attribute><xsl:attribute name="onclick">
        return confirmDel()</xsl:attribute>删除</A></TD>
    </TR>
    </xsl:for-each>
    </table>
</xsl:template>
</xsl:stylesheet>
```

其中，有段语句的功能是实现单击后启动 outlook 软件发送 E-mail，如下：

```
<xsl:attribute name="HREF">mailto:<xsl:value-of select="Email"/>
    </xsl:attribute> <xsl:value-of select="Email"/>
```

单击 E-mail 链接后出现如图 12-17 所示的对话框界面。

图 12-17　outlook 启动界面

运行结果如图 12-18 所示，即后台管理界面信息列表界面。单击"添加新联系人"会弹出添加程序（add.asp）界面，单击"姓名"会弹出修改程序（edit.asp）界面，单击"删除"会弹出删除程序（delete.asp）界面。

	姓名	性别	手机	电话	Email	QQ	单位名称	操作
							添加新联系人	
1	胡飞	♂	13911023000	8844221100	gf12@test.com	168834	通灵公司	删除
2	程玲姝	♀	13911023120	8844321100	cls12@test.com	168464	通灵公司	删除
3	福康安	♂	13611024120	6644321100	fka@test.com	444444	聘仪公司	删除
4	独臂道人	♂	13911424120	8844321100	dbdr@test.com	16890	通灵公司	删除
5	陈家洛	♂	13911111110	8844320000	cqn@test.com	16800	通灵公司	删除
6	折部	♂	13611024111	6644321111	zb@test.com	4412479	聘仪公司	删除
7	布道子	♀	13611024119	6644321011	bdr@test.com	4412466	聘仪公司	删除
8	盖英豪	♂	13611025519	6644333011	gyh@test.com	4412121	聘仪公司	删除
9	英英	♀	13611025577	6644334511	yy@test.com	4412121	聘仪公司	删除
10	无情道人	♂	13911111110	8844320022	wqdr@test.com	16500	通灵公司	删除
11	赵漫山	♂	13911122110	8844322022	zms@test.com	16600	通灵公司	删除

图 12-18　后台管理界面信息列表界面

4．基础类别（clsPerson.asp）

说到编辑内容，基本就是添加、修改、删除等操作。为了方便处理 person.xml 文件，创建了基础类别（clsPerson.asp）程序。

首先列出 Person 类的定义变量、类初始化、类释放等内容，具体代码如下：

```
<%
'####
' 说明：Person 类
'####


Class Cls_Person

  Private m_intId          ' Id，对应 Person 节点在 Persons 集合中的位置
  Private m_strName        ' 姓名
  Private m_strSex         ' 性别
  Private m_strMobile      ' 手机
  Private m_strTel         ' 电话
  Private m_strEmail       ' 电子邮件
  Private m_strQQ          ' QQ 号
  Private m_strCompany     ' 所在公司
  Private m_strError       ' 出错信息

  ' 类初始化
  Private Sub Class_Initialize()
    m_strError = ""
    m_intId = -1
  End Sub

  ' 类释放
  Private Sub Class_Terminate()
    m_strError = ""
  End Sub
……
```

其次，读写各个属性内容。具体的属性读写内容如下：

```
……

  Public Property Get Id
    Id = m_intId
  End Property

  Public Property Let Id(intId)
    m_intId = intId
  End Property

  Public Property Get Name
    Name = m_strName
  End Property

  Public Property Let Name(strName)
```

```
        m_strName = strName
End Property

Public Property Get Sex
    Sex = m_strSex
End Property

Public Property Let Sex(strSex)
    m_strSex = strSex
End Property

Public Property Get Mobile
    Mobile = m_strMobile
End Property

Public Property Let Mobile(strMobile)
    m_strMobile = strMobile
End Property

Public Property Get Tel
    Tel = m_strTel
End Property

Public Property Let Tel(strTel)
    m_strTel = strTel
End Property

Public Property Get Email
    Email = m_strEmail
End Property

Public Property Let Email(strEmail)
    m_strEmail = strEmail
End Property

Public Property Get QQ
    QQ = m_strQQ
End Property

Public Property Let QQ(strQQ)
    m_strQQ = strQQ
End Property

Public Property Get Company
    Company = m_strCompany
End Property

Public Property Let Company(strCompany)
    m_strCompany = strCompany
End Property
    ......
```

为了增加程序的健壮性，一定要处理和捕捉错误信息，同时，要适当添加自己的私有处理错误方法，添加错误信息。处理错误后一定要清除错误信息！

具体的相关代码如下：

```
......
'-------------------------------------------------

' 获取错误信息
Public Function GetLastError()
  GetLastError = m_strError
End Function

' 私有方法，添加错误信息
Private Sub AddErr(strEcho)
  m_strError = m_strError + "<Div CLASS=""alert"">" & strEcho & "</Div>"
End Sub

' 清除错误信息
Public Function ClearError()
  m_strError = ""
End Function
......
```

然后，从 XML 中读取指定节点的数据，并填充各个属性，内容包括：首先设置 ID，接着选择并读取节点信息，赋予各个属性。

这部分主要用到 selectSingleNode 方法和 text 属性。首先看 selectSingleNode 方法，其语法是：

```
var objXMLDOMNode = oXMLDOMNode.selectSingleNode(queryString);
```

功能：返回指定符合内容的第一个节点（node）。

参数：queryString 字符串型，可以是名称、XPath 等。

返回值：一个对象（object），如果没有符合内容的节点则返回空值（null）。

说明：这个属性是只读的。

应用示例如下：

```
var xmlDoc = new ActiveXObject("Msxml2.DOMDocument.4.0");
var currNode;
xmlDoc.async = false;
xmlDoc.load("books.xml");
xmlDoc.setProperty("SelectionLanguage", "XPath");
currNode = xmlDoc.selectSingleNode("//book/author");
alert(currNode.text);
```

接着介绍 text 属性，其语法是：

```
strValue = oXMLDOMNode.text;
```

功能：返回当前节点（node）的字符串内容。

说明：如果是根节点（root），则返回下级所有内容，这个属性是只读的。

应用示例如下：

```
var xmlDoc = new ActiveXObject("Msxml2.DOMDocument.4.0");
var currNode;
```

```
xmlDoc.async = false;
xmlDoc.load("books.xml");
currNode = xmlDoc.documentElement.childNodes.item(0);
alert(currNode.text);
```

实际相关代码如下：

```
......
'首先设置ID
Public Function GetInfoFromXml(objXmlDoc)
  Dim objNodeList
  Dim I

  ClearError

  If objXmlDoc Is Nothing Then
    GetInfoFromXml = False
    AddErr "Dom 对象为空值"
    Exit Function
  End If

  If CStr(m_intId) = "-1" Then
    GetInfoFromXml = False
    AddErr "未正确设置联系人对象的 ID 属性"
    Exit Function
  Else
    I = m_intId - 1          '要读取得节点位置
  End If

  '选择并读取节点信息，赋予各个属性
  Set objNodeList = objXmlDoc.getElementsByTagName("Person")
  If objNodeList.length - m_intId >= 0 Then
    On Error Resume Next
    m_strName = objNodeList(I).selectSingleNode("Name").Text
    m_strSex = objNodeList(I).selectSingleNode("Sex").Text
    m_strMobile = objNodeList(I).selectSingleNode("Mobile").Text
    m_strTel = objNodeList(I).selectSingleNode("Tel").Text
    m_strEmail = objNodeList(I).selectSingleNode("Email").Text
    m_strQQ = objNodeList(I).selectSingleNode("QQ").Text
    m_strCompany = objNodeList(I).selectSingleNode("Company").Text
    GetInfoFromXml = True
  Else
    GetInfoFromXml = False
    AddErr "获取联系信息发生错误"
    Set objNodeList = Nothing
    Exit Function
  End If
  Set objNodeList = Nothing
End Function
......
```

好了，现在进行添加信息到 XML 文件中的操作。首先设置好要填充的属性，然后创建 Person 节点，接着创建各个子节点，最后要将信息保存到 XML 文件中。

这部分主要利用 createElement、appendChild 两个方法。createElement 方法的语法是：

```
var objXMLDOMElement = oXMLDOMDocument.createElement(tagName);
```

功能：创建一个指定名称的元素。

参数：tagName 字符串型（注意：名称字符区分大小写）。

返回值：一个对象（object），返回新的节点元素（node）。

应用示例如下：

```
var xmlDoc = new ActiveXObject("Msxml2.DOMDocument.4.0");
var root;
var newElem;
xmlDoc.async = false;
xmlDoc.load("books.xml");
root = xmlDoc.documentElement;
newElem = xmlDoc.createElement("PAGES");
root.childNodes.item(1).appendChild(newElem);
root.childNodes.item(1).lastChild.text = "400";
alert(root.childNodes.item(1).xml);
```

appendChild 方法的语法是：

```
var objXMLDOMNode = oXMLDOMNode.appendChild(newChild);
```

功能：在当前节点下添加新的子节点。

参数：newChild 一个节点对象（object）。

返回值：一个节点对象（object），正确添加后返回。

说明：添加新的子节点，是在现有子节点的最后添加。

应用示例如下：

```
var xmlDoc = new ActiveXObject("Msxml2.DOMDocument.4.0");
var root;
var newNode;
xmlDoc.async = false;
xmlDoc.load("books.xml");
root = xmlDoc.documentElement;
alert(root.xml);
newNode = xmlDoc.createNode(1, "VIDEOS", "");
root.appendChild(newNode);
alert(root.xml);
```

这一部分实际的相关代码如下（其中，加粗部分就是要保存到文件中的代码）：

```
......
  '首先设置好要填充的属性
  Public Function AddToXml(objXmlDoc)
    Dim objPerson, objNode

    ClearError

    If objXmlDoc Is Nothing Then
```

```
    AddToXml = False
    AddErr "Dom 对象为空值"
    Exit Function
End If

'创建 Person 节点
Set objPerson = objXmlDoc.createElement("Person")
objXmlDoc.documentElement.appendChild objPerson

' 创建各个子节点
'-------------------------------------------------------
Set objNode = objXmlDoc.createElement("Name")
objNode.Text = m_strName
objPerson.appendChild objNode

Set objNode = objXmlDoc.createElement("Sex")
objNode.Text = m_strSex
objPerson.appendChild objNode

Set objNode = objXmlDoc.createElement("Mobile")
objNode.Text = m_strMobile
objPerson.appendChild objNode

Set objNode = objXmlDoc.createElement("Tel")
objNode.Text = m_strTel
objPerson.appendChild objNode

Set objNode = objXmlDoc.createElement("Email")
objNode.Text = m_strEmail
objPerson.appendChild objNode

Set objNode = objXmlDoc.createElement("QQ")
objNode.Text = m_strQQ
objPerson.appendChild objNode

Set objNode = objXmlDoc.createElement("Company")
objNode.Text = m_strCompany
objPerson.appendChild objNode
'-------------------------------------------------------

Set objNode = Nothing
Set objPerson = Nothing


On Error Resume Next
objXmlDoc.save Server.MapPath(C_XMLFILE)          '保存 XML 文件
If Err.Number = 0 Then
    AddToXml = True
Else
    AddToXml = False
    AddErr Err.Description
```

```
          End If
        End Function
          ......
```

既然能添加，那就可以删除了！现在从 XML 文件中删除数据。还是首先设置 ID，然后删除 Person 中指定的子节点，最后要将变化信息保存到 XML 文件中。

这部分主要利用 removeChild 方法。removeChild 方法的语法是：

```
var objXMLDOMNode = oXMLDOMNode.removeChild(childNode);
```

功能：移除在当前节点的子节点。

参数：childNode 指定的一个节点对象（object）。

返回值：一个节点对象（object），正确移除后返回当前节点。

应用示例如下：

```
var xmlDoc = new ActiveXObject("Msxml2.DOMDocument.4.0");
var root;
var currNode;
var oldChild;
xmlDoc.async = false;
xmlDoc.load("books.xml");
root = xmlDoc.documentElement;
currNode = root.childNodes.item(1);
oldChild = currNode.removeChild(currNode.childNodes.item(1));
alert(oldChild.text);
```

这一部分实际的相关代码如下（其中，加粗部分就是要保存到文件中的代码）：

```
    ......
    '首先设置 ID
    Public Function DeleteFromXml(objXmlDoc)
      Dim objNodeList, objNode

      ClearError

      If objXmlDoc Is Nothing Then
        DeleteFromXml = False
        AddErr "Dom 对象为空值"
        Exit Function
      End If

      If CStr(m_intId) = "-1" Then
        DeleteFromXml = False
        AddErr "未正确设置联系人对象的 ID 属性"
        Exit Function
      End If

      Set objNodeList = objXmlDoc.getElementsByTagName("Person")
      If objNodeList.length - m_intId < 0 Then
        DeleteFromXml = False
        AddErr "未找到相应的联系人"
```

```
      Set objNodeList = Nothing
      Exit Function
   End If

   On Error Resume Next
   Set objNode = objXmlDoc.documentElement.removeChild(objNodeList(intId-1))
   If objNode Is Nothing Then
     DeleteFromXml = False
     AddErr "删除联系人失败"
     Set objNodeList = Nothing
     Exit Function
   Else
     objXmlDoc.save Server.MapPath(C_XMLFILE)
   End If
   Set objNode = Nothing
   Set objNodeList = Nothing

   If Err.Number = 0 Then
     DeleteFromXml = True
   Else
     DeleteFromXml = False
     AddErr Err.Description
   End If
End Function
   ……
```

除了添加和删除，还有就是修改 XML 文件中的数据了。这部分主要利用 replaceChild 方法。replaceChild 方法的语法是：

```
    var objXMLDOMNode = oXMLDOMNode.replaceChild(newChild, oldChild);
```

功能：用新子节点替换当前节点的旧子节点。

参数：newChild 表示指定的一个新节点对象（object），oldChild 表示旧子节点。

返回值：一个节点对象（object），替换后的子节点。

说明：如果 newChild 为空（null），则表示没有替换。

应用示例如下：

```
    var xmlDoc = new ActiveXObject("Msxml2.DOMDocument.4.0");
    var root;
    var currNode;
    var oldChild;
    xmlDoc.async = false;
    xmlDoc.load("books.xml");
    root = xmlDoc.documentElement;
    currNode = root.childNodes.item(1);
    oldChild = currNode.removeChild(currNode.childNodes.item(1));
    alert(oldChild.text);
```

这一部分实际的相关代码如下（其中，加粗部分就是要保存到文件中的代码）：

```
    ……
    '首先设置好 ID
```

```
Public Function EditToXml(objXmlDoc)
  Dim objPersonList, objOldPerson, objNewPerson, objNode

  ClearError

  If objXmlDoc Is Nothing Then
    EditToXml = False
    AddErr "Dom 对象为空值"
    Exit Function
  End If

  If CStr(m_intId) = "-1" Then
    EditToXml = False
    AddErr "未正确设置联系人对象的 ID 属性"
    Exit Function
  End If

  Set objPersonList = objXmlDoc.getElementsByTagName("Person")
  If objPersonList.length - m_intId < 0 Then
    DeleteFromXml = False
    AddErr "未找到相应的联系人"
    Set objPersonList = Nothing
    Exit Function
  End If

  Set objOldPerson = objPersonList(m_intId-1)              '要修改的旧节点

  Set objNewPerson = objXmlDoc.createElement("Person")     '用来替换旧节点的新节点
  Set objNode = objXmlDoc.createElement("Name")
  objNode.Text = m_strName
  objNewPerson.appendChild objNode

  Set objNode = objXmlDoc.createElement("Sex")
  objNode.Text = m_strSex
  objNewPerson.appendChild objNode

  Set objNode = objXmlDoc.createElement("Mobile")
  objNode.Text = m_strMobile
  objNewPerson.appendChild objNode

  Set objNode = objXmlDoc.createElement("Tel")
  objNode.Text = m_strTel
  objNewPerson.appendChild objNode

  Set objNode = objXmlDoc.createElement("Email")
  objNode.Text = m_strEmail
  objNewPerson.appendChild objNode

  Set objNode = objXmlDoc.createElement("QQ")
  objNode.Text = m_strQQ
  objNewPerson.appendChild objNode

  Set objNode = objXmlDoc.createElement("Company")
```

```
      objNode.Text = m_strCompany
      objNewPerson.appendChild objNode

      On Error Resume Next
      ' 进行替换
      Set objNode=objXmlDoc.documentElement.replaceChild(objNewPerson,objOldPerson)
      If objNode Is Nothing Then
        EditToXml = False
        AddErr "修改联系人失败"
        Set objOldPerosn = Nothing
        Set objNewPerson = Nothing
        Set objPersonList = Nothing
        Exit Function
      Else
        objXmlDoc.save Server.MapPath(C_XMLFILE)
      End If

      Set objOldPerson = Nothing
      Set objNewPerson = Nothing
      Set objPersonList = Nothing

      If Err.Number = 0 Then
        EditToXml = True
      Else
        EditToXml = False
        AddErr Err.Description
      End If
    End Function

End Class
%>
```

5．编辑添加信息程序（add.asp）

利用 clsPerson.asp 的基础函数来进行信息的添加，具体的代码如下：

```
<% Option Explicit
'####
' 说明：通信录
'####
%>

<!--#include file="class/funcxml.asp"-->
<!--#include file="class/constpub.asp"-->
<!--#include file="class/funcpub.asp"-->
<!--#include file="class/clsPerson.asp"-->

<%
Dim objXml, objPerson
Dim strErr

Set objXml = Server.CreateObject("MSXML2.DOMDocument")
Set objPerson = New Cls_Person          '生成 Cls_Person 对象
If Request.Form("btnOk") <> "" Then
```

```
          If LoadXmlDoc(objXml, C_XMLFILE, False, strErr) Then          '装载 XML 文件
            ' 给相应的属性赋值
            objPerson.Name = CheckStrInput(Request.Form("txtName"))
            objPerson.Sex = CheckStrInput(Request.Form("txtSex"))
            objPerson.Mobile = CheckStrInput(Request.Form("txtMobile"))
            objPerson.Tel = CheckStrInput(Request.Form("txtTel"))
            objPerson.Email = CheckStrInput(Request.Form("txtEmail"))
            objPerson.QQ = CheckStrInput(Request.Form("txtQQ"))
            objPerson.Company = CheckStrInput(Request.Form("txtCompany"))
            If Not objPerson.AddToXml(objXml) Then
            '调用 Cls_Person 类的 AddToXml 方法，添加数据
              AddErr strErr, objPerson.GetLastError
            Else
              AddErr strErr, "添加成功"
              Response.Write "<script language=""javascript"">opener.location.reload();
                </script>"
            End If
          End If
        End If
      End If
      Set objXml = Nothing
      %>
      <HTML>
      <HEAD>
      <TITLE><% = C_TITLE %></TITLE>
      <META HTTP-EQUIV="content-type" CONTENT="text/html;charset=GB2312"/>
      <link rel="stylesheet" href="contact.css" type="text/css">
      <script language="javascript">
      <!--
        function CheckForm()
        {
          return true;
        }
      //-->
      </script>
      </HEAD>
      <BODY>
      <% = strErr %>
      <div class="title">添加联系信息</div>
      <form name="form1" method="post" action="add.asp" onsubmit="return CheckForm()">
      <table align="center" width="100%" cellspacing="1" cellpadding="2" border=
        "0" bgcolor="#666600">
      <tr bgcolor="#ffffff">
        <td width="25%" bgcolor="#e5e5e5" align="right"><b>姓名: </b></td>
        <tdwidth="75%"><inputtype="text"name="txtName"size="25"class=
          "input" value="<%=CheckStrOutput(objPerson.Name)%>"></td>
      </tr>
      <tr bgcolor="#ffffff">
        <td bgcolor="#e5e5e5" align="right"><b>性别: </b></td>
        <td><inputtype="text"name="txtSex"size="25"class="input" value="<%=
          CheckStrOutput(objPerson.Sex)%>"></td>
      </tr>
      <tr bgcolor="#ffffff">
        <td bgcolor="#e5e5e5" align="right"><b>手机: </b></td>
```

```
<td><inputtype="text"name="txtMobile"size="25"class="input" value="<%=
    CheckStrOutput(objPerson.Mobile)%>"></td>
</tr>
<tr bgcolor="#ffffff">
  <td bgcolor="#e5e5e5" align="right"><b>电话: </b></td>
  <td><inputtype="text"name="txtTel"size="25"class="input" value="<%=
    CheckStrOutput(objPerson.Tel)%>"></td>
</tr>
<tr bgcolor="#ffffff">
  <td bgcolor="#e5e5e5" align="right"><b>Email: </b></td>
  <td><inputtype="text"name="txtEmail"size="25"class="input" value="<%=
    CheckStrOutput(objPerson.Email)%>"></td>
</tr>
<tr bgcolor="#ffffff">
  <td bgcolor="#e5e5e5" align="right"><b>QQ: </b></td>
  <td><inputtype="text"name="txtQQ"size="25"class="input" value="<%=
    CheckStrOutput(objPerson.QQ)%>"></td>
</tr>
<tr bgcolor="#ffffff">
  <td bgcolor="#e5e5e5" align="right"><b>所在公司: </b></td>
  <td><inputtype="text"name="txtCompany"size="25"class="input" value="<%=
    CheckStrOutput(objPerson.Company)%>"></td>
</tr>
</table>
<br>
<div align="center">
  <input type="submit" name="btnOk" value="提交">
  <input type="button" name="btnClose" value="关闭" onclick="javascript:
    return window.close();">
</div>
</form>
</BODY>
</HTML>
<%
Set objPerson = Nothing
%>
```

单击"添加新联系人"链接文字后，将弹出如图 12-19 所示的联系信息添加界面。

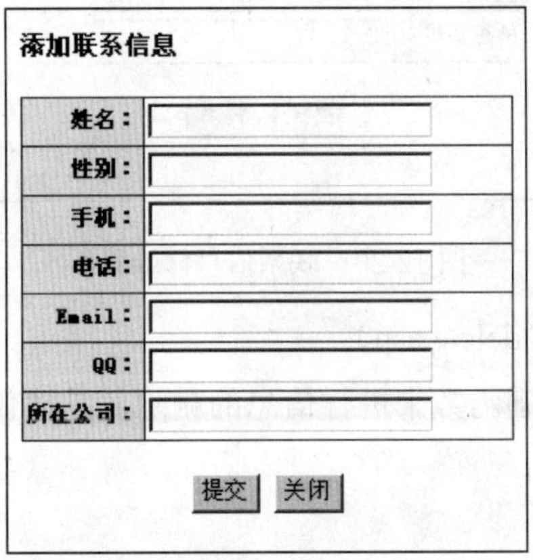

图 12-19　联系信息添加界面

6. 编辑修改信息程序（edit.asp）

利用 clsPerson.asp 的基础函数来进行信息的修改，具体代码如下：

```
<tr bgcolor="#ffffff">
  <td bgcolor="#e5e5e5" align="right"><b>QQ: </b></td>
  <td><input type="text" name="txtQQ" size="25" class="input" value="<%=
      CheckStrOutput(objPerson.QQ)%>"></td>
</tr>
<tr bgcolor="#ffffff">
  <td bgcolor="#e5e5e5" align="right"><b>所在公司: </b></td>
  <td><input type="text" name="txtCompany" size="25" class="input" value="<%=
      CheckStrOutput(objPerson.Company)%>"></td>
</tr>
</table>
<br>
<div align="center">
  <input type="submit" name="btnOk" value="提交">
  <input type="button" name="btnClose" value="关闭" onclick="javascript:
      return window.close();">
</div>
</form>
</BODY>
</HTML>
<%
Set objPerson = Nothing
%>
```

运行结果如图 12-20 所示，即联系信修改界面。

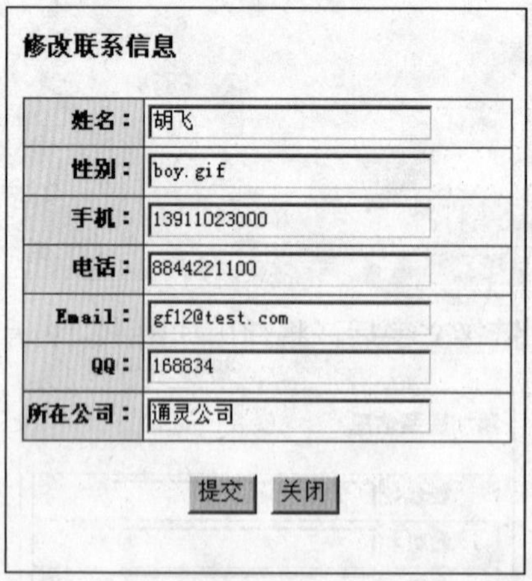

图 12-20　联系信息修改界面

7. 编辑删除信息程序（delete.asp）

利用 clsPerson.asp 的基础函数来进行信息的删除，具体代码如下：

```
<% Option Explicit
'####
' 说明: 通信录
'####
```

```
%>
    <!--#include file="class/funcxml.asp"-->
    <!--#include file="class/constpub.asp"-->
    <!--#include file="class/funcpub.asp"-->
    <!--#include file="class/clsPerson.asp"-->

    <%
    Dim objXml, objPerson
    Dim strErr
    Dim intId

    intId = CheckStrInput(Request.QueryString("id"))
    If CStr(intId) = "" Then
      Response.Write "<script language=""javascript"">alert
        ('提示: 发生错误! ');window.close();</script>"
      Response.End
    End If

      Set objXml = Server.CreateObject("MSXML2.DOMDocument")
      If LoadXmlDoc(objXml, C_XMLFILE, False, strErr) Then
        Set objPerson = New Cls_Person
        objPerson.Id = intId
      If Not objPerson.DeleteFromXml(objXml) Then
        AddErr strErr, objPerson.GetLastError
      Else
        Set objPerson = Nothing
        Set objXml = Nothing
        Response.Redirect "manage.asp"
        Response.End
    End If
        Set objPerson = Nothing
    End If
        Set objXml = Nothing
    %>
    <HTML>
    <HEAD>
    <TITLE><% = C_TITLE %></TITLE>
    <META HTTP-EQUIV="content-type" CONTENT="text/html;charset=GB2312"/>
    <link rel="stylesheet" href="contact.css" type="text/css">
    </HEAD>
    <BODY>
    <BR>
    <BR>
    <div class="alert"><% = strErr %></div>
    <BR>
    <BR>
    <CENTER><A HREF="javascript:window.close()">关 闭</A></CENTER>
    </BODY>
    </HTML>
```

运行后，单击"删除"，将弹出如图 12-21 所示的删除界面的询问框。

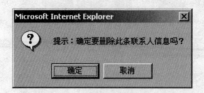

图 12-21 删除界面询问框

12.4 在我的环境中运行测试

此实例已经在笔者本机（Windows Server 2000、IIS 5.0 和 IE 6.0）和网上进行了测试，都能够正常运行。

12.5 小结

到此，我们的联系信息管理程序就大功告成了。

从本章实例可以看出，XML 适合于用做所谓"数据库"的一个好例子就是.ini 文件——它包含应用程序的配置信息。与其写一个处理以逗号分隔的文件（comma-delimited files）的解析器，倒不如开发一种小型的 XML 语言并写一个解释它的 SAX 程序，这要容易得多。此外，XML允许使用嵌套的实体，而逗号分隔的文件很难做到这一点。然而，说它就是数据库还很勉强，因为它是线性读写的，而且仅用在程序开始和结束时。

比较适合于 XML 数据库的一些复杂的数据集就是个人通信录（名字，电话号码，地址等），或描述浏览器的书签及用 Napster 偷来的 MP3。然而，由于 dBase 和 Access 之类的数据库物美价廉，即使在这种情况下似乎也没有多少理由把 XML 文件作为数据库使用。XML 惟一的真正好处就是数据的可交换性。但由于有越来越多的工具可以用来对数据库进行 XML 序列化，这一点好处似乎也要打些折扣。

以数据为中心的文档就是将 XML 用做数据的传输载体，只提供给机器消费的文档，在此XML 通常并不是绝对必要的。也就是说，对于应用程序或数据库而言，（在某个时间段内）数据是否以 XML 文档的形式存储并不重要。以数据为中心的文档的例子有销售订单、航班时刻表、科研数据及股市汇率等。

以数据为中心的文档的特点是结构相当规整，数据粒度精细（即最小的独立数据单位只存在于 PCDATA 元素或属性这一级别），很少或没有混合内容。除非在对文档进行验证的时候，同级元素或 PCDATA 的出现次序一般来说并不重要。

以数据为中心的文档中的这类数据可以来自数据库（此时要输入给 XML）或数据库之外（此时要将其存入数据库）。前者的一个例子就是关系数据库现存的大量数据；而从测量系统采集并转换为 XML 的科研数据就是后者的例子。

第 13 章　XML 应用安全

如今，XML 技术的发展使得基于网络的数据交互越来越方便，但是互联网开放性所带来的信息安全隐患却是一个日趋严重的问题。本章将分析基于 XML 的数据交换安全需求，介绍 XML 安全服务标准。针对 XML 数据交换的请求/响应机制，提出相应的控制措施，以保证 XML 数据交换的安全。说起 XML 的应用安全，显然这个课题太大了，所以这里只是从自己实际应用，结合相关的资料，仅做抛砖引玉吧。

13.1　应用领域

XML 已经成为一种用于在因特网上交换数据的有价值机制，安全性领域是另一个快速增长的领域。在不同团体之间建立信任的传统方法在公共因特网上已不合适，实际上，在大型 LAN 和 WAN 上也不合适。在这些情况下，基于加密的信任机制可能会非常有用，但实际上，部署和密钥管理的方便性、互操作性的范围和提供的安全性，远不如让我们相信的那样。具有不同于 XML 文档的现今标准安全性控制的应用程序一点都不简单，下面就详细介绍。

13.2　学习目的

本章从 4 个方面阐述 XML 的应用领域、安全问题及安全措施。
- XML 的签名验证
- 规范的 XML
- XML 的加密、解密方法
- XML Web 服务免受攻击

13.3　基础介绍

在介绍 XML 应用安全之前，首先介绍 XML 规范。一个 XML 文档如果符合一些基本的规范，那它就是结构规范的。XML 格式有一套比 HTML 简单的解析规则，允许 XML 解析器不需要外部描述或了解数据含义就可以解析 XML 数据。

13.3.1　编写结构完整的 XML 文档

首先，起始标签和结束标签必须匹配。XML 元素可以包含正文和其他元素，在它的 Schema 中用严格的规范给出了文档的类型。但是，元素必须严格嵌套：每个起始标签必须有对应的结束标签。

其次，元素不能交迭。

下面的例子不符合 XML 语法。

```
<title>Evolution of Culture <sub>in Animals
</title> by John T. Bonner</sub>
```

改正后符合语法的形式是：

```
<title>Evolution of Culture
<sub>in Animal</sub>
<author>by John T. Bonner</author>
</title>
```

再次，XML 标签对大小写是敏感的。下面是不同的元素。

```
<City> <CITY> <city>
```

接着，规范空元素表示方法。XML 对空元素有速记办法：一个标签以/>符号结尾就表示空元素。例如，下面两行是等效的：

```
<title/>
<title></title>
```

最后，谈保留字符。一些字符是 XML 句法结构的一部分。如果你想要在 XML 数据中引用它们，必须用特殊的字符来替代它们。下面列出这些字符：<<>>""'。

规范的 XML 规范描述了一种生成文档的物理表示（也成为范式）的方法，该范式解释允许的变体，以便如果两个文档具有同一范式，则认为两个文档在给定应用程序上下文中是逻辑相等的。

对于加密，特别是数字签名来说，这尤为重要，因为很明显，逻辑上相同的文本变体不应该表示文档的完整性及其发送方的认证是可疑的。用不同工具（如，解析器）生成不同文本（并因而生成不同消息摘要）进行处理时也可能发生这样的事。因此，在生成签名和验证计算期间，应该在范式上进行消息摘要。如果摘要匹配，这将确定：即使文本形式可能不同，它们在其上计算的范式也匹配。

◯13.3.2 XML 安全标准概述

互联网技术的发展，大大提高了信息流通的速度和效率，吸引了越来越多的企业、个人通过网络从事其相关活动，基于网络的数据交换和业务协作越来越频繁。XML 作为一种用来描述数据的标记语言，具有对数据进行统一描述的强大功能；同时可扩展性、结构化语义及平台无关性的特点充分满足了互联网和分布式异构环境的需求，成为网络数据传输和交换的主要载体，有力地推动了电子商务等网络应用的发展。

作为一个开放的平台，由于资源的共享性和互操作性，互联网也面临着各种各样的安全威胁，如信息窃取、恶意欺骗、伪装、非法修改及各种扰乱破坏等。针对网络的信息安全问题，人们提出了一些安全措施，比如安全套接字（SSL）、IP 层安全标准（IPSec）、安全/多功能因特网邮件扩展（S/MIME）等，在一定程度上缓解了网络信息安全的困境。随着 XML 技术的广泛应用和深入发展，XML 语言自身具有的结构化特征，对数据信息安全技术提出了新的要求，如XML 加密、解密、XML 数字签名和确认、XML 文档局部数据的安全性要求等，这些是现有的安全技术和协议无法做到的。

在开放环境下进行 XML 数据交换，确保信息的安全性是 XML 应用顺利开展的首要条件。没有可靠的安全控制体系，重要文档和敏感信息的明文存储和传输都是非常危险的。

数据交换涉及的安全性内容包括以下几点。

➤ 身份验证：要求数据交换双方的身份可鉴别，防止第三者假冒。

➤ 访问控制：对不同的用户，能控制其对数据的访问权限。

➤ 数据的机密性：防止未授权的用户窃取数据。

> ➤　数据的完整性：确认数据在传输过程中没有被篡改。

> ➤　非否认服务：保证收发双方无法否认已接收或发送数据这一事实。

由于 XML 文档的结构化和可读性，对来自外部的数据交换请求或访问请求，首先必须有相应的身份认证和访问控制机制；其次，XML 数据经常作为公文或流程数据，以合作的形式流转，因此需要有细粒度的加密和签名支持；另外，针对 XML 应用系统的特性，必须有相关的密钥管理设施为用户提供密钥管理。通过这些问题的解决，建立一个可信任的网络环境，保证基于 XML 数据交换活动中信息的保密性、完整性、可鉴别性、不可伪造性和抗抵赖性。

为了促进上述问题的解决，推动 XML 应用和安全服务的发展，国际标准化组织 W3C 和 OASIS 提出了一系列新的 XML 安全服务标准，来为以 XML 作为数据交换载体的应用提供安全性保障。这些标准包括：XML 加密（XML Encryption）、XML 签名（XML Signature）、XML 密钥管理规范（XKMS）、XML 访问控制标记语言（XACML）等。

（1）XML 加密

XML 加密（XML Encryption）可以对 XML 文档中的全部数据加密，或者对其中部分元素加密，其他部分仍然以明文形式存在。对同一文档的不同部分，可以采用不同的密钥进行加密，同一个 XML 文件分别发给不同的接收者，接收者只能访问拥有权限的那部分信息。并且该标准支持多重加密。

（2）XML 签名

XML 签名（XML Signature）标准可提供对任何数据类型的完整性、消息认证、签名者认证等服务，无论在包括该签名的 XML 内部还是在别处。XML 签名的主要目的是用于确保 XML 文件内容没有被篡改，同时对来源的可靠性进行验证。

Signature 元素描述的是传输一个数字签名的完整信息。SignedInfo 子元素记录了被签署的信息，即原始信息。CanoniclizationMethod 子元素使用 URI 惟一地标识该数字签名采用的 XML 数据的规范化法则，这是正确解析 XML 数据签名的前提。因为 XML 数字签名对 SignedInfo 元素的字节流进行运算处理，细微的差别都可能造成不一致，采用了 Canonicalization 可以使 XML 签名适应各种文件系统和处理器在版式上的不同，因而 XML 签名可以适应 XML 文件可能遇到的各种环境。SignatureMethod 元素记录的是，签名采用的是何种算法。Reference 元素代表一个被签署的元素，通过 URI 定位被签名元素，可以多次出现，所以 XML 签名能一次签署多条内容。经过运算的 SignedInfo 元素记录在 Signedvalue 中。KeyInfo 元素用来描述密钥信息并用来做签名验证使用。

接收者可以根据 Signature 元素包含的信息确定数据的完整性和可靠性。我们会结合实例进行讲解。

（3）XML 密钥管理规范（XKMS）

XKMS 定义了分发和注册 XML 签名规范所使用的公共密钥的方法。XKMS 以已有的 XML 加密和 XML 数字签名为基础。其关键的思想是提供 Web 上的可信服务（trust server），这样 XML 应用可以不用太多关注 PKI 细节。XKMS 包括了两部分：XML 密钥信息服务规范（X-KISS）和 XML 密钥注册服务规范（X-KRSS）。

X-KISS 用于向用户提供密钥和证书服务。分为两类，定位服务和确认服务，前者负责提供密钥和证书，后者负责密钥和证书的合法性检验。

X-KRSS 用于向密钥和证书的持有者提供密钥管理服务，提供了密钥（证书）注册、密钥（证书）注销、密钥恢复和密钥更新服务。

（4）XML 访问控制标记语言（XACML）

XACML 是 OASIS 讨论制定的用于 XML 文档访问控制的一种策略描述语言，用来决定是否允许一个请求使用一项资源，比如它是否能使用整个文件，多个文件，还是某个文件的一部分。

13.4　安全性能处理介绍

XML 签名是一种基于 XML 格式的签名规范。它是 W3C 最早的 XML 安全方面的推荐标准规范。设计的 XML 签名带有多个目标，可提供"对任何数据类型的完整性、消息认证、和 / 或签名者认证服务，无论是在包括该签名的 XML 内部还是在别处（这对因特网的发展意义重大）。"

○13.4.1　XML 签名概览

XML 实质上是定义了一些 XML 标签，通过这些标签来达到对 XML 文档或其他数据进行签名的目的。

首先说明 XML 签名解决的问题，然后再从数字签名原理、XML 签名语法、应用等各方面讲述 XML 签名。

1. 为什么需要 XML 签名

互联网在快速发展的同时，带来了许多安全方面的挑战。数据传输的机密性、完整性，消息认证，数据不可抵赖性等，都是在应用时需要高度重视的。正如简介中所说，XML 签名能够解决完整性、消息认证和不可抵赖性（即签名者认证服务）。

完整性：即保证数据在传输过程中不被篡改。

消息认证：使数据接收者能够确定消息来源的一项服务。

不可抵赖性：使数据发送者不能对自己已经发送数据的行为进行否认的一项服务。

同时，XML 签名是完全基于 XML 的，这使得它的应用将十分方便。还有一点很重要，它是 W3C 的推荐标准（要知道因特网上的应用，标准是十分重要的）。

2. 数字签名

数字签名是密码学中非常重要的一个领域，应用十分广泛。

密码学主要分为对称和非对称两大类，其区别在于加解密密钥是否相同。非对称密码学又称公私钥密码学，是近代密码学一个非常重大的突破。非对称加密的加解密密钥不同，一般称其中一个为私钥，另一个为公钥。私钥为用户私有，公钥通过某种机制公布，并且两者无关联（并非完全没有联系，是指从一个无法推得另一个）。由于它使用两种不同的密钥，因而称为非对称，并且因此可以用于消息认证和防抵赖。

在应用数字签名时，一般都会配合使用消息摘要算法（因为如果直接对原数据进行加密签名的话，会使签名十分冗长。所以先计算其摘要，再对摘要进行签名）。消息摘要算法也是密码学中很重要的一个方面。它是一种单向函数，对原数据进行变换并获得摘要值（一般为 512 位）。它的特点是攻击者无法针对一个摘要逆向生成产生此摘要的原数据，由此可知它是提供完整性服务的关键。

下面是一个简单的应用模式。

XML 签名规范是包括摘要部分的 XML 签名语法。

```
[01] <Signature Id="MyFirstSignature" xmlns=
        "http://www.w3.org/2000/09/xmldsig#">
[02]  <SignedInfo>
[03] <CanonicalizationMethod Algorithm=
```

```
                  "http://www.w3.org/TR/2001/REC-xml-c14n-20010315"/>
[04]    <SignatureMethod Algorithm=
          "http://www.w3.org/2000/09/xmldsig#dsa-sha1"/>
[05]    <Reference URI="http://www.w3.org/TR/2000/REC-xhtml1-20000126/">
[06]      <Transforms>
[07]      <Transform Algorithm=
            "http://www.w3.org/TR/2001/REC-xml-c14n-20010315"/>
[08]      </Transforms>
[09]      <DigestMethod Algorithm="http://www.w3.org/2000/09/xmldsig#sha1"/>
[10]      <DigestValue>j6lwx3rvEPO0vKtMup4NbeVu8nk=</DigestValue>
[11]    </Reference>
[12]  </SignedInfo>
[13]  <SignatureValue>MC0CFFrVLtRlk=...</SignatureValue>
[14]  <KeyInfo>
[15a]    <KeyValue>
[15b]    <DSAKeyValue>
[15c]      <P>...</P><Q>...</Q><G>...</G><Y>...</Y>
[15d]    </DSAKeyValue>
[15e]    </KeyValue>
[16]    </KeyInfo>
[17]  </Signature>
```

注：来源于 XML-Signature Syntax and Processing。

开始为一个 Signature 标签，表示这是一个 XML 签名。

第 2~12 行为 SignedInfo，其中 Reference 指明签名的对象及原数据的摘要。

第 13 行为签名值。

第 14~16 行为 KeyInfo 标签，指明签名使用的公钥信息。

例子中出现的标签及未出现的标签，将在下面简要介绍。

（1）名称空间

xmlns:ds="http://www.w3.org/2000/09/xmldsig#"为 XML 签名使用的名称空间。

（2）Signature 标签

标识了特定环境下的一个完整 XML 签名。包括子元素<SignedInfo>、<SingatureValue>、<KeyInfo>和<Object>，其中后两个可选。属性有 ID，作为签名的标识。

（3）SignedInfo 标签

最复杂的一个标签，指明了规范化方法、数据源、签名算法、摘要算法、摘要值及签名变换等。包括<CanonicalizationMethod>、<SignatureMethod>、<Reference>三个标签，其中 Reference 标签可以有多个，即签名可以指定多个数据源。属性 ID 为标识。

➢ <CanonicalizationMethod>标签：空标签。属性 Algorithm 用 URI 方式指定规范化的算法。

➢ < SignatureMethod >标签：空标签。属性 Algorithm 用 URI 方式指定签名的算法。

➢ <Reference>标签：< DigestMethod>和< DigestValue>标签分别指定摘要的算法和值。属性 ID 为标识，URI 指定数据源。<Transforms>指定签名变换，由零至多个<Transform>子标签构成。每个<Transform>子标签为一种签名变换。这里的变换指的是签名之前对需要签名的数据进行的一种变换。<Transform>标签的 Algorithm 属性指定签名变换算法。

（4）<KeyInfo>标签

可选。因为在实际应用中，上下文可能已经隐含了这个信息，或者双方通过其他约定来传递这个信息。包含<KeyName>、<KeyValue>、<RetrievalMethod>、<X509Data>、<PGPData>、<SPKIData>、<MgmtData>子标签。

> <KeyName>标签：密钥名称的简单文本标识符。
> <KeyValue>标签：RSA 或 DSA 公钥。
> <RetrievalMethod>标签：允许远程访问密钥信息。
> <X509Data>标签：X.509 证书数据。
> <PGPData>标签：PGP 相关数据。
> <SPKIData>标签：SPKI 相关数据。
> <MgmtData>标签：密钥共识参数（如 Diffie-Hellman 参数等）

（5）<Object>标签

用于附加信息。

XML 签名可以作为其他标准框架的一部分使用，当然也可以独立适用，自己定义一个框架，自己生成和解析 XML 签名。XML 签名已经广泛应用于 WS-Security 中，具体可参阅 WS-S 的内容。

现在已经出现了很多 XML 签名开发包。主要有 IBM 的 XML Security Suite 和 Apache 的 XML Security，其中实现了 XML 签名生成和校验的 API（Java）。

IBM 的 XML Security Suite：ttp://www.alphaworks.ibm.com/tech/xmlsecuritysuite/download
Apache 的 XML Security：http://xml.apache.org/security/index.html

○13.4.2　加密实例

正如前面所提到的，加密、签名、修改和可能进行的更多签名所发生的顺序有很多种可能性。用户可能需要向已经部分加密或部分签名的表单字段中输入更多数据，并且需要能够在不妨碍以后的验证和解密的前提下这样做。为解决这种情况，W3C 最近发布了一个有关 XML 签名的解密转换工作草案。

下面这个示例摘自那个文档，它演示了如何建议文档接收方采用正确的解密和签名验证顺序。第一个代码段显示了要签名的文档部分——order 元素；其中，第 7 行到第 11 行的 cardinfo 元素是关于个人和财务方面的详细信息，它是纯文本，但也存在一些加密数据（第 12 行）。

```
[01] <order Id="order">
[02]   <item>
[03]     <title>XML and Java</title>
[04]     <price>100.0</price>
[05]     <quantity>1</quantity>
[06]   </item>
[07]   <cardinfo>
[08]     <name>Your Name</name>
[09]     <expiration>04/2002</expiration>
[10]     <number>5283 8304 6232 0010</number>
[11]   </cardinfo>
[12]   <EncryptedData Id="enc1"xmlns="http://www.w3.org/
           2001/04/xmlenc#">...</EncryptedData>
[13] </order>
```

经过签名和进一步加密，且现在显示转换信息的 order 文档如下：

```
[01] <Signature xmlns="http://www.w3.org/2000/09/xmldsig#">
[02]   <SignedInfo>
[03]     ...
[04]     <Reference URI="#order">
[05]       <Transforms>
[06]         <Transform Algorithm="http://www.w3.org/2001/04/xmlenc#decryption">
[07]           <DataReference URI="#enc1"
                    xmlns="http://www.w3.org/2001/04/xmlenc#"/>
[08]         </Transform>
[09]         <Transform Algorithm="http://www.w3.org/TR/2000/
                 CR-xml-c14n-20001026"/>
[10]       </Transforms>
[11]       ...
[12]     </Reference>
[13]   </SignedInfo>
[14]   <Signaturevalue>...</Signaturevalue>
[15]   <Object>
[16]     <order Id="order">
[17]       <item>
[18]         <title>XML and Java</title>
[19]         <price>100.0</price>
[20]         <quantity>1</quantity>
[21]       </item>
[22]       <EncryptedData Id="enc2"
                 xmlns="http://www.w3.org/2001/04/xmlenc#">...</EncryptedData>
[23]       <EncryptedData Id="enc1"
                 xmlns="http://www.w3.org/2001/04/xmlenc#">...</EncryptedData>
[24]     </order>
[25]   </Object>
[26] </Signature>
```

　　第 1 行到第 26 行的 Signature 元素现在包含前面的 order 元素（位于第 16 行到第 24 行）和以前的加密纯文本 cardinfo（显示在第 22 行这一行中）。有两个转换引用：解密（第 6 行到第 8 行）和规范化（第 9 行）。解密转换指示签名验证器解密除 DataRef 元素中第 7 行指定的数据之外的所有加密数据。解密了第 22 行中的 EncryptedData 元素之后，规范化 order 元素并且恰当地验证签名。

　　再介绍一个加解密示例。

　　原 XML 文件清单 1：

```
<?xml version="1.0"?>
<PurchaseOrderRequest>
  <Order>
    <Item>
      <Code>Screw001</Code>
      <Description>Screw with half centimeter thread</Description>
    </Item>
    <Quantity>2</Quantity>
  </Order>
  <Payment>
    <CreditCard>
```

```
        <Type>MasterCard</Type>
        <Number>1234567891234567</Number>
        <ExpiryDate>20050501</ExpiryDate>
      </CreditCard>
      <PurchaseAmount>
        <Amount>30000</Amount>
        <Currency>INR</Currency>
        <Exponent>-3</Exponent>
      </PurchaseAmount>
    </Payment>
  </PurchaseOrderRequest>
```

清单 2 示范了如何对清单 1 中的部分 XML 进行加密。在这个清单之后，将解释加密过程中的每一个步骤。

```
//步骤 1
Document doc = XmlUtil.getDocument(xmlFileName);
String xpath = "/PurchaseOrderRequest/Payment";
//步骤 2
Key dataEncryptionKey = getKey();
AlgorithmType dataEncryptionAlgoType = AlgorithmType.TRIPLEDES;
KeyPair keyPair = getKeyPair();
//步骤 3
Key keyEncryptionKey = keyPair.getPublic();
AlgorithmType keyEncryptionAlgoType = AlgorithmType.RSA1_5;
KeyInfo keyInfo = new KeyInfo();
//步骤 4
try {
 Encryptor enc =
  new Encryptor(
    doc,
    dataEncryptionKey,
    dataEncryptionAlgoType,
    keyEncryptionKey,
    keyEncryptionAlgoType,
    keyInfo);
 XPath xpath = new XPath(xPath);
//步骤 5
 try {
 enc.encryptInPlace(xpath);
 } catch (XPathException e1) {
 System.out.println("XPAth is not correct");
 e1.printStackTrace();
 }
 XmlUtil.XmlOnStdOut(doc);
} catch (Exception e) {
 System.out.println("Some exception");
 e.printStackTrace();
}
```

步骤 1：将 XML 转换成 DOM 对象，如清单 3 所示。

清单 3　根据 XML 创建 DOM 对象。

```
public static Document getDocument(String fileName) {
Document doc = null;
DocumentBuilderFactory factory = DocumentBuilderFactory.newInstance();
File f = new File(fileName);
DocumentBuilder builder = null;
try {
 builder = factory.newDocumentBuilder();
} catch (ParserConfigurationException e) {
 System.out.println("Parse configuration exception");
 e.printStackTrace();
}
try {
 doc = builder.parse(f);
} catch (Exception e1) {
 System.out.println("Some exception");
 e1.printStackTrace();
}
return doc;
}
```

步骤 2：获得共享密钥（shared secret）。要用这个密钥来加密 XML 内容。本文附带的源代码使用的 XML 加密方法只能识别三重 DES（Triple-DES）加密算法，因此这里就用这种算法创建密钥。

步骤 3：获得公-私密钥对中的公钥。需要用这个公钥给共享密钥加密。这个公钥是基于 RSA 算法生成的。

步骤 4：利用一个数据加密密钥、一个密钥加密密钥、与这两个密钥相关联的算法，以及将来包含在输出信息中的密钥信息，来创建一个 Encryptor 对象。创建 Encryptor 对象时指定的算法必须与密钥相符。Encryptor 是加密过程中的主要对象。它的类在 com.verisign.xmlenc 这个包中。Encryptor 根据 W3CXML Encryption 规范进行加密。可以指定想要使用哪种加密类型，是 Element 还是 Content。在清单 2 中，加密类型是 Element，这也是默认的类型。Encryptor 要理解 XPath 表达式，这样才能识别出需要加密的 XML 元素。

步骤 5：最后一步，调用 Encryptor 对象的 encrypt 或者 encryptInPlace 方法，并将 XPath 作为输入参数传入。XPath 定义了 XML 内部需要进行加密的元素。这个元素的所有子元素，以及 XPath 所指向的属性也都要进行加密。在本例中，加密的是 XML 中的 /PurchaseOrderRequest/Payment 元素。encrypt 和 encryptInPlace 两个方法都用传入的共享密钥对 XPath 指定的 XML 元素进行加密，两种方法也都用公钥对共享密钥进行加密，并将加密结果嵌入到 XML 加密后的内容之中。这两种方法的惟一区别在于，encrypt 返回一个全新的 DOM 文档，其中包含加密后的数据，而 encryptInPlace 方法对原有的文档本身进行修改，使其中包含加密后的数据。加密过的 XML 如清单 4 所示。

清单 4　为加密后的 XML。

```
<?xml version="1.0" encoding="UTF-8"?>
  <PurchaseOrderRequest>
    <Order>
      <Item>
```

```
            <Code>Screw001</Code>
              <Description>Screw with half centimeter thread</Description>
          </Item>
          <Quantity>2</Quantity>
        </Order>
        <xenc:EncryptedData Type="http://www.w3.org/2001/04/xmlenc#Element"
    xmlns:xenc="http://www.w3.org/2001/04/xmlenc#">
          <xenc:EncryptionMethod Algorithm=
          "http://www.w3.org/2001/04/xmlenc#tripledes-cbc"/>
            <ds:KeyInfo xmlns:ds="http://www.w3.org/2000/09/xmldsig#">
              <xenc:EncryptedKey>
                <xenc:EncryptionMethod Algorithm=
                "http://www.w3.org/2001/04/xmlenc#rsa-1_5"/>
                  <xenc:CipherData>
                  <xenc:Ciphervalue>
          FlaIpdp3axm8nFofx/xX62VlsxilddddHcxaevd7sbr+lv/fzZ7e8ovmKGQopAjclxPTybpkW
            YG8GVcOIbD4UGR24CNxeB7eZCws5/RKBTqKp+76FkVxf+G+EqgMmueRqoaF4oYOrTKquWLnR
          kiSOFmplRaJ8G7bR2j0eTFdiFRk=
                  </xenc:Ciphervalue>
                  </xenc:CipherData>
              </xenc:EncryptedKey>
            </ds:KeyInfo>
            <xenc:CipherData>
              <xenc:Ciphervalue>
                KMkufRUY7rs0i+4jX6VhviiUIbYWay1KbwhTQxH9SaqJ6HA+Qc2Ce7TVZUQuH0GGD4x
                TR8hBhOls+hgHA16EfmmxLd3E+YqO4sXQ+GkX9O9EcO4ULha/q1KmP2yNGNy/
                tavdj9a7JuZnnNGV/M4gxdt5fCJXT0A9bw9HwKR/Pc81rZYWa7fOrmvDvC7Q+//
                OCzkqcAaCmAHEySWbv2vK3T+aGlQOI2Wooxa9hm7Dx70BuLI8ihhSAV3moK+JAPdn1vd
                CpoFKdzzq2HSh/yOisYZvQOh+jIksMW8oUzWnVUe/DFztPtvvDKbPE/
                xoAasixlbDLa42gFFe9uzEeIG89XBMSkZtTio0zn9xppSfDc0WFMy+UoLnCA==
              </xenc:Ciphervalue>
            </xenc:CipherData>
        </xenc:EncryptedData>
      </PurchaseOrderRequest>
```

　　清单 4　是部分加密的 XML 代码片断。只有当接收者具有与加密数据时使用的公钥相对应的私钥时，才能阅读这部分被加密的数据。

　　最后说明一下，清单 5 中的代码可以对加密过的 XML 进行解密。

　　清单 5　为 XML 解密代码。

```
//步骤 1
Document doc = XmlUtil.getDocument(encryptedXmlFileName);
//步骤 2
Key privateKey = keyPair.getPrivate();
//步骤 3
String xpath = "//xenc:EncryptedData";
String[] ns =
  { "xenc", "http://www.w3.org/2001/04/xmlenc#" };
XPath xpath = new XPath(xPath, ns);
//步骤 4
Decryptor decrypt = null;
```

```
try {
 decrypt = new Decryptor(doc, privateKey, xpath);
} catch (Exception e) {
 System.out.println("Some exception");
 e.printStackTrace();
}
//步骤 5
try {
 decrypt.decryptInPlace();
} catch (Exception e1) {
 System.out.println("Some exception");
 e1.printStackTrace();
}
```

清单 5　示范了当你有正确的私钥时，如何对加密的数据进行解密。下面的步骤解释了解密的过程。

步骤 1：将加密过的 XML 转换成 DOM 对象，这一步与加密过程相同。

步骤 2：根据用于加密 XML 的公钥，获取密钥对中对应的私钥。请注意，解密过程使用的是加密 XML 时使用的公钥所对应的私钥。

步骤 3：创建 XPath 及相关名称空间，用于表示加密过的数据在加密过的 XML 中的位置。在本例中，XPath 的值是 //xenc:EncryptedData。加密过的数据总是在加密过的 XML 中的 xenc:EncryptedData 元素下面，而与哪个元素被加密无关。XPath 为 //xenc:EncryptedData 则表示，从 XML 中可能出现加密数据的任何地方查找 EncryptedData 元素。

步骤 4：用解密密钥和需要解密的加密数据所在的位置创建 Decryptor 对象。Decryptor 是解密过程中的主要对象。它的类在 com.verisign.xmlenc 包中。Decryptor 根据 W3C XML Encryption 规范进行解密（参阅参考资料）。解密过程支持 Element 和 Content 两种类型。为了识别需要解密的 XML 元素，Decryptor 要能理解 XPath 表达式。

步骤 5：解密过程的最后一个步骤是在 Decryptor 对象中调用 decryptInPlace 或者 decrypt 方法。这两种方法调用都使用提供的私钥来解密共享密钥（共享密钥是已加密消息中的一部分），然后用这个共享密钥来解密消息的其余部分。两种调用之间的惟一区别在于，decrypt 对 XML 解密之后创建一个新的 DOM 对象，而 decryptInPlace 在作为输入接收的同一 DOM 对象中解密消息。

针对 XML 数据交换涉及的安全问题，结合 XML 的安全标准，提出了一种基于 XML 标准体系的安全解决方案模型，包括基于策略的访问控制管理、基于 XML 的加密与签名安全处理、基于 XKMS 的密钥管理。具有如下特点：①完全基于 XML 标准体系结构；②访问控制部分采用策略描述控制，可以根据具体应用和安全需求的不同，灵活制订访问控制策略；③通过在现有的 PKI 基础上集成 XKMS，既保护了已有的投资，又最大限度地满足了 XML 应用的需要。

目前，一些团体正积极投身于检查这些问题和开发标准的活动中。其中主要的相关开发是 XML 加密和相关的 XML 签名、"可扩展访问控制语言（XACL）"和相关的"安全性断言标记语言（SAML——以前是互为竞争对手的 AuthML 和 S2ML 的结合）"。所有这些都由 OASIS 和 "XML 密钥管理规范（XKMS）"驱动。本文将介绍 XML 加密和 XML 签名。

像其他任何文档一样，可以将 XML 文档整篇加密，然后安全地发送给一个或多个接收方。这是 SSL 或 TLS 的常见功能，但是更令人感兴趣的是如何对同一文档的不同部分进行不同处理的情况。XML 的一个有价值的好处是可以将一整篇 XML 作为一个操作发送，然后在本地保存，从而减少了网络通信量。但是，这就带来了一个问题：如何控制对不同元素组的授权查看。商家可能需要知道客户的名称和地址，但是，无须知道任何正在使用的信用卡的各种详细信息，就像银行不需要知道购买货物的详细信息一样。可能需要防止研究人员看到有关个人医疗记录的详细信息，而管理人员可能正好需要那些详细信息，但是应该防止他们查看医疗历史；而医生或护士可能需要医疗详细信息和一些（但不是全部）个人资料。

密码术现在所做的远远不止隐藏信息。消息摘要确定文本完整性，数字签名支持发送方认证，相关的机制用于确保任何一方日后无法拒绝有效事务。这些都是远程交易必不可少的元素，现在，用于处理整个文档的机制开发得相当好。

有了一般的加密，对 XML 文档整体进行数字化签名将不是问题。然而，当需要对文档的不同部分签名，以及需要与选择性的方法一起来这样做时，就会出现困难。也许不可能或者不值得强制不同部分的加密工作由特定人员按特定顺序进行，然而成功地处理文档的不同部分将取决于是否知道这点。此外，由于数字签名断言已经使用了特定专用密钥来认证，所以要小心签名人是以纯文本形式查看文档项的，这可能意味着对由于其他原因而加密的部分内容进行了解密。在另一种情况下，作为更大集合中的一部分，可能对已经加密过的数据进行进一步加密。在牵涉单一 XML 文档（可能由一些不同的应用程序和不同的用户处理在工作流序列中使用的 Web 表单或一系列数据）的事务集中考虑的不同可能性越多，就越可能看到巨大的潜在复杂性。

XML 语言的强项之一是，搜索是明确的，无二义性的：DTD 或 Schema 提供了相关语法的信息。如果将包括标记在内的文档的一部分作为整体加密，就会丧失搜索与那些标记相关的数据的能力。此外，如果标记本身被加密，那么一旦泄漏，它们将被利用对采用的密码术进行纯文本攻击。

13.4.3　保护 XML 服务免受攻击的安全指导

在与开发人员就 XML 服务的将来进行谈话的过程中我们得知，最大的担心之一就是害怕软件中存在的弱点，可能使服务受到不怀好意的用户的攻击。

这可以说既是一个坏消息，又是一个好消息。说它是坏消息，是因为攻击可能导致服务的可用性受限制、私有数据泄露，更糟糕的情况是，使计算机的控制权落入这些不怀好意的用户的手中。

说它是好消息，是因为你可以获得一些真正的保护，以减小这些攻击所带来的风险。我们将介绍已出现的攻击类型，以及你如何保护自己在部署、设计和开发领域的心血。

1. 攻击类型

要找出风险所在并了解如何避免，第一步应了解服务可能遭受的攻击类型。在了解了可能遇到的问题种类后，就可以采取适当的措施来减小这些问题所带来的风险。

攻击通常可分为三大类：

（1）欺骗

在要求身份验证的系统上，最常见的攻击之一是算出某个用户的身份验证证书，以该用户身份登录，然后访问该用户的信息。这已经很糟糕了，但如果被泄露的证书属于系统管理员或其他某个具有更高权限的用户，则风险会更大。因为，在这种情况下，攻击可能不仅限于泄露单个用户的数据，而且有泄露所有用户数据的可能。

攻击可能会使用多种方法来确定用户的密码。例如：尝试对该用户有意义的字，如该用户的姓名、其宠物的名字或生日。更有恒心的攻击甚至会尝试字典中的每个字（字典攻击）。获取证书信息的其他方法包括：捕捉网络数据包并读取发送的数据中的信息；通过 DNS 欺骗，插入一台不怀好意的计算机，作为客户端和服务器之间的中介；假装系统管理员，以排除故障为由，要求用户给出其证书；或者，记录与服务器的登录握手，然后重复这一过程，尝试通过身份验证。

可以通过采取诸如强制实现加强密码等措施及使用安全身份验证机制，来缓解由欺骗所带来的大多数风险。

（2）利用错误

决定系统弱点的关键因素之一是运行在该系统上的代码的质量。系统错误不仅仅局限于使某个特定的线程出现异常。攻击可能利用这些弱点在系统上执行他们自己的代码，访问具有较高权限的资源，或者，只是利用可能潜在地引起系统速度减慢或变得不可用的资源漏洞（由错误引起的）。这种攻击中最著名的一个例子就是红色代码蠕虫病毒，这种病毒利用 Index Server ISAPI 扩展中的错误，在受感染的系统上执行它选择的代码，然后继续寻找其他有弱点的计算机。

（3）拒绝服务

拒绝服务攻击的目的不在于闯入一个站点，或更改其数据，而在于使站点无法服务于合法的请求。比较典型的例子：红色代码蠕虫病毒不仅感染计算机，还继而寻找并感染其他计算机，而且被感染的计算机向指定的主机发动“攻击”——发送数据包，其中指定的主机有美国官方的白宫站点等网站，可以看到这种方式的可怕之处。因为红色代码蠕虫病毒会导致从大量计算机发出请求，所以被视做“分布式拒绝服务攻击”。由于涉及到如此众多的计算机，因此这种攻击极难限制。

拒绝服务请求可能有多种形式，因为可以通过多种级别发送伪请求，以攻击你的系统。例如，你的站点可能允许用户 PING 你的 IP 地址，从而使 ICMP 消息被发送到你的服务器，然后又被返回。这是一种排除连接故障的有效方法。但是，如果数百台计算机同时向你的服务器发送数千个数据包，你会发现你计算机忙于处理 PING 请求，而无法获得 CPU 时间来处理其他正常的请求。

级别稍高的是 SYN 攻击，这种攻击需要编写一个低级网络程序，所发送的数据包看起来犹如 TCP 连接握手中的第一个数据包（SYN 包）。这种攻击比 PING 请求攻击危害更大，因为对于 PING 请求，你可以在必要时将其忽略，但对于 SYN 攻击，只要有应用程序在侦听 TCP 端口（如 Web 服务器），则无论你何时收到看似有效的连接请求，都需要花费资源。

2．如何进行设计和开发，以免受到攻击

首先，介绍两个非常好的新工具，它们是 Microsoft 开发的，可使你的 Web 服务器获得最大的安全性。IIS Lockdown Tool 可以最大限度地防止可能的攻击者对你的 MicrosoftInternet Information Server （IIS）进行访问。该锁定工具还提供了“advanced”选项，你可以在其中选择所需设置。此外还提供了“rollback changes”选项。当你对所做更改不满意时可选择该选项。

另一个重要工具是用于 IIS 5.0 的 Hotfix Checking Tool。该工具会查询由 Microsoft 发布的所有可用安全性修补程序的 XML 文档（该文档是不断更新的），然后将此文档与本机安装的文档进行比较并报告其差异。使用该工具可以更轻松地管理单个 Web 服务器或大型 Web 领域的安全修补程序。

3．设计问题一

设计 Web 服务时必须认真考虑安全问题，以及如何能够使遭受攻击的危险性降到最低。许多在试图防止攻击时可能起作用的因素都可以在设计时予以考虑。例如考虑如何进行身份验证，或希望返回哪类错误等问题。

4．确定安全需求

我们已经间接提到了身份验证过程中的隐私问题，当涉及到电子欺骗时你应考虑此问题。你还需要知道与所有从 XML Web 服务发送和接收的数据有关的隐私问题，而不仅仅是用户名和密码。例如，你可能会为通过身份验证的用户生成一个会话密钥，该用户将此密钥随每个请求一起发送以标识自身。如果此密钥未加密发送，则数据包的恶意攻击者可以看到此密钥，并用它向你的 Web 服务发送自己的请求，这样你的 Web 服务会将其看做是原来那个合法用户。

另一个隐私问题是由 Web 服务发送和接收的简单数据。该数据是否因其敏感性强而需要加密？SSL 加密的代价是 Web 服务会发送和接收整个加密的通道，从而降低性能。你或许可以只加密请求中的敏感项，但你随后可能需要在客户端上安装自定义编写的软件以启用加密/解密。使用 SSL 加密整个通道的一个优点是：目前大多数客户端平台都支持基本 SSL 通信，而不需要针对应用程序编写特定代码。

就基本安全性设计而言，还必须考虑否认的概念，即一个用户可以拒绝承认其通过 XML Web 服务执行的操作。例如，如果你提供股票交易服务，而某些人声称他们没有要求你的系统为其出售股票，并且要否认此出售命令。很明显，与其他服务相比，某些 XML Web 服务对这种问题可能会更为关心，但是你应该确定你的服务可能会遇到的危险，以及在方案中应采取什么样的有效措施。

最后，如果不审核通过服务发生的事件，当出现否认情况时，安全的身份验证和强加密密码都是毫无意义的。当事务中存在否认威胁时，应记录这些事务及其用户、时间、日期等足够多的信息以标识事务的详细信息。否则，当出现争论时，你可能缺少足够的证据以证实你的观点。

5. 审核、报告和监视

审核对减少否认危险程度起着重要的作用；在识别其他种类的攻击过程中，也起着关键作用。例如，如果不是你的审核记录中的统计数据表明你的服务存在异常使用情况，你可能根本意识不到你的服务正在遭受攻击。例如，你是否注意到某个人正在对登录方式进行字典攻击？所以，我们将讲述在审核、报告和监视时需要考虑的问题，以保护 XML Web 服务免受攻击。

审核的概念就是记录所发生的每个事件的所有信息。但是，当通过 XML Web 服务的数据量很大时，此想法可能是不切实际的。审核记录至少应包括所有请求的时间、日期和 IP 地址。如果 XML Web 服务经过身份验证，你需要在每个审核记录中包括用户名。如果你的服务支持多种方法或消息格式，你需要标识调用的是哪一个。最后，你需要包括足够的信息以满足你标识调用详细信息的需要。例如，如果 XML Web 服务使用了一种方法，你可能希望记录传递给该方法的所有参数。

可以以不同级别进行监视。当然，定期手动查看报告是监视 XML Web 服务的使用情况的一种方式，但是还应检查事件日志中已报告的错误，使用性能监视日志，并利用可以监视 Web 服务器停机时间的多种工具中的一种。性能监视对于检测攻击可能是非常关键的。幸好，与 IIS 关联的大量性能计数器可以为检测问题提供许多重要的统计数据。

你可能还希望为 XML Web 服务创建自己的性能计数器。有关创建你自己的性能计数器的详细信息，请参阅 Performance Monitoring。为了确保引起你对异常情况的特殊关注，应以某种形式通知你正在发生的事件，这点是非常重要的。可以在异常事件发生时，利用性能监视警报发送弹出式消息，或运行某个程序。显示的性能监视警报会监视未完成的 IIS ISAPI 请求的数量，以及当前队列中的 ASP 请求的数量。

如果不对可能发生的问题采取一些措施，则对滥用的操作进行审核、报告和监视不会有任何用处。拒绝服务攻击可能会被定义到特定的 IP 地址，这意味着你可能需要在路由器中过滤来自该地址的请求。但是，拒绝服务攻击或电子欺骗攻击可能与 XML Web 服务的特定用户相关。你必须能够在这种问题发生时禁用账户。

6．定义接口

与其他 Web 应用程序相比，XML Web 服务器应用程序的一个主要优点就是很好地定义了传递到你的应用程序的整个 XML 架构。对于应用程序设计人员和开发人员来说，这意味着你已经知道 XML Web 服务所必须处理的数据具有有效的格式。如果接收的数据格式不正确，那么 Microsoft SOAP Toolkit 2.0 或.NET 框架之类的工具将过滤出该请求，这样你就不必为此担心了。

7．不可见的服务器

当你的系统受到攻击时，首先寻找的是信息：此 Web 站点是驻留在 Windows 中还是驻留在其他系统中？是否正在运行 Active Server Pages？是否安装了 Index Server？是否安装了已知的易受攻击的组件？是否安装了已知的易受攻击的 CGI 应用程序？主机是否正在运行 Microsoft SQL Server？我是否可以对此服务器进行分布式 COM（DCOM）调用？

对于不希望受到攻击的站点，即使非常聪明的 Internet 用户也应该无法回答上述任何问题。攻击对你的系统了解得越少，对平台的了解也越少，就越难在你的服务器上找到问题。

例如，试想一下，如果攻击只知道 XML Web 服务的 URL 为 "http://www.coldrooster.com/ssf/account.asp"，他们能了解什么呢？由于此 UR 的扩展名为.asp，他们可以假设这是一台运行了 Active Server Pages 的 Windows 计算机。根据攻击对 Internet Information Server 的默认配置的了解，他们已具有足够的信息对大量的未正确配置的弱点进行攻击。他们可对配置方法进行大量的、很可能有效的假设，并用这些假设来刺探计算机。

如果 URL 为 "http://www.coldrooster.com/ssf/account/"，情况又会怎样呢？在这种情况下，攻击得不到任何服务器所用操作系统的信息，也无从假设系统的配置。将虚拟目录级的请求映射到某个特定的 ASP 页是一个非常小的配置选项，但能为服务器提供很多保护。

XML Web 服务的用户需要知道你的服务所发送和接收的 SOAP 消息的格式，以及你的服务的终点位置。这就足够了。任何其他信息都只会为潜在的攻击提供攻击手段以毁坏你的系统。要进行自我保护，应限制返回与平台有关的信息，并消除计算机上的多余内容，包括删除任何有助于他人识别你的系统的默认虚拟目录或脚本映射。

8．开发问题

对攻击来说，服务器的脆弱性与服务器上运行的代码质量是成反比的。它包括基础系统（操作系统、Web 服务器和正在使用的 SOAP 工具）的质量，以及为特定应用程序编写的代码的质量。还可能包括服务器上运行的所有其他代码，即使该代码不是应用程序的一部分。但是从开发人员的角度而言，我们希望考虑我们能控制的问题，以及能执行哪些特殊的操作以保证代码的高质量，避免增加 XML Web 服务和服务器上正在运行的其他所有应用程序的脆弱性。

9．缓冲区溢出

服务器上最可怕的攻击类型是远程用户可以执行恶意代码导致系统完全破坏的攻击。大多数此类攻击都是由于缓冲区溢出错误造成的。这种错误的典型示例是：在 C 代码中为某本地变量分配了固定长度，然后该代码将 HTTP 请求中的信息复制到该变量中。如果你认为请求中的数据不会比你设定的值大，而对你的服务器的恶意请求可以超过该值，并导致其发送的数据在写入到已分配的缓冲区时超出末端。对于本地变量，缓冲区存储在堆栈中，而堆栈中还存储了当前函数结束时要返回的代码地址。通过写入时超出本地变量缓冲区的末端，攻击可以覆盖返回地址并使函数返回到他想要的任何地址，包括 Windows CreateProcess 函数的地址。要传递到 CreateProcess 函数的参数也会存储在堆栈上，如果攻击覆盖了存储这些参数的位置，则可以有效启动服务器上他们想要启动的任何应用程序。

要避免这类攻击，请不要对从请求中读取的数据做任何假设，然后确保缓冲区的处理代码中没有错误。另外，Microsoft Visual Studio NET C 编译器支持新的/GS 开关，该开关可使代码不会出现许多常见的缓冲区溢出问题。

必须注意管理代码和非管理代码间的交互问题。但是至少可以在你需要时适当保证应用程序的安全。

10．检查错误

检查所有调用函数的返回代码。如果正在调用 Win32 API，请确保调用已成功完成。如果正在分配内存，请确保未返回 NULL 值。如果正在进行 COM 调用，特别是正在使用 Microsoft Visual Basic 进行调用并且已指定"On Error Resume Next"语句，请确保未出现异常。同样，不要对这类调用的结果做任何假设。

如果正在调用 Win32 安全函数，应特别小心。例如，如果正在调用 ImpersonateLoggedOnUser，应检查返回代码是否存在错误，否则将难以为用户提供较高的安全环境。当你的 Web 应用程序配置为在 IIS 上以"进程内"方式运行时要格外注意这一点，因为代码可能以本地系统账户运行，这在本地计算机上几乎没有限制。还应注意某些交叉的 COM 调用同样可能在具有较高权限的线程中运行。

11．尽早、尽快地验证输入

参数验证代码能够快速地完成也是很重要的。识别无效请求的速度越快越好，否则 XML Web 服务容易遭受拒绝服务攻击。如果你的服务器处理非法请求的时间较长，则很可能不能为合法请求提供服务。始终应用与专用数据同等的安全级别来对待消耗时间和资源的操作。如果必须执行耗时的 SQL 查询，或者某个操作要求具有很强的处理能力，则首先要确保请求的合法性：用户是否是合法用户？对请求进行身份验证不仅能防止无效用户使用你服务器上的资源，并且提供了跟踪审核日志中的错误使用情况的能力，使你可以发现特定用户非法使用资源的情况。如果正在验证输入，应首先验证用户的凭据。如果使用普通 HTTP 身份验证机制，则在代码调用之前就会为你进行用户身份验证。

12．关闭后门

有时在项目的开发阶段提供一种方法，以便在服务器上解决某些问题是非常合适的。例如，XML Web 服务经常会生成一个密钥以便在多次调用之间标识同一个用户，或在这些调用之间维护某种状态。为方便调试经常会添加一段额外的代码以接受由所有密钥组成的密钥，而不是生成真正的密钥。但是，如果确实出于合法调试的目的提供了能避免某些检测的机制，请确保在 XML Web 服务生效之前删除这些后门。

最后，关于后门，你不应提供通用方法来收集服务器上的信息。虽然它通常有助于为产品提供支持，但在很多情况下，它会产生相反的结果。不要创建可以查看或下载配置文件或系统中源代码的代码。尽管创建这类代码便于分析服务器上的异常情况，但是攻击也会利用它得到同样的信息。通常，用户名和密码存储在配置文件中，而且很多公司认为其源代码的知识产权是其最宝贵的资产。当你考虑到这种能力通常也能查看服务器上其他应用程序的文件时，上述风险会更大。所以，即使 XML Web 服务代码在这些能力面前是无懈可击的，服务器上仍可能存在较易受到攻击的应用程序。

13.5　小结

XML 最大的特点是以一种开放的自我描述方式定义了数据结构，并在描述数据内容的同时能突出对结构的描述，从而体现出数据之间的关系。这种特点使得 XML 在电子商务的应用上具有广泛的前景，并在一定程度上推动了分布式商务处理的发展。

　　在企业内部集成分布式商务处理是一项艰巨的工作，而在企业之间进行集成则具有非常高的成本。若要在本质上简化公司内部和公司之间协调商务处理，还需要进行大量的工作。基于 XML 的标准的出现，其目的是便于协调商务处理，并且不依赖于操作系统、编程模式或编程语言。而基于这种标准的全面的集成化环境，不仅为企业内部，更为使用互联网的企业之间提供了一种协调商务处理的迅速、简单、性价比很好的解决方案。

　　随着 XML 的应用越来越广泛，XML 的应用安全问题也越来越突出。实际对 Web 系统的攻击确实发生过，例如蠕虫病毒及其变体就是非常令人头疼的例子。幸好，可以采取一些措施来减少 XML Web 服务的风险级别。希望能使你了解某些可能出现的弱点及如何避免这些弱点，这样，你就可以创建安全的 XML 服务了。

第 14 章 报　表

通常，Web 报表软件有三种体系结构，一种是纯 Java 方式报表，一种是控件方式（常见的是 ActiveX 控件），一种是以 Crystal Report 为代表的独立服务器方式。

Java 报表这里就不谈了。笔者以前的解决方案是用自己写的 ActiveX 控件（用 C、Delphi 等编写），控件方式的缺点在于：一个控件，要完成别人报表服务器所实现的大部分功能，体积可想而知。功能越强，控件的体积越大，这对于部署是一个很大的负担。不仅如此，而且，当报表系统升级时，用户都必须重新安装控件，Web 报表软件的 B/S 结构在部署方面的优势荡然无存（其实这种方式本身就是伪 B/S）。同时，在 PC 端计算与在服务器端计算，对于小报表可能差别不大，但对于大报表，显然差异非常大。并且，如果一个 Web 报表系统有多个用户都要使用，服务器方式所可以采用的定时计算、缓存等都无法发挥作用。所以，控件方式一般只适用于简单、小型的报表。这里的简单，不仅是报表的样式简单，也包括计算量、报表规模上都比较简单。

以 Crystal Report 为代表的独立服务器方式，部署起来也是比较麻烦的，实际很多这类 Web 报表软件产品也很难真正做到跨平台。尤其是涉及到集群、连接池等问题，它就无法提供良好的可扩展性。

若考虑到既有很好的通用性，操作相对简单、可靠，同时对报表内容要求不十分苛刻的话，本章介绍的利用 ASP 结合 XML 技术，实现 XML 数据的报表打印就非常适合下面将详细介绍这种方案的实施方法和过程。

教学目标

如果你有下列打印需求中的任何一条，那么就可以尝试采用本章所介绍的方案。

- ➢ XML 数据打印。
- ➢ 需要打印的数据并不在本地，必须进行远程读取。
- ➢ 不十分苛刻地精确控制打印效果，并且可以包括页面格式、分页、表格等常用功能。
- ➢ 出于安全性考虑，不能直接连接到数据库。
- ➢ 利用 JavaScript 进行分页浏览打印。
- ➢ 利用 CSS/XSL 实现数据和打印模板的分离。

内容提要

本章主要介绍内容如下：

- ➢ 方案原理
- ➢ 实例开发之程序文件介绍
- ➢ 实例开发之代码详解
- ➢ 运行测试

内容简介

本章以第 12 章的数据和数据结构为例，制作和设计通信录的 JavaScript 分页打印显示，如图 14-1 所示，以及其报表分页打印预览，如图 14-2 所示。

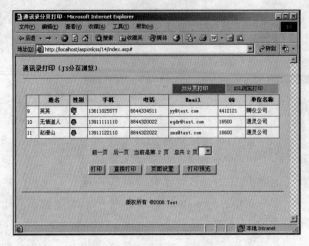

图 14-1　JavaScript 分页打印显示

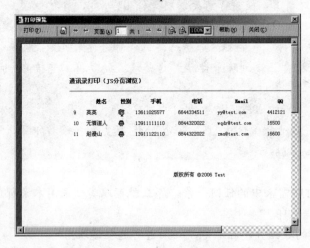

图 14-2　JavaScript 分页打印预览

另外，介绍利用 CSS/XSL 设计模板，进行 XML 数据格式显示，如图 14-3 所示，利用 CSS/XSL 模板进行分页报表的打印预览，如图 14-4 所示。

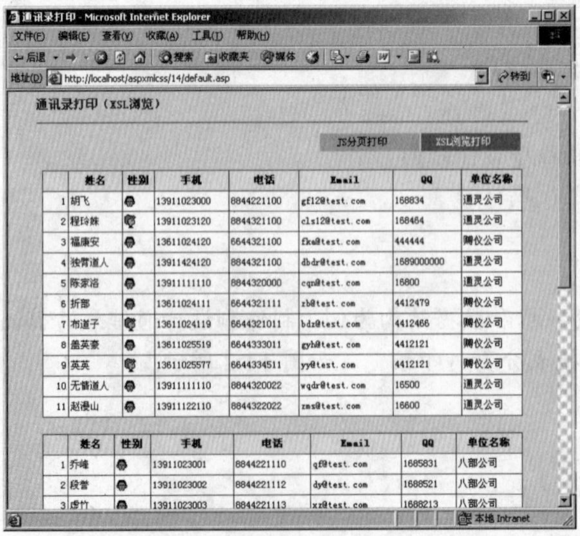

图 14-3　CSS/XSL 分页浏览

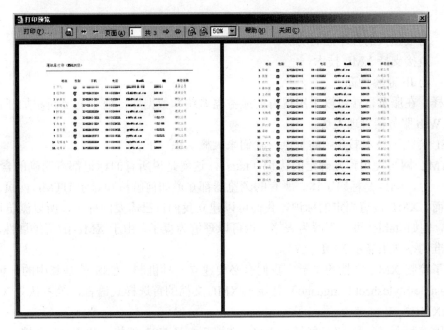

图 14-4　CSS/XSL 分页打印预览

14.1　设计思路：方便的打印功能

当选择 XML 为计划的基础，就像已得到一些庞大及增长中的工具及工程技术员多年积累的技术经验。由于 XML 没有版权限制，可以建立自己的一套软件而无须支付任何费用给别人，这正是利用 XML 文件作为浏览器端实现报表打印的主要技术原因。

14.1.1　方案原理

利用 XML 文件作为浏览器端实现 XML 报表打印的方案，其实原理很简单，通过 XML 强大的自定义功能，我们便能方便地自定义出我们所有需要的格式控制标签，在服务器端进行动态编码后通过 Web 服务器传到客户端，然后在客户端进行格式解析，根据服务器端定义的打印格式从客户端直接控制打印机打印出我们需要的报表。这里利用到的报表格式控制标签主要有两种，一是 CSS/HTML/JavaScript 定义模板，二是 CSS/XSL/HTML 定义模板。

14.1.2　可行性分析

由于实际业务报表大部分都对打印格式要求并不十分苛刻，像套打发票这种具有苛刻要求的情况，本方案有些牵强，对于一般的报表应用，利用模板与数据结合，通过浏览器打印对象就能完成。为了能够控制打印格式，可以用 CSS/HTML 或 XSL 定义报表格式，进行控制打印。

这样就可以不经过直接连接到数据库，而采用 XML 文件进行中间数据交换格式，通过普通 Web 服务器的默认 80 端口进行数据传输。事实上，没有比这更理想的方案了，当然，Web Service 也许能算是一种，但是它采用的是 SOAP 传输数据，从原理上看，应该和我们采用的 XML 属于同类技术。

再补充说明一下为什么要采用浏览器打印组件编写的报表打印，其优点在于：

➢ 它不需要进行客户端注册。相对于 ActiveX 来说是一个优点。

➢ 比 ActiveX 安全性高。

> 编写方便。用 ASP、JSP、PHP、C#和 Visual Studio dot NET 等都可以，开发很方便。
> 有很强大的打印控制功能。
> 直接支持 XML 技术。
> 与 IE 兼容性高。

这样，在服务器端可以采用现有的服务器系统和数据库，而不需要新添加任何新硬件设备和新的 Web 服务器管理人员。

XSL 样式不是本书介绍的重点，我们来大概认识一下。

HTML 网页使用预先确定的标识（tags），这就是说所有的标记都有明确的含义，例如<p>是另起一行，<h1>是标题字体。所有的浏览器都知道如何解析和显示 HTML 网页。

然而，XML 没有固定的标识，我们可以建立我们自己需要的标识，所以浏览器不能自动解析它们，例如<table>可以理解为表格，也可以理解为桌子。由于 XML 的可扩展性，使我们没有一个标准的办法来显示 XML 文档。

为了控制 XML 文档的显示，我们有必要建立一种机制，CSS 就是其中的一种，但是 XSL（eXtensible Stylesheet Language）是显示 XML 文档的首选样式语言，笔者认为 XSL 比 CSS 更适合于 XML。

原因有两个，一是 XSL 能转换 XML 文档；二是 XSL 能格式化 XML 文档。

如果你不理解这个意思，可以这样想：XSL 是一种可以将 XML 转换成 HTML 的语言，一种可以过滤和选择 XML 数据的语言，一种能够格式化 XML 数据的语言。

XSL 可以被用来定义 XML 文档如何显示，可以将 XML 文档转换成能被浏览器识别的 HTML 文件。通常来说，XSL 是通过将每一个 XML 元素"翻译"为 HTML 元素，来实现这种转换的。

XSL 能够向输出文件里添加新的元素，或者移动元素。XSL 也能够重新排列或者索引数据，它可以检测并决定哪些元素被显示，并控制显示多少。

注意：在 IE 5.0 中，并不能完全兼容 W3C 组织发布的最新 XSL 标准。因为 IE 5.0 是在 XSL 标准最终确定以前发布的。

特别灵活的 XSL 应用请参考 XSL 相关书籍和网络站点。

14.1.3 业务流程

服务器的工作流程为：
> 接受客户端的标准 XML 模板查询。
> 需要根据查询要求将数据库数据格式转换成标准的 XML 数据格式。
> 将 XML 数据通过 80 端口发送出去。

这样设计有好多优势，如下。

（1）兼容性好

由于现在的大部分数据库都支持 XML 格式的数据查询和转换，如 SQL Server 2000、Oracle 9i、IBM DB2 等大型关系型数据库。只需要通过简单的设置就能直接进行 XML 数据转换工作。如果数据库不支持直接的 XML 数据转换，也可以通过一些服务器端脚本程序进行脚本转换工作，比如 JSP、ASP、PHP 等。

客户端也不需要任何特殊的设置工作，不需要安装任何组件和插件，就可以直接打开网页进行工作。也没有操作系统限制，从 Windows 98 到 Windows XP 都能很好地支持。

（2）伸缩性

由于采用 XML 标准数据格式作为中间数据交换，因此本解决方案具有非常好的伸缩性。

例如，服务器也可以任意选择，采用 IIS 或 Apache 等 Web 服务器，数据库也可以采用任意一种数据库，包括 SQL Server、Oracle 或者 Access 等。这点是为了加深读者对 XML 的跨平台性的认识。

（3）安全性

由于采用的是普通 Web 服务器传送数据，因此可以直接采用 SSL 安全套接字等已经成熟的 Web 加密技术。同时还可以对 XML 进行数据算法加密，在客户端再进行解密，保证了传输的安全性。

由于采用的是 80 端口，不需要再另外新增加专用端口，减少了安全漏洞的可能性，同时还能方便地穿过双方的网络防火墙等保护设备。

图 14-5 所示是工作流程示意图。

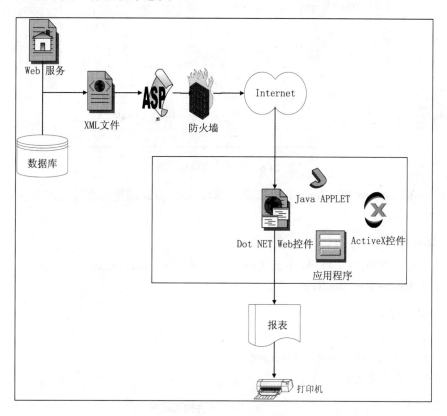

图 14-5　工作流程示意图

14.2　实例开发之程序文件介绍

所有操作的存储数据对象——XML 文件，都是 persons.xml 文件；所有页面 CSS 样式处理文件都是 contact.css。

images 子目录下有 3 个文件：bg.gif、boy.gif、girl.gif。它们都是公共的图片文件。

class 子目录下有 7 个文件：clsPerson.asp、constpub.asp、footer.asp、funcpub.asp、funcxml.asp、header.asp、header-index.asp。它们都是各个页面的子类（class）文件，目的是方便系统维护，合理地使用 Class，可以在一定程度上提高程序的运行效率和可维护性。

各个文件之间的结构关系如图 14-6 所示。

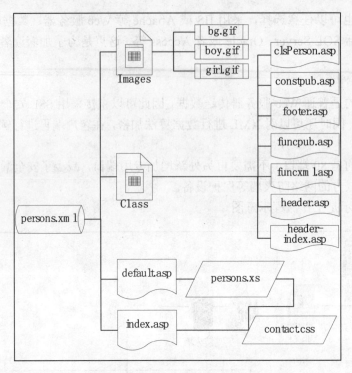

图 14-6　各文件的结构关系

主程序 default.asp 和 index.asp 分别是：前台 XSL 方式浏览主程序及前台具有 JavaScript 分页方式浏览主程序。

1．default.asp

前台 XSL 方式浏览主程序，主要关联以下程序文件：funcxml.asp、constpub.asp、persons.xml、persons.xsl、header.asp、footer.asp 等。

2．index.asp

前台具有 JavaScript 分页方式浏览主程序，主要关联以下程序文件：constpub.asp、header-index.asp、persons.xml、footer.asp 等。

详细的文件说明见表 14-1。

表 14-1　文件功能说明

序　号	路　　径	文　件　名	功　能　说　明
1	Class/	clsPerson.asp	Person 类，主要包括：读写各个属性、获取错误信息、从 XML 文件中读取指定节点的数据
2	Class/	constpub.asp	程序公用常量定义
3	Class/	footer.asp	各页面页脚信息内容
4	Class/	funcpub.asp	公共方法
5	Class/	funcxml.asp	使用 XSL 文件格式化 XML 文件 Load XML 文件
6	Class/	header.asp	XLS 浏览各个页面头部信息内容
7	Class/	header-index.asp	JS 浏览各个页面头部信息内容
8	Images/	bg.gif	背景透明图
9	Images/	boy.gif	男性图标

（续表）

序　号	路　径	文　件　名	功　能　说　明
10	Images/	girl.gif	女性图标
11	../	contact.css	公共样式单义件
12	../	default.asp	浏览通信录主文件（有打印分页的程序文件）
13	../	persons.xml	通用通信录人员信息 XML 文件
14	../	persons.xsl	浏览通信录的 XSL 模板（分页打印模板）
15	../	index.asp	有分页的浏览通信录主文件(单页选择打印)

14.3　实例开发之代码详解

有好多人提到 Web 方式打印报表的问题，都对这个问题感觉很辣手。下面就正式介绍一种简单方案，本方案不分语言（ASP、ASP.NET、JSP、PHP 等）均可以生成 HTML。这里重点结合 XML 相关技术进行介绍。该方案实施很简单，只要你略懂 HTML、CSS 即可，打印出来的效果完全可以应付常用报表输出。

◯14.3.1　打印核心介绍

打印核心主要利用 IEWebBrowser 这个组件的 ExecWB 方法来完成。

1. 对象声明

具体的声明语法是：

```
<object id="WebBrowser" width=0 height=0 classid="CLSID:
    8856F961-340A-11D0-A96B-00C04FD705A2"></object>
```

其 ID 为"WebBrowser"，classid 为"CLSID:8856F961-340A-11D0-A96B-00C04FD705A2"。

2. 调用方法

调用语法是：

```
WebBrowser.ExecWB nCmdID, nCmdExecOpt, [pvaIn], [pvaOut]
```

首先解释 nCmdID 参数。其参数名称、值和说明详见表 14-2。

表 14-2　ExecWB 方法的 nCmdID 参数说明表

序　号	名　　称	值	说　　明
1	OLECMDID_OPEN	1	打开
2	OLECMDID_NEW	2	新建
3	OLECMDID_SAVE	3	保存
4	OLECMDID_SAVEAS	4	另存为
5	OLECMDID_SAVECOPYAS	5	拷贝另存为
6	OLECMDID_PRINT	6	打印
7	OLECMDID_PRINTPREVIEW	7	打印预览

（续表）

序 号	名 称	值	说 明
8	OLECMDID_PAGESETUP	8	页面设置
9	OLECMDID_SPELL	9	脱机
10	OLECMDID_PROPERTIES	10	属性
11	OLECMDID_CUT	11	剪切
12	OLECMDID_COPY	12	复制
13	OLECMDID_PASTE	13	粘贴
14	OLECMDID_PASTESPECIAL	14	选择性粘贴
15	OLECMDID_UNDO	15	撤销
16	OLECMDID_REDO	16	重复
17	OLECMDID_selectALL	17	全选
18	OLECMDID_CLEARselectION	18	清除选择
19	OLECMDID_ZOOM	19	显示比例的放大
20	OLECMDID_GETZOOMRANGE	20	获得放大范围
21	OLECMDID_updateCOMMANDS	21	脚本调试程序
22	OLECMDID_REFRESH	22	刷新
23	OLECMDID_STOP	23	停止
24	OLECMDID_HIDETOOLBARS	24	隐藏工具条
25	OLECMDID_SETPROGRESSMAX	25	设置进度最大值
26	OLECMDID_SETPROGRESSPOS	26	设置进度位置
27	OLECMDID_SETPROGRESSTEXT	27	设置进度显示文本
28	OLECMDID_SETTITLE	28	设置标题
29	OLECMDID_SETDOWNLOADSTATE	29	设置下载状态
30	OLECMDID_STOPDOWNLOAD	30	停止下载
31	OLECMDID_ONTOOLBARACTIVATED	31	激活工具条
32	OLECMDID_FIND	32	查找
33	OLECMDID_DELETE	33	删除
34	OLECMDID_HTTPEQUIV	34	HTTP-EQUIV
35	OLECMDID_HTTPEQUIV_DONE	35	完成 HTTP-EQUIV
36	OLECMDID_ENABLE_INTERACTION	36	允许交互
37	OLECMDID_ONUNLOAD	37	重载

上面的关键词都可以在浏览器的菜单里面找到对应的选项，大家一看就会明白。

接着解释 nCmdExecOpt 参数。其参数名称、值和说明详见表 14-3。

表 14-3　ExecWB 方法 nCmdID 参数说明表

序 号	名 称	值	说 明
1	OLECMDEXECOPT_DODEFAULT	0	默认方式
2	OLECMDEXECOPT_PROMPTUSER	1	提示用户方式
3	LECMDEXECOPT_DONTPROMPTUSER	2	不提示用户方式
4	OLECMDEXECOPT_SHOWHELP	3	显示帮助

对于这个参数，一般来说选 1 就可以了。

3．常用参数

对于 WebBrowser 的 ExecWB 方法，经常用到的参数请参考表 14-4。

表 14-4　WebBrowser 的 ExecWB 方法常用参数表

序　号	名　　称	说　　明
1	WebBrowser.ExecWB(1,1)	打开
2	WebBrowser.ExecWB(2,1)	关闭现在所有的 IE 窗口，并打开一个新窗口
3	WebBrowser.ExecWB(4,1)	保存网页
4	WebBrowser.ExecWB(6,1)	打印
5	WebBrowser.ExecWB(7,1)	打印预览
6	WebBrowser.ExecWB(8,1)	打印页面设置
7	WebBrowser.ExecWB(10,1)	查看页面属性
8	WebBrowser.ExecWB(15,1)	撤销
9	WebBrowser.ExecWB(17,1)	全选
10	WebBrowser.ExecWB(22,1)	刷新
11	WebBrowser.ExecWB(45,1)	关闭窗体无提示

4．简单示例

经过上面的介绍，下面结合一般应用列举两个示例。

（1）调用 IE 的"另存为…"功能的示例代码如下：

```
<object id="WebBrowser" width=0 height=0 classid="CLSID:8856F961-
    340A-11D0-A96B-00C04FD705A2"></object>
<A href="javascript:WebBrowser.ExecWB(4,1);">Save-存储</A>
```

（2）经过改写的登录模式代码如下：

```
<object id="WebBrowser" width=0 height=0 classid="CLSID:8856F961-
    340A-11D0-A96B-00C04FD705A2"></object>
<body
onload="showModalDialog('login_access.asp',0,'Status:NO;dialogWidth:418px;
dialogHeight:288px');
document.all.WebBrowser.ExecWB(45,1);">
```

很简单吧，将参数设置好就行了。

○14.3.2　单页打印

首先，介绍 XML 文件结构。XML 文档包含人员信息内容，主要有姓名（Name）、性别（Sex）、手机号（Mobile）、电话号码（Tel）、电子邮箱（E-mail）、QQ 号（QQ）、工作单位/公司（Company）等，就是采用第 12 章的通信录 XML 格式，所以这里就不多说了。文档结构如下所示。

```
<?xml version="1.0" encoding="gb2312"?>
<Persons>
<Person><Name>胡飞</Name><Sex>boy.gif</Sex><Mobile>13911023000</Mobile><Tel>
    8844221100</Tel><Email>gf12@test.com</Email><QQ>168834</QQ>
    <Company>通灵公司</Company></Person>
<Person><Name>程玲姝</Name><Sex>girl.gif</Sex><Mobile>13911023120</Mobile><Tel>
```

```
8844321100</Tel><Email>cls12@test.com</Email><QQ>168464</QQ><Company>
    通灵公司</Company></Person>
<Person><Name>福康安</Name><Sex>boy.gif</Sex><Mobile>13611024120</Mobile><Tel>
    6644321100</Tel><Email>fka@test.com</Email><QQ>444444</QQ><Company>
    赙仪公司</Company></Person>
… …
<Person2><Name>乔峰</Name><Sex>boy.gif</Sex><Mobile>13911023001</Mobile><Tel>
    8844221110</Tel><Email>qf@test.com</Email><QQ>1685831</QQ><Company>
    八部公司</Company></Person2>
<Person2><Name>段誉</Name><Sex>boy.gif</Sex><Mobile>13911023002</Mobile><Tel>
    8844221112</Tel><Email>dy@test.com</Email><QQ>1688521</QQ><Company>
    八部公司</Company></Person2>
<Person2><Name>虚竹</Name><Sex>boy.gif</Sex><Mobile>13911023003</Mobile><Tel>
    8844221113</Tel><Email>xz@test.com</Email><QQ>1688213</QQ><Company>
    八部公司</Company></Person2>
<Person2><Name>慕容复</Name><Sex>boy.gif</Sex><Mobile>13911023004</Mobile><Tel>
    8844221114</Tel><Email>mrf@test.com</Email><QQ>168841</QQ><Company>
    八部公司</Company></Person2>
……
</Persons>
```

所不同的是，XML 文件中定义了两套人员信息类型，一是 Person 型，另一是 Person2 型。为什么这样设计呢？这主要是针对报表人为地进行分页，即 Person 型是一页，而 Person2 是另外一页，将在 14.3.3 节进行详细介绍。

数据如何添加、修改和删除，也将在第 12 章进行详细的介绍，这里就不赘述了。

有了数据，就要分析它并显示出来，本节结合 JavaScript 方式，对 XML 数据进行分页，并进行单页打印。实现起来总共分五个步骤，其中前三个步骤在第 12 章介绍过，所以这里仅做简单介绍，重点讲解第四步和第五步。

（1）包含必要的 XML 分析函数文件（constpub.asp）和头部菜单文件（header -index.asp），其代码如下所示。

```
<% Option Explicit
'####
' 说明: 分页通信录
'####
%>

<!--#include file="class/constpub.asp"-->
<!DOCTYPE HTML PUBLIC "-//W3C//DTD HTML 4.0 Transitional//EN">
<HTML>
<HEAD>
<TITLE>通信录分页打印</TITLE>
<META NAME="Generator" CONTENT="EditPlus">
<META NAME="Author" CONTENT="">
<META NAME="Keywords" CONTENT="">
<META NAME="Description" CONTENT="">
<META HTTP-EQUIV="content-type" CONTENT="text/html;charset=GB2312"/>
<link rel="stylesheet" href="contact.css" type="text/css">
<style media=print>
.Noprint{display:none;}<!--隐藏项目-->
```

```
.PageNext{page-break-after: auto;}<!--控制分页-->
</style>
</HEAD>
<BODY bgcolor="#D9D9FF">
<!--#include file="class/header-index.asp"-->
```

（2）装载 XML 文件（persons.xml），相关代码如下所示。

```
......
<script language="javascript">
var pagenum=8; //每页显示几条信息
var page=0 ;
var BodyText="";
var xmlDoc = new ActiveXObject("Microsoft.XMLDOM");
var mode="Person";
var toolBar;

xmlDoc.async="false" ;
xmlDoc.load("persons.xml");
header="<table align='center' width='580' cellspacing='1' cellpadding='2'
    border='0' bgcolor='#666600' class='style_1'><tr align='center' class=
    'title' bgcolor='#E5E5E5'><td width='25'> </td><td>姓名</td><td>
    性别</td><td>手机</td><td>电话</td><td>Email</td><td>QQ</td><td>
    单位名称</td></tr>";

//检索的记录数
maxNum = xmlDoc.getElementsByTagName(mode).length;
  //每条记录的列数
  column=xmlDoc.getElementsByTagName(mode).item(0).childNodes;
  //每条记录的列数
  colNum=column.length;
  //页数
  pagesNumber=Math.ceil(maxNum/pagenum)-1;
  pagesNumber2=Math.ceil(maxNum/pagenum);
......
```

（3）利用 JavaScript 分页处理，相关代码如下所示。

```
... ...
//上一个页面
function UpPage(page)
{
    thePage="<FONT class='input'>前一页</FONT>";
    if(page+1>1) thePage="<A class='input' HREF='#' onclick='Javascript:
        return UpPageGo()'>前一页</A>";
    return thePage;
}
function NextPage(page)
{
    thePage="<FONT class='input'>后一页</FONT>";
    if(page<pagesNumber) thePage="<A class='input' HREF=
        '#' onclick='Javascript:return NextPageGo()'>后一页</A>";
```

```
            return thePage;
        }
        function UpPageGo(){
            if(page>0) page--;
              getContent();
              BodyText="";
        }

        //当前的页数
        function currentPage()
        {
            var cp;
            cp="<FONT class='input'>当前是第 "+(page+1)+" 页</FONT>";
            return cp;
        }
        //总共的页数
        function allPage()
        {
            var ap;
            ap="<FONT class='input'>总共 "+(pagesNumber+1)+" 页</FONT>";
            return ap
        }
        function NextPageGo()
        {
              if (page<pagesNumber) page++;
                  getContent();
                  BodyText="";
        }

        //显示分页状态栏
        function pageBar(page)
        {
            var pb;
            pb="<br><center class='Noprint'>"+UpPage(page)+"  "+NextPage(page)+"
                "+currentPage()+"  "+allPage()+selectPage()+"</center>";
            return pb;
        }
        function changePage(tpage)
        {
            page=tpage
            if(page>=0) page--;
            if (page<pagesNumber) page++;
            getContent();
            BodyText="";
        }
        function selectPage()
        {
            var sp;
            sp="<select name='pp' onChange='javascript:changePage(this.options
                [this.selectedIndex].value)'>";
            sp=sp+"<option value=''></option>";
```

```
    for (t=0;t<=pagesNumber;t++)
    {
        sp=sp+"<option value='"+t+"'>"+(t+1)+"</option>";
    }
    sp=sp+"</select>"
    return sp;
}


//内容
function getContent()
{
  if (!page) page=0;
    n=page*pagenum;
    endNum=(page+1)*pagenum;
    if (endNum>maxNum) endNum=maxNum;
        BodyText=header+BodyText;
    for (;n<endNum;n++)
    {
      kn=n+1;
      BodyText=BodyText+"<TR BGCOLOR='#FFFFFF'><TD>"+kn+"</TD>";
        for (mNum=0;mNum<=colNum-1;mNum++)
        {
          mName=column.item(mNum).tagName;
            if (mNum==1) {
                    BodyText=BodyText+("<TD><img src='images/"+xmlDoc.
                        getElementsByTagName(mName).item(n).text+"'></TD>");
                } else {
                    BodyText=BodyText+("<TD>"+xmlDoc.getElementsByTagName(mName).
                        item(n).text+"</TD>");
                }
        }
        BodyText=BodyText+"</TR>";
    }
    showhtml.innerHTML=BodyText+"</table>"+pageBar(page);

    BodyText="";
}
</script>

<div id="showhtml"></div>

<script language="javascript">
if (maxNum==0)
{
    document.write("没有检索到合适的信息");
} else {
    getContent();
}
</script>
......
```

（4）添加打印功能按钮。

这里为了讲解的需要列出四种功能，分别是打印"WebBrowser.ExecWB(6,1)"、直接打印"WebBrowser.ExecWB(6,6)"、页面设置"WebBrowser.ExecWB(8,1)"和打印预览"WebBrowser.ExecWB(7,1)"。在实际的应用中，一般只用到其中的一种或两种功能。

相关的代码如下所示。

```
......
<center class="Noprint">
<p>
  <OBJECT id="WebBrowser" classid="CLSID:8856F961-340A-11D0-A96B-00C04FD705A2"
      height="0" width="0">
  </OBJECT>
  <input type=button value="打印"
      onclick="document.all.WebBrowser.ExecWB(6,1)">
  <input type=button value="直接打印"
      onclick="document.all.WebBrowser.ExecWB(6,6)">
  <input type=button value="页面设置"
      onclick="document.all.WebBrowser.ExecWB(8,1)">
  <input type=button value="打印预览"
      onclick="document.all.WebBrowser.ExecWB(7,1)">
</p>
</center>
... ...
```

（5）选择打印。

有了数据，有了打印控件，就能打印吗？不能，因为如果这样处理就太简单了，打印出来的内容中就会有各种我们不需要的信息。如何才能只显示我们需要的信息，是这里介绍的重点。

首先，我们在 head 部分定义一种 CSS 样式，即打印时不显示样式（Noprint），代码如下。

```
......
<style media=print>
.Noprint{display:none;}<!--隐藏项目-->
</style>
......
```

其次，将 Noprint 放到不需要显示的内容中。主要有三处，一是菜单区，即不打印"JS 分页打印"和"XSL 浏览打印"两项菜单，相关代码如下。

```
......
<table width="580" align="center" class="Noprint">
  <tr>
      <td width="280" bgcolor="#D9D9FF"> </A></td>
      <td align="center" width="100" bgcolor="#8080FF"><A HREF="index.asp">
        <font color="#FFFFFF">JS 分页打印</font></A></td>
      <td align="center" width="100" bgcolor="#BBBBFF"><A HREF="default.asp">
        <font color="#000000">XSL 浏览打印</font></A></td>
  </tr>
</table>
... ...
```

二是不打印分页信息（当然，若需要打印它就可以不进行设置），相关代码如下。

```
......
//显示分页状态栏
function pageBar(page)
{
    var pb;
    pb="<br><center class='Noprint'>"+UpPage(page)+""+NextPage(page)+"
        "+currentPage()+""+allPage()+selectPage()+"</center>";
    return pb;
}
......
```

三是打印时不显示"打印"、"直接打印"、"页面设置"、和"打印预览"等四个按钮，相关代码如下。

```
......
<center class="Noprint">
<p>
  <OBJECT id="WebBrowser" classid="CLSID:8856F961-340A-11D0-A96B-00C04FD705A2"
      height="0" width="0">
  </OBJECT>
  <input type=button value="打印"
      onclick="document.all.WebBrowser.ExecWB(6,1)">
  <input type=button value="直接打印"
      onclick="document.all.WebBrowser.ExecWB(6,6)">
  <input type=button value="页面设置"
      onclick="document.all.WebBrowser.ExecWB(8,1)">
  <input type=button value="打印预览"
      onclick="document.all.WebBrowser.ExecWB(7,1)">
</p>
</center>
......
```

其实，这些设置都是将 Noprint 样式进行应用就行，操作很方便，而且设置简单。

最后就是测试一下这些设置和功能是否有效。

保存好修改，启动 IIS 服务，在 IE 中输入地址，就会出现如图 14-7 所示的显示结果。

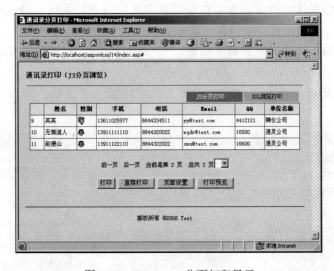

图 14-7　JavaScript 分页打印显示

单击"打印预览"按钮，就会出现如图 14-8 所示的打印预览界面。可是，一般会出现图 14-9 所示的界面，这是为什么呢？

图 14-8　JavaScript 分页打印预览

图 14-9　JavaScript 分页打印预览有页眉标记界面

这是因为电脑默认的打印定义中包含页眉和页脚信息，如何去掉这些信息，有两种方法。一种是人工单击"页面设置"按钮将不需要的页面设置去除，再单击"打印预览"按钮就可以实现这个功能。但是这种方法显得不智能。第二种方法是通过编程来实现去除页眉、页脚的提示信息。

为了方便应用第二种方法，下面将相关代码写成一个函数，即 **SetPrintSettings**，代码如下所示。

```
function SetPrintSettings() {
  // 高级部分
  factory.printing.SetMarginMeasure(2)
  factory.SetPageRange(false, 1, 3)
  factory.printing.printer = "HP DeskJet 870C"
  factory.printing.copies = 2
  factory.printing.collate = true
  factory.printing.paperSize = "A4"
  factory.printing.paperSource = "test"
```

```
    // 基本部分
    factory.printing.header = "通信录"
    factory.printing.footer = "test"
    factory.printing.portrait = false
    factory.printing.leftMargin = 1.0
    factory.printing.topMargin = 1.0
    factory.printing.rightMargin = 1.0
    factory.printing.bottomMargin = 1.0
}
</script>
```

只要将黑体部分的代码，factory.printing.paperSource、factory.printing.header 和 factory.printing.footer 三部分设置为空即可。

14.3.3 可控分页打印

可控分页打印就是，根据设计的需要，用程序来控制自动分页。

前一节已经谈到，本例的 XML 文件中有两种数据，即 Person 和 Persons。我们用程序自动将两者分页打印出来，演示如何做到可控分页。

首先，实现分别显示这些 XML 数据。利用第 12 章的知识，用 XSL 方式显示，这里就不详细介绍了，代码如下所示。

```
'####
' 说明: 通信录
'####
%>

<!--#include file="class/funcxml.asp"-->
<!--#include file="class/constpub.asp"-->
<HTML>
<HEAD>
<TITLE><% = C_TITLE %></TITLE>
<META NAME="Generator" CONTENT="EditPlus">
<META NAME="Author" CONTENT="">
<META NAME="Keywords" CONTENT="">
<META NAME="Description" CONTENT="">
<META HTTP-EQUIV="content-type" CONTENT="text/html;charset=GB2312"/>
<link rel="stylesheet" href="contact.css" type="text/css">
<style media=print>
.Noprint{display:none;}<!--隐藏项目-->
.PageNext{page-break-after: auto;}<!--控制分页-->
</style>
<STYLE>
    P {page-break-after: always} <!--打印分页-->
</STYLE>
</HEAD>
<BODY bgcolor="#D9D9FF">
<!--#include file="class/header.asp"-->
<% = FormatXml(C_XMLFILE, C_XSLFILE) %>
<br>
<!--#include file="class/footer.asp"-->
</BODY>
```

```
</HTML>
```

其次，加入上一节讲述的打印"WebBrowser.ExecWB(6,1)"、直接打印"WebBrowser.ExecWB(6,6)"、页面设置"WebBrowser.ExecWB(8,1)"和打印预览"WebBrowser.ExecWB(7,1)"等功能按钮，代码如下所示。

```
......
<!--#include file="class/header.asp"-->
<% = FormatXml(C_XMLFILE, C_XSLFILE) %>
<br>
<center class="Noprint">
<p>
  <OBJECT id="WebBrowser" classid="CLSID:8856F961-340A-11D0-A96B-00C04FD705A2"
      height="0" width="0">
  </OBJECT>
  <input type=button value="打印"
      onclick="document.all.WebBrowser.ExecWB(6,1)">
  <input type=button value="直接打印"
      onclick="document.all.WebBrowser.ExecWB(6,6)">
  <input type=button value="页面设置"
      onclick="document.all.WebBrowser.ExecWB(8,1)">
  <input type=button value="打印预览"
      onclick="document.all.WebBrowser.ExecWB(7,1)">
</p>
</center>
<!--#include file="class/footer.asp"-->
......
```

接着，设计 XSL 文件，改动不太大，只需要增加一个模板即可。这个模板用来处理 XML 文件中 Person2 的数据。相关代码如下所示。

```
......
<table align="center" width="580" cellspacing="1" cellpadding="2" border=
    "0" bgcolor="#666600">
  <tr align="center" class="title" bgcolor="#E5E5E5">
    <td width="25"><xsl:text disable-output-escaping=
        "yes">&amp;</xsl:text>nbsp;</td>
    <td>姓名</td>
    <td>性别</td>
    <td>手机</td>
    <td>电话</td>
    <td>Email</td>
    <td>QQ</td>
    <td>单位名称</td>
  </tr>
  <xsl:for-each select="Person2">
  <TR BGCOLOR="#FFFFFF">
    <TD ALIGN="right"><xsl:value-of select="position()"/></TD>
    <TD STYLE="color:#990000"><xsl:value-of select="Name"/></TD>
    <TD><img><xsl:attribute name="src">images/<xsl:value-of select="Sex"/>
        </xsl:attribute></img></TD>
    <TD><xsl:value-of select="Mobile"/></TD>
    <TD><xsl:value-of select="Tel"/></TD>
    <TD><xsl:value-of select="Email"/></TD>
```

```
      <TD><xsl:value-of select="QQ"/></TD>
      <TD><xsl:value-of select="Company"/></TD>
   </TR>
   </xsl:for-each>
 </table>
......
```

保存修改后，就会得到如图 14-10 所示的运行结果。

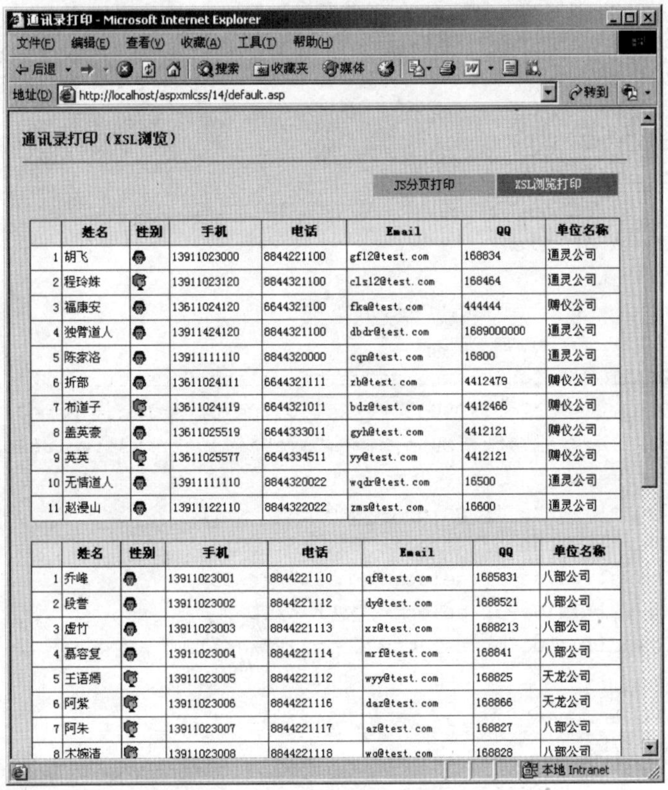

图 14-10　CSS/XSL 分页浏览

最后，设置分页控制。设置分页控制也是用 CSS 样式来实现。具体需要两个步骤。

（1）设置 CSS 打印样式和分页样式。

在 head 部分添加打印样式，打印样式一定要添加"media=print"标签说明，具体代码如下所示。

```
<style media=print>
.Noprint{display:none;}<!--隐藏项目-->
.PageNext{page-break-after: auto;}<!--控制分页-->
</style>
```

定义分页 CSS 样式的代码如下所示。

```
<STYLE>
    P {page-break-after: always} <!-- 打印分页-->
</STYLE>
```

（2）应用 CSS 样式。

首先将不需要在打印中显示的项目样式设置为 Noprint，这些在上一节中已经介绍过，这里就不显示相关代码了。

然后，定义打印分页样式（P），操作起来更简单，就是在 persons.xsl 文件中的两个模板中增加前后标记即可，具体代码如下所示。

```
……
<P><table align="center" width="580" cellspacing="1" cellpadding="2" border=
    "0" bgcolor="#666600">
   <tr align="center" class="title" bgcolor="#E5E5E5">
    <td width="25"><xsl:text disable-output-escaping="yes">
        &amp;</xsl:text>nbsp;</td>
    <td>姓名</td>
    <td>性别</td>
    <td>手机</td>
    <td>电话</td>
    <td>Email</td>
    <td>QQ</td>
    <td>单位名称</td>
   </tr>
   <xsl:for-each select="Person">
   <TR BGCOLOR="#FFFFFF">
    <TD ALIGN="right"><xsl:value-of select="position()"/></TD>
    <TD STYLE="color:#990000"><xsl:value-of select="Name"/></TD>
    <TD><img><xsl:attribute name="src">images/<xsl:value-of select="Sex"/>
        </xsl:attribute></img></TD>
    <TD><xsl:value-of select="Mobile"/></TD>
    <TD><xsl:value-of select="Tel"/></TD>
    <TD><xsl:value-of select="Email"/></TD>
    <TD><xsl:value-of select="QQ"/></TD>
    <TD><xsl:value-of select="Company"/></TD>
   </TR>
   </xsl:for-each>
</table></P>

<P><table align="center" width="580" cellspacing="1" cellpadding="2" border=
    "0" bgcolor="#666600">
   <tr align="center" class="title" bgcolor="#E5E5E5">
    <td width="25"><xsl:text disable-output-escaping="yes">
        &amp;</xsl:text>nbsp;</td>
    <td>姓名</td>
    <td>性别</td>
    <td>手机</td>
    <td>电话</td>
    <td>Email</td>
    <td>QQ</td>
    <td>单位名称</td>
   </tr>
   <xsl:for-each select="Person2">
   <TR BGCOLOR="#FFFFFF">
    <TD ALIGN="right"><xsl:value-of select="position()"/></TD>
    <TD STYLE="color:#990000"><xsl:value-of select="Name"/></TD>
    <TD><img><xsl:attribute name="src">images/<xsl:value-of select="Sex"/>
        </xsl:attribute></img></TD>
    <TD><xsl:value-of select="Mobile"/></TD>
    <TD><xsl:value-of select="Tel"/></TD>
```

```
      <TD><xsl:value-of select="Email"/></TD>
      <TD><xsl:value-of select="QQ"/></TD>
      <TD><xsl:value-of select="Company"/></TD>
    </TR>
    </xsl:for-each>
  </table></P>
    ......
```

运行代码，单击"打印预览"按钮，就会出现如图 14-4 的分页打印预览效果。

细心的读者会发现，所有的报表均没有表格线，这是为什么呢？

原因是在样式中没有对表格本身进行样式定义，若在样式单文件 contact.css 中添加样式：

```
.style_2
{
    border-color: #000000 #000000 #000000 #000000;
    border-style: solid;
    border-top-width: 1px;
    border-right-width: 1px;
    border-bottom-width: 1px;
    border-left-width: 1px;
}
```

然后，修改 XSL 模板文件 persons.xsl 中的表格样式为 style_2，相关代码如下。

```
    ......
    <P><table align="center" width="580" cellspacing="1" cellpadding="2" border=
      "0" bgcolor="#666600" class="style_2">
    <tr align="center" class="title" bgcolor="#E5E5E5">
     <td width="25"><xsl:text disable-output-escaping="yes">
          &amp;</xsl:text>nbsp;</td>
     <td>姓名</td>
     <td>性别</td>
     <td>手机</td>
     <td>电话</td>
     <td>Email</td>
     <td>QQ</td>
     <td>单位名称</td>
    </tr>
    <xsl:for-each select="Person2">
    <TR BGCOLOR="#FFFFFF">
     <TD ALIGN="right"><xsl:value-of select="position()"/></TD>
     <TD STYLE="color:#990000"><xsl:value-of select="Name"/></TD>
     <TD><img><xsl:attribute name="src">images/<xsl:value-of select="Sex"/>
          </xsl:attribute></img></TD>
     <TD><xsl:value-of select="Mobile"/></TD>
     <TD><xsl:value-of select="Tel"/></TD>
     <TD><xsl:value-of select="Email"/></TD>
     <TD><xsl:value-of select="QQ"/></TD>
     <TD><xsl:value-of select="Company"/></TD>
    </TR>
    </xsl:for-each>
  </table></P>
    ......
```

运行代码，单击"打印预览"按钮，就会出现如图 14-11 所示的结果。

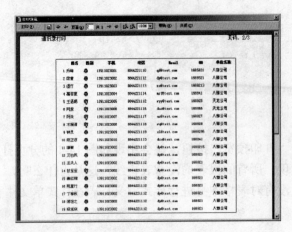

图 14-11　有表格线的打印预览界面

当然，实际的 XML 数据打印样式是很复杂的，只要根据自己的需求，就可以用 CSS/XSL 定义出你需要的报表样式，打印出这个报表。

不管如何复杂，就其根本而言，均离不开上面介绍的内容。

14.4　在我的环境中运行测试

本实例代码只需要复制—运行即可，已经在笔者本机（Windows Server 2000、IIS 5.0 和 IE 6.0）和网上进行了测试，都能够正常运行。

注意：大部分在测试时所遇到的问题，在前面进行程序介绍时已经涉及，这里就不再赘述，请参照相关章节内容处理。又因为与数据库等需要详细说明的相关内容本书程序没有涉及，所以本书实例只需要复制—运行即可，没有特别复杂的测试说明。

14.5　小结

通过本章，可以看出 XML 应用很方便，已成为近来最热门的 Web 技术。这是因为对很多用途来说，用数据库太过浪费了。要使用一个数据库，必须安装和支持一个分离的服务器处理进程（a separate server process），它常要求有安装和支持它的管理员。并且必须学习 SQL 语句，并用 SQL 语句写查询，然后转换数据，再返回。而如果用 XML 文件存储数据，将可减轻额外的服务器的负担。另外，还找到了一个编辑数据的简单方法。只要使用文本编辑器，而不必使用复杂的数据库工具。XML 文件很容易备份，和朋友共享，或下载到你的客户端。同样地，可以方便地通过 FTP 上载新的数据到相应的站点。

XML 还有一个更抽象的优点，即作为层次型的格式比关系型的更好。它可以用一种很直接的方式设计数据结构来符合你的需要。你不需要使用一个实体-关系编辑器，也不需要使你的图表（schema）标准化。如果你有一个元素（element）包含了另一个元素，你可以直接在格式中表示它，而不需要使用表的关联。

注意：在很多应用中，依靠文件系统是不够充分的。

但是如果更新很多，文件系统会因为同时写入而受到破坏。数据库则通常支持事务处理，可以应付所发生的请求而不至于损坏。对于复杂的查询统计要有反复、及时的更新，此时数据库表现都很优秀。当然，关系型数据库还有很多优点，包括丰富的查询语言，图表化工具，可伸缩性、存取控制等。

附录 A FAQ

1. 如何检测备注字段的字节数？

答：视服务器操作系统的语种不同而采取不同的方法。

（1）英文状态下，如：

```
len(rs("field"))
len("中文abc")=7
```

（2）中文状态下（比在英文状态下要复杂一点），如：

```
len("中文abc")=5
lenB("中文abc")=10
```

所以需要自己写程序判断其长度。

示例代码如下。

```
function strLen(str)
  dim i,l,t,c

  l=len(str)
  t=l
  for i=1 to l
    c=asc(mid(str,i,1))
    if c<0 then c=c+65536
      if c>255 then
        t=t+1
      end if
      next
    strLen=t
end function
```

2. 如何根据变量的值改变选择列表的值？

例如：自己做的一个 ASP 文件，内有一列表，选项为"中国"、"美国"、"其他"，默认为"中国"。Form 提交给此 ASP 文件，同时传送一变量，内容为"美国"，此变量如何影响列表。

答：参考代码如下。

```
<%
selection=request("myselect")
%>
<select name=myselect>
  <option <%if selection="中国" then response.write " selected "%> value=
    "中国">中国</option>
  <option <%if selection="美国" then response.write " selected "%> value=
    "美国">美国</option>
  <option <%if selection="其他" then response.write " selected "%> value=
    "其他">其他</option>
</select>
```

3．请问什么函数能判断一个数是奇数还是偶数？

答：可以自己编，参考代码如下。

```
function Is_odd(num) as boolean
  n=num mod 2
  if n=1 then
    Is_odd=true
  else
    Is_odd=false
  end if
end function
```

如果是奇数返回真，是偶数则返回假。

4．请问密码验证时，怎样才能不区分大小写？

答：加一个 ucase，都大写即可，或者加 lcase，都小写。加 Ucase 的参考代码如下。

```
user_password = ucase(request("user_password"))
```

5．较长 text 型数据无法在 ASP 页面中取出的解决办法。

答：在 ASP 页面中向记录集取长 text 型数据时，一般会出现如下错误现象：

```
"Microsoft OLE DB Provider for ODBC Drivers 错误 '80040e21'"
"Errors occurred"
```

可有以下 3 种解决办法：

（1）使用 rs.open sql,conn,1,3 方式打开记录集。

（2）将该数据放在第一个取出，比如 comment 里存放有较长的 text 内容，当取记录集内容的时候，先使用 comment=rs("comment")把较长的 text 内容取出来放到内存变量中，然后再操作其他的字段。由于一般长 text 内容不会在第一个显示，因此一般都要取出来放到内存变量中。

（3）改用 OLE DB 方式连接数据库。用此方式连接数据库时，不会出现该错误（起码我没有遇到过）。在我的系统中，将现在的 OLE DB 连接方式改成 ODBC 连接方式后，错误马上就出现了。

此错误怀疑是由于 ASP 向 ODBC 返回的记录集取数据的机制有些问题。建议采用第三种方法以避免该错误。

6．为什么我在 ASP 程序内使用 msgbox 时程序出错，说没有权限？

答：由于 ASP 是服务器运行的，如果可以在服务器显示一个对话框，那么你只能等有人单击了确定之后，你的程序才能继续执行，而一般情况下服务器不会有人守着，所以微软不得不禁止了这个函数，所以会告知没有权限。但是 ASP 和客户端脚本相结合倒可以显示一个对话框，参考代码如下。

```
<%
  yourVar="测试测试测试"
%>
<script language='javascript'>
  alert("<%=yourVar%>")
</script>
```

7．如何使自己的主页让别人放到收藏夹里时跟着一个图标？

答：参考代码如下。

```
<link REL="SHORTCUT ICON" href="icon.ico">
```

icon.ico 是一个图标文件，你可以使用一些工具进行编辑。

8．当我从数据库读取数据时，用什么来代替换行符？

答：示例代码如下。

```
test = rs("content")
test = Replace(test, vbCrLf, "
")
    Response.Write test
```

9．response.redirect 导致错误，显示"The HTTP headers are already written to the client browser. Any HTTP，header modifications must be made before writing page content"，怎么解决？

答：HTTP 标题已经写入到客户浏览器。任何 HTTP 标题的修改都必须在写入页内容之前。在你的文件开始<@ Language=...>后写：Response.Buffer = True，在结尾写：Response.Flush。

10．ODBC 和 OLE DB 在连接数据库时有什么区别？

答：OLE DB 具有对 ODBC 的兼容性，允许访问现有的 ODBC 数据源。其优点很明显。但由于 ODBC 相对 OLE DB 来说使用得更为普遍，因此可以获得的 ODBC 驱动程序相应地要比 OLE DB 的多。

11．为什么我的记录集的 RecordCount 值总是返回-1？

答：你应当使用如下模式来打开存取数据库的记录集。

```
rec.open strSQL,conn,1,1
```

其中，strSQL 是操作数据库的 SQL 语句，conn 是连接数据库的 Connection 变量。

12．我在 ASP 脚本中写了很多的注释，这会不会影响服务器处理 ASP 文件的速度？

答：经国外技术人员测试，带有过多注释的 ASP 文件整体性能仅仅会下降 0.1%，也就是说，基本上不会影响到服务器的性能。

13．我需不需要在每个 ASP 文件的开头使用<%@LANGUAGE=VBScript%>？

答：如果你使用的脚本语言就是 VBScript 的话，请尽量不要使用这个语句，否则程序整体性能将会下降将近 1.2%，但是如果你使用的并不是 VBScript 语言的话，请使用这个语句。

14．我有没有必要在每一个 ASP 文件中使用"Option Explicit"？

答：最好这样，因为这样可以使得你的程序出错几率降到最低，并且会提升整体性能将近 9.8%。

15．为什么我使用 Response.Redirect 的时候出现错误？

答：最常见的原因就是你在写入页面之后对 HTTP 标题进行了修改，解决的方法是在页面的开始写上<%Response.Buffer=True%>

16．好像 Redirect 方法只可以重新定向到同一帧里面，可不可以定向到其他帧呢？

答：可以，要加上这个语句：<BASE Target="FrameName">。这样，当你再使用 Redirect 方法的时候，就会重新定向到名字叫做 FrameName 的帧里面了。

17．为什么我使用 Window.open()方法打开的新窗口的 ASP 页面中经常会出现 Session 丢失的现象？

答：在微软的 IE 4.x 中经常会出现这种情况，但 IE 5.x 中已经解决了这个错误。所以，为了兼容所有的浏览器，你可以使用诸如"test.asp?name=xxx"的方式来在窗口之间传递参数，这样的效果更好。但需要注意，如果传递的参数很重要，请不要使用明文方式进行传递，否则很容易导致安全问题。

18．经常看到"连接数据库有两种方式：DSN 及 DSN-LESS"。DSN 及 DSN-LESS 是什么意思？有什么不同吗？

答：DSN 是英文"Data Source Name"的缩写，DSN 方式也就是采用数据源的连接方式，这个数据源可以在"控制面板"里面的"ODBC Data Sources"中进行设置，然后可以这样使用：

```
Conn.Open "DSN=Test;UID=Admin;PWD=;"
```

其中的"Test"就是你自己设定的数据源的名称。注意，要同时使用 UID 及 PWD，否则会出错。

DSN-LESS 是非数据源的连接方式，使用方法是：

```
Conn.Open "Driver={Microsoft Access Driver
(*.mdb)};Dbq=\somepath\mydb.mdb;Uid=Admin;Pwd=;"
```

在相同的硬件环境下，DSN-LESS 方式比 DSN 方式的性能要高，但是一旦 ASP 源代码因为某些安全问题而被别人得到，将会泄漏数据库的账号及密码，所以这两种方式是各有利弊的。

19．在 ASP 中使用 ADO 的 AddNew 方法和直接使用"Insert into..."语句有何不同？哪种方式更好？

答：ADO 的 AddNew 方法只是将"Insert into"语句封装了起来，所以，当对大量数据进行操作的时候，直接使用 SQL 语句将会大大加快存取数据的速度，因为它减少了 ADO 的"翻译"时间。虽然 SQL 语句不如 AddNew 等语句容易接受，但是学习一些常用的 SQL 语句在进行数据库的编程时是非常重要的。

20．为何我将这句话（"Let's go now!"）插入到数据库中的时候会发生错误？

答：因为大多数的数据库（Access、MS SQL Server）都把单引号当做分隔符号来使用，所以不可以直接将单引号插入到数据库中，而必须在执行 SQL 语句之前，分别将每一个单引号替换成两个单引号，如：

```
MyData=Replace(MyData," ' "," '' ",1)
```

然后，再保存到数据库中就行了。

21．.asp 网页是否可以像.htm 网页一样即时编辑即时预览？

答：不可以。原因是，.asp 网页需要经过服务器执行之后，才会将其结果下载给浏览器，由于浏览器及服务器通常位于两台不同的机器，所以要编写一个即时编辑即时预览的程序文件比较麻烦，至少微软没有提供这样的程序（Frontpage 不具备这样的功能），当然，如果微软愿意开发这样的程序，将是制作.asp 网页者之福。

虽然微软没有提供.asp 网页即时编辑即时预览的程序，但我们可以同时开启编辑器（假设是记事本）及浏览器，然后在编辑网页到某一阶段时，按下【Alt+Tab】组合键切换到浏览器，再按下【F5】键亦可即时地重新浏览.asp 网页。

22．装了 Photoshop 5，当一双击*.asp 文件时，立马启动 Photoshop，如何解决这个问题？

答：先单击 ASP 文件，然后同时按鼠标右键和键盘的【Shift】键，选择打开方式就行了。顺便说一句：你这样打开 ASP 文件是执行不了，ASP 要通过服务器来解释才能执行。

23．怎样才能使得.htm 文件如同.asp 文件一样可以执行脚本代码？

答：Internet Services Manager→选择 default Web Site→单击鼠标右键→选择【属性】菜单→主目录→应用程序设置（Application Setting）→单击【配置】按钮→app mapping→单击【Add】按钮→executable browse 选择\WINNT\SYSTEM32\INETSRV\ASP.DLL，EXTENSION 输入 htm，method exclusions 输入 PUT.DELETE。

以上步骤全部确定即可，但是值得注意的是，这样设置后.htm 也要由 asp.dll 处理，效率将降低。

24．怎样才能知道访问者的浏览器类型？

答：可以使用如下语句。

```
Request.Servervariables("HTTP_USER_AGENT")
```

25．怎样才能知道访问者从哪里来？

答：可以使用如下语句。

```
Request.ServerVariables("HTTP_REFERER")
```

26．有没有办法保护自己的源代码，不给其他人看到？

答：可以去下载一个微软的 Windows Script Encoder，它可以对 ASP 的脚本和客户端 JavaScript/VBScript 脚本进行加密。不过客户端脚本加密后，只有 IE 5 才能执行，服务器端脚本加密后，只有服务器上安装有 script engine 5（装一个 IE 5 就有了）才能执行。

27．为什么 global.asa 文件总是不起作用？

答：只有 Web 目录设置为 Web Application，并且必须将 global.asa 放到 Web Application 的根目录下 global.asa 才有效。

如果是 IIS 5 可以使用 Internet Service Manager 来设置 Application Setting。

28．为什么 Sessions 突然消失了？

答：Session 很像临时 Cookie，只是将信息保存在服务器上（客户机上保存的是 SessionID），所以有很多的原因来解释你的 Session 变量为什么会消失，比如：

➢　使用者的浏览器不接受 Cookie。

➢　Session 依赖于 Cookie 才能跟踪用户。

➢　Session 在一段时间后过期了。通常是 20 分钟后失效。

如果你希望更改它，则可以使用 Microsoft Management Console，选择 Web directory→Properties → Virtual directory → Application settings → Configuration → App Options → Session timeout。

这可以改变在那个 Web 上使用的所有 Session 的超时时间。

你也可以在 ASP 脚本中设定。可以这么写：

```
Session.Timeout=60  '设定超时时间为 60 分钟
```

29．如何在 ASP 中获得系统的信息？

答：通过 Windows Scripting object 的 Environment 属性可以获得系统信息。下面的例子演示了如何得到处理器的数量。

```
<%
    Set objShell = CreateObject("WScript.Shell")
    Set objEnv = objShell.Environment("SYSTEM")
    Response.Write "<H4>Number of Processors: " &
    objEnv("NUMBER_OF_PROCESSORS") & "</H4>"
%>
```

30．如何使 Replace 方法不区分大小写？

答：Replace 方法返回 string1 的副本，其中的 RegExp.Pattern 文本已经被替换为 string2。如果没有找到匹配的文本，将返回原来的 string1 的副本。下面的例子说明了 Replace 方法的用法。

```
Function ReplaceTest(patrn, replStr)
    Dim regEx, str1                        '建立变量
```

```
        str1 = "The quick brown fox jumped over the lazy dog."
        Set regEx = New RegExp                          '建立正则表达式
        regEx.Pattern = patrn                           '设置模式
        regEx.IgnoreCase = True                         '设置是否区分大小写
        ReplaceTest = regEx.Replace(str1, replStr)      '做替换
    End Function
    MsgBox(ReplaceTest("fox", "cat"))                        '将'fox'替换为'cat'
    MsgBox(ReplaceText("(\S+) (\s+) (\S+)", "$3$2$1"))   '交换词对
```

要求脚本语言在 IIS 5.0 以上的环境中执行。

31．如何取得所有的 Session 变量？

答：在进行程序调试中，有时候需要知道有多少 Session 变量在使用，它们的值如何？由于 Session 对象提供一个称为 Contents 的集合（Collection），我们可以通过 For Each 循环来达到目标：

```
Dim strName, iLoop
For Each strName in Session.Contents
Response.Write strName & " - " & Session.Contents(strName) & "<BR>"
Next
```

在一般情况下，上面的代码可以工作得很好。但当 Session 变量是一个对象或者数组时，打印的结果就不正确了。

我们可以修改代码如下，首先看看有多少 Session 变量在使用。

```
Response.Write "There are " & Session.Contents.Count & " Session variables<P>"
Dim strName, iLoop
'使用 For Each 循环查看 Session.Contents
'如果 Session 变量是一个数组
If IsArray(Session(strName)) then
'循环打印数组的每一个元素
For iLoop = LBound(Session(strName)) to UBound(Session(strName))
  Response.Write strName & "(" & iLoop & ") - " & Session(strName)(iLoop) & "<BR>"
Next
Else
  '如果是其他情况，就简单打印变量的值
  Response.Write strName & " - " & Session.Contents(strName) & "<BR>"
End If
Next
```

32．Session 变量有时候不能工作，为什么？

答：有很多可能性：

（1）如果客户端不允许 Cookie 操作，则 Session 将失效。因为 Session 是依赖于 Cookie 的。

（2）Session 有失效时间的设定。默认的设置是 20 分钟。你可以这样修改它：Web directory -> Properties -> Virtual directory -> Application settings -> Configuration -> App Options -> Session timeout 。

或者在 ASP 中写上这样的代码：Session.timeout=60 。

（3）Session 是与具体的 Web Application 相关的。如果用户从/products/default.asp 浏览到/jobs/default.asp，也可能造成 Session 的重新创建。

33．怎么清除一个不再需要的 Session 变量但不使 Session 失效？

答：在 ASP 3.0 中：

```
Session.Contents.Remove "变量名"
```

可以清除一个变量。

在 ASP 2.0 中：

```
set session("变量名")=NULL
```

可以清除一个变量。

在 ASP 3.0 中：

```
Session.Contents.RemoveAll
```

可以清除所有的 Session 变量。

和 session.abandon 不同，上面的方法都不会使目前的 Session 过期或者无效。

34．ASP 页面顶端的<%@ ENABLESESSIONSTATE=True %>是什么意思？

答：IIS 使用一种叫做 Session 跟踪的技术来保证各个 Session 变量在每个页面是可用的。当用户访问某个 ASP 页面的时候，IIS 会首先为这个页面准备好各个 Session 变量，这当然会带来性能上的影响。（使用 Session 变量的代价总是很高的！）

如果你有 100 个页面，而只有 5 个页面用到了 Session，那么，为了整体的性能，你只需要在那 5 个页面设置：

```
<%@ ENABLESESSIONSTATE=True %>
```

而其他页面设置为：

```
<%@ ENABLESESSIONSTATE=False %>
```

35．如何利用 ASP 实现邮箱访问？

答：你在访问网站时是否会在有些页面上见到这种功能——在访问此网站的同时，还可以查看你的免费邮箱中是否有新邮件。这个功能是不是让你觉得很心动、很神秘呢？

下面就用 ASP 举个例子来演示是如何实现这一功能的。

首先你可以去一些提供免费邮件服务的站点，申请一个账号然后登录。在打开邮箱时，请注意地址栏中的内容。现在以 test 为例，你会发现其内容通常是：

```
http://www.test.net/prog/login?user=fighter&pass=mypassword
```

其中，fighter 是你的账号，mypassword 是你的密码。这时我们可以从这里得到 3 个信息：

第 1 条是我们得到了处理文件的 url 及文件名 "http://www.test.net/prog/login"；

第 2 条是记录你账号的变量名 user；

第 3 条是记录你密码的变量名 pass。

我们知道这些信息后，就可着手写 html 文件（getmail.html）和 asp 文件（postmail.asp）了。

我们知道这些信息后，就可以着手写 HTML 文件（getmail.html）和 ASP 文件（postmail.asp）了。

getmail.html 文件的内容主要是接受邮件服务器、账号、密码等基本输入项目及设置收信等功能按钮。

postmail.asp 文件首先获取邮件服务器及用户账号和密码信息，然后打开邮箱。getmail.html源文件内容如下：

```
<HTML>
<HEAD>
<META NAME="GENERATOR" Content="Microsoft Visual Studio 6.0">
```

```
</HEAD>
<title>City Club 首页</title>
<style type="text/css">
<!--
    td { font-size: 9pt}
    body { font-size: 9pt}
    select { font-size: 9pt}
    A {text-decoration: none; color: #003366; font-size: 9pt}
    A:hover {text-decoration: underline; color: #FF0000; font-size: 9pt}
-->
</style>
<script language="javascript">
    function check(tt) {
    if (window.document.form1.selectmail.selectedIndex==0) {
        alert("请选择您的邮箱服务器! ")
        window.document.form1.selectmail.focus()
        return false
    }
    if (tt.account.value=="") {
        alert("账号不能为空! 请填写。")
        tt.account.focus()
        return false
    }
    if (tt.account.value.length<3) {
        alert("帐号长度不能小于 3 位! 请填写。")
        tt.account.focus()
        return false
    }
    if (tt.password.value=="") {
        alert("密码不能为空! 请填写。")
        tt.password.focus()
        return false
    }
    if (tt.password.value.length<3) {
        alert("密码长度不能小于 3 位! 请填写。")
        tt.password.focus()
        return false
    }
    else
        return true
    }
</script>
<BODY topmargin=12>
<table border=0 bgcolor=d3d3d3>
    <td>
    <form action="PostOffice.asp" method=post Onsubmit="return check(this)"
        name=form1 target="_blank">    <!--此处用 target="_blank"，是为了
                                弹出新窗口来查看你的邮箱-->
    <select style="font-size:9pt;background-color:add8e6" name="selectmail">
    <option name='MailSite' value='web.163.net/cgi/login?;user;pass;'>
            163</option>
```

```
<option name='MailSite'
value='freemail.263.net/cgi/login?;user;pass;'>263</option>
</select><br>
账号:<input type=text name=account size=12 style="font-size:9pt"><br>
密码:<input type=password name=password size=12 style="font-size:9pt"><br>
<td align=center><input type=submit value="收信"
style="font-size:9pt">
<input type=reset value="重填" style="font-size:9pt">
</td>
</form>
</td>
</table>
</BODY>
</HTML>
```

postmail.asp 源文件内容如下:

```
<%@ Language=VBScript%>
<%
    Response.Buffer = true
%>
<HTML>
<HEAD>
<META NAME="GENERATOR" Content="Microsoft Visual Studio 6.0">
</HEAD>
<title>邮局</title>
<BODY>
<%
    dim str(3)
    str1 =trim(Request.Form("selectmail"))  '/*获取的邮件服务器及用户账号和密码信息*/
    for i = 1 to 3 '/*将以上获取的信息进行分割,并赋予给数组变量*/
    p = instr(1,str1,";")
    str(i-1) = mid(str1,1,p-1)
    str1 = mid(str1,p+1)
    next
    if instr(1,str(0),"http://")=0 then
      webSiteUrl = "http://" & str(0)
    else
      webSiteURL = str(0)  '/*邮件服务器地址及指定处理的文件名*/
    end if
      usernam = str(1) '/*账号变量名*/
      password = str(2) '/*密码变更名*/
      mailUrl = webSiteUrl & usernam & "=" & trim(Request.Form("account"))
      mailUrl = mailUrl & chr(38) & password & "=" &
      trim(Request.Form("password"))
      Response.Redirect mailUrl '/*打开邮箱*/
%>
</body>
</html>
```

36. 如何禁止浏览器缓存某一页面?

答: 仅使用<META HTTP-EQUIV="Pragma" CONTENT="no-cache">是不起作用的, IE 仍然

会缓存数据。

通常 IE 在一页的数据没有满 32KB 时它是不会缓存的。

如果把 no-cache 直接放在最前面的话，只要缓存中的数据没有到 32KB，当时 IE 是不会缓存数据的，但是当读过了 no-cache 标志，到了 HTML 其他部分时，如果数据超过了 32KB，IE 仍然会将数据缓存起来。

这是由于 IE 在分析一个页面的语法时是从上到下读取的，正确的方法如下：

```
<HTML>
<HEAD>
<META HTTP-EQUIV="REFRESH" CONTENT="5">
<TITLE>标题</TITLE>
</HEAD>
<BODY>
        页面的其他部分……
</BODY>
<HEAD>
    META HTTP-EQUIV="PRAGMA" CONTENT="NO-CACHE">
</HEAD>
</HTML>
```

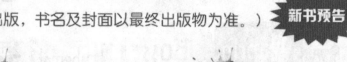

反侵权盗版声明

电子工业出版社依法对本作品享有专有出版权。任何未经权利人书面许可，复制、销售或通过信息网络传播本作品的行为；歪曲、篡改、剽窃本作品的行为，均违反《中华人民共和国著作权法》，其行为人应承担相应的民事责任和行政责任，构成犯罪的，将被依法追究刑事责任。

为了维护市场秩序，保护权利人的合法权益，我社将依法查处和打击侵权盗版的单位和个人。欢迎社会各界人士积极举报侵权盗版行为，本社将奖励举报有功人员，并保证举报人的信息不被泄露。

举报电话：（010）88254396；（010）88258888

传　　真：（010）88254397

E-mail：dbqq@phei.com.cn

通信地址：北京市万寿路173信箱
　　　　　电子工业出版社总编办公室

邮　　编：100036